BIM im Immobilienbetrieb

EBOOK INSIDE

Die Zugangsinformationen zum eBook inside finden Sie
am Ende des Buchs.

Michael May · Markus Krämer
Maik Schlundt
Hrsg.

BIM im Immobilienbetrieb

Anwendung, Implementierung,
Digitalisierungstrends und Fallstudien

 Springer Vieweg

Hrsg.
Michael May
Deutscher Verband für Facility
Management (GEFMA)
Bonn, Deutschland

Markus Krämer
Fachbereich Technik und Leben
Hochschule für Technik und Wirtschaft Berlin
Berlin, Deutschland

Maik Schlundt
DKB Service GmbH
Berlin, Deutschland

ISBN 978-3-658-36265-2   ISBN 978-3-658-36266-9 (eBook)
https://doi.org/10.1007/978-3-658-36266-9

Die Deutsche Nationalbibliothek verzeichnet diese Publikation in der Deutschen Nationalbibliografie; detaillierte
bibliografische Daten sind im Internet über http://dnb.d-nb.de abrufbar.

Springer Vieweg

Fotonachweis Umschlag: © WavebreakmediaMicro/stock.adobe.com, ID: 43098441
Umschlaggestaltung: deblik, Berlin

Lektorat/Planung: Christine Sheppard
Springer Vieweg ist ein Imprint der eingetragenen Gesellschaft Springer Fachmedien Wiesbaden GmbH und ist
ein Teil von Springer Nature.
Die Anschrift der Gesellschaft ist: Abraham-Lincoln-Str. 46, 65189 Wiesbaden, Germany

Vorwort

In Entwurf und Konstruktion von Bauwerken spielt das Building Information Modeling (BIM) schon seit mehr als zwei Jahrzehnten eine bedeutende Rolle.

BIM ist eine Methode, die ganzheitlich über den gesamten Lebenszyklus einer Immobilie zu betrachten ist. Ein BIM-Modell ist das digitale Abbild aus der Planungs- und Bauphase und damit eine wichtige Datenbasis für die Facility-Management-Prozesse in der Betriebsphase. Unter Digitalisierung wird im Allgemeinen die Erfassung und Verarbeitung der grafischen und alphanumerischen Gebäudedaten im BIM-Modell verstanden, wohingegen das ganzheitliche BIM-Konzept, einschließlich der Anpassung von Organisation und Prozessen, als kollaborative Methode die Digitale Transformation beschreibt. Da letztendlich nur die Digitale Transformation zu einem nachhaltig erfolgreichen Einsatz führt, wird in diesem Buch der Begriff „Digitalisierung" immer im Sinne der digitalen Transformation verwendet.

Indem BIM eine gewerkübergreifende Kollaboration unterstützt und die hierfür nötigen IT-Werkzeuge und -Plattformen bietet, lässt sich eine schnellere und mit deutlich weniger Fehlern behaftete Planung und die daraus resultierende schnellere Errichtung von Bauwerken realisieren.

Inzwischen existiert umfangreiches Know-how zu vielen Aspekten des BIM. In jedem Fachbuch oder Fachmagazin mit dem Schwerpunkt Architektur oder Bau finden sich Beiträge und Praxisberichte dazu. Immer noch selten wird BIM hingegen im Immobilenbetrieb und damit aus Sicht des Facility Management (FM) betrachtet, was für uns eine wesentliche Motivation für die Erstellung dieses Werks war. Auch die Beziehungen und Integrationsmöglichkeiten zwischen den BIM-Tools und den im FM eingesetzten IT-Systemen und -Plattformen (Computer Aided Facility Management – CAFM) werden nur selten genutzt. Damit werden Chancen einer durchgehenden Digitalisierung des Immobilien- und Facility Managements vergeben.

Das vorliegende Buch will helfen, die Lücke zwischen BIM-basiertem Planen/Bauen und Betreiben sowie zwischen den hierbei verwendeten IT-Tools zu schließen und das notwendige Wissen bereitzustellen.

CAFM-Anwendungen können erheblich von BIM profitieren. Insbesondere können BIM-Daten, die oft in der Planungsphase eines Bauwerks entstehen, im FM genutzt und fortgeschrieben werden. Die Betrachtung von BIM im Immobilienbetrieb und die Einordnung dieser Thematik in die übergeordnete Digitalisierung der Immobilienwirtschaft sind essenzielle Themen dieses Buches.

Der Arbeitskreis (AK) Digitalisierung des Deutschen Verbandes für Facility Management (GEFMA) beschäftigt sich seit über 20 Jahren mit dem erfolgreichen Einsatz der Informationstechnik (IT) im FM. Dazu gehören die Erarbeitung von Richtlinien, eine sehr aktive nationale und internationale Publikations- und Vortragstätigkeit, das Erkennen und Verbreiten von neuen Digitalisierungstrends, die Durchführung von Software-Zertifizierungen sowie von Markt- und Trendstudien, das Verfassen von Büchern und White Papers aber auch die Organisation eigener Fachveranstaltungen wie das Future Lab Digitalisierung.

So wurde der AK bereits frühzeitig auf das Thema BIM aufmerksam. Als sich abzeichnete, dass BIM im Immobilienbetrieb und insbesondere im Facility Management nur zögerlich angenommen und umgesetzt wurde und sich außerdem klare Know-how-Defizite zeigten, bildete der AK eine spezielle Arbeitsgruppe mit dem Ziel, BIM aus FM- und CAFM-Sicht näher zu untersuchen und Facility Managern im deutschsprachigen Raum näher zu bringen. Im Ergebnis entstand 2017 ein White Paper „Building Information Modeling für Facility Manager" (GEFMA 926). Da dieses von der Zielgruppe sehr gut angenommen wurde, erfolgte 2019 bereits eine Aktualisierung.

Ausgehend von den positiven Erfahrungen mit dem White Paper entstand die Idee das Thema BIM im Immobilienbetrieb umfassender darzulegen. Das Ergebnis liegt nun mit diesem Buch vor. Es orientiert sich an der Struktur des White Papers, wurde jedoch inhaltlich erheblich erweitert.

Im vorliegenden Buch wird eine Reihe von Grundsatzfragen diskutiert:

*   Welchen Mehrwert bietet BIM für das Immobilien- und Facility Management?
*   Welches sind die wichtigsten Konzepte, Begriffe, Standards, Datenformate, Schnittstellen und Technologien, die Immobilien- und Facility Manager beim Einsatz von BIM im Betrieb kennen sollten?
*   Wie kann BIM im Bestand bzw. in der Nutzungsphase von Facilities erfolgreich eingesetzt werden?
*   Welcher Nutzen kann durch BIM für das CAFM entstehen?
*   Welche Erfahrungen und Anregungen bieten bereits realisierte BIM/FM-Projekte?

Einführend wird ein Überblick über die BIM-Methode, die grundlegenden Standards und die darauf beruhenden BIM-Prozesse gegeben, so dass Immobilien- und Facility Manager beurteilen können, welche Herausforderungen und Aufgaben mit einem BIM-Projekt verbunden sind. Nachfolgend werden grundlegende Digitalisierungstrends, welche für die Immobilienbranche relevant sind, vorgestellt. Diese können selbstständig oder aber auch in Kombination mit BIM eingesetzt werden. Dabei wird auch klar, dass die Digitale Transformation im Immobilienbereich nicht mit BIM gleichzusetzen ist, sondern erheblich mehr Themenbereiche umfasst. Nach einer Einführung in die Themen BIM und CAFM folgt eine Erläuterung des für BIM zunehmend wichtigen Konzepts des Digitalen Zwillings sowie der möglichen IT-Umgebungen in einem BIM-Projekt. Neben der Wirtschaftlichkeit eines BIM-Projekts und deren Bewertung unter Einbeziehung der Balanced-Scorecard-Methode wird das Vorgehen bei der Einführung eines erfolgreichen BIM-Projekts betrachtet. Die Integration von BIM mit anderen Bereichen wie CAFM und Enterprise Ressource Planning (ERP) ist eine häufige Forderung in der Praxis und wird deshalb genauer vorgestellt. Einen wichtigen Schwerpunkt im Buch bilden Fallstudien, bei denen BIM auch in der Bewirtschaftungsphase genutzt wird. Die Erfahrungen sollen Anregungen für die Umsetzung eigener Projekte geben. Den Abschluss bildet ein Ausblick auf die Entwicklung von BIM im FM sowie ein Einblick in entsprechende Forschungsaktivitäten.

Das Buch wendet sich insbesondere an:

- Immobilien- und Facility Manager,
- Architekten, Planer, Bauingenieure, BIM-Manager und -Koordinatoren, die die BIM-Methode bereits beim Planen und Bauen nutzen und diese erfolgreich in die Betriebsphase überführen wollen,
- BIM/CAFM-Softwarehersteller und -Implementierungspartner,
- CAFM-Anwender, die ihre CAFM-Systeme mit BIM-Tools verbinden wollen,
- FM/BIM-Berater,
- FM-Dienstleister sowie
- Lehrende und Studierende in immobilien-bezogenen Studiengängen.

Schließlich bleibt uns nur zu wünschen, dass die Leser und Leserinnen durch das Buch viele Anregungen für die erfolgreiche Einführung und Anwendung von Building Information Modeling in ihrem FM-Alltag erhalten.

Aus Gründen der besseren Lesbarkeit wird bei Personenbezeichnungen und personenbezogenen Hauptwörtern i. d. R. die männliche Form verwendet. Entsprechende Begriffe gelten im Sinne der Gleichbehandlung grundsätzlich für alle Geschlechter. Die verkürzte Sprachform hat nur redaktionelle Gründe und beinhaltet keine Wertung.

An dieser Stelle möchten wir einige Worte des Dankes aussprechen. Ein besonderer Dank gilt allen Mitautoren und allen Mitgliedern des Arbeitskreises Digitalisierung für ihre Unterstützung sowie die jahrelange konstruktive und angenehme Zusammenarbeit. Ebenso danken wir GEFMA nicht nur für die stete Unterstützung der Aktivitäten des Arbeitskreises, sondern im Besonderen dieses Buchprojekts.

Des Weiteren gilt unser Dank Michael Huber, Leiter Facility Management im Hochbauamt Graubünden in der Schweiz für die aktive Unterstützung bei der Erstellung des BIM2FM-Fallbeispiels „sinergia" sowie Björn Erb, Head of Development bei der Leicom ITEC AG in Winterthur für die Beschreibung des Forschungsprojekts ZHELIO.

Bei Frau Karina Danulat und Frau Annette Prenzer vom Springer-Verlag bedanken wir uns herzlich für die stets angenehme und professionelle Zusammenarbeit.

Und schließlich sind die Herausgeber ihren Familien für deren permanente Rücksicht-nahme und Unterstützung zu größtem Dank verpflichtet.

Berlin, Deutschland   Michael May
Sommer 2022   Markus Krämer
                                                                Maik Schlundt

Inhaltsverzeichnis

Markus Krämer, Thomas Bender, Nancy Bock, Michael Härtig, Erik
Jaspers, Stefan Koch, Marko Opić und Maik Schlundt

Maik Schlundt, Thomas Bender, Nancy Bock, Michael Härtig, Markus
Krämer, Michael May, Matthias Mosig und Marko Opić

10 **BIM-Perspektiven im Immobilienbetrieb**. 273
Markus Krämer, Simon Ashworth, Michael Härtig, Michael May und Maik
Schlundt

11 **Anhang 1: Checkliste zur Einführung von BIM im FM** 293
Thomas Bender und Matthias Mosig

Autorenverzeichnis

Michael May Prof. Dr. rer. nat. habil. Michael May studierte Mathematik an der TH Magdeburg und promovierte 1981 an der Akademie der Wissenschaften in Berlin. Dort habilitierte er sich 1990 im Bereich der IT. Von 1994 bis 2020 war er Professor für Informatik und Facility Management an der HTW Berlin. Seine Forschungsinteressen reichen von Digitalisierung/IT (CAFM, BIM), Layout Automation, Space Optimization, Augmented Reality, Wissensmanagement bis zur Nachhaltigkeit. Michael May ist Autor zahlreicher Fachpublikationen. Er initiierte und leitete den GEFMA-Arbeitskreis Digitalisierung von 2001 bis 2021. Er berät Unternehmen und öffentliche Einrichtungen in Forschungsfragen und bei der Einführung von CAFM/BIM.

Als GEFMA-Vorstand für Digitalisierung vertritt er den Verband auch international, u. a. bei IFMA und EuroFM. Er ist EuroFM-Botschafter für Deutschland.

Markus Krämer Prof. Dr.-Ing. Markus Krämer studierte Maschinenbau an der TU Berlin und promovierte 2000 an der Universität Stuttgart im Bereich Informationsmodellierung im Instandhaltungsmanagement. Seit 2006 ist er Professor im Fachgebiet Informations- und Kommunikationstechnik im FM an der HTW Berlin und vertritt dort die Lehrgebiete CAFM, Geschäftsprozess- und IT-Management. Sein aktueller Forschungsschwerpunkt liegt im Bereich Digitalisierung, BIM und Linked-Data. Vor seiner Tätigkeit als Professor war er am Fraunhofer Institut für Arbeitswirtschaft und Organisation (IAO) und später als geschäftsführender Partner des IAO-Spinoff ProActa im Bereich IT-Consulting tätig. Er ist Mitgründer des BIM-Kompetenzzentrums der HTW, Autor zahlreicher Fachveröffentlichungen und ist beratend im Bereich Prozessmanagement und bei der Einführung von IT-Systemen tätig.

Maik Schlundt Maik Schlundt leitete seit 2006 das Team Informations- und Wissensmanagement (CAFM) bei der Berliner Stadtreinigung (BSR). Seit 2020 fokussiert er sich als IT-Business Analyst auf die Themen BIM und CAFM. Er ist seit mehr als 10 Jahren Mitglied im GEFMA-Arbeitskreis Digitalisierung. Sein Schwerpunkt liegt in der Projektkoordination und -steuerung aller CAFM-relevanten Themen. Weiterhin ist er seit vielen Jahren als Dozent für CAD, Datenbanken und CAFM mit dem Schwerpunkt der praktischen Anwendbarkeit an verschiedenen Hochschulen tätig. Er veröffentlichte mehrere Fachartikel, schrieb Lehrbriefe, ist bei der Erstellung von GEFMA-Richtlinien beteiligt sowie Mitautor des beim Springer-Verlag erschienenen CAFM-Handbuches.

Simon Ashworth Nach 23 Jahren Arbeit als FM- und Projektmanager bei Serco ist Simon Ashworth heute Dozent am Institut für Facility Management der ZHAW in Wädenswil, Schweiz. Seine Forschungsschwerpunkte sind die digitale Transformation und BIM im FM, Real Estate und Bau. Er hat einen B.Sc. in Bauingenieurwesen, einen M.Sc. in FM und hat kürzlich seine Promotion zum Thema „The Evolution of Facility Management in the Building Information Modelling Process: An opportunity to Use Critical Success factors for Optimising Built Assets" an der Liverpool John Moores University, UK abgeschlossen. Diese wurde mit dem GEFMA-Förderpreis 2021 ausgezeichnet. Er engagiert sich in mehreren ISO-Komitees, die BIM- und FM-Normen entwickeln, sowie bei der openBIM Professional-Zertifizierung mit buildingSMART.

Thomas Bender Thomas Bender ist seit 2019 Bereichsleiter für Produkte & Innovationen bei der pit – cup GmbH. Hier treibt er die Weiterentwicklung der pit – Produkte zu einem nachhaltigen IT ecoSystem voran. Durch die Integration aktueller Methoden und neuer Technologien wie BIM, IoT oder Cloud in die pit-Lösungen wird die Basis für einen digitalen Gebäudezwilling geschaffen. Zuvor war er zunächst beim FM-Dienstleister GOLDBECK und anschließend 14 Jahre bei Drees & Sommer im Bereich des Real Estate IT-Consulting tätig.

Durch seine Aktivitäten als Mitglied im GEFMA AK Digitalisierung sowie als Vorstand im CAFM RING gestaltet er die Entwicklung der Digitalisierungsthemen in der Branche aktiv mit. Thomas Bender ist Autor und Mitautor zahlreicher Fachpublikationen wie dem CAFM-Handbuch. Als Referent für CAFM und BIM2FM stellt er sein Fachwissen einem breiten Publikum zur Verfügung.

Nancy Bock Nach dem dualen Studium an der Berufsakademie Berlin (2001–2004) war Nancy Bock (Dipl. Betriebswirtin/BA) 15 Jahre in unterschiedlichen Funktionen im Bereich des Technischen Gebäudemanagements sowie der Facility Services tätig. Im Projekt Controlling, sowie in der Leitung des Projekt- und Prozessmanagements für Großkunden lag ihr Fokus bereits auf der Digitalisierung der Auftragsabwicklung sowie dem Einsatz von CAFM-Systemen. Seit 2020 ist sie bei BuildingMinds tätig. Dort verantwortet sie die Co-Innovation mit dem Corporate Real Estate Management eines großen Chemiekonzerns und unterstützt als Branchenexpertin die Produktentwicklung einer Plattform für nachhaltiges Immobilienportfolio-Management. Nancy Bock ist Mitglied im GEFMA-Arbeitskreis Digitalisierung.

Asbjörn Gärtner Prof. Dr.-Ing. Asbjörn Gärtner studierte Bauingenieurwesen an der TU Kaiserslautern, Schwerpunkte Bauinformatik und Facility Management. Als wissenschaftlicher Mitarbeiter promovierte er in diesem Bereich und war maßgeblich am Aufbau des bundesweit ersten universitären FM-Studiengangs beteiligt. Nach Abschluss der Promotion wechselte er als operativer Leiter zum CAFM-Hersteller Key-Logic und war anschließend als Projektleiter und Consultant beim Archibus Solution Center Germany tätig.

Als selbstständiger CAFM-Berater unterstützt er Unternehmen aus allen Branchen bei der Implementierung von CAFM-Systemen. Er ist außerdem als Lehrbeauftragter im Bereich FM und BIM an verschiedenen Hochschulen tätig. Seit Januar 2021 ist er Professor für Facility Management an der IU Internationale Hochschule.

Michael Härtig Michael Härtig studierte an der Westsächsischen Hochschule Zwickau Informatik mit dem Schwerpunkt Technische Informatik. Seit 1998 ist er bei der N+P Informationssysteme GmbH tätig. Bereits seit der Bearbeitung seiner Diplomarbeit ist er an der Entwicklung und Einführung des CAFM-Systems SPARTACUS Facility Management® beteiligt. In der Vergangenheit betreute er CAFM-Kundenprojekte in den unterschiedlichsten Branchen.

Heute ist er Product Owner für SPARTACUS und verantwortet die Weiterentwicklung und zukünftige Ausrichtung der Software. Seit 2012 ist er Mitglied im GEFMA-Arbeitskreis Digitalisierung und Mitautor verschiedener Publikationen des Arbeitskreises.

Reiko Hinke Reiko Hinke leitet das Gebäudeflächenmanagement der BASF am Standort Ludwigshafen. Zu seinem Verantwortungsbereich gehören unter anderem die interne Vermietung, die Entwicklung und Umsetzung moderner Büroflächenkonzepte sowie der Betrieb und die Weiterentwicklung der CAFM-Software. Er studierte Bauingenieurwesen an der Technischen Universität Darmstadt und beschäftigte sich bereits während seines Studiums mit Kostenzuordnungen und Umplanungen in Gebäudemanagementsystemen. Ab 1996 war er in unterschiedlichen Funktionen im Facility Management tätig, bevor er 2003 zur BASF wechselte. Er ist Mitglied des GEF-MA-Abeitskreises Digitalisierung.

Joachim Hohmann Univ.-Prof. Dr.-Ing. Dipl.-Inform. Joachim Hohmann studierte Elektrotechnik an der TU Darmstadt und Informatik an der Universität Karlsruhe (heute KIT). Danach war er 20 Jahre bei den US IT-Unternehmen Digital Equipment, Hewlett- Packard und EDS im Management tätig. Seit 1996 beschäftigt er sich mit Technologie im FM beim Hersteller und als Management-Berater sowie seit 2002 als Professor für Facility Management an der TU Kaiserslautern. Von 2010 bis 2013 war er Verwaltungsrat der IFMA, USA. Im Jahr 2018 wurde er zum IFMA Fellow ernannt. Er ist Gründungsmitglied des GEFMA-Arbeitskreises Digitalisierung und arbeitet heute als unabhängiger Senior Industry Expert im Bereich der Digitalisierung des Immobilien- und Facility Managements für Behörden, Corporates und Unternehmensberatungen.

Erik Jaspers Erik Jaspers ist seit über 40 Jahren in der IT tätig. Er begann seine Karriere bei Philips Electronics in der Produktionsautomatisierung. Seit 21 Jahren arbeitet er für den IWMS/CAFM-Softwareanbieter Planon. Er war in leitenden Managementpositionen für die Softwareentwicklung tätig und arbeitet heute an der Produktstrategie und Innovationspolitik von Planon.

Er wirkte an verschiedenen Publikationen zum Themen IT/FM mit, wie die IFMA-Bücher „Work on the Move", „Technology for Facility Managers" und die GEFMA-Publikation „CAFM-Handbuch". Er ist Co-Autor von Technologieartikeln für Magazine wie FMJ und Real Estate Journal und ist Referent auf internationalen Konferenzen. Er ist Mitglied des IFMA EMEA Board, Vorstandsmitglied des IFMA RBI und Mitglied des GEFMA-Arbeitskreises Digitalisierung. 2021 wurde ihm der Fellow-Status der IFMA verliehen.

Thomas Kalweit Dipl. Inf. (FH), Dipl. Facility Manager (GEFMA) Thomas Kalweit, studierte von 1998–2002 an der FHTW Berlin. Nach Selbstständigkeit arbeitete er erst als Technischer Mitarbeiter und anschließend als IT-/CAFM-Projektleiter und Geschäftsführer in der FM-Branche. Von 2015–2019 war er als Geschäftsbereichsleiter der Ambrosia FM Consulting & Services GmbH für die Umsetzung von CAFM-Projekten verantwortlich. Seit 2019 arbeitet Thomas Kalweit als Leiter „Entwicklung und Innovation" für die net-haus GmbH. Dort umfasst sein Aufgabengebiet u. a. die Weiterentwicklung bestehender sowie die Neuentwicklung innovativer Softwareprodukte für die Immobilienwirtschaft.

Thomas Kalweit ist seit 2009 Mitglied des GEFMA-Arbeitskreises „Digitalisierung" und wirkte u. a. an der Erstellung verschiedener Richtlinien, des Whitepapers „Cloud Computing im FM" und der Publikation „CAFM-Handbuch" intensiv mit.

Stefan Koch Dr.-Ing. Stefan Koch studierte Maschinenbau an der TU Berlin. 1993 promovierte er dort über IT-gestützte Automatisierungsprozesse. Von 1986 bis 1994 war er wissenschaftlicher Mitarbeiter am Fraunhofer-Institut für Produktionsanlagen und Konstruktionstechnik (IPK), anschließend Consultant bei A. T. Kearney. Seit 1995 ist Stefan Koch geschäftsführender Gesellschafter der Axentris Informationssysteme GmbH. Axentris ist Hersteller der Software Serva-lino, die sowohl die kaufmännischen als auch die technischen Prozesse rund um den Bau, den Betrieb und die Nutzung von Immobilien unterstützt.

Seit 2001 ist er Mitglied des GEFMA-Arbeitskreises Digitalisierung. In der Gesellschaft zur Förderung angewandter Informatik (GFaI) ist er seit 2002 Mitglied des Vorstandes.

Bernd Limberger Dr. Bernd Limberger studierte Baubetrieb und Bauwirtschaft an der Universität Karlsruhe und promovierte bei Prof. C. J. Diederichs in Wuppertal. Seit 2001 ist er als Berater im Themenfeld der IT-Unterstützung von Immobilienmanagement-Prozessen tätig. Im Jahr 2007 wechselte er zur SAP Deutschland in das Beratungsteam für Real Estate. Dort hatte er verschiedene Rollen als Berater, Projektleiter, Trainer und Business-Development-Manager inne. Seit 2016 ist er Beratungsleiter für das Thema Immobilienmanagement. Innerhalb der globalen Beratungsorganisation der SAP koordiniert er zudem den Wissenstransfer aus dem deutschen Beratungsteam für Immobilienmanagement in die weltweiten Schwesterteams. Bernd Limberger ist seit 2020 Mitglied des GEFMA-Arbeitskreises Digitalisierung.

Michael Marchionini Dipl.-Math. Michael Marchionini ist seit 1994 im Facility Management tätig. Der Schwerpunkt seines Wirkens lag in der konzeptionellen Vorbereitung von CAFM-Projekten und in der Begleitung von Unternehmen bei der CAFM-Einführung. Seit 2008 liegt sein Fokus auf der strategischen Planung von Büroflächenportfolios mittels IT-gestützter Verfahren. Als geschäftsführender Gesellschafter der von ihm gegründeten ReCoTech GmbH sammelte er, bei Schlüsselprojekten auch in der Rolle des Projektleiters, Erfahrungen bei der konkreten Planung von über 2 Mio. m² Büroflächen. Diese Erfahrungen dokumentiert er im Rahmen seiner Mitarbeit im GEFMA-Arbeitskreis Digitalisierung u. a. als Autor bzw. Mitautor der GEFMA-Richtlinien 400ff zum CAFM und der 130 zum Flächenmanagement. Darüber hinaus ist er Mitautor der im Springer-Verlag erschienenen Fachbücher „Flächenmanagement in der Immobilienwirtschaft" und „CAFM-Handbuch".

Matthias Mosig Matthias Mosig ist Prokurist und Head of Digital Transition bei der TÜV SÜD Advimo GmbH. Als Bauingenieur war er zu Beginn seiner beruflichen Laufbahn in der Bauabwicklung tätig und wechselte vor ca. 20 Jahren in die Real Estate und Facility Management Beratung. Als Mitbegründer der cgmunich GmbH war er neben seiner Bereichsleitertätigkeit schwerpunktmäßig in der Prozess- und IT-Beratung tätig. Nach dem Verkauf des Unternehmens an den TÜV SÜD förderte er den Aufbau des BIM- (Building Information Modeling) Consultings und BIM-Managements in seinem Bereich Real Estate Consulting bis er die Stabsstelle Head of Digital Transition übernahm. In dieser Rolle ist er aktives Mitglied in diversen Arbeitskreisen der führenden Branchenverbände. Seit 2022 leitet er den GEFMA-Arbeitskreis Digitalisierung.

Marko Opić Bereits während des Studiums der Versorgungstechnik begleitete Dipl.-Ing. (FH) Marko Opić Projekte aus den Bereichen integrierte Versorgungssysteme und Facility Management bei Ebert-Ingenieure in Nürnberg, wo er 2001 seine berufliche Laufbahn als FM-Berater und QM-Beauftragter begann. Nach Stationen bei VALTEQ und CBRE wechselte er 2017 als Senior Project Manager zu Alpha IC. Seine Beratungsschwerpunkte sind planungsbegleitende FM-Beratung, Betriebskonzeption, Dienstleisterauswahl und -steuerung, Nutzungskostenermittlung, sowie IT-Konzepte im FM. Seit der Umstellung des Unternehmens auf ein agiles Führungssystem gehört er dem Management als Partner an und betreut ein interdisziplinäres und standortübergreifendes Beraterteam. Marko Opić ist seit 2002 Mitglied des GEFMA-Arbeitskreises Digitalisierung.

Nino Turianskyj Von 1988–1994 absolvierte Nino Turianskyj berufsgeleitend sein Studium an der TU Chemnitz-Zwickau mit dem Abschluss als Diplom-Ingenieur für Informationstechnik. Danach begann seine Tätigkeit im Ingenieurbüro Keßler bzw. der späteren Keßler Real Estate Solutions GmbH. Seit 1997 war er im Bereich FM/CAFM tätig und hat zahlreiche Einführungsprojekte begleitet und war als Leiter Entwicklung zuständig für die Produktentwicklung der CAFM-Software FAMOS. Von 2008 bis 2020 war er Mitglied im GEFMA-Arbeitskreis Digitalisierung. Nebenberuflich erfolgte die Mitarbeit an mehreren Büchern zum Thema Programmierung sowie am CAFM-Handbuch. Seit 2021 arbeitet er selbstständig im Bereich der LED-Beleuchtung. Weiterhin engagiert er sich im Verein Kanimambo e.V. in einem Bildungsprojekt für Kinder in Mosambik.

Die gebaute Umwelt, BIM und die FM-Perspektive

Simon Ashworth und Michael May

Gebäude und ihre Anlagen bilden eines der wichtigsten Fundamente der modernen Gesellschaft. Sie berühren jeden Aspekt unseres Lebens und bieten öffentlichen und privaten Organisationen kommerzielle Büros, Geschäfte, Krankenhäuser, Schulen, Verkehrsnetze usw. Wilson (2018) stellt fest, dass sie einen beträchtlichen Teil des weltweiten Wohlstands ausmachen und ein Großteil der Arbeitskräfte ist in diesem Sektor beschäftigt. Sie sind von entscheidender Bedeutung für eine nachhaltige Entwicklung, wie im Bericht „2030 Agenda for Sustainable Development" (NN 2015a) hervorgehoben wird. Darin werden 17 Nachhaltigkeitsziele (Sustainable Development Goals, SDGs) skizziert, wie in Abb. 1.1 (NN 2015a) dargestellt. Diese unterteilen sich in 169 Unterziele, von denen sich fast drei Viertel direkt auf die Infrastruktur beziehen (Adshead et al. 2019). Sie zielen darauf ab, dringende und kritische Herausforderungen anzugehen, mit denen unser Planet derzeit konfrontiert ist.

Die Herausforderungen werden durch das Wachstum der Weltbevölkerung vorangetrieben, die bis 2050 voraussichtlich 9,7 Milliarden Menschen umfassen wird (NN 2019b). Die Aktivitäten des Menschen haben die begrenzten natürlichen Ressourcen unseres Planeten stark beansprucht und die Vereinten Nationen sagen voraus, dass dies, wenn es nicht kontrolliert wird, zu irreversiblen Schäden an unserem Planeten führen wird (NN 2019c). SDG 11 befasst sich speziell mit der Bedeutung von „nachhaltigen Städten und Gemeinden". Darin wird festgestellt, dass seit 2007 mehr als die Hälfte der Weltbevölkerung in

S. Ashworth (✉)
Zürcher Hochschule für Angewandte Wissenschaften (ZHAW), Wädenswil, Schweiz
E-Mail: ashw@zhaw.ch

M. May
Deutscher Verband für Facility Management (GEFMA), Bonn, Deutschland
E-Mail: michael.may@gefma.de

© Der/die Autor(en), exklusiv lizenziert an Springer Fachmedien Wiesbaden GmbH, ein Teil von Springer Nature 2022
M. May et al. (Hrsg.), *BIM im Immobilienbetrieb*,
https://doi.org/10.1007/978-3-658-36266-9_1

Abb. 1.1 UN Sustainable Development Goals

Städten lebt und dass dieser Anteil bis 2030 auf 60 % steigen wird (NN 2015b). Die gebaute Umwelt spielt eine Schlüsselrolle, da sie für 60–80 % des Energieverbrauchs, 75 % der Kohlenstoffemissionen und etwa 60 % der städtischen Abfälle verantwortlich ist. Daher können Verbesserungen in diesem Bereich erhebliche Auswirkungen auf die Verringerung von Abfall und Umweltverschmutzung, die Verbesserung der Energienutzung sowie der Lebensbedingungen und Lebensqualität der Menschen haben.

Bau und Facility Management (FM) sind auch für das Wirtschaftswachstum von entscheidender Bedeutung. ResearchAndMarkets (NN 2021ac) gehen davon aus, dass der Weltmarkt in diesem Bereich von 11.491,42 Mrd. $ im Jahr 2020 auf 12.526,4 Mrd. $ im Jahr 2021 wachsen wird. Er beschäftigt etwa 7 % der erwerbstätigen Bevölkerung der Welt und macht etwa 13 % des weltweiten BIP aus. Prognosen zufolge wird die FM-Branche bis 2028 weltweit 1759 Mrd. $ erreichen (NN 2021ac). Die erheblichen Auswirkungen auf die Umwelt und der finanzielle Einfluss auf die Weltwirtschaft verpflichten die Bau- und FM-Branche dazu, proaktiv Veränderungen voranzutreiben, um die Menschheit bei der Erreichung der SDG-Ziele zu unterstützen.

1.1 Digitale Transformation des Bau-, Immobilien- und Facility Managements

Das Baugewerbe verzeichnete in den letzten 20 Jahren eine der niedrigsten jährlichen Produktivitätswachstumsraten der Welt, eine wichtige Kennzahl zur Messung der Leistung der Branche. Barbosa et al. (2017) zeigten für die Baubranche einen Anstieg von 1 % auf, während andere Sektoren wie das verarbeitende Gewerbe 3,6 % erreichten. Baller et al. (2016) stellten fest, dass die Digitalisierung zusammen mit anderen industriellen,

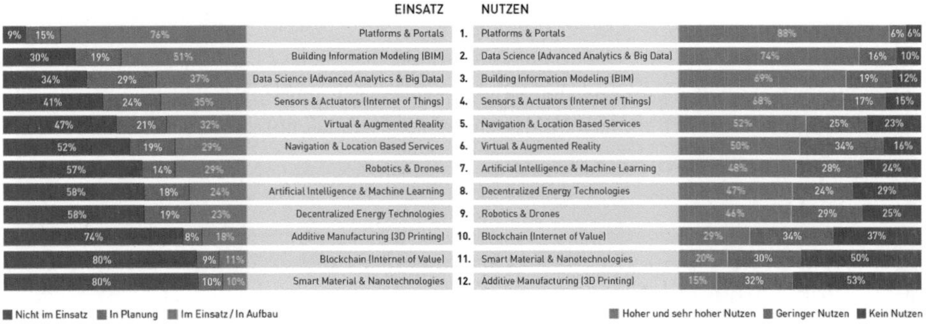

EINSATZ

	Nicht im Einsatz	In Planung	Im Einsatz / In Aufbau
Platforms & Portals	9%	15%	76%
Building Information Modeling (BIM)	30%	19%	51%
Data Science (Advanced Analytics & Big Data)	34%	29%	37%
Sensors & Actuators (Internet of Things)	41%	24%	35%
Virtual & Augmented Reality	47%	21%	32%
Navigation & Location Based Services	52%	19%	29%
Robotics & Drones	57%	14%	29%
Artificial Intelligence & Machine Learning	58%	18%	24%
Decentralized Energy Technologies	58%	19%	23%
Additive Manufacturing (3D Printing)	74%	8%	18%
Blockchain (Internet of Value)	80%	9%	11%
Smart Material & Nanotechnologies	80%	10%	10%

NUTZEN

	Hoher und sehr hoher Nutzen	Geringer Nutzen	Kein Nutzen
1. Platforms & Portals	88%	6%	6%
2. Data Science (Advanced Analytics & Big Data)	74%	16%	10%
3. Building Information Modeling (BIM)	69%	19%	12%
4. Sensors & Actuators (Internet of Things)	68%	17%	15%
5. Navigation & Location Based Services	52%	25%	23%
6. Virtual & Augmented Reality	50%	34%	16%
7. Artificial Intelligence & Machine Learning	48%	28%	24%
8. Decentralized Energy Technologies	47%	24%	29%
9. Robotics & Drones	46%	29%	25%
10. Blockchain (Internet of Value)	29%	34%	37%
11. Smart Material & Nanotechnologies	20%	30%	50%
12. Additive Manufacturing (3D Printing)	15%	32%	53%

Abb. 1.2 Reifegrad digitaler Technologien in der Bau- und Immobilienbranche

wissenschaftlichen und technischen Fortschritten der Schlüssel zum Wandel in der Branche ist. Hierin besteht die größte Hoffnung, die SDG-Herausforderungen der Vereinten Nationen zu bewältigen. Dies wird durch neuartige Randbedingungen für den Wissens- und Informationsaustausch und die technologische Entwicklung vorangetrieben. Zu den technologischen Fortschritten zählen z. B. die 10.000-fache Steigerung der Rechenleistung seit dem Jahr 2000 und die 3000-fache Senkung der Speicherkosten (Menon 2018). Die technologische Revolution, die oft als Industrie 4.0 bezeichnet wird, hat zu einer weltweiten digitalen Transformation geführt, die sich auf alle Industriesektoren auswirkt. Die Zahl der digital vernetzten Geräte hat explosionsartig zugenommen und wird bis 2025 voraussichtlich 75 Milliarden erreichen (NN 2021ae).

Untersuchungen von Baldegger et al. (2021) auf dem schweizerischen und deutschen Immobilienmarkt zeigen, dass die meisten Unternehmen bereits proaktiv in die Digitalisierung investieren, wie in Abb. 1.2 dargestellt. Die Studie von pom+ zeigt, wie sicher digitale Technologien sind und wie Unternehmen sie nutzen oder deren Nutzung planen. Building Information Modeling (BIM) wird eindeutig als einer der wichtigsten Trends hervorgehoben, in dem ein erhebliches Potenzial gesehen wird.

1.2 Verknüpfung von BIM mit Sensorik

Wie in Abschn. 4.1 erläutert wird, ist der nächste logische Schritt in der Digitalisierung die Erstellung von digitalen Zwillingen (Digital Twin). Diese gehen weit über ein konventionelles CAD-Modell hinaus und verknüpfen die statischen Daten eines BIM-Modells mit all seinen Facetten mit dynamischen Daten, die von Sensoren und anderen Geräten aus Gebäude und Liegenschaften geliefert werden (siehe auch Abschn. 2.1). Dadurch wird es möglich dynamische Echtzeitdaten über Gebäude und Anlagen zu liefern. Dies ermöglicht eine Analyse im Zeitverlauf und eine dynamische Anpassung der Leistung oder der Randbedingungen auf der Grundlage der Daten (Wright und Davidson 2020). Digitale Zwillinge erweitern BIM-Modelle; sie können aber auch auf einfacheren 3D-Darstellungen von Bauwerken basieren, die mit anderen digitalen Erfassungstechniken wie Laserscanning oder Fotogrammetrie (vgl. Abschn. 5.2) erstellt werden. Sie ermöglichen eine vorausschauende Modellierung zur proaktiven Optimierung von Immobilien. Noch wichtiger ist vielleicht, dass sie den Menschen die Möglichkeit geben, direkt mit den Bauwerken zu interagieren und damit helfen, das Wohlbefinden der Gebäudenutzer zu messen und situationsbezogen zu verbessern (Fruchter 2021).

1.3   Die Bedeutung von BIM während der Lebensdauer von Bauwerken

Sawhney (2015) beschreibt BIM als grundlegend für die digitale Transformation der Industrie. Ein wesentlicher Grund dafür ist, dass BIM über alle Lebenszyklusphasen hinweg eingesetzt werden kann und sollte, von der ersten Beschaffung über die Planung, den Entwurf, den Bau bis hin zur viel längeren Betriebsphase und zur endgültigen Entsorgung oder Umnutzung. Abb. 1.3 (Ashworth 2021) veranschaulicht, warum es wichtig ist, sich auf die Phase der Betriebskosten (OPEX) zu konzentrieren, die in der viel länger dauernden Nutzungsphase zu den initalen Kapitalkosten (CAPEX) hinzukommen, und dann der überwiegende Teil der Gesamtkosten anfällt. Die Konzentration auf die langfristigen OPEX-Kosten bietet eine weitaus größere Chance, ein gutes Preis-Leistungs-Verhältnis zu erzielen und die Nachhaltigkeitsaspekte zu verbessern, z. B. durch Energieeinsparungen und Abfallreduzierung.

Untersuchungen von Baldegger et al. (2021) in der Schweiz und in Deutschland zeigen jedoch, dass die Stakeholder den Wert und den Nutzen von BIM noch unterschiedlich beurteilen. Bauunternehmer und Zulieferer sehen bereits zu 100 % einen Nutzen von BIM für ihre Aufgaben, während andere Stakeholder niedrigere Prozentsätze angeben (vgl. Abb. 1.4). Wenn BIM universell eingeführt und genutzt werden soll, müssen diese Zahlen steigen.

Die niedrigeren Zahlen insbesondere für Investoren, FM, Portfolio- und Gebäudeeigentümer mögen auf den ersten Blick überraschen, zumal Eadie et al. (2013) darauf hinwei-

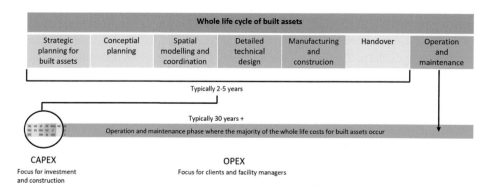

Abb. 1.3 Die Bedeutung der Betriebsphase innerhalb des Lebenszyklus von Bauwerken

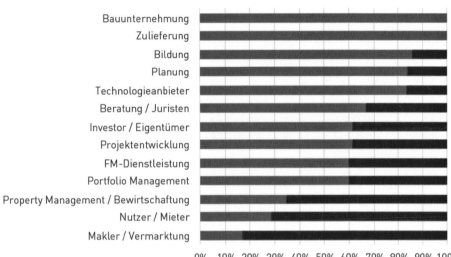

Abb. 1.4 Bedeutung von BIM für unterschiedliche Stakeholder

sen, dass Eigentümer und Facility Manager am meisten von der Einführung von BIM profitieren. NBS (NN 2020d) behauptet, dass der Auftraggeber eine bedeutende (und wohl die wichtigste) Rolle innerhalb des Informationsmanagement-Ökosystems zu spielen hat. Es wird jedoch auch festgestellt, dass das häufigste Hindernis (mit 64 %) für die Einführung von BIM die fehlende Nachfrage der Kunden ist. Die Erfahrung zeigt, dass diejenigen, die BIM als Teil ihrer täglichen Arbeit nutzen, BIM schneller annehmen und dessen Potenzial erkennen. Gebäudeeigentümer und Facility Manager, die im Allgemeinen das Projektergebnis, insbesondere die Informationen, nutzen, müssen sich noch stärker mit den potenziellen Vorteilen (vgl. Abschn. 1.4, 3.3 und 6.3) vertraut machen und verstehen, wie BIM zur Unterstützung der Strategie ihrer Organisation beitragen kann, um so ihr Immobilienportfolio und die damit verbundenen Dienstleistungen besser zu managen.

1.4   Vorteile von BIM im Immobilienbetrieb

Die Vorteile von BIM für die Planung, den Entwurf und die Errichtung von Bauwerken sind gut dokumentiert. Sacks et al. (2018) stellen jedoch fest, dass sich die meisten Eigentümer der Vorteile, die BIM während der langen Betriebsphase bieten kann, nicht vollständig bewusst sind. Diese sind umfangreich, aber oft kaum greifbar und schwer zu quantifizieren, da Gebäude nur einmal gebaut werden und es schwierig ist zu vergleichen, wie ein Projekt mit oder ohne BIM abschneiden würde. Einige Beispiele für wichtige Vorteile mit direkter Auswirkung auf FM aus der Literatur wurden in Tab. 1.1 von Ashworth (2021) zusammengestellt. Weitere Nutzeffekte werden in den Abschn. 3.3 und 6.3 erörtert.

Tab. 1.1 Beispiele für grundlegende Vorteile von BIM im FM

Nutzen	Erläuterung
Zeit und Effizienz	BIM kann die Projektzeit verkürzen, schnellere und effektivere Prozesse ermöglichen, Informationen können leichter ausgetauscht und wiederverwendet werden und besitzen einen Mehrwert.
Performance und Analyse	BIM kann Analysen zur Verbesserung der Gebäudeleistung ermöglichen.
Kosteneinsparungen	BIM kann Ausfallzeiten und die damit verbundenen Kosten reduzieren, indem es schnellere Reaktionszeiten bei dringenden Arbeitsaufträgen ermöglicht.
Energieeffizienz	BIM kann dazu beitragen, den jährlichen Energieverbrauch zu senken und Umweltrisiken zu minimieren.
Steigerung des Geschäftswerts	BIM kann dazu beitragen, die Wahrscheinlichkeit von Anlagenstillständen zu verringern, da der Zustand der Anlage genauer erfasst und unvorhersehbare Komponentenausfälle durch rechtzeitige Wartung vermieden werden können.
Datengenauigkeit und -qualität	BIM kann eine bessere Verwaltung und Organisation von Informationen ermöglichen, ungenaue und unvollständige Informationen reduzieren, die Lebenszyklusplanung sowie die Haltbarkeit und Nachhaltigkeit verbessern.
Interoperabilität	Der Austausch und die Übertragung von BIM-Daten verringern die Notwendigkeit größerer Reparaturen und Änderungen und erhöhen die Effizienz von Arbeitsaufträgen und Entscheidungsprozessen dank Zugang zu Echtzeit- und zuvor gespeicherten grafischen und alphanumerischen Daten.

Tab. 1.2 Vorteile von BIM für das FM

Rangfolge der Häufigkeit	Typ der Nutzenkategorie	Prozentsatz
1	Zeitersparnis	21,98 %
2	Produktivität	18,23 %
3	Kosteneinsparungen	16,62 %
4	Geschäftsvorteile	14,21 %
5	Datengenauigkeit und -qualität	11,26 %
6	Kommunikation und Zusammenarbeit	7,77 %
7	Energie-Performance	4,02 %
8	Verbesserung von Sicherheits- und Risikomanagement	3,75 %
9	Interoperabilität	2,14 %
	Gesamt	100,00 %

In einer Studie von Ashworth et al. (2019) wurden 373 in der Literatur zu findende Hinweise auf die Vorteile von BIM für das FM untersucht. Diese wurden in neun Hauptgruppen eingeteilt, die nach der Häufigkeit des Auftretens geordnet sind (vgl. Tab. 1.2). „Zeitersparnis" war hierbei die am häufigsten genannte Nutzenkategorie.

Von zentralem Interesse für Eigentümer und Investoren ist der potenzielle Return on Investment (ROI) bei Investitionen in die Einführung und Nutzung von BIM (vgl. auch Kap. 6). Wie bereits erwähnt, sind genaue Vorhersagen schwierig, da jedes Projekt einzigartig ist. Einige Beispiele bilden jedoch die Berechnungen von Teicholz (2013). Daraus geht hervor, dass die möglichen Gesamteinsparungen pro Jahr für eine typisches Vorhaben 3,93 % betragen und sich in 1,56 Jahren amortisieren. Der Bericht „PwC BIM Level 2 Benefits Measurement" (NN 2018e) beschreibt zwei konkrete Beispiele: das Projekt „39 Victoria Street office refurbishment", bei dem insgesamt 3,0 % der Kosten im Vergleich zu den Kosten „ohne BIM" eingespart wurden, und das Projekt „Foss Barrier Upgrade" mit insgesamt 1,5 % Einsparungen.

Aus der FM-Perspektive sind BIM-Projekte nur dann erfolgreich, wenn das Projekt-team alle wesentlichen Bestandsdokumente, 3D-Modelle und alphanumerischen Daten, die für die Unterstützung der strategischen und alltäglichen FM-Prozesse des Kunden ent-scheidend sind, vollständig und erfolgreich übergibt (NN 2017d). Kensek (2015) stellte fest, dass ein grundlegendes Ziel von BIM darin besteht, den einfachen Austausch von Daten zwischen und in CAFM-Systemen zu ermöglichen (Kap. 5). Wenn dies professio-nell erfolgt, so können exakte Informationen bereitgestellt werden, die der Verbesserung des Betriebs und der Instandhaltung der Immobilien und ihrer Anlagen über die gesamte Lebensdauer dienen (Ashworth et al. 2020).

1.5 Erfolgreiche Projekte durch BIM-Strategie und Wissensvermittlung

Um die Vorteile der Digitalisierung und insbesondere von BIM gut zu nutzen, müssen Unternehmen eine nachhaltige BIM-Strategie entwickeln. Hierfür ist ein klares Verständ-nis dessen, was mit BIM erreicht werden kann, wichtig. So können die Erwartungen an BIM vernünftig gesteuert werden. Es ist wichtig, transparente Ziele mit realistischen Vor-gaben zu formulieren, die auch erreicht werden können. Teicholz (2013) stellt fest, dass diese Ziele mit der allgemeinen Unternehmensstrategie abzustimmen sind und die beste-hende Immobilien- und FM-Strategie der Organisation unterstützen müssen. Nur so kann ein maximaler Nutzen erzielt werden. Viele Unternehmen erstellen derzeit eine BIM-Roadmap, die den Mitarbeitern helfen soll, ihr eigenes Vorgehen in einem BIM-Projekt sowie die damit verbundenen Herausforderungen und Veränderungen besser zu verstehen. Abb. 1.5 (NN 2021ad) zeigt ein Beispiel der SBB in der Schweiz.

Eine solche strategische Entwicklung erfordert angemessene und geeignete Investitio-nen in Ausrüstung und BIM-Schulungen, um sicherzustellen, dass die Teams in der Lage sind, sich kompetent an BIM-Projekten zu beteiligen und erfolgreiche Ergebnisse zu er-zielen. Dies wurde von Amuda-Yusuf (2018) bei der Untersuchung von kritischen Erfolgs-faktoren (Critical Success Factors – CSF) in BIM-Projekten herausgefunden. Dabei wurde „Aus- und Weiterbildung" als drittwichtigster Faktor im BIM-Prozess eingestuft. Ein wei-terer wichtiger Aspekt, der vor Beginn eines BIM-Projekts untersucht werden muss, ist die Frage, welche Datenumgebung (Common Data Environment – CDE) (vgl. auch Abschn. 4.3) für die Verwaltung aller Informationen und Daten verwendet werden soll. Auch müssen verbindliche Vorschriften gemacht und berücksichtigt werden, um potenzielle Konflikte

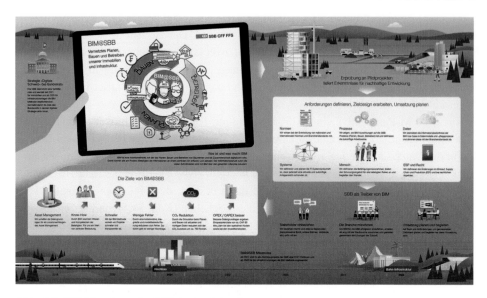

Abb. 1.5 BIM Roadmap der SBB in der Schweiz

zu vermeiden und das Eigentum von und den Zugang zu Daten und Informationen zu gewährleisten (Saxon et al. 2018).

Einige erfolgreiche BIM-Praxisprojekte im FM werden in Kap. 9 vorgestellt.

1.6   Die Rolle von FM in BIM-Projekten

Thomas (2017) weist auf die Schlüsselrolle der Facility Manager bei erfolgreichen BIM-Projekten hin. Sie verstehen, welche Informationen und Daten in der Betriebsphase benötigt werden und wie die Immobilien und Anlagen die übergeordnete Unternehmensstrategie direkt unterstützen können. Sie vertreten die Interessen des Eigentümers, des Kunden (Arbeitgebers) und des Endnutzers, um sicherzustellen, dass Immobilien und Anlagen effektiv betrieben, gewartet und verwaltet werden können. Abb. 1.6 zeigt ein von Ashworth 2016 entwickeltes und 2020 aktualisiertes „FM-BIM-Strategie-Konzeptmodell", in dem der Facility Manager als „Vertreter des Kunden" fungiert (Ashworth et al. 2016). Diese Rolle wird am besten vom internen Facility Manager wahrgenommen, der die Organisation sehr gut kennt, sie könnte aber auch von einem BIM-kompetenten FM-Berater übernommen werden. Ihr Beitrag ist entscheidend, um dem BIM-Projektteam zu helfen, die Informationen zu verstehen, die zur Unterstützung der Geschäftsprozesse des Kunden benötigt werden. Wer auch immer diese Aufgabe übernimmt, muss mit den ISO-Normen 19650 vertraut sein, die für die Verwaltung von Informationen während des gesamten Lebenszyklus wichtige Hinweise geben. Sie müssen auch die Sprache der FM- und der Baubranche sprechen. Das Modell in Abb. 1.6 basiert auf einem britischen Kontext, kann

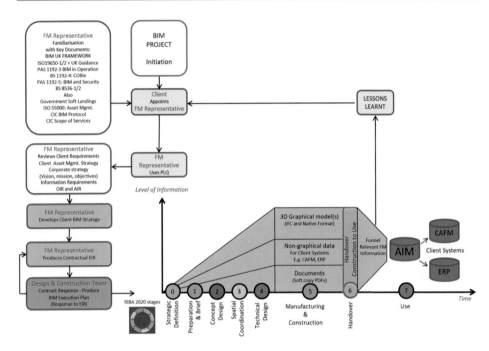

Abb. 1.6 FM-BIM-Strategie-Konzeptmodell

aber auf andere Länder problemlos übertragen werden. Es verweist auf das „UK BIM Framework" (NN 2021af), das eine zentrale Anlaufstelle für BIM-Anleitungen und -Unterstützung in der britischen Industrie darstellt.

Das Hauptziel besteht darin, sicherzustellen, dass der BIM-Prozess alle relevanten Informationen und Daten liefert, die zur Unterstützung strategisch wichtiger Geschäftsprozesse benötigt werden, z. B. Instandhaltung, Austausch von Anlagen, Gesundheit und Sicherheit. Die Informationen müssen während der Projektentwicklung auf koordinierte Weise vom Projektteam (Bereitstellungsteam lt. ISO EN DIN 19650) gesammelt werden und leicht übertragen oder mit den relevanten Managementsystemen der Organisation verknüpft werden können, z. B. CAFM, BMS und ERP. Um sicherzustellen, dass das Projektteam diese Informationen erfolgreich bereitstellen kann, verlangt die ISO 19650 (NN 2018c), dass der Auftraggeber die Informationsanforderungen an die Projektpartner (Auftragnehmer) in mehreren Schlüsseldokumenten definiert (Abschn. 3.4):

- Organisatorische Informationsanforderungen (Organisational Information Requirements – OIR):
  Diese beschreiben den übergeordneten und strategischen Informationsbedarf des Kunden oder Eigentümers (d. h. was für die Berichterstattung und die Ausführung der Kerngeschäftsaktivitäten benötigt wird).
- Asset-Informationsanforderungen (Asset Information Requirements – AIR):

Diese beschreiben den spezifischen Informationsbedarf, um FM- und Betriebsteams in die Lage zu versetzen, die betriebliche Effizienz der gebauten Immobilien und Anlagen verwalten und optimieren zu können.

- Informationsaustauschanforderungen (Exchange Information Requirements – EIR): Diese bauen auf den OIR/AIR auf und sollten Teil des förmlichen Vertrags mit dem Auftragnehmer sein, um spezifische verwaltungstechnische, kommerzielle und technische Spezifikationen festzulegen, die den Auftragnehmer hinsichtlich des Informationsbedarfs und der Verfahren für ein bestimmtes Projekt instruieren.

Diese Dokumente bilden die Grundlage für den gesamten BIM-Prozess und müssen klar definieren, welche Informationen benötigt werden und warum. Dies erfordert die aktive Beteiligung der wichtigsten operativen Mitarbeiter mit einem detaillierten Verständnis der geschäftlichen Anforderungen und Prozesse des Unternehmens. Ihr Beitrag liefert den entscheidenden Einblick in die „Pains and gains" einer Organisation und in das, was verbessert oder optimiert werden kann. Dazu gehört auch die Bestimmung der IT-Systeme und welche BIM-Informationen und -Daten verwendet werden sollen. Dadurch erhält das Projektteam ein klares Verständnis dafür, warum bestimmte Informationen benötigt werden und in welchem Format.

1.7   Informationsanforderungen – ein kritischer Erfolgsfaktor für BIM-Projekte

Das langfristige Ziel von BIM ist es sicherzustellen, dass Kunden, die viel Geld investieren, Immobilien und Anlagen erhalten, die nicht nur ihre täglichen Bedürfnisse erfüllen, sondern auch einfach und effizient betrieben und über ihre gesamte Lebensdauer hinweg instandgehalten werden können. Ashworth (2021) weist darauf hin, wie wichtig eine frühzeitige Einbindung des FM ist, damit die Informationsanforderungen in einem frühen Stadium des Prozesses klar definiert werden. Andernfalls erfolgt die Informationsübergabe oft ineffizient und fehlerhaft und führt so in der Regel zu schlecht strukturierten Informationen und Daten, die nur schwer in CAFM-Systeme übertragbar sind und dort nicht nutzbringend verwendet werden können (May 2018a). Dadurch entstehen dann unnötige weiterer Arbeitsschritte, die aufwändig und kostenintensiv sind.

Das Problem ist nicht neu und wurde von Gallaher et al. (2004) beschrieben. Sie wiesen auf die hohen Kosten einer mangelhaften Übergabe hin. Selbst für die automatisierte Übertragung von Informationen in CAFM-Tools entstanden 613 Mio. $. Eigentümer und Betreiber haben von allen Beteiligten die höchsten Interoperabilitätskosten: mehr als 10,6 Mrd. $ oder etwa 68 % der für die Lieferkette von Investitionsgütern berechneten Gesamtkosten von 15,8 Mrd. Dollar entfallen auf unzureichende Interoperabilität. 85 % der Interoperabilitätskosten von Eigentümern und Betreibern fallen in der Betriebs- und Wartungsphase an. Die quantifizierten Kosten wurden im Jahr 2002 auf etwa 9 Mrd. $ geschätzt.

Eine frühzeitige Planung ermöglicht auch die schrittweise Erfassung von Informationen, während das Projektverlaufs. Dies ist besonders wichtig für das Projektteam, das in der Endphase eines Projekts häufig unter Druck steht, alles termingerecht fertigzustellen. Sie werden sich in dieser Phase kaum auf die Informationsbeschaffung konzentrieren, sondern eher darauf, das Projekt pünktlich abzuschließen. Die Definition klarer Anforderungen befähigt den Hauptauftragnehmer, seine Lieferanten eindeutig anzuweisen, die wertvollen Informationen und Daten zu sammeln und zu übergeben. Geschieht dies nicht, sind die Kunden am Ende wahrscheinlich enttäuscht, wenn sie die essenziellen Informationen, die sie benötigen, in ihren operativen IT-Systemen nicht vorfinden (Ashworth et al. 2018).

Die Abb. 1.7 (vgl. Ashworth et al. 2019) unterstreicht die Notwendigkeit einer frühzeitigen Einbindung des FM. Die oberen Pfeile verdeutlichen, dass die Übergabe vom „Bau" zur „Nutzung" nicht als ein einmaliger Zeitpunkt, sondern als ein schrittweise geplanter Prozess betrachtet werden sollte. Die linke Seite (in grün) steht für die Erfassung der Konstruktionsinformationen durch das Übergabeteam: 3D-Grafiken, alphanumerische Daten und Dokumente. Die abnehmenden grünen Linien bei der Übergabe verdeutlichen, dass das Wissen des Übergabeteams mit der Übergabe und dem Übergang zum nächsten Projekt stetig abnimmt und allmählich verschwindet. Die rechte Seite (in rot) repräsentiert das Team für die wichtigsten FM-Aktivitäten. Die schrittweise, aber frühzeitige Einbindung des FM ist entscheidend für die Definition der Informationsanforderungen und die Unterstützung des Projektteams. Dies sollte mit der Entwicklung des Projekts ausgebaut werden und zum Zeitpunkt der Übergabe sollte das FM-Team bereits gut vorbereitet sein, um die Informationen im täglichen Betrieb zu nutzen. Dies betrifft z. B. Prozesse, Dienstleistungen, Kosten und Produkte. Die blauen Kästchen stellen die wichtigsten BIM-Prozessschritte dar (die Informationsanforderungsdokumente), die vorhanden sein müssen. Durch die

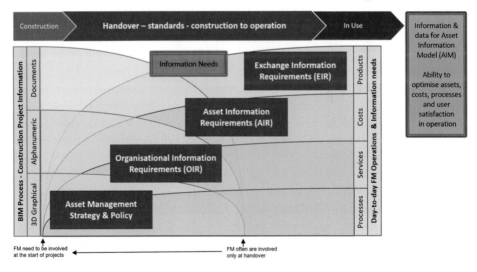

Abb. 1.7 Notwendigkeit einer frühen Einbeziehung des FM in den BIM-Prozess

Abstimmung mit der Asset-/Immobilienmanagement-Strategie des Unternehmens können gute OIR, AIR und EIR zu einer erfolgreichen Übergabe beitragen. Das endgültige Ziel, das im rechten grünen Kasten hervorgehoben ist, besteht darin die richtigen Informationen und Daten bereitzustellen. Dies wird als Asset-Informationsmodell (Asset Information Model – AIM) bezeichnet und unterstützt die Optimierung von Immobilien, Kosten, Prozessen und Benutzerzufriedenheit im Betrieb.

1.8   CDE-Nutzung zur Informationsbereitstellung für das FM-Team

In seinem Essay „Content is King" aus dem Jahr 1996 stellte Bill Gates fest, dass das Internet bereits den Austausch von wissenschaftlichen Fachinformationen revolutioniert. Er suggerierte, dass Internet-Nutzer, künftig tiefgründige und extrem aktuelle Informationen erwarten, die sie nach Belieben recherchieren können (Evans 2017). In ähnlicher Weise benötigen Immobilien- und Facility Manager aktuelle und leicht zugängliche Informationen, wenn sie ihre Immobilien und Anlagen sowie die damit verbundenen Services während ihrer gesamten Lebensdauer effektiv verwalten wollen. Künftige technologische Lösungen werden deutlich mehr automatisierte Funktionen beinhalten, die Wissensmanagement mit BIM kombinieren, damit nützliche Informationen und Daten leichter gefunden und ausgewertet werden können. Hu et al. (2021) weisen jedoch darauf hin, dass sich die zuverlässige Nutzung dieser Fähigkeiten in der Praxis noch in einem frühen Entwicklungsstadium befindet (vgl. auch Besenyöi und Krämer 2021). Facility Manager benötigen alle Informationen über den Ist-Zustand für die Übertragung in oder Verwendung im AIM ihres Kunden, welches mehrere unternehmensweite Informationsmanagementsysteme umfassen kann.

Abb. 1.8 (vgl. Patacas et al. 2020) veranschaulicht einen möglichen Handlungsrahmen für den Aufbau eines AIM unter Verwendung eines CDE, wobei auf einen offenen Standard gesetzt wird. Die Aufzählungen in den gestrichelten Kästen heben einige der wichtigsten und kritischsten Aspekte hervor, die die Definition der Auftraggeber-Anforderungen und das CDE betreffen. Dies umfasst z. B. die Verwendung von Klassifizierungssystemen und den Standard COBie (Construction Operations Building Information Exchange), (vgl. NN 2021e und Abschn. 5.3). Es werden auch einige der erwarteten Vorteile und Herausforderungen von BIM im FM und vor allem die Validierung der Auftraggeber-Anforderungen hervorgehoben.

1.9   Validierung der Auftraggeber-Anforderungen

Eine zentrale Herausforderung bei der Übergabe ist die Überprüfung, ob die geforderten Informationen und Daten geliefert wurden. Ein interessantes Problem ist die Frage, ob Hauptauftragnehmer, die die Projekte leiten und mit BIM vertraut sind, in der Lage sind,

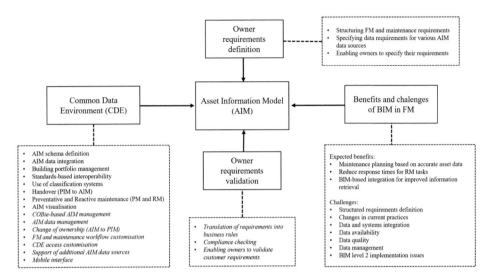

Abb. 1.8 Handlungsrahmen für ein AIM mit Unterstützung durch ein CDE

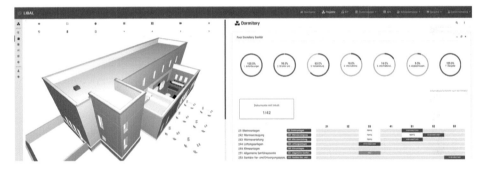

Abb. 1.9 Beispiel für die Statusprüfung der Informationslieferung gemäß ISO 19650-2

die erforderlichen Informationen von Unterauftragnehmern und insbesondere von kleineren Lieferanten zu erhalten. Diese sind im Umgang mit BIM-Software oftmals noch wenig erfahren und haben mitunter Schwierigkeiten die erforderlichen Informationen korrekt und pünktlich zu liefern. In der Regel erhalten die Hauptauftragnehmer die Informationen in einer Vielzahl von Formaten und bündeln diese für die Kunden. Dieser Prozess ist jedoch anfällig für Datenverluste und führt häufig dazu, dass die Kunden schlecht organisierte und strukturierte Informationen erhalten, die nur schwer weiter zu verarbeiten und zu nutzen sind.

Abb. 1.9 zeigt eine innovative Lösung zur Überwindung dieses Problems. Diese ermöglicht es den Kunden, ihren Informationsbedarf frühzeitig zu definieren. Kleinere

Lieferanten können dann einen Link erhalten, der es ihnen ermöglicht, die BIM-Modelle (ohne teure Software) zu betrachten und die für den Betrieb erforderlichen Daten und Dokumente hochzuladen. Die Software wurde mit dem Ziel entwickelt, den in ISO 19650-2 (NN 2018d) beschriebenen BIM-Prozess abzubilden. Sie ermöglicht den BIM- oder Informationsmanagern des Projekts, den Status der Informationslieferung für jede Organisation, die Informationen für das Projekt liefern muss, jederzeit zu verfolgen.

1.10 Strategien für die Digitalisierung eines gesamten Immobilienportfolios

Es wird immer wieder darauf hingewiesen, dass BIM eine „einzige Quelle der Wahrheit" (Single Source of Truth) bietet bzw. bieten kann. Diese Quelle sollte eine breite Palette nützlicher Informationen umfassen, z. B. Bauteile, Materialtypen, Bodeneigenschaften, Gebäudefunktionen, Grundrisse, Anlagen, Ausrüstungslisten, Verbindungen und Relationen zwischen Ausrüstungen, Produktdatenblätter, Garantien und Wartungspläne (Florez und Afsari 2018). Auch wenn diese Informationen in einzelnen BIM-Projekten bereits vorliegen mögen, so besteht das Immobilienportfolio der meisten Organisationen aus einem breiten Spektrum an Bauwerken und Anlagen, für die bestenfalls im Einzelfall bereits digitale Bauwerksmodelle existieren.

Bei den meisten Immobilien handelt es sich um Bestandsgebäude unterschiedlichen Alters mit sehr unterschiedlichem Informationsstand. Neue BIM-Projekte machen in der Regel nur einen kleinen Prozentsatz des Gesamtportfolios aus. Für alle anderen Gebäude ist in aller Regel eine zeit- und kostenaufwändige nachträgliche Erfassung erforderlich. In Abhängigkeit von den jeweiligen Gebäudetypen und geschäftlichen Nutzungen können aber auch vereinfachte digitale Datenerfassungsmethoden wie Laserscanning und Fotogrammetrie (vgl. auch Abschn. 5.2) oder auch Kombinationen unterschiedlicher Ansätze zum Einsatz kommen.

Die Unterstützung von Immobilienportfolios durch BIM erfordert mehr noch als bei Einzelprojekten eine standardisierte, einheitliche BIM-Strategie (Aengenvoort und Krämer 2018), bietet dann aber bei einem strukturell gleichen Aufbau der Bauwerksmodelle die Möglichkeit, Informationen auch zu mehreren Objekten des Portfolios abzufragen. Zudem bieten sich Immobilienportfolios für den Einsatz von Vorlage-Modellen an, zumindest wenn ein Teil der Gebäude strukturelle Ähnlichkeiten aufweist. Dies reduziert dann auch den Aufwand für die BIM-Erfassung von Bestandsgebäuden.

1.11 BIM und Interoperabilität

FM-Organisationen nutzen eine breite Palette von IT-Systemen zur Verwaltung von Gebäuden, darunter CAFM/IWMS, CMMS, BMS, BAS und ERP, die über die gesamte Lebensdauer von Immobilien genutzt werden. Teicholz et al. (2013) stellten fest, dass ein wichtiger Erfolgsfaktor für BIM-Projekte darin besteht, Daten zwischen BIM- und diesen Systemen auszutauschen. Dies erfordert eine sorgfältige Überlegung, wie die generierten BIM-Daten und -Informationen verwendet und an die verschiedenen Partnersysteme übertragen werden sollen bzw. welche Schnittstellen und Technologien genutzt werden sollen, um diese Systeme miteinander zu verbinden. Ohne sorgfältige Planung können Probleme mit der Interoperabilität (vgl. auch Abschn. 3.4, 4.3 und 5.3) solcher Systeme auftreten, die zu weiteren Kosten führen können. Der Austausch und die Übertragung von Daten zwischen BIM-Modellen und anderer Software erfolgt in der Regel über Industry Foundation Classes (IFC). Das IFC-Format (NN 2018a) liefert eine Momentaufnahme eines Modells und Daten, die an andere Softwaresysteme übertragen werden können. Änderungen am Modell können aber oftmals nicht in diesen Systemen vorgenommen werden, sondern erfolgen i. d. R. wieder im BIM-Ursprungssystem, was eine gewisse Beschränkung des IFC-Formats darstellt. COBie wird ebenfalls verwendet und ermöglicht einen unidirektionalen Export von Daten aus einem Modell mit definierten Kriterien, die z. B. in CAFM-Systemen weiter genutzt werden können. Es kann jedoch nur das exportiert werden, was bereits im BIM-Modell enthalten ist. Dies unterstreicht, wie wichtig eine sorgfältige Planung ist, um zu entscheiden, welche Aspekte (insbesondere aus der FM-Perspektive) einem Modell hinzugefügt werden sollten. Dabei kann es sinnvoll sein, bestimmte Aspekte nicht zu berücksichtigen, um die Kosten im Rahmen zu halten. Es muss auch darüber nachgedacht werden, wie die BIM-Modelle und -Informationen für die künftige Nutzung gewartet und gepflegt werden sollen. Dies ist unabdingbar, um dauerhaften Nutzen aus BIM ziehen zu können.

1.12 Zusammenfassung

In diesem einführenden Kapitel wurde die Bedeutung der Bau-, Immobilien- und FM-Branche nicht nur für die Weltwirtschaft, sondern auch für die Nachhaltigkeit und die Erfüllung der Sustainable Development Goals der Vereinten Nationen dargelegt. Diese Branchen durchlaufen alle eine digitale Revolution, wobei BIM von zentraler Bedeutung für die Digitalisierung der gebauten Umwelt und der damit verbundenen Prozesse ist. Ein wichtiger Aspekt hierbei ist die Schaffung und Weiterentwicklung der digitalen Zwillinge.

Um die Herausforderungen zu meistern und die potenziellen Vorteile von BIM im Betrieb zu nutzen, müssen Auftraggeber und Facility Manager sowie weitere Stakeholder frühzeitig in den BIM-Prozess einbezogen werden. Sie müssen dabei sicherstellen, dass eine klare BIM-Strategie entwickelt wird, die dafür sorgt, dass die Informationsanforderungen mit der allgemeinen Unternehmensstrategie in Einklang gebracht werden. Diese Anforderungen müssen auf der Grundlage des Know-hows der FM-Teams entwickelt werden. Außerdem muss es klare Pläne geben, um die BIM-Daten problemlos in betriebliche IT-Systeme übertragen bzw. mit diesen auf der Basis geeigneter Schnittstellen zuverlässig austauschen zu können. So stehen sie während der gesamten Lebensdauer von Immobilien für unterschiedlichste Nutzungszwecke zur Verfügung.

In den folgenden Kapiteln werden die hier kurz angerissenen Themen ausführlicher erläutert und mit geeigneten Beispielen unterlegt.

Literatur

Adshead D, Thacker S, Fuldauer LI, Hall J (2019) Delivering on the Sustainable Development Goals through long-term infrastructure planning. Global Environmental Change 59(2019) 1–14

Aengenvoort K, Krämer M (2018) BIM in the Operation of Buildings. In: Borrmann A, König M, Koch C, Beetz J (Eds.) Building Information Modeling – Technology Foundations and Industry Practice. Springer Nature, 2018, S 477–491

Amuda-Yusuf G (2018) Critical Success Factors for Building Information Modelling Implementation. Construction Economics and Building 18(2018)3, 55–74

Ashworth (2021) The Evolution of Facility Management (FM) in the Building Information Modelling Process: An opportunity to Use Critical Success factors (CSF) for Optimising Built Assets. Doctoral Thesis, Liverpool John Moores University, UK

Ashworth S, Carey D, Clarke J, Lawrence D, Owen S, Packham M, Tomkins S, Hamer A (2020) BIM Data for FM Systems: The facilities management (FM) guide to transferring data from BIM into CAFM and other FM management systems. https://www.iwfm.org.uk/resource/bim-data-for-fm-systems.html?parentId=4D64E6F8-D893-4FF1-BABA5DF2244A7063 (abgerufen: 14.10.2021)

Ashworth S, Druhmann C, Streeter T (2019) The benefits of building information modelling (BIM) to facility management (FM) over built assets whole lifecycle. 18th EuroFM Research Symposium, Dublin, Ireland

Ashworth S, Tucker M, Druhmann C (2016) The role of FM in preparing a BIM strategy and Employer's Information Requirements (EIR) to align with a client's asset management strategy. European Facility Management Conference, Milan

Ashworth S, Tucker M, Druhmann C (2018) Critical success factors for facility management employer's information requirements (EIR) for BIM. Facilities 37(2018)1/2, 103–118

Baldegger J, Gehrer I, Ruppel R, Wolters K, Glättli T, Jost A (2021) pom+ Digitalisierung der Bau- und Immobilienwirtschaft: Digital Real Estate Umfrage 2021. https://www.digitalrealestate.ch/products/digitalisierungsindex-2021 (abgerufen: 14.10.2021)

Baller S, Dutta S, Lanvin B (2016) The Global Information Technology Report 2016: Innovating in the Digital Economy. http://www3.weforum.org/docs/GITR2016/WEF_GITR_Full_Report.pdf (abgerufen: 14.10.2021)

Barbosa F, Woetzel J, Mischke J, Ribeirinho MJ, Sridhar M, Parsons M, Bertram N, Brown, S. (2017) Reinventing construction: a route to higher productivity: Executive Summary. https://pzpb.com.pl/wp-content/uploads/2017/04/MGI-Reinventing-Construction-Full-report.pdf (abgerufen: 14.10.2021)

Besenyöi Z, Krämer M (2021). Towards the Establishment of a BIM-supported FM Knowledge Management System for Energy Efficient Building Operations. Proc. of the 38th International Conference of CIB W78, Luxembourg, 13–15 October, 194–203. http://itc.scix.net/paper/w78-2021-paper-020

Eadie R, Browne M, Odeyinka H, McKeown C, McNiff M (2013) BIM implementation throughout the UK construction project lifecycle: An analysis. Automation in Construction 36(December 2013), 145–151

Evans H (2017) „Content is King" – Essay by Bill Gates 1996. https://medium.com/@HeathEvans/content-is-king-essay-by-bill-gates-1996-df74552f80d9 (abgerufen: 14.10.2021)

Florez L, Afsari K (2018) Integrating Facility Management Information into Building Information Modelling using COBie: Current Status and Future Directions. Proc. 35th Int. Symp. on Automation and Robotics in Construction (ISARC 2018), Berlin, 8 S

Fruchter R (2021) When 21st Century Technologies Meet the Oldest Engineering Discipline, Presentation at 38th International Conference of CIB W78, Luxembourg

Gallaher MP, O'Connor AC, Dettbarn JL, Gilday LT (2004) Cost Analysis of Inadequate Interoperability in the U.S. Capital Facilities Industry. https://www.nist.gov/node/583921 (abgerufen: 14.10.2021)

Hu Z-Z, Leng S, Lin J-R, Li S-W, Xiao Y-Q (2021) Knowledge Extraction and Discovery Based on BIM: A Critical Review and Future Directions. Archives of Computational Methods in Engineering (April 2021) 22 S

Kensek K (2015) BIM Guidelines Inform Facilities Management Databases: A Case Study over Time. Buildings, 5(August 2015)3, 899–916

May M (Hrsg.) (2018a) CAFM-Handbuch – Digitalisierung im Facility Management erfolgreich einsetzen. 4. Auflage, Springer Vieweg, Wiesbaden, 2018, 713 S

Menon P (2018) An Executive Primer to Deep Learning. https://medium.com/@rpradeepmenon/an-executive-primer-to-deep-learning-80c1ece69b34 (abgerufen: 14.10.2021)

NN (2015a) Transforming our World: The 2030 Agenda for Sustainable Development. https://sustainabledevelopment.un.org/content/documents/21252030%20Agenda%20for%20Sustainable%20Development%20web.pdf (abgerufen: 14.10.2021)

NN (2015b) Sustainable cities: why they matter. https://www.un.org/sustainabledevelopment/wp-content/uploads/2016/08/11.pdf

NN (2017d) Asset Information Requirements Guide: Information required for the operation and maintenance of an asset, 53 S. http://www.abab.net.au (abgerufen: 14.10.2021)

NN (2018a) ISO 16739-1: Industry Foundation Classes (IFC) for data sharing in the construction and facility management industries Part 1: Data schema. International Organization for Standardization, 2018-11

NN (2018c) ISO 19650-1:2018: Organization and digitization of information about buildings and civil engineering works, including building information modelling (BIM) – Information management using building information modelling: Part 1: Concepts and principles. https://www.iso.org/standard/68078.html (abgerufen: 14.10.2021)

NN (2018d) ISO 19650-2:2018: Organization and digitization of information about buildings and civil engineering works, including building information modelling (BIM) – Information management using building information modelling: Part 2: Delivery phase of the assets. https://www.iso.org/standard/68080.html (abgerufen: 14.10.2021)

NN (2018e) BIM Level 2 Benefits Measurement, Application of PwC's BIM Level 2 Benefits Measurement Methodology. https://www.cdbb.cam.ac.uk/news/2018JuneBIMBenefits (abgerufen:14.10.2021)

NN (2019b) World Population Prospects 2019 – Highlight. https://population.un.org/wpp/Publications/Files/WPP2019_Highlights.pdf (abgerufen: 14.10.2021)

NN (2019c) Only 11 Years Left to Prevent Irreversible Damage from Climate Change, Speakers Warn during General Assembly High-Level Meeting. https://www.un.org/press/en/2019/ga12131.doc.htm (abgerufen: 14.10.2021)

NN (2020d) NBS's 10th Annual BIM Report 2020. https://www.thenbs.com/bim-report-2020. (abgerufen: 14.10.2021)

NN (2021e) https://www.wbdg.org/bim/cobie/ (abgerufen: 27.05.2021)

NN (2021ac) Construction Global Market Report 2021: COVID-19 Impact and Recovery to 2030. ResearchAndMarkets. https://www.globenewswire.com/en/news-release/2021/03/16/2193403/

28124/en/Construction-Global-Market-Report-2021-COVID-19-Impact-and-Recovery-to-2030.html (abgerufen: 14.10.2021)

NN (2021ad) BIM@SBB Road Map. https://company.sbb.ch/en/the-company/projects/national-projects/bim/documents.html (abgerufen: 14.10.2021)

NN (2021ae) Forecast end-user spending on IoT solutions worldwide from 2017 to 2025. https://www.statista.com/statistics/976313/global-iot-market-size (abgerufen: 14.10.2021)

NN (2021af) UK BIM Framework, www.ukbimframework.org (abgerufen: 14.10.2021)

Patacas J, Dawoo, N, Kassem M. (2020) BIM for facilities management: A framework and a common data environment using open standards. Automation in Construction 120(December 2020). https://doi.org/10.1016/j.autcon.2020.103366 (abgerufen: 14.10.2021)

Sacks R, Eastman C, Lee G, Teicholz P (2018) BIM Handbook. 3rd ed., John Wiley & Sons, Hoboken, New Jersey, 2018, 659 S

Sawhney A (2015) International BIM implementation guide – RICS guidance note, global. RICS, 1st edition. https://www.rics.org/uk/upholding-professional-standards/sector-standards/construction/international-bim-implementation-guide (abgerufen: 14.10.2021)

Saxon R, Robinson K, Winfield M (2018) Going digital – A guide for construction, clients, building owners and their advisers. https://www.ukbimalliance.org/wp-content/uploads/2018/11/UK-BIMA_Going-Digital_Reportl.pdf (abgerufen: 14.10.2021)

Teicholz P (Hrsg.) (2013) BIM for Facility Managers. John Wiley & Sons, Inc., Hoboken, New Jersey, 2013

Thomas P (2017) The role of FM in BIM projects – Good practice guide. https://www.iwfm.org.uk/resource/the-role-of-fm-in-bim-projects.html (abgerufen: 14.10.2021)

Wilson D (2018) Strategic Facility Management Framework – RICS guidance note, Global. RICS & IFMA, 1st edition. https://www.rics.org/globalassets/rics-website/media/upholding-professional-standards/sector-standards/real-estate/strategic-fm-framework-1st-edition-rics.pdf (abgerufen: 14.10.2021)

Wright L, Davidson S (2020) How to tell the difference between a model and a digital twin. Adv. Model. and Simul. in Eng. Sci. 7(2020)13, 13 S

Digitalisierungstrends in der Immobilienbranche

2

Michael May, Thomas Bender, Joachim Hohmann, Erik Jaspers, Thomas Kalweit, Stefan Koch, Markus Krämer, Michael Marchionini, Maik Schlundt und Nino Turianskyj

M. May (✉)
Deutscher Verband für Facility Management (GEFMA), Bonn, Deutschland
E-Mail: michael.may@gefma.de

T. Bender
pit – cup GmbH, Heidelberg, Deutschland
E-Mail: thomas.bender@pit.de

J. Hohmann
Technische Universität Kaiserslautern, Kaiserslautern, Deutschland
E-Mail: joachim.hohmann@bauing.uni-kl.de

E. Jaspers
Planon B.V., Nijmegen, Niederlande
E-Mail: erik.jaspers@planonsoftware.com

T. Kalweit
net-haus GmbH, Berlin, Deutschland
E-Mail: t.kalweit@net-haus.com

S. Koch
Axentris Informationssysteme GmbH, Berlin, Deutschland
E-Mail: skoch@axentris.de

M. Krämer
Hochschule für Technik und Wirtschaft Berlin, Berlin, Deutschland
E-Mail: markus.kraemer@htw-berlin.de

M. Marchionini
ReCoTech GmbH, Berlin, Deutschland
E-Mail: marchionini@recotech.de

© Der/die Autor(en), exklusiv lizenziert an Springer Fachmedien Wiesbaden GmbH, ein Teil von Springer Nature 2022
M. May et al. (Hrsg.), *BIM im Immobilienbetrieb*,
https://doi.org/10.1007/978-3-658-36266-9_2

Digitalisierung bezeichnet im ursprünglichen Sinne die Umwandlung von analogen Werten in digitale Formate, um solche Daten dann informationstechnisch verarbeiten zu können. Im Kontext von Planen, Bauen und Betreiben sind diese Daten das digitale Abbild einer Immobilie, also das BIM-Modell, in dem grafische und alphanumerische Informationen in einer Datenbank gespeichert und verwaltet werden. Natürlich erfordert der Umgang mit digitalen Daten neue Werkzeuge und Tools (IT-Systeme), mit denen gearbeitet wird, sowie neue Medien zur Speicherung und neue Wege zum Datenaustausch.

Doch durch die Digitalisierung ändert sich nicht nur das Format, in dem Informationen vorgehalten und verarbeitet werden, sondern es ändern sich auch die Prozesse und Arbeitsweisen, aus denen sich völlig neue Konzepte und Methoden entwickeln, was im Allgemeinen als digitale Transformation bezeichnet wird. Um diese Veränderungen strukturiert zu steuern und nachhaltig umzusetzen, müssen Organisation, Rollen, Verantwortlichkeiten und Abläufe neu definiert und Aufgaben koordiniert werden. Die Art und Weise der Zusammenarbeit der Beteiligten aller Gewerke ändert sich über alle Lebenszyklusphasen – von der Kooperation hin zur Kollaboration. Zudem entstehen daraus auch neue Möglichkeiten, Services für Planer, Bauherrn, Betreiber und Nutzer zu entwickeln und anzubieten. Hier wird nochmals deutlich, dass es sich bei BIM um eine ganzheitliche Methode handelt, die sich nicht nur auf das Vorhandensein eines digitalen Gebäudemodells reduzieren lässt.

Der Erfolg eines BIM-Projekts liegt also nicht alleine in der Digitalisierung (BIM-Modell), sondern insbesondere auch in der digitalen Transformation (BIM-Methode), wobei digitale Daten die Grundlage dieser digitalen Transformation sind. Denn die beste Modellstruktur hilft nichts, wenn die Prozesse unklar sind und sich niemand dafür verantwortlich sieht, die Daten in das Modell zu bringen bzw. sie dort zu pflegen.

In den folgenden Abschnitten werde relevante Digitalisierungstechnologien und -trends, die bereits heute eine wichtige Rolle im Immobilienbereich spielen, kurz erläutert: Ausgewählte Fachbegriffe zum Thema Digitalisierung im FM werden auch im GEFMA-Glossar der FM-Begriffe (https://www.gefma.de/glossar/) erläutert.

2.1   CAFM und IWMS

Facility Management (FM) ist eine Managementdisziplin, die sich mit den komplexen Prozessen rund um Immobilien beschäftigt. Darunter fallen alle technischen, infrastrukturellen, planerischen und kaufmännischen Aufgaben rund um Gebäude und ihre Anlagen und zwar über ihren Lebenszyklus hinweg. Da Immobilien zu einem sehr erheblichen Teil

M. Schlundt
DKB Service GmbH, Berlin, Deutschland
E-Mail: maik.schlundt@dkb-service.de

N. Turianskyj
LED-Studien GmbH, Panitzsch, Deutschland
E-Mail: info@led-studien.de

GEFMA

TRENDSETTER BEI DIGITALISIERUNG IM FACILITY MANAGEMENT

Der **Arbeitskreis Digitalisierung** unterstützt die FM-Branche mit:

Kompetenz

Publikationen

- Richtlinien zu allen Aspekten der Digitalisierung im FM (GEFMA 400)
- Fachartikel und White Paper
- CAFM-Handbuch, -Trendreport
- BIM-Buch

Events

- Future Lab Digitalisierung
- CAFM-Herstellertreffen und Workshops
- IT/FM-Webinars (GEFMA-HUB)

Qualitätssicherung

- 20+ CAFM-Softwareprodukte mit GEFMA-Zertifikat
- Standardisierung

Wissenstransfer

- Forschung
- Trendstudien und Marktübersichten
- Empfehlungen für Aus- und Weiterbildung
- Internationale Kooperation

Schwerpunktthemen sind:

- CAFM/IWMS
- BIM im Betrieb
- Smart Buildings und IoT
- Cloud Computing im FM
- IT-Integration und Interoperabilität
- Digital Workplace

Der AK Digitalisierung bietet GEFMA-Mitgliedern und Noch-nicht-Mitgliedern Unterstützung beim:

- Aufsetzen einer Digitalisierungsstrategie und
- Umsetzen dieser Strategie durch Softwareeinführung, Integration/ Erweiterung oder Ablösung bzw. Migration von Bestandssystemen.

Weitere Informationen: **https://gefma.de** und **info@gefma.de**

das bilanzierte Anlagevermögen bestimmen und nach den Personalkosten die größten Aufwendungen in der Bilanz von Unternehmen verursachen, ist es nur verständlich, dass ihrem professionellen Management immer mehr Aufmerksamkeit gewidmet wird und die Unternehmen aber auch öffentlichen Einrichtungen verstärkt nach Kostensenkungspotenzialen in den betriebsunterstützenden (Nicht-Kerngeschäfts-) Bereichen suchen. Zunehmend gewinnen dabei die Integration und Nachhaltigkeit der FM-Prozesse an Bedeutung. In den letzten zwei Jahrzehnten wurde zunehmend erkannt, dass wir die Komplexität der FM-Prozesse und die damit verbundene Datenflut ohne die moderne Informationstechnologie (IT) und Digitalisierung nicht effektiv und schon gar nicht effizient steuern können. Dies erfordert spezifisches Know-how und Erfahrung aus erfolgreich umgesetzten Digitalisierungsprojekten.

Seit über drei Jahrzehnten wird das Computer Aided Facility Management (CAFM) eingesetzt, um dieser Herausforderung zu begegnen. Entsprechend wurden leistungsfähige CAFM-Softwaresysteme entwickelt.

Unter CAFM-Software verstehen wir hierbei eine Anwendungssoftware, welche die Digitalisierung von Facility Prozessen im gesamten Lebenszyklus von Facilities umfassend unterstützt. Zu diesen Prozessen, auch als CAFM-Kernanwendungen (NN 2021a) bezeichnet, gehören u. a.

- Flächenmanagement,
- Instandhaltungsmanagement,
- Inventarmanagement,
- Reinigungsmanagement,
- Raum- und Asset-Reservierung,
- Schließanlagenmanagement,
- Umzugsmanagement,
- Vermietungsmanagement,
- Energiecontrolling,
- Sicherheit und Arbeitsschutz,
- Help- und Service-Desk,
- Umweltschutzmanagement,
- Budgetmanagement und Kostenverfolgung,
- BIM-Datenverarbeitung,
- Vertragsmanagement sowie
- Workplace Management.

Die Verarbeitung, Auswertung und Darstellung grafischer und alphanumerischer Daten ist dabei ebenso wichtig wie die systematische Steuerung im Sinne eines Workflow Managements und die Integrationsmöglichkeit mit anderen IT-Systemen (NN 2021a). CAFM ist somit die Umsetzung und Unterstützung des Facility-Management-Konzepts mit Hilfe moderner Informations- und Kommunikationstechnik über den gesamten Lebenszyklus von Facilities hinweg.

Im englischsprachigen Raum hat sich zusätzlich auch der Begriff des Integrated Workplace Management Systems (IWMS) etabliert (vgl. May und Williams 2017). Die wesentlichen Komponenten von IWMS sind:

- Projektmanagement,
- Immobilien-Portfolio- und Mietmanagement,
- Flächenmanagement,
- Instandhaltung und Wartung (inkl. CMMS – Computerized Maintenance Management System und EAM – Enterprise Asset Management) sowie
- Nachhaltigkeit und Betreiberverantwortung.

Damit entspricht IWMS weitgehend dem Verständnis des Begriffs CAFM-System im deutschsprachigen Raum.

In der Literatur (vgl. May 2018a) werden die Begriffe CAFM-Software und CAFM-System unterschieden. Mit CAFM-Software wird ein Tool bezeichnet, welches am Markt erworben bzw. lizenziert, gemietet oder selbst erstellt werden kann. Ein CAFM-System hingegen ist ein individualisiertes und damit auf die spezifischen Bedürfnisse eines Unternehmens, einer Organisation bzw. einer Branche angepasstes Informationssystem zur Digitalisierung von Facility Prozessen, welches die unternehmensspezifischen FM-Daten bereithält. Diese Unterscheidung zwischen Software und System wurde vorgenommen, um einem CAFM-Interessenten zu verdeutlichen, dass neben dem Erwerb einer Lizenz oder der Miete einer CAFM-Software ein erheblicher Aufwand durch Datenbereitstellung und Anpassung der Lösung entsteht, ehe ein funktionsfähiges CAFM-System vorliegt.

Eine weitergehende Erörterung der CAFM-Thematik erfolgt in Abschn. 3.2.

2.2   Building Information Modeling

Building Information Modeling (BIM) (Borrmann et al. 2018) beschreibt eine Methode, in der alle bei Entwurf, Errichtung und Betrieb von Immobilien entstehenden Daten in einem sogenannten Building Information Model (Gebäudeinformationsmodell) zusammengeführt werden, das von den Beteiligten gemeinsam lebenszyklusübergreifend gepflegt und genutzt wird.

Jedes Gewerk greift auf ein einheitliches Datenmodell zu. Dadurch können frühzeitig Kollisionen der Gewerke erkannt werden. Redundante Daten werden verhindert, so dass alle Beteiligten basierend auf dem gleichen aktuellen Stand kommunizieren, wodurch Eindeutigkeit und Klarheit erzeugt werden. Somit ist ein effektives vernetztes Arbeiten möglich.

Unter einem Gebäudeinformationsmodell versteht man ein digitales Abbild – einen strukturierten Datensatz – eines entweder bestehenden oder sich in der Planung befindlichen Bauwerks. Die strukturierten Daten enthalten alle notwendigen Informationen über das Bauwerk (geometrische und alphanumerische Informationen). „Ein Building Informa-

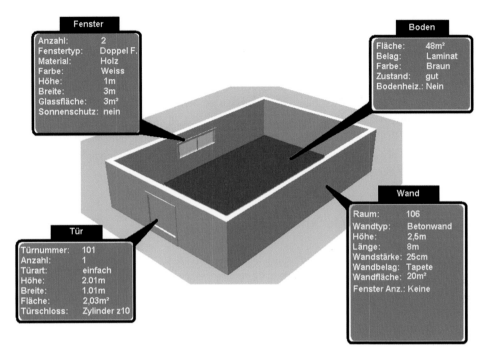

Abb. 2.1 Bauteile in einem BIM-Modell mit Attributen

tion Model enthält neben der dreidimensionalen Darstellung der Geometrie auch semantische Informationen wie Kosten, Typinformationen oder technische Eigenschaften." (Borrmann et al. 2018)

Die Abb. 2.1 zeigt hier einige typische Attribute die in einem BIM-Modell für Bauteile
wie Fenster, Türen, Wände und Böden enthalten sein können.

Das BIM-Modell ist somit die eine und verlässliche Informationsquelle (Single Source
of Truth) zum Gebäude und dessen technischen Anlagen. Erzeugt wird es durch dafür
geeignete Softwarewerkzeuge, die im internationalen Sprachgebrauch als *BIM-Authoring-
Tools* bezeichnet werden.

Wesentliches Merkmal von BIM-Autorenwerkzeugen ist die objektorientierte Modellierung. Dabei werden „intelligente" Bauteile (Objekte) modelliert, die zur Beschreibung
des Objektes alle relevanten geometrischen und alphanumerischen Informationen (Bau-
teiltypen und Attributierung) enthalten.

In Authoring-Tools werden grafische wie auch alphanumerischen Daten miteinander
verknüpft. Ein grafisches Objekt wie eine Wand (geometrisch ein Quader) wird mit Merkmalen angereichert. Somit kann die Wand als Bauteil beschrieben werden und es kann
exakt bestimmt werden, um welche Art von Wand es sich handelt und aus welchem Mate-
rial sie besteht.

Für weitergehende Berechnungen können zusätzliche Attribute hinterlegt werden,
z. B. der Wäremedurchgangskoeffizient für energetische Berechnungen oder auch Kosten-

informationen zu Bauteilen, die zur Ermittlung der Gesamtkosten herangezogen werden können.

Durch BIM und somit durch ein zentrales virtuelles Gebäudemodell mit entsprechenden Daten ergeben sich zahlreiche Anwendungsfälle (BIM Use Cases). So kann BIM bei der Mengenermittlung, der Kostenplanung bis hin zu energetischen Betrachtungen unterstützen und bietet die Möglichkeit Nutzungskosten bereits in der Planungsphase zu berücksichtigen.

Weiterhin stellt das im BIM-Projekt modellierte digitale Gebäudeinformationsmodell eine valide Datenbasis für einen mittels CAFM digital unterstützten Gebäudebetrieb dar (vgl. Kap. 3 und Teicholz 2013).

2.3   IT-Integrationstechnologien

IT-Systeme werden für die Unterstützung von Geschäftsprozessen eingesetzt. Bezüglich des Umfangs und der Komplexität weisen Geschäftsprozesse dabei eine große Bandbreite auf. Ein Geschäftsprozess erfordert einerseits die Umsetzung verschiedener Arbeitsschritte mit spezifischen Logiken. Andererseits kann er eine oder mehrere Personen einbinden, die in einer oder mehreren Organisationen, an einem oder mehreren Standorten und unter Einsatz eines oder mehrerer IT-Systeme tätig sind.

Vor diesem Hintergrund ist die Kopplung verschiedener IT-Systeme stark durch die jeweiligen Geschäftsprozesse geprägt. Hierfür steht ein breites Spektrum an unterschiedlichen Integrationstechnologien zur Verfügung, das mit steigenden Anforderungen von den beteiligten Organisationen kontinuierlich weiterentwickelt wird.

Aus Sicht eines Systemnutzers ist anzustreben, dass für die Durchführung eines Geschäftsprozesses nur ein einziges System benutzt wird und ein Wechsel zu einem weiteren System nicht erforderlich ist. Dies kann erreicht werden, indem ein System A – da wo es erforderlich ist – Dateien, alphanumerische Daten, bestimmte Funktionen bzw. die Logik oder Komponenten der Benutzungsoberfläche eines anderen Systems B, C, … verfügbar macht (vgl. Abb. 2.2).

2.3.1   Integration von Dateien

Die Integration von Dateien kann über eine Schnittstelle zu einem Verzeichnisdienst erreicht werden (vgl. Abb. 2.3). Diese soll es ermöglichen, dass Dateien, die von einer Vielzahl von Personen und Systemen genutzt und bearbeitet werden, jederzeit in aktueller Form zur Verfügung stehen. In jedem Fall ist festzulegen, wer für eine Dateiüberarbeitung „führend" ist. Eine gemeinsame Dateiablage kann über einen zentralen Datenspeicher mit Zugriff über Netzwerke oder unter Einsatz von Internetprotokollen wie WebDAV eingerichtet werden. In einer Datenbank lassen sich Dateien als große Datenmengen in Binary Large Objects (BLOBs) abbilden. In diesem Fall kann der Zugriff über das Datenbank-Nutzerkonzept gesteuert werden. Zahlreiche Cloud-Dienste bieten externe Online-Speicher an. Einige dieser Dienste ermöglichen den mehrfachen Update-Zugriff auf Dateien. Dies ist normalerweise in

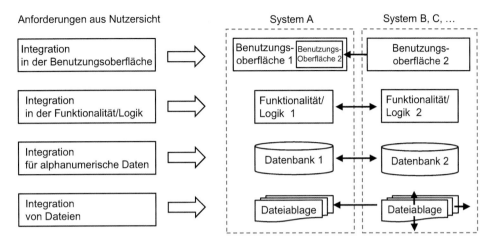

Abb. 2.2 Stufen der Integrationstiefe aus Nutzersicht

dateibasierten Cloud-Diensten der Fall, die mit Tools für die Zusammenarbeit wie Microsoft Teams und Google Docs verbunden sind. Besteht ein Bedarf an einer Versionskontrolle inkl. Ein- und Auschecken sowie Freigabe bei der Dokumentenüberarbeitung, kann ein Dokumentenmanagementsystem (DMS) eingebunden werden.

Über eine Dateischnittstelle werden Daten mittels einer Austauschdatei (File Transfer) aus einem System exportiert und in ein anderes System importiert. Der so genannte Batch-Lauf erfolgt unidirektional und asynchron. Für zeitunkritische Anforderungen ist diese Offline-Schnittstelle weit verbreitet.

2.3.2   Integration von alphanumerischen Daten

Damit Systeme ordnungsgemäß funktionieren, benötigen sie normalerweise einen minimalen Datensatz, der in der Datenbank erfasst wird. Schnittstellen zur Datenübertragung sind daher ein weit verbreitetes Phänomen. Oft laufen diese Schnittstellen zu vorgeplanten Zeiten. Da Datenstrukturen verschiedener Systeme meist unterschiedlich sind, müssen Daten, die von einem System stammen, normalerweise umstrukturiert werden, bevor sie in das andere System geladen werden können. Im Allgemeinen werden Datenübertragungen in drei „Stufen" durchgeführt, die als *Extraktion, Transformation, Laden* (ETL) bezeichnet werden. Extraktion bezeichnet das Lesen der Daten aus dem Quellsystem, Transformation bezeichnet die Umstrukturierung der Daten in das Format des Zielsystems und Laden bezeichnet das Einfügen der Daten in das Zielsystem. ETL-Tools sind von verschiedenen Anbietern erhältlich. Einige CAFM-Systemanbieter bieten sie ebenfalls an.

Eine Datenbankschnittstelle ermöglicht über standardisierte Protokolle wie Open Database Connectivity (ODBC) und Java Database Connectivity (JDBC) einen direkten Zugriff auf die jeweilige Datenbank (vgl. Abb. 2.3). Mit diesem Verfahren lassen sich Online-Schnittstellen realisieren.

2.3.3 Integration der Funktionalität/Logik

Eine funktionale Schnittstelle nutzt die von einem Hersteller bereitgestellten und freigegebenen Zugriffsmethoden auf sein System. Diese Schnittstellen kapseln die Datenbanken gegen fehlerhafte Zugriffe ab und ermöglichen den Online-Aufruf von Funktionen bzw. Logiken zur Verwendung in einem anderen System. Der heutige Standard für funktionale Schnittstellen besteht in Webservices auf HTTP-Basis, von denen REST (Representational State Transfer) sehr populär geworden ist. Ebenfalls eingesetzt werden hierfür verschiedene Application Programming Interfaces (APIs), die auf Technologien wie Remote Function Call (RFC) oder Remote Method Invocation (RMI) basieren (vgl. Abb. 2.3).

Ergänzend hierzu stehen Systeme zur Verfügung die auf einer Microservices-Architektur basieren. Während klassische APIs eine Vereinbarung über Aktionen nutzen, die von einem bestimmten Service angefordert werden dürfen, verwendet eine Microservices-Architektur eine nachrichtenbasierte Kommunikation, die sich eines Messaging-Systems bedient, an das Nachrichten gesendet werden, welche anschließend von Microservices verarbeitet werden. Der Hauptvorteil dieser Produktklasse besteht darin, dass sie in der Regel einfach in andere Systeme integriert werden kann.

Neben der Integration über Webservices gewinnt auch der direkte Nachrichtenaustausch an Popularität. Hierbei erstellen Systeme Nachrichten mit vordefinierten Attributen und senden diese an andere Systeme, die sie verarbeiten. Eine typische Komponente, die dieser Ansatz verwendet, wird als *Nachrichtenbus* (Message Bus) bezeichnet (Vaughan 2020). Ein Nachrichtenbus ist eine Kombination aus einem gemeinsamen Datenmodell, einem gemeinsamen Befehlssatz und einer Nachrichteninfrastruktur, die es verschiedenen Systemen ermöglicht, über einen gemeinsamen Satz von Schnittstellen zu kommunizieren.

Dieser Ansatz hat eine Reihe von Vorteilen:

- *Protokollierung*
  Alle Nachrichten, die zwischen Systemen ausgetauscht werden, können protokolliert werden. Dies ermöglicht vollständige Transparenz und Nachverfolgung der Kommunikation von Systemen: das Was und das Wann.
- *Warteschlangen*
  In vielen Nachrichtensystemen können Nachrichten in die Warteschlange gestellt werden. Dies ist besonders günstig, wenn das empfangende System unter Last steht und die eingehenden Nachrichten nicht direkt verarbeiten kann. Dies macht die Integration recht stabil und skalierbar.
- *Sicher*
  Die meisten Nachrichtendienste bieten eine sichere (verschlüsselte) Übertragung der in den Nachrichten gekapselten Daten.
- *Ereignisgesteuert*
  Systeme können Nachrichten einrichten und senden, die in direktem Zusammenhang mit Benutzeraktionen oder anderen Ereignissen stehen, die im System auftreten. Wenn beispielsweise ein Benutzer im CAFM-System A eine Reparaturanforderung einreicht,

Schnitt-stellentyp	Umsetzung	Online/Offline	Vorteil	Nachteil
Verzeichnis-dienst	WebDAV, BLOB, Cloud-Dienste, DMS	Online	Aktuelle Dateien verfügbar	Verfügbarkeit nur bei Netzverbindung
Datei-schnittstelle	Export-/Import-Schnittstellen	Offline, Batch-Läufe	Einfacher Import von Massendaten	Individuell, keine Rückmeldung
Datenbank-schnittstelle	SQL z. B. über ODBC, JDBC	Online, ggf. bidirektional	Quasi-Standard für Datenbanken	Datenstrukturen müssen bekannt sein
Funktionale Schnittstelle	Web-Service API, RFC, RMI, Messaging, JSON	Online, ggf. bidirektional	Kapselung der Funktionalität	Ggf. begrenzter Funktionsumfang

Abb. 2.3 Schnittstellentechnologien zur IT-Integration

kann diese Anforderung per Nachricht an das System des Diensteanbieters gesendet werden, wodurch eine schnelle Antwort auf die Anforderung ermöglicht wird.

2.3.4 Integration in der Benutzungsoberfläche

Sollte es über eine Integration von Dokumenten, Daten und Funktionen hinaus den Bedarf geben, dass die Benutzeroberfläche oder eine Komponente daraus von einem System bei einem anderen System eingebettet wird, erfolgt eine Integration in der Benutzeroberfläche. Insbesondere für spezifische Apps oder Viewer kann dies über HTML-Seiten erreicht werden. Das Einbetten der Produkte von Drittanbietern wird normalerweise mithilfe von Technologien wie JSON implementiert.

Die Abb. 2.3 gibt einen Überblick über die erörterten Schnittstellentechnologien, Möglichkeiten für deren Umsetzung sowie die wesentlichen Vor- und Nachteile.

Weiterführende Informationen zur Integrationsthematik finden sich in (May 2018a, NN 2014a und NN 2022c).

2.4 Mobile Computing

2.4.1 Mobilität

Im Oktober 2016 war der Zeitpunkt gekommen, an dem weltweit mehr Menschen das Internet mit Smartphones und Tablets als mit herkömmlichen Desktop-Computern nutzten (Lösel 2017). Dieses Wachstum ist zwar sehr stark auf die Entwicklung in Ländern Afrikas sowie asiatischen Staaten wie Indien und China zurückzuführen, zeigt jedoch sehr deutlich, dass die Nutzung mobiler Hard- und Software, sowie darauf basierender Services stetig an Bedeutung gewonnen hat und weiterhin gewinnt. Technische Innovationen und stetig zunehmende Angebote sowie Nachfragen forcieren diese Entwicklung zusätzlich.

Der Begriff „Mobile Computing" umfasst hierbei mobile Hardware und Software, sowie mobile Kommunikationstechnologien inklusive der Protokolle und Standards, auf denen diese Technologien basieren. Typische Geräteklassen sind hierbei Notebooks, Tablets und Smartphones, Smartcards und RFID-Geräte, Sensoren und Wearables, wie Smartwatches oder ähnliche tragbare mobile Endgeräte.

Die Zielstellung von Mobile Computing ist es u. a., einem mobilen Benutzer auf Basis seines Standortes und seiner Situation die für ihn sinnvollen Informationen und Dienste zur Verfügung zu stellen. Solche Dienste werden als Location-based Services bezeichnet. Hierbei zeichnet sich Mobile Computing vor allem durch drei wesentliche Elemente aus: Mobilität, Vernetzung und Ortsbezug.

„Mobilität" im Zusammenhang mit Mobile Computing besitzt drei Sichtweisen: (Bollmann und Zeppenfeld 2015)

- *Gerätemobilität*
  Unabhängig von Zeit und Ort ist ein mobiles Gerät vernetzt mit anderen Infrastrukturkomponenten.
- *Benutzermobilität*
  Je nach Ort und Situation steht dem mobilen Benutzer das jeweils passende Gerät zur Verfügung. Zur Authentifizierung verwendet er dabei eindeutige Sicherheitsmerkmale wie z. B. Passwörter, PINs oder Chipkarten.
- *Dienstmobilität*
  Unabhängig von Zeit, Ort und Hardware steht ein Dienst zur Verfügung. Ein klassisches Beispiel hierfür ist die Verwendung eines Email-Dienstes. Dieser kann unterwegs mittels Smartphones, im Büro am Desktop-PC mittels installierter Software und zu Hause über einen mobilen Web-Client abgerufen und verwendet werden.

2.4.2 Charakteristika von Mobile Computing

Mobile Computing lässt sich anhand folgender charakteristischen Eigenschaften genauer beschreiben:

- *Portabilität/Ressourcen der verwendeten Geräte*
  Mobile Geräte sind im Vergleich zu stationären Geräten im Allgemeinen ressourcenarm ausgestattet und müssen während ihrer Arbeit mit geringeren Leistungen (Prozessor, Stromzufuhr, Speicher, Display usw.) auskommen.
- *Konnektivität/Eigenschaften der Verbindung*
  Verbindungen im Zusammenhang mit Mobile Computing sind variabel bzgl. Zuverlässigkeit und Performanz. Hierbei bieten drahtlose Verbindungen meist eine geringere Übertragungsleistung als leitungsgebundene Verbindungen. Zudem ist diese Art der

Verbindungen sehr stark äußeren Einflüssen unterworfen und kann von Störungen stark beeinflusst werden.

*   *Security Requirements/Sicherheitsaspekte in der mobilen Nutzung*
    Neben den Sicherheitsanforderungen, die für stationäre Geräte gelten, müssen mobile Endgeräte und deren Infrastruktur darüber hinaus noch weitere Sicherheitskriterien erfüllen. Dieser Bereich der Datensicherheit wird auch als Mobile Security bezeichnet. Gerade der Aspekt, dass sich mobile Geräte oft in Umgebungen befinden, die nur schwer kontrollierbar sind, stellt den Betrieb solcher Geräte vor besondere Herausforderungen. Auch der Verlust oder Diebstahl sowie die Herstellung einer Verbindung über Fremdzugriffspunkte können zu einem erhöhten Risiko führen und müssen innerhalb von Sicherheitskonzepten mit betrachtet werden.

*   *Usability/Verwendung von mobiler Hardware*
    Endgeräte im Bereich Mobile Computing zeichnen sich oft dadurch aus, dass ihre Bauform dem jeweiligen Anwendungszweck angepasst und auf eine vollständig mobile Nutzung ausgelegt ist. Zudem sind diese Geräte oft anwendungsspezifisch (nutzerunabhängig) oder nutzerspezifisch strukturiert. Multiuser-Devices, wie Unix- oder Windows-basierte Geräte, sind in diesem Kontext eher selten im Einsatz.

2.4.3 Vorteile des Mobile Computing

Im Unterschied zu stationären Lösungen liegt der entscheidende Vorteil von Mobile Computing in der durchgängigen Mobilität und der dauerhaften Verfügbarkeit mobiler Dienste, u. U. in Abhängigkeit von der Kommunikationsinfrastruktur am jeweiligen Standort (Lösel 2017).

Im Tausch gegen hohe lokale Ressourcenverfügbarkeit erhält der Nutzer Flexibilität in der Anwendung sowie bei Funktionen, die ausschließlich mobil möglich oder für die mobile Nutzung optimiert sind. Hierzu gehören unter anderem, standort-orientierte Dienste, GPS-Datenverarbeitung für Trackinganwendungen, Aktivitätstracker zur Analyse des Körpers oder Nahfelderfassung mittels Kamera, Bluetooth oder Near Field Communication (NFC).

Zudem fokussieren Geräte aus dem Mobile Computing inzwischen immer mehr auf alternative Eingabemethoden wie biometrische Scans oder Sprachsteuerung. Dies eröffnet neue Möglichkeiten für Menschen, die aufgrund einer Behinderung oder der örtlichen Gegebenheiten keine herkömmlichen Eingabemethoden nutzen können. Auch hinsichtlich der Sicherheit bieten mobile Geräte und die verbauten Techniken Vorteile. So sind das Tracking und Wiederauffinden mobiler Geräte eine hilfreiche Funktion zur Absicherung.

2.4.4 Einschränkungen und Nachteile

Neben den genannten Vorteilen bringt „Mobile Computing" auch Einschränkungen und Nachteile mit sich. So sind mobile Endgeräte meist auf eine eingebaute Stromzufuhr in Form von Akku-Batterien angewiesen. Dies schränkt die Nutzungsdauer mehr oder weniger ein und hat erheblichen Einfluss auf die Bauform der Geräte. Auch stellt die mobile Stromversorgung sehr umfangreiche Anforderungen an die verbauten technischen Komponenten. Hier muss ein ausgewogenes Verhältnis zwischen Stromverbrauch und möglicher Leistung erreicht werden (Lösel 2017). Die verbauten Komponenten und die kleine Bauform schränken jedoch auch die Bedienbarkeit teilweise ein. Bildschirme, Tastaturen und andere Eingabegeräte sind meist sehr klein, so dass auf alternative Eingabemethoden, wie Sprachsteuerung, visuelle Aufnahmen (Kamera) und Gestenerkennung zurückgegriffen werden muss. Dieses ist teilweise noch ungewohnt und bedarf Übung.

Des Weiteren spielt der Sicherheitsaspekt eine wichtige Rolle in der Verwendung von mobilen Geräten. Da diese deutlich leichter gestohlen oder verloren werden können, muss hier ein höheres Augenmerk auf deren Sicherheit gelegt werden. Dies geschieht unter anderem durch eine höhere Absicherung der Geräte mittels biometrischer Anmeldemethoden, PIN-Codes und ähnlicher Techniken. Auch die Verwendung mobiler Geräte in schwer kontrollierbaren Umgebungen, sowie die Nutzung öffentlicher Zugangspunkte erhöht die Anforderungen an deren Absicherung und kann zu Einschränkungen in der Funktionalität führen. Ein weiterer Nachteil liegt in der Nutzung mobiler Kommunikationstechnologien, wie z. B. LTE oder 5G. Im Gegensatz zum stationären Umfeld kann es in der mobilen Nutzung erhebliche Einschränkung hinsichtlich Verfügbarkeit, Zuverlässigkeit, Reichweite und Qualität geben. Gerade schlechtes Wetter, Besonderheiten des Geländes oder der Baumaterialien sowie die Entfernung zum nächsten Empfangspunkt können den Signalempfang mindern oder ganz verhindern.

2.4.5 Mobile Anwendungen im Immobilienumfeld

2.4.5.1 Mobile Datenerfassung

Qualifizierte Bestandsdaten sind für einen optimalen Gebäudebetrieb unabdingbar. Die Aufnahme und Aktualisierung dieser Daten war bisher aufwändig und fehleranfällig. Im Zuge der zunehmenden Digitalisierung im Immobilien- und Facility Management entwickelten sich Systeme zur mobilen Datenerfassung.

Diese Systeme stellen dem Nutzer eine Vielzahl von Funktionen vor Ort zur Verfügung, die eine Erfassung schnell und fehlerarm ermöglichen. Neben dem Zugriff auf bereits erfasste Daten sind vor allem Assistenzsysteme, die die Erfassung unterstützen, für die Mitarbeiter von großem Vorteil. Hierzu zählen unter anderem Auswahllisten, Plausibilitätsprüfungen, flexible Such- und Filterbereiche und Übernahmefunktionen, die auf Basis des aktuellen Ortes oder gleichartiger Objekte, Informationen aus beliebigen weiteren Datenbeständen übernehmen.

Grundsätzlich bieten mobile Datenerfassungssysteme im Facility Management Möglichkeiten zur Verarbeitung von Raum- und Gebäudedaten, Daten von gebäudetechnischen Anlagen (TGA) sowie Daten zur Zustandsbewertung. Die wichtigsten Vorteile für den Einsatz eines Systems zur mobilen Immobiliendatenerfassung liegen hierbei vor allem in der Sicherstellung einer hohen Datenqualität sowie der Minimierung der notwendigen Erfassungszeit. Datennormierungen direkt bei der Erfassung können hierbei genauso erreicht werden, wie eine effektive Steuerung des eigentlichen Erfassungsprozesses durch den kontinuierlichen Datenaustausch zwischen mobilen Endgeräten und dem zentralen System.

Daten, die auf diese Weise gewonnen werden, können ebenso in BIM-Modellen genutzt werden, z. B. können sie technischen Anlagen, die im BIM-Modell verortet sind, zugeordnet und von dort auch abgerufen werden.

Auch wenn die Verfügbarkeit und Qualität mobiler Datenverbindungen stetig zunimmt, existieren gerade im Immobilienumfeld Bereiche, in denen die Verfügbarkeit nicht gewährleistet werden kann (Keller, Technikräume usw.). Hier stellen mobile Datenerfassungssysteme dem Nutzer Funktionen bereit, die auch Offline eine Weiterarbeit ermöglichen.

2.4.5.2 Mobiles Dokumentenmanagement

Um auch mobil immer und überall Zugriff auf Dokumente und Dateien zu haben, bieten verschiedene Unternehmen Lösungen für ein mobiles Dokumentenmanagement an. Meist sind diese Lösungen Teil eines ganzheitlichen Dokumentenmanagements und unterstützen neben der Zugriffsteuerung vor allem unternehmensweite Dokumenten-Workflows. Der Zugriff geschieht dabei oft über mobile Endgeräte, wie Smartphones oder Tablets mittels nativer Apps. Ein mobiler Zugriff auf Dokumenten-Workflows, wie z. B. die Freigabe eingehender Rechnungen, ist hierbei genauso möglich wie eine Recherche im Dokumenten-Pool. Dabei ist stets eine zentrale Übersicht über Suchdialoge und Listen gewährleistet.

2.4.5.3 Mobile Field Services

Im technischen Kundenservice und mobilen Außendienst ist es essenziell, alle relevanten Informationen rund um Arbeitsaufträge direkt zur Hand zu haben. Auch der Zugriff auf komplette Kunden- und Anlagendaten sowie Materialbestände unterstützt die Mitarbeiter vor Ort, die notwendigen Arbeiten effizient und schnell durchzuführen. Mit Funktionen, wie der Arbeitsdokumentation, der Erfassung von Zeit- und Materialaufwand sowie der Dokumentation von Kundenfreigaben sind Mobile-Field-Service-Anwendungen in der Lage bislang papiergestützte Prozesse digital abzubilden und zu optimieren. Hierbei helfen diese Systeme den Informationsfluss schneller und medienbruchfrei zu gestalten. Aufwändige Nacherfassungen papierbasierter Serviceberichte oder das Nachpflegen von Informationen sind somit nicht mehr notwendig. Gerade im Zusammenhang mit der Erbringung von Immobilienservicedienstleistungen sind Mobile-Field-Service-Anwendungen ein wichtiges Hilfsmittel.

2.4.6   Zukunft von Mobile Computing

Mobile Computing ist heute ein integraler Bestandteil des täglichen Lebens vieler Menschen und hat zudem auch im Unternehmensumfeld seinen Platz gefunden. Gerade die Entwicklungen im Bereich der mobilen Arbeitswelten führen dazu, dass Mobile Computing mehr und mehr an Bedeutung gewinnt. Unterstützt durch die wachsende Anzahl cloud-basierter Dienste und Videokonferenzsysteme wird ein ortsunabhängiges Arbeiten immer und überall problemloses ermöglicht. Des Weiteren ermöglichen die neuen Technologien im Bereich Mobile Computing und der stetig zunehmende Ausbau mobiler Infrastrukturen neue Geschäftsmodelle im B2B- und B2C-Umfeld, die die Nutzung mobiler Technologien ebenfalls weiter forcieren.

Schon sehr frühzeitig wurden die Potenziale von Mobile Computing im Facility Management erkannt (Hanhart 2008). Dies zeigt sich auch in der Beobachtung, dass seit Jahren der Einsatz mobiler Technologien im CAFM als eine der wichtigsten, häufig sogar als wichtigste Entwicklung von Software-Anwendern und -Anbietern im CAFM-Trendreport der GEFMA (NN 2021k) genannt wird. Es ist damit zu rechnen, dass sich der Trend zum Einsatz mobiler Hard- und Software in der gesamten Immobilienbranche in der Zukunft noch erheblich verstärken wird. Durch den mobilen Zugriff auf die Daten eines BIM-Modells bzw. Digitalen Zwillings (vgl. Abschn. 4.1), ggf. auch in Kombination mit Augmented-Reality-Techniken (vgl. Abschn. 2.6), werden neue Geschäftsmodelle sowie bessere und schnellere Entscheidungen in Planungs-, Bau- und Bewirtschaftungsprozessen möglich.

2.5   Cloud Computing

Cloud Computing entwickelte sich in den letzten zwei Jahrzehnten vom IT-Hype zu einer gängigen und anerkannten Technologie. Dabei ergänzt Cloud Computing die bisher eingesetzten IT-Betriebskonzepte sinnvoll und innovativ. Gerade Unternehmen mit einer weniger stark aufgestellten IT bietet Cloud Computing die Möglichkeit, flexibel auf Änderungen im operativen Geschäft reagieren zu können und übermäßige oder risikoreiche Investitionen zu vermeiden (NN 2016b).

Je nach Einsatzgebiet existieren für den Begriff „Cloud" bzw. „Cloud Computing" unterschiedliche Definitionen. Allen gemein ist dabei, dass diese ihren Schwerpunkt auf die Nutzung von verschiedenen IT-Ressourcen über das Internet legen. Zu einer ähnlichen Erläuterung kommt auch das Bundesamt für Sicherheit in der Informationstechnik (BSI), das Cloud Computing wie folgt definiert:

> „Cloud Computing ist ein Modell, das es erlaubt bei Bedarf, jederzeit und überall bequem über ein Netz auf einen geteilten Pool von konfigurierbaren Rechnerressourcen (z. B. Netze, Server, Speichersysteme, Anwendungen und Dienste) zuzugreifen, die schnell und mit

minimalem Managementaufwand oder geringer Serviceprovider-Interaktion zur Verfügung gestellt werden können." (NN 2021i)

Weitere, davon abweichende Ansätze stellen eher den Aspekt der Abrechnung von genutzten Diensten in den Vordergrund.

Grundsätzlich ist jedoch Cloud Computing durch die folgenden fünf Merkmale charakterisiert (NN 2021i):

- *On-demand Self Service*
  Die Provisionierung der Ressourcen (z. B. Rechenleistung, Storage) läuft automatisch ohne Interaktion mit dem Service Provider ab.
- *Broad Network Access*
  Die Services sind mit Standard-Mechanismen über das Netz verfügbar und nicht an einen bestimmten Client gebunden.
- *Resource Pooling*
  Die Ressourcen des Anbieters liegen in einem Pool vor, aus dem sich viele Anwender bedienen können (Multi-Tenant Modell). Dabei wissen die Anwender nicht, wo die Ressourcen sich befinden, sie können aber vertraglich den Speicherort, also z. B. Region, Land oder Rechenzentrum, festlegen.
- *Rapid Elasticity*
  Die Services können schnell und elastisch zur Verfügung gestellt werden, in manchen Fällen auch automatisch. Aus Anwendersicht scheinen die Ressourcen daher unbegrenzt zu sein.
- *Measured Services*
  Die Ressourcennutzung kann gemessen und überwacht werden und entsprechend bemessen den Cloud-Anwendern zur Verfügung gestellt werden.

Darüber hinaus lassen sich die verschiedenen Arten von Cloud Computing anhand ihrer technischen Merkmale klassifizieren. Auch sind sie im Allgemeinen am Zusatz „as a Service" in der Bezeichnung zu erkennen. Diese Klassifizierung erfolgt häufig mit Hilfe einer Darstellung als Pyramide (vgl. Abb. 2.4).

Dies verdeutlicht, dass die vier unterschiedlichen Ausprägungen *Infrastructure as a Service* (IaaS), *Platform as a Service* (PaaS), *Software as a Service* (SaaS) und *Business Process as a Service* (BPaaS) aufeinander aufbauen (NN 2009).

IaaS ist die Nutzung freigegebener Kapazitäten direkt vom bereitgestellten System über ein Netzwerk (z. B. Arbeitsspeicher oder Rechenleistung). Hierbei passt das Cloud-System die für einen Nutzer freigegeben Ressourcen automatisch an die Nutzung derselben an. Technologisch wird dies durch Virtualisierung der Ressourcen erreicht und so können logisch bereitgestellte Ressourcen von der Hardwarebasis getrennt und angepasst an den Bedarf bereitgestellt werden.

Eine höhere Ebene als die reine Nutzung von Ressourcen stellt PaaS dar. Hierbei wird eine Infrastruktur bereitgestellt, die bestimmte Anforderungen, wie Datenbanken und

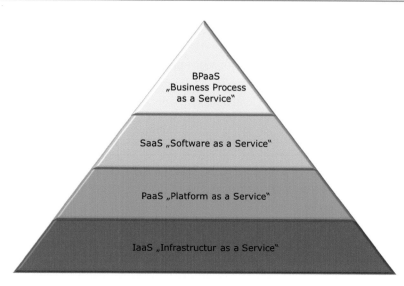

Abb. 2.4 Pyramidenmodell Cloud Computing

Mandantenfähigkeit anbieten kann. Auf dieser Plattform kann der Nutzer seine Anwendungen betreiben.

SaaS ist wohl die bekannteste und am häufigsten genutzte Ausprägung von Cloud Computing. Jedoch existieren gerade bei dieser Art sehr unterschiedliche Interpretationen bzgl. dessen, was SaaS zur Verfügung stellt. Im Allgemeinen beschreibt SaaS jedoch die Bereitstellung von Softwareanwendungen über das Internet. Dieses beinhaltet neben der Bereitstellung auch die Wartung und Administration dieser Umgebung.

BPaaS wird seitens des BSI nicht beschrieben. Andere Quellen benennen aber die Abbildung der Geschäftsprozesse basierend auf Cloud-Technologien als vierte Gliederungsebene. Auch bietet BPaaS die Möglichkeit, Prozesse zu definieren, deren Ablauf zu überwachen und schließlich deren Durchführung auch zu automatisieren.

Zusätzlich zur technischen Einordnung lässt sich Cloud Computing laut dem National Institute of Standards and Technology (NIST) auch in vier Organisationsformen unterteilen (Mell und Grance 2011):

- *Private Cloud*
  In einer Private Cloud wird die Cloud-Infrastruktur exklusiv nur für eine Institution bereitgestellt. Sie kann von der Institution selbst oder einem Dritten organisiert und betrieben werden und sich dabei im Rechenzentrum der eigenen oder einer fremden Institution befinden.
- *Public Cloud*
  Von einer Public Cloud spricht man, wenn die Services der Allgemeinheit oder einer großen Gruppe, wie z. B. einer ganzen Industriebranche, durch einen Anbieter zur Verfügung gestellt werden.

- *Community Cloud*
  In einer Community Cloud wird die Infrastruktur von mehreren Institutionen geteilt, die ähnliche Interessen haben. Eine solche Cloud kann von einer dieser Institutionen oder einem Dritten betrieben werden.
- *Hybrid Cloud*
  Werden mehrere eigenständig Cloud-Infrastrukturen über standardisierte Schnittstellen gemeinsam genutzt, spricht man von einer Hybrid Cloud.

Im Allgemeinen zeichnen sich cloud-basierte Lösungen vor allem durch ihre schnelle Verfügbarkeit sowie eine leicht skalierbare und von überall erreichbare Infrastruktur aus. Durch die hohe Skalierbarkeit ist jederzeit eine Anpassung an das laufende Geschäft und dessen Entwicklung möglich, wodurch Engpässe oder Überkapazitäten verhindert werden können. Auch kaufmännisch bietet eine solche Lösung Vorteile. So entfallen z. B. hohe Investitionskosten für Software- und Hardwareanschaffungen. Jedoch ist der Grad der Individualisierung innerhalb von Cloud-Lösungen eher als begrenzt einzuschätzen. Zudem ist beim Einsatz von Cloud-Lösungen darauf zu achten, inwieweit eine Portierung auf andere Anbieter oder Dienstleister möglich ist. Gerade bei SaaS kann es zu Einschränkungen kommen.

Alles in allem bieten jedoch Cloud-Lösungen eine sehr interessante Alternative zu herkömmlichen Betriebsmodellen und ermöglichen innovative Lösungsansätze für unterschiedliche Anwendungsfälle.

2.6   Mixed und Augmented Reality

Mixed Reality (MR) und hier insbesondere die Augmented Reality (AR) gehören zu den Digitalisierungstechnologien, die im Immobilien- und Facility Management zunehmend erfolgreich eingesetzt werden. Viele Potenziale können heute nur ungenügend erschlossen werden, da es immer noch große Probleme bei der Bereitstellung der oftmals vor Ort benötigten Informationen gibt. Gerade im FM gibt es viele Tätigkeiten, die direkt im Gebäude oder an einer Anlage ausgeführt werden müssen. Als Beispiel sei das Instandhaltungsmanagement genannt, für das häufig fundiertes Wissen über das Immobilienportfolio einer Organisation einschließlich der technischen Anlagen der Gebäude in Echtzeit vor Ort verfügbar sein müssen. Sehr oft sind Schemata, Bilder, Anleitungen und andere Dokumente nicht verfügbar oder nicht aktuell, was zu vermeidbarem Aufwand und Kosten und schlimmstenfalls falschen Entscheidungen führt. Dies wiederum kann Verzögerungen, finanzielle Verluste, technische Schäden oder sogar gesundheitliche Risiken zur Folge haben.

Durch die Entwicklung von Endgeräten zur ortsunabhängigen, übersichtlichen Bereitstellung dieser Informationen und der dazugehörigen Software sowie drahtloser Kommunikation können vergleichbare FM-Aufgaben heute schneller, sicherer und wirtschaftlicher abgewickelt werden.

Dabei ist es besonders hilfreich, wenn benötigte Informationen wie Texte, Bilder oder Modelle der realen Situation gegenübergestellt und bei Bedarf ergänzt oder korrigiert werden können. Dies geschieht zunehmend durch Überlagerung der realen Objekte mit virtuellen Modellen, wofür geeignete Sichtgeräte wie Tablets, Smart Glasses oder Head-Mounted Displays (HMD) genutzt werden.

Die Abb. 2.5 zeigt die Erweiterung der Realität durch Einblenden ortsgenauer virtueller Informationen (3D-Szenen und Zusatzinformationen) in einem HMD.

Die *Mixed Reality* oder *Gemischte Realität* umfasst solche Situationen und Systeme, bei denen sich die Wahrnehmung des Menschen mit computergenerierten Wahrnehmungen überlagert bzw. vermischt. Die breite Palette der Anwendungen befindet sich zwischen der realen Welt (reality) und einer rein virtuellen Welt (virtuality). Hier wird üblicherweise auf Milgram et al. (1994) verwiesen, die das sog. „reality-virtuality" continuum (vgl. Abb. 2.6) mit einem kontinuierlichen Übergang zwischen realer und virtueller Umgebung postulierten.

Die meisten für die Immobilienbranche interessanten MR-Anwendungen lassen sich der Augmented Reality zuordnen. Während die Nutzung rein virtueller Anwendungen wie einem virtuellen Rundgang (walkthrough) beim Gebäudeentwurf seit vielen Jahren Standard ist, erobert die AR erst in den letzten 10 Jahren langsam den Alltag in der Immobilienbranche, was insbesondere an den technischen Voraussetzungen liegt, die für AR erfüllt sein müssen.

Abb. 2.5 Nutzung von HMDs zur Anreicherung der Realität mit virtuellen Informationen

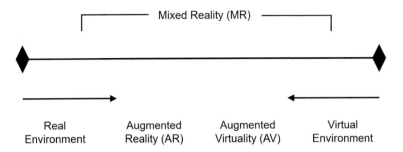

Abb. 2.6 Milgrams Reality-Virtuality Continuum

Augmented Reality liegt vor, wenn die Realität in Echtzeit interaktiv mit virtuellen Inhalten angereichert wird, die an Bezugspunkten in der Realität positioniert werden. AR ermöglicht die Integration virtueller Inhalte in die reale dreidimensionale Welt (Ellmer und Salzmann 2014; May et al. 2017).

Mit AR können virtuelle Informationen in Echtzeit in das reale Blickfeld integriert werden und damit ein informativ angereichertes 3D-Szenario erstellt werden. Anwender dieser Technologie nehmen virtuelle Gegenstände als zusätzlichen Teil der realen Welt wahr und können mit ihnen interagieren. Diese Form der Mensch-Maschine-Interaktion, die computergenerierte Inhalte im dreidimensionalen Raum erlebbar macht, wird durch die rasante Entwicklung mobiler Endgeräte ermöglicht.

Die Herausforderungen in der AR-Technologie sind die Interaktion in Echtzeit, die Erkennung und Verfolgung realer Objekte sowie die Positionierung virtueller Objekte im Abbild der realen Umgebung.

Grundsätzlich muss ein AR-Gerät für den Einsatz im FM über eine Darstellungstechnologie, wie Display oder Projektor, verfügen, um eine visuelle Anreicherung der realen Umwelt zu ermöglichen. Mobile Datenverbindungen über das Mobilfunknetz und WLAN-Verbindungen werden einerseits zur Synchronisation mit zentral gespeicherten Daten und andererseits für die Ermittlung der Position des AR-Gerätes benötigt. Eine der wichtigsten Grundlagen für eine AR-Anwendung bildet ein möglichst genauer räumlicher Bezug zwischen realer Umwelt und virtuellen Elementen. Die GPS-Positionierung allein kann aufgrund unzureichender Genauigkeit und oft fehlender Satellitenverbindung in Gebäuden nicht genutzt werden. Den größten Erfolg versprechen hybride Verfahren, die je nach Verfügbarkeit auf passende Systeme zugreifen und die notwendige Rechenleistung reduzieren. Dazu wird die Pose des AR-Gerätes meist in zwei Phasen ermittelt. In der ersten Phase, der Initialisierung, muss eine genaue Ermittlung der Pose unter Verwendung von optischem Tracking über einen Abgleich mit hinterlegten Punktwolken oder speziellen Markierungen (Markern) erfolgen. In der zweiten Phase kann auf die Verwendung von GPS und WiFi Positioning Systems (WPS) verzichtet und das optische Tracking auf einen ressourcenschonenden Algorithmus zur Verfolgung des optischen Flusses reduziert werden. Zusätzlich können Sensoren für rotatorische und translatorische Bewegungen sowie das Erdmagnetfeld zur Unterstützung herangezogen werden.

Abb. 2.7 BIM-Modell mit hervorgehobener Komponente, welches der realen Anlage überlagert wird

Neue Nutzungsmöglichkeiten für AR bieten sich, wenn die räumlich-geometrischen Daten und ggf. Sachdaten durch ein BIM-Modell bereitgestellt werden können. Wir sprechen dann auch von BIM-basierter AR (May 2017). Die Abb. 2.7 (vgl. May 2018a) zeigt auf einem Tablet das BIM-Modell einer technischen Anlage, welches die reale Anlage überlagert und so wichtige technische Zusatzinformationen liefert.

2.7 Big Data und Analytics

Im Folgenden wird das Thema Daten und die Analyse dieser Daten im Zusammenhang mit der Verwendung von BIM und in Kombination mit Daten für das Facility Management diskutiert. In diesem Abschnitt wird nicht auf die Verwendung von Daten und BIM für Entwurfs-, Konstruktions-, Herstellungs- und Montagezwecke eingegangen.

Die BIM-bezogene Datenanalyse ist ein aktuelles Thema, welches in engem Zusammenhang mit dem in Abschn. 4.1 behandelten Thema des Digitalen Zwillings steht.

2.7.1 Relevante Datenklassen

Jeder Strukturanalysedienst stützt sich auf vertrauenswürdige und strukturierte Datensätze, die ihm zur Verfügung stehen. Im Zusammenhang mit dem Thema Big Data

Analytics und im Kontext von BIM müssen die verschiedenen Datenklassen, die bei der Analyse von Gebäuden und physischen Arbeitsplätzen eine Rolle spielen können, identifiziert werden.

2.7.1.1 BIM-Geometriedaten

Eine besondere Eigenschaft von BIM-Modellen besteht darin, dass sie geometrische/räumliche Informationen liefern. Diese *Geometriedaten* unterscheiden sich grundlegend von anderen Datentypen, mit denen ansonsten häufig gearbeitet wird, wie z. B. Prozessdaten, Finanzdaten und Verhaltensdaten von Objekten, die normalerweise als *IoT-Daten* bezeichnet werden.

Geometriedaten können analysiert werden, um geometrische Informationen wie Abstände zwischen Objekten und räumliche Winkel zwischen diesen Objekten zu ermitteln. Somit kann die Position von Objekten, die zueinander in Beziehung stehen, im dreidimensionalen Raum bestimmt werden. Geometriedaten erlauben insbesondere die Berechnung von Oberflächengrößen und Volumina von Bauelementen, welche wichtige Basisparameter für den Betrieb von Gebäuden darstellen.

Das Problem ist jedoch, dass BIM-Geometriedaten in BIM-Modellierungswerkzeugen erfasst werden und häufig im proprietären Format des Herstellers dieser Authoring-Tools dargestellt werden. Mit der Verwendung von IFC-Klassen wird eine Standardisierung der BIM-Geometriedaten angeboten. Es gibt jedoch einige konkrete Einschränkungen für die Verwendung von IFC in der Praxis. Nicht alle BIM-Authoring-Tools unterstützen eine vollständige Umwandlung ihres internen Formats in IFC. Der ursprüngliche Zweck von IFC bestand darin, die Erkennung von Konflikten und Kollisionen zwischen verschiedenen Modellen zu ermöglichen, die während des Entwurfs von unterschiedlichen BIM-Authoring-Tools erstellt wurden.

In der Entwurfs- und Bauphase stellt diese Eigenschaft von IFC-Klassen kein großes Problem dar, da das Projekt zeitlich begrenzt ist und nach Fertigstellung des Gebäudes endet. In der Betriebsphase von Gebäuden ändert sich jedoch regelmäßig die Form von Gebäuden durch Renovierungen mit der Folge regelmäßiger Aktualisierungen der Geometriedaten. Dieser Veränderungsprozess muss gut organisiert werden, damit die Analyse zu den gewünschten Ergebnissen führt.

BIM-Viewer bilden heute das wichtigste Werkzeug zur Darstellung von Geometriedaten von Gebäuden. Abgesehen von GIS-Systemen gibt es praktisch nur wenige andere Werkzeuge, welche Lage und Geometrie darstellen können. BIM-bezogene Analysen erfordern normalerweise einen Model Viewer, der weitere Daten und Informationen mit der Geometrie verknüpft, welche ein Gebäude repräsentieren.

2.7.1.2 BIM-Objektdaten (Anlagen- und Bauteildaten)

Diese Daten stellen die alphanumerische Seite des Modells dar und beschreiben die Eigenschaften von Anlagen und Bauteilen (Assets), wie sie ursprünglich modelliert wurden. Sie sind in einem dateibasierten Format mit einer Struktur enthalten, die normalerweise proprietär für das verwendete BIM-Authoring-Tool ist. Durch die Konvertierung

Abb. 2.8 Hierarchische
Datenstrukturierung als Baum

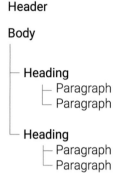

Header

Body

├─ Heading
│   ├─ Paragraph
│   └─ Paragraph
│
└─ Heading
     ├─ Paragraph
     └─ Paragraph

eines Modells in IFC wird die Datenstruktur auf einen Standard gebracht, der jedoch manchmal unvollständig ist. Aber auch in IFC werden die Anlagen- und Bauteildaten weiterhin in einem Dateiformat beschrieben.

Die Strukturierung erfolgt häufig in Form einer hierarchischen „Dokumentstruktur" bzw. Baumstruktur (vgl. Abb. 2.8). Dies stellt eine grundlegende Einschränkung der Analytik-Möglichkeiten dar, insbesondere im Big-Data-Kontext.

Um dieses Hindernis zu überwinden, entstehen zahlreiche Initiativen zur Schaffung sogenannter CDEs (Common Data Environment). Hierbei handelt es sich um Repositories mit BIM-bezogenen Daten, die APIs (Application Programming Interfaces) zum Abrufen von Daten bereitstellen, welche für Analysen verwendet werden können. Die CDE-Technologie befindet sich noch in einem frühen Entwicklungsstadium. Heutzutage besteht der am häufigsten verwendete Ansatz darin, die Asset- und Elementdaten aus dem Modell zu extrahieren und in einer andersartig strukturierten Datenbank zu speichern, damit die Daten in Analyseprozessen effizient genutzt werden können.

Am häufigsten wird hier eine Transformation zu CAFM-Systemen verwendet, bei der diese Daten meist in einer relationalen Datenbankstruktur dargestellt werden, die für Analysen gut geeignet ist. Die Abb. 2.9 zeigt ein entsprechendes Entity-Relationship-Modell.

2.7.1.3 Verhaltensdaten

Anlagen und Bauteile von Gebäuden können Daten über deren Betrieb und Zustand liefern. Heute werden deshalb Sensoren aller Art nachgerüstet, um Gebäude und deren Anlagen intelligent zu vernetzen, wofür oftmals IoT-Technologien genutzt werden. In den meisten Fällen werden die gemessenen Parameter zeitlich geordnet gespeichert (historisiert), z. B. pro Stunde oder Quartal. Als Ergebnis entsteht ein sogenannter Zeitreihendatensatz (vgl. Abb. 2.10).

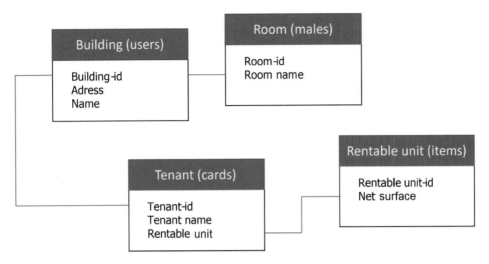

Abb. 2.9 Datenstrukturierung als relationales Modell

Time Series ID	Time-window start time	Temperatur	Kohlendioxid	Feuchtigkeit
101	15:50:00	20,0	800,5	65
101	16:00:00	21,3	910,0	67
102	16:10:00	22,5	1100,3	82
103	16:20:00	20,5	850,7	70

Row key

Abb. 2.10 Zeitreihendatensatz

Dies führt normalerweise im Laufe der Zeit zu großen Datenmengen (Big Data). Um (Echtzeit-) Analysen zu erleichtern, wird eine neue Art von Datenspeichern entwickelt, die als Zeitreihen-Datenspeichersysteme bezeichnet werden und die Nutzung von entsprechenden Datenbankmanagementsystemen optimieren.

Wenn Datenmengen jedoch überschaubar und für die Analyse keine Echtzeitfunktionen erforderlich sind, erfolgt die Speicherung auch oftmals in entsprechenden relationalen Datenbanken auf konventionellen Speichermedien.

2.7.1.4 Geschäfts-, Prozess- und Finanzdaten

Diese Daten beziehen sich auf die typischen Datensätze, die in CAFM-Systemen verwaltet werden. Hierbei ist das Datenvolumen, welches sämtliche Geschäftsabläufe beschreibt, meistens überschaubar. CAFM-Systeme sind so konzipiert, dass sie den täglichen Betrieb

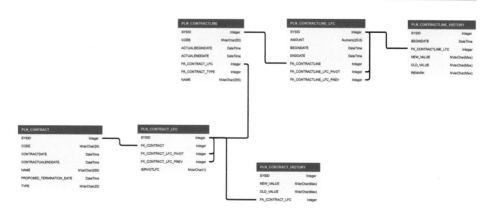

Abb. 2.11 Gewollte Redundanz im Datenmodell eines Data Lake

unterstützen und eine schnelle Datentransaktion (inklusive Änderungen an den Daten) ermöglichen.

Um die erforderliche Transaktionsleistung bereitzustellen, sind diese häufig relationalen Datenstrukturen auf Geschwindigkeit ausgelegt. Sie werden auch als „normalisierte" Datenstrukturen bezeichnet. Deren Design ist für die Analyse weniger günstig, da diese Strukturen oft komplex und schwer zu interpretieren sind.

Um diesen Nachteil zu beseitigen, werden mitunter auch alternative Datenstrukturen für Analysen genutzt. Bei dieser Art von *Business Data Lake* werden die Daten von Objekten in vereinfachten Datentabellenstrukturen kombiniert, in denen Datenattribute möglicherweise redundant vorkommen (vgl. Abb. 2.11). Die Datensätze werden nur für Berichterstellung und Analyse verwendet, nicht jedoch zur Bearbeitung der Daten.

2.7.2 Analyseoptionen

Welche Arten von Analysen sind angesichts dieser verfügbaren Datensätze möglich? Der Umfang der Analysen beschränkt sich in diesem Abschnitt explizit auf die Geometriedaten. Dies bedeutet, dass in den meisten Fällen ein Model Viewer für die Darstellung der Analysen eingesetzt wird. Die Abb. 2.12 gibt hier ein Beispiel der Visualisierung von IoT-Daten in einem geometrischen Modell, während die Abb. 2.13 die Belegungsintensität von Arbeitsplätzen innerhalb einer Woche als Heatmap zeigt.

Die *Analyse* in den meisten BIM-basierten Beispielen dreht sich um die Platzierung von Geschäftsdaten und Verhaltensdaten im geometrischen Kontext des Gebäudes. Diese Kombination bietet ein stark intuitives Verständnis der jeweiligen Situation. Zeitreihendaten werden in Modellen häufig durch die Verwendung von Farbschemata dargestellt, die tatsächliche Parameterwerte angeben, so dass der Benutzer den anzuzeigenden Zeitpunkt vorgeben kann. Wenn er sich durch die Zeitreihe bewegt, ändert sich das Bild und bietet Einblicke in die Dynamik.

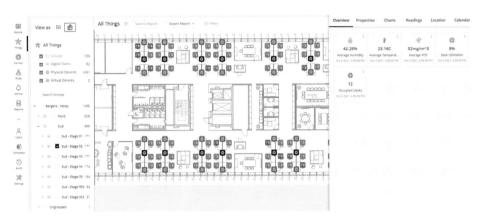

Abb. 2.12   Visualisierung von IoT-Daten in einem geometrischen Modell

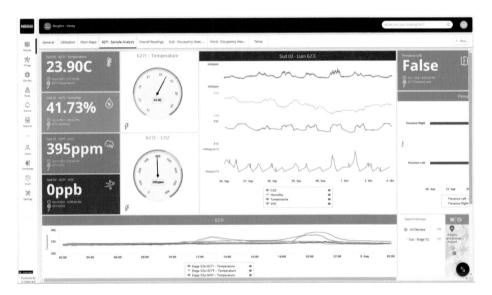

Abb. 2.13   Belegungsintensität innerhalb eines Zeitraums

In diesem Zusammenhang sind viele Kombinationen von Analysedatensätzen möglich. Die Analyse von Zeitreihendaten kann gravierende Mängel auf Anlagenebene aufdecken und eine Reparatur oder einen Austausch erforderlich machen. Die Kombination mit den Geometriedaten bietet einen guten Einblick in die Auswirkungen auf die notwendigen Arbeiten.

Heute steht eine Vielzahl von Analyseanwendungen in Kombination mit BIM-Modellen zur Verfügung. Die Herausforderung besteht darin, alle Datenquellen so miteinander zu verbinden, dass sie überhaupt sinnvoll analysiert werden können. Es wird noch genügend Herausforderungen geben, die es zu bewältigen gilt. Ein praktischer Ansatz für das

Thema kann darin bestehen, die BIM-Fähigkeiten von CAFM-Anbietern und deren Systemen in diesem Bereich zu prüfen und zu nutzen.

2.8 Internet of Things

Wer sich mit Trends in der Immobilienbranche beschäftigt, kommt um Schlagwörter wie Internet of Things (IoT), Smart Home bzw. Smart Building oder Digital Twin kaum herum. Allen gemein ist es, dass sich Gebäude, unabhängig von ihrer Nutzung für Wohnen oder Gewerbe, immer weiter an den Bedürfnissen ihrer Nutzer orientieren müssen.

Die technologische Grundlage für smarte bzw. digitale Gebäude ist eine passende technische Infrastruktur. Eine etablierte Möglichkeit bieten hier Systeme der Gebäudeleittechnik (GLT). Diese Lösungen beinhalten oft Sensoren zur Datenerfassung sowie Aktoren zur aktiven Beeinflussung der verbauten technischen Anlagen. Meist finden diese Aktionen jedoch in einem geschlossenen (proprietären) System eines Herstellers bzw. mittels separater technischer Implementierungen (Bus-Systeme) statt.

Das Internet of Things geht hier weiter. In (NN 2021g) wird IoT definiert als

„ein Sammelbegriff für Technologien einer globalen Infrastruktur der Informationsgesellschaften, die es ermöglicht, physische und virtuelle Objekte miteinander zu vernetzen und sie durch Informations- und Kommunikationstechniken zusammenarbeiten zu lassen".

Detaillierter wird es in (NN 2021h) beschrieben:

„The internet of things, or IoT, is a system of interrelated computing devices, mechanical and digital machines, objects, animals or people that are provided with unique identifiers (UIDs) and the ability to transfer data over a network without requiring human-to-human or human-to-computer interaction."

Alle relevanten, eindeutig identifizierbaren Objekte (things) sollen in einer informationstechnischen Struktur miteinander verbunden werden. Für die Immobilienbranche können exemplarisch folgende Objekte aufgeführt werden:

- Gebäudeteile mit Zustandsinformationen (Räume, Fenster, Türen, …),
- Objekte im Außenbereich mit Zustandsinformationen (Parkplätze, Zugänge, …),
- technische Anlagen im Gebäude mit Zustandsinformationen und Steuerungsmöglichkeiten (Heizung, Lüftung, Klima, Aufzüge, Beschattung, …),
- technische Anlagen im Außenbereich mit Zustandsinformationen und Steuerungsmöglichkeiten (Schranken, Sicherheitstechnik, …) oder
- Nutzer der Immobilie (technisch repräsentiert durch ihr Smartphone, ihre Smartwatch oder ihr Fahrzeug).

Technisch lässt sich das Thema IoT mit verschiedenen Ansätzen (auch im Mischbetrieb) lösen. In neu errichteten Gebäuden bzw. wenn schon eine vorhandene Gebäudeleittechnik installiert ist, kann eine Vernetzung über kabelgebundene Systeme stattfinden. Bei Bestandsimmobilien, bei denen eine nachträgliche Verkabelung nicht möglich bzw. unwirtschaftlich ist, können funkbasierte Systeme zum Einsatz kommen. Für technische Details wird auf (May 2018a und NN 2022a) verwiesen.

Im Unterschied zur GLT werden durch IoT in der Regel deutlich mehr Daten und Zustände erfasst. Damit diese Daten nicht zum Datengrab werden, müssen sie verarbeitet und aufbereitet werden. Hier beginnt der Nutzen von IoT. Durch die Verarbeitung der Sensordaten und die Kombination verschiedener Informationen kann durch Algorithmen wie maschinelles Lernen auf den aktuellen Zustand Einfluss genommen werden. Die so gewonnenen Erkenntnisse helfen, den Komfort der Nutzer zu steigern, aber auch Gebäudekosten zu minimieren. Dazu tragen auch die externen, gemäß Definition nicht zu IoT gehörenden Daten, wie Wetter- und Klimadaten, Preisinformationen für Medien (z. B. Strom und Wasser), aber auch Nutzungsdaten der Immobilien bei.

Die Darstellung und Nutzung all dieser Informationen können über das Konzept des digitalen Zwillings einer Immobilie erfolgen. Grundlage ist dabei die räumliche Zuordnung der IoT-Sensoren im BIM-Datenmodell und die Möglichkeit die Sensordaten über das BIM-Modell abrufen zu können. Für weitere Informationen wird auf den Abschn. 4.1 verwiesen.

Eine grobe Einordnung des Themas IoT in eine BIM/FM-Umgebung zeigt Abb. 2.14. Aus der Authoring-Software entsteht u. a. ein BIM-Modell mit dem Fokus auf die

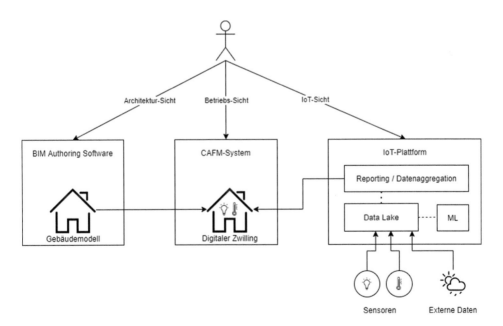

Abb. 2.14 Einordnung von IoT-Plattform und Digitalem Zwilling in ein BIM/FM-Umfeld

Architektur. Parallel werden Sensordaten auf einer IoT Plattform erfasst, aggregiert und ggf. für die Visualisierung aufbereitet und analysiert. Der echte Mehrwert ergibt sich dann, wenn die Daten der IoT mit den Daten des Architekturmodells und den laufenden Prozessdaten aus der CAFM-Software zu einem digitalen Zwilling verbunden werden.

IoT auf Basis eines digitalen Gebäudemodells und in Kombination mit externen Daten kann den eingangs erwähnten Komfort der Nutzer im Gebäude deutlich erhöhen und auch die Bewirtschaftungskosten der Gebäude senken.

2.9   Künstliche Intelligenz und Maschinelles Lernen

Die Künstliche Intelligenz (KI) oder auch Artificial Intelligence (AI) ist ein tradiertes Forschungsgebiet der Informatik mit ungeahnten Möglichkeiten aber auch Risiken – das gilt ebenfalls für den Einsatz der KI im Immobilien- und Facility Management (May 2018b). Die KI wird unser Leben und damit auch unsere Arbeitsumwelt so nachhaltig beeinflussen wie kaum eine andere Technologie in den letzten Jahrzehnten.

Die Grundlagen der KI gehen bis in das 17. Jahrhundert zurück, als Charles Babbage die revolutionäre Idee einer *Analytical Engine* hatte. Aber erst im 20. Jahrhundert waren die Voraussetzungen geschaffen, um einen funktionsfähigen (elektronischen) Computer nicht nur zu erdenken, sondern auch zu bauen (z. B. durch den deutschen Computerpionier Konrad Zuse).

Wir sind heute noch weit davon entfernt, den Begriff *Intelligenz* abschließend definieren zu können. Die KI versucht, menschliche Wahrnehmungen sowie menschliche Entscheidungen und Handlungen durch Maschinen nachzubilden. KI ist ein Bereich der Informatik, der sich der Lösung kognitiver Probleme widmet, die häufig mit menschlicher Intelligenz in Verbindung gebracht werden, wie z. B. Lernen, Problemlösung, Argumentation und Mustererkennung. Unstrittig sind einige Merkmale, die intelligentes Verhalten zumindest aufweisen muss (Schneider 2012). Hierzu zählen Lernfähigkeit, die Fähigkeit logischen Schlussfolgerns, Planungsfähigkeit, Problemlösungsfähigkeit und motorische Intelligenz.

Hierfür wirken viele Fachdisziplinen zusammen. In den Anfängen waren dies die Theorien des axiomatischen Schließens, der mechanischen Berechnungen und der Psychologie der Intelligenz (Hofstadter 1985). Heute sind weitere Gebiete wie die Kognitionswissenschaft, Neurologie, Evolution, Statistik, Multimedia Analyse and Data Mining, Sprachwissenschaft und sogar die Philosophie hinzugekommen. Nach Jahrzehnten intensiver Forschung mussten wir erkennen, dass eine „denkende" Maschine nicht konstruiert werden kann, ohne das menschliche Denken intensiv zu erforschen.

Die Grenzen zwischen intelligentem und nichtintelligentem Verhalten sind immer noch nicht klar definiert. Unbestritten ist, dass Intelligenz zumindest Lernen, Kreativität, gefühlsmäßige Reaktion, Sinn für Ästhetik und Selbstbewusstsein umfasst. Wann ist eine Maschine aber nun intelligent? Diese Frage beschäftigt die KI-Forscher seit vielen Jahren. Allgemein anerkanntes Messinstrument ist der sog. Turing-Test aus dem Jahr 1950, benannt nach dem berühmten englischen Mathematiker Alan Turing, der diesen Test *Imitation Game* (Imitationsspiel) nannte.

Ein Mensch kommuniziert parallel mit einem anderen Menschen und einer Maschine ohne Sicht- oder Hörkontakt, z. B. über eine Tastatur und einen Bildschirm. Beide Gesprächspartner (Mensch und Maschine) beantworten Fragen und versuchen, den Fragesteller davon zu überzeugen, dass sie denkende Menschen sind. Wenn der Tester nach der Unterhaltung nicht eindeutig entscheiden kann, welcher von beiden Gesprächspartnern die Maschine ist, hat die Maschine den Test bestanden und darf als intelligent gelten. Bislang wurde noch kein Computerprogramm bekannt, welches den Turing-Test bestanden hätte. Dies ist möglicherweise ein Indiz für die Komplexität natürlicher Intelligenz. Allerdings nähern wir uns mit heutigen Chatbots bereits der Grenze, bei der wir nicht mehr ohne Weiteres entscheiden können, ob wir es mit einem Menschen oder einer Maschine zu tun haben.

In der Vergangenheit konnte die KI immer wieder Erfolge in bestimmten eingeschränkten Aufgabenbereichen feiern. Hierzu zählen Brettspiele wie Schach und das viel komplexere Go, der Einsatz von Robotern in der Fertigung und dem Gesundheitswesen, aber auch beim Finden mathematischer Beweise. Inzwischen sind die Wissenschaftler aber wesentlich ambitionierter. So gibt es Pläne eine sog. generelle KI zu bauen – also ein System, das nicht nur eine klar umschriebene Aufgabe erledigt, sondern die Welt umfassend versteht, sich in ihr orientieren kann und beliebige Probleme lösen kann (Göring 2017). Dabei geht es um nicht weniger, als Maschinen zu entwickeln, die genauso intelligent wie Menschen sind oder sogar intelligenter. Für viele Forscher ist offensichtlich, dass heutige KIs bereits Formen von Bewusstsein besitzen. So sind sie neugierig, kreativ und zeigen Individualität. Allerdings mussten Prognosen über die schnelle Entwicklung intelligenter Maschinen im Laufe der Entwicklung immer wieder korrigiert werden (Buxmann und Schmidt 2019).

Neben den vielen bereits existierenden und gängigen Modellarten wie Datenmodellen, statistischen Modellen, rollenbasierten Expertensystemmodellen, Operations-Research-Modellen repräsentiert die KI eine neue Klasse von Modellen. KI-Modelle sind insofern einzigartig, als dass sie die Fähigkeit zum Lernen besitzen. Hierfür nutzen sie umfangreiche Daten, mit denen sie über die Zeit immer wieder erneut „gefüttert" werden. Dadurch sind sie i. d. R. in der Lage, ihre Wahrnehmungen und Reaktionen im Laufe der Zeit immer weiter zu verbessern.

Maschinelles Lernen (ML – Machine Learning) ist eine Teildisziplin der KI, die Methoden und Technologien bezeichnet, welche zum Lernen verwendet werden. Bei ML geht es darum, Maschinen in die Lage zu versetzen, selbständig zu lernen. Dabei müssen oftmals Muster erkannt und Vorhersagen getroffen werden. Das Lernen kann hierbei entweder trainiert oder unkontrolliert erfolgen.

Ein typisches Beispiel für den Einsatz von ML und Mustererkennung ist das autonome Fahren, bei dem in Echtzeit Gefahrensituationen erkannt und beurteilt werden müssen sowie unmittelbar gehandelt werden muss (vgl. Abb. 2.15).

Die Anwendung von Maschinellem Lernen erfordert spezifische Kompetenzen. Dies gilt nicht nur in Bezug auf das Datenmanagement, sondern auch bei Aufbau bzw.

Abb. 2.15 Einsatz der KI beim autonomen Fahren

Konfiguration neuronaler Netze sowie bei den Lernphasen, während welcher Daten in das Netz eingespeist und Korrekturen auf Basis der Ergebnisse vorgenommen werden. In der Regel werden sehr große Datenmengen (Big Data) – oftmals mehr als hunderttausend Datensätze – benötigt, damit ein neuronales Netz effektiv lernen kann. Maschinelles Lernen kann mit sehr unterschiedlichen Datentypen arbeiten. Ein bekanntes Beispiel hierfür ist die Fähigkeit dieser Systeme Bilder zu analysieren und das zu beschreiben, was auf ihnen zu sehen ist. Heutzutage erkennen Computer Gesichter mit einer besseren Genauigkeit und Zuverlässigkeit als Menschen.

Viele Fortschritte in der KI beruhen auf Künstlichen Neuronalen Netzen (KNN). Hierunter werden Hardware und Softwareverfahren verstanden, die versuchen, das Nervensystem des menschlichen Gehirns nachzubilden. Dabei erfolgt die Informationsverarbeitung ähnlich wie in der Natur, wobei Informationen über Verbindungen zwischen den (künstlichen) Neuronen weitergeleitet werden. Obwohl die ersten Untersuchungen schon ein Dreivierteljahrhundert zurückliegen, kam ein echtes Interesse erst Mitte der 1980er-Jahre auf, als man herausfand, dass sich bestimmte, komplexe Optimierungsprobleme mittels KNN lösen ließen und verbesserte Einlernverfahren (z. B. Backpropagation) entwickelt wurden. KNN bilden auch vielfach (aber nicht ausschließlich) die Grundlage für die unterschiedlichen Formen des ML, die auch in der Immobilienbranche zunehmend Bedeutung erlangen. Bei komplexen KNN geschieht das zumeist über sogenannte Deep-Learning-Verfahren. Inzwischen stehen neben kommerziellen Entwicklungsumgebungen für ML-Applikationen auch zahlreiche Open Source Frameworks zur Verfügung (vgl. Hwang 2017).

Eine gute Übersicht über Anwendungsfelder der KI in den Bereichen Entwurf und Konstruktion, Real Estate und Smart Cities sowie FM geben Hoar et al. (2017) (vgl. auch Altmannshofer 2018 und May 2018a). Im Bereich Facility Services werden z. B. genannt: Catering, Empfang/Helpdesk, Reinigung, Sicherheit, Inspektion, Instandhaltung, Flächenbelegung und -management sowie Logistik. Aber auch im generativen Design finden sich KI-Beispiele (May 2020). Hierbei wird auch ausdrücklich auf den disruptiven Charakter von KI hingewiesen mit der Aufforderung, dass es höchste Zeit ist, auch im Immobilienbereich die nötigen Kompetenzen aufzubauen, um diese Technologie mit Gewinn einsetzen zu können. Es wird aber auch auf ethische Fragen eingegangen.

Im Immobilienbereich wird ML bereits heute bei der prädiktiven Wartung eingesetzt (May 2018a). Hierfür werden Daten verwendet, die Ereignisse und definierte Parameter im Zeitverlauf eines technischen Objekts beschreiben, deren Verhalten i. d. R. mit einem relativ begrenzten Parametersatz aufgezeichnet werden kann und deren Verhaltensvarianz begrenzt ist.

Zu beachten ist allerdings, dass die Anwendung von ML zur Vorhersage von Ereignissen recht komplex wird, wenn die Anzahl der Variablen, die an dem zu beschreibenden Verhalten beteiligt sind, hoch ist und das zu prognostizierende Verhalten stark variieren kann.

2.10 Digital Workplace

2.10.1 Digital Workplace im CAFM/IWMS

Unter „Digital Workplace" versteht man im Allgemeinen eine vernetzte Arbeitsumgebung, die Unternehmen und Organisationen auf Basis digitaler Technologien mit entsprechenden Tools und Services eine weitgehende orts- und zeitunabhängige Zusammenarbeit erlaubt. Daraus abgeleitet wird hier im Zusammenhang mit CAFM/IWMS unter Digital Workplace die Funktionalität für die Bereitstellung und Verwaltung von mit moderner IT ausgestatteten Arbeitsplätzen (Workplaces) inklusive einer Verknüpfung der damit zusammenhängenden Services verstanden. Dabei werden nicht nur klassische Büroarbeitsplätze betrachtet, sondern generell auch solche Arbeitsplätze, die eine ähnliche Organisation und technische Ausstattung aufweisen (z. B. im Lager oder in der Produktion).

Unterstützte Teilprozesse und Prozessschritte
Im Folgenden werden die Teilprozesse und Prozessschritte für die Konzeption, Verwaltung und den Betrieb von Digital Workplaces mit ihren erforderlichen CAFM-Funktionen beschrieben:

- Bedarfsermittlung zur Anzahl und Ausstattung von Workplaces,
- Einrichtung und Bereitstellung von Workplaces und
- Buchung, Belegung und Verrechnung von Workplaces.

Für die hier und nachfolgend verwendeten Begriffe *Belegung* und *Buchung* gilt folgendes Verständnis: Unter der Belegung ist i. d. R. eine dauerhafte und unter der Buchung eine kurzfristige Nutzung zu verstehen. So können auch in einer Belegungsplanung durchaus Shared Desk Workplaces mit ihren Ausstattungsmerkmalen als „belegt" längerfristig für bestimmte Fachbereiche vorgehalten werden, die wiederum in einer konkreten befristeten Nutzung gebucht werden können bzw. müssen.

Funktionen

Folgende Funktionen sollen für die Prozessunterstützung durch die CAFM-Software zur Verfügung gestellt werden:

- Abbildung eines Strukturelements bzw. Objekts „Workplace" (physischer Arbeitsplatz) mit Verknüpfung zu Räumen bzw. Raumzonen,
- Hinterlegen von Attributen zu Ausstattungen dieses Objekts,
- Hinterlegung einer maximalen Anzahl platzierbarer Workplaces eines bestimmten Typs pro Raum oder Raumzone auf Basis eines Flächenstandards,
- Unterscheidung von territorialen und nicht-territorialen Workplaces,
- Darstellung von Workplaces in einem Geschossplan (horizontal) oder einem Stack-Plan (vertikal) mit Symbolik,
- Darstellung der Reservierung/Buchung,
- Darstellung der Belegung,
- Verknüpfung der Workplaces mit einer „Belegung",
- Hinterlegung einer befristeten Belegung, auch als Voraussetzung für ein Workplace-Buchungssystem,
- Buchung von Workplaces, u. a. mit
  - Buchung nach zeitlichen, preislichen, ausstattungsorientierten Merkmalen,
  - Gruppenbuchungen von Workplaces unter Einhaltung von Beziehungen zur Interaktion und Zusammenarbeit,
  - Buchung von Workplaces über eine (auch externe, z. B. Outlook-) Kalenderfunktion einzeln oder in Serien,
  - Buchung von ergänzenden Serviceleistungen,
  - Hinterlegung von Regelwerken für die Buchung von Workplaces,
- Belegungsplanung in Varianten und zeitlicher Abhängigkeit mit dem Ziel der Verdichtung und/oder Verortung z. B. neuer Mitarbeiter,
- Ableitung von Umzugsketten aus der Bestätigung einer Variante und
- Definition von Workplaces in Gänze (z. B. Ausstattungsmerkmale, Belegungs- und Buchungsregeln) als Umzugsobjekte.

Daten und Kataloge

Folgende Daten und Kataloge sind schwerpunktmäßig zu verarbeiten:

- Schreibtisch Typ X, Docking-Station Typ Y, Sensor Typ Z,
- Unterscheidung fest zugeordneter und frei belegbarer Workplaces,
- Einrichtungssymbole im Grundriss,
- bei dauerhafter Nutzung mit Datum von bis; bei temporärer Buchung Tag/Uhrzeit von bis,
- Workplace-Belegung (auch anonymisiert) und
- Kostenverrechnung.

Reports und Auswertungen

Folgende Reports und Auswertungen sollen die Entscheidungen im Workplace Management unterstützen:

- aktuelle Belegung bzw. Buchung einzelner oder einer Gruppe von Workplaces,
- Anbindung zum Workplace Monitoring durch Sensorik/IoT/IP-Adressen über eine definierte Schnittstelle,
- Potenzialanalyse zur Belegung/Auslastung der Workplaces in Form von Kennzahlen und Grafiken,
- (zeitbezogene) Statistiken über die Workplace-Nutzung,
- Auswertung der Nutzung von Workplaces pro Abrechnungseinheit und
- Kosten von Workplaces zur Kalkulation und Verrechnung der Nutzung.

Schnittstellen

Schnittstellen sind bereitzustellen u. a. zu:

- IoT-Plattformen zur Feststellung der tatsächlichen Belegung und Steuerung der Behaglichkeit oder der Einhaltung von Mindestabständen,
- Kalendersystemen als Teil von Office-Paketen oder als App auf einem Smartphone oder Tablet und
- ERP-Systemen für die Verrechnung der Workplace-Nutzung, was für eine weitgehende Systemintegration sinnvoll ist.

2.10.2 Digital Workplace Management Systeme

Durch die in der COVID-19 Pandemie zwangsweise in kurzer Zeit gemachten Erfahrungen mit hybriden Arbeitsmodellen haben sich spezifische stand-alone Digital Workplace Management Systeme (WMS) sowohl in ihrer Angebotsvielfalt als auch praktischen

Anwendung stark verbreitet. Im Sommer 2021 wurden von den Autoren bereits über 50 solcher Systeme am deutschen Markt identifiziert, die häufig von PropTech-Unternehmen (NN 2021aj), aber auch lange etablierten Softwarelieferanten angeboten werden. Die Funktionalität dieser Workplace Management Systeme ist vergleichbar mit der, die auch in CAFM/IWMS-Modulen verfügbar sind (vgl. Abschn. 2.1).

Konzeptionell weichen Workplace Management Systeme von vielen älteren CAFM/IWMS insbesondere durch folgende Eigenschaften ab:

- 100 % cloud-basiert,
- Nutzung von APIs,
- nur geringfügiges Customizing möglich und notwendig,
- kurze Einführungszeiten,
- geringe Initialkosten,
- nur Nutzungskosten (pay per use) und einfach skalierbare Preismodelle (Mengenstaffel, Basis-, Erweiterungs- oder Premiumpaket).
- Einbeziehung aller Arbeitsplatztypen und -ausstattungen inklusive Homeoffice und Parkplatz.
- Zugang per App, Portal oder Kiosk,
- Vernetzung mit Zugangskontrollsystemen und
- BIM-Integration (selektiv).

Beispiel für eine cloud-basierte App

Bei dem folgenden Beispiel einer cloud-basierten App handelt es sich um die Software Seedit (NN 2021ak). Die App ist ein Organisationssteuerungsinstrument, das in erster Linie mithilfe eines Buchungssystems Transparenz über die Nutzung von Unternehmenseinrichtungen schafft. Die Abb. 2.16 zeigt mit Nutzern und Workplaces die zwei wesentlichen Komponenten des Systems.

Die Nutzung und Buchung folgender Ressourcen lässt sich hierbei transparent darstellen:

Abb. 2.16 Kontakte/Nutzer und Arbeitsplatzbuchung

- Arbeitsplatz und Homeoffice für Einzelpersonen oder Teams,
- Konferenzräume inklusive Catering,
- Zonen für vertrauliche Besprechungen und konzentriertes Arbeiten,
- Parkplatz- oder Ladesäulen sowie
- Kantine/Cafeteria.

Diese Transparenz wird umso wertvoller, je umfassender ein Unternehmen ein hybrides Arbeitsmodell als Organisationsform etabliert. Die App definiert ein hybrides Arbeitsmodell aus funktionaler Sicht als eine Arbeitsortreglung für Mitarbeiter, die ihre vertraglich bestimmte Arbeitszeit nicht vollumfänglich in Unternehmenseinrichtungen verbringen müssen (im Folgenden *Mobile Arbeit* genannt).

Durch die Steuerung der hybriden Arbeit mittels App kann das Unternehmen trotz erhöhter Komplexität die Nutzung seiner Einrichtungen effizienter planen. Der Planungsverantwortliche kann Mitarbeitern nicht nur Arbeitsplätze und -zonen zuweisen, sondern auch sperren, so dass aufgrund von gesetzlichen oder betrieblichen Abstandsregelungen, bevorstehenden Renovierungsmaßnahmen usw. die Nutzung durch die Mitarbeiter gesteuert werden kann. Die Abb. 2.17 zeigt als Beispiel einer erhöhten Komplexität die gezielte Sperrung von Arbeitsplätzen. Hier sind nur die grün hinterlegten Arbeitsplätze überhaupt buchbar.

Außerdem erhält das Unternehmen Informationen darüber, mit wem die Mitarbeiter vorrangig zusammenarbeiten, an welchen Standorten sie bevorzugt arbeiten können und wollen oder welche Art von Arbeitsplätzen, Konferenzräumen oder Think Tanks wie intensiv gebucht werden. Das Ganze gilt natürlich nur, wenn die betroffenen Mitarbeiter für ihre Nutzungsdaten eine Freigabe erteilen.

Neben der Steuerung und Planung der Nutzung von Bürogebäuden kann zusätzlich noch die Mobile Arbeit der Mitarbeiter koordiniert und anschließend analysiert werden, soweit dies arbeitsrechtlich zulässig und organisatorisch möglich ist. Die Planung und

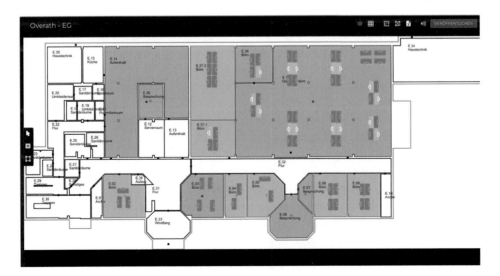

Abb. 2.17 Planung komplexer Workplace-Zusammenhänge

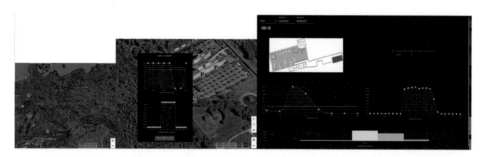

Abb. 2.18 Monitoring als Basis für Optimierungen

Steuerung der Arbeit innerhalb sowie außerhalb des Büros erzeugt ein komplexes Optimierungsproblem für die Arbeitsplatzauslastung, welches das Monitoring-System löst und Empfehlungen für eine bessere Auslastung in der Zukunft bereitstellt. Dabei ist, wie in der Abb. 2.18 dargestellt, ein Monitoring auf verschiedenen Ebenen gefordert. Konkret geht es um die Visualisierung der Auslastung des einzelnen Arbeitsplatzes bis hin zu hoch aggregierten Standortanalysen.

Der Anspruch von Workplace Management Systemen wie Seedit ist es, gute digitale Lösungen für dieses Optimierungsproblem zu bieten. Dies reicht von der manuellen und vollautomatisierten Buchungsmöglichkeit durch intelligente mathematische Algorithmen, die sich bei der Arbeitsplatzauswahl an den Präferenzen der Mitarbeiter orientieren, bis hin zur Erstellung vollautomatisierter Flächennutzungsstrategien. Letztere können Aspekte wie unternehmensweite Regelungen für mobile Arbeit oder die automatische Ausstattungsanpassung für buchbare Flächen mit einbeziehen, so dass sich das Arbeitsplatzangebot der Nachfrage dynamisch anpasst. Abteilungen zugewiesene Flächen lassen sich systemseitig überprüfen. So kann als Konsequenz des Algorithmus eine Abteilung, die ihr Vierer-Büro nur zu 25 % auslastet, in ein Zweier-Büro umgezogen werden. Somit verbindet die App den Analyseaspekt des komplexen Optimierungsproblems mit der Belegungsplanung und schafft einen durchgängigen Optimierungskreislauf, angefangen bei der Planung, weiterführend mit der Organisation auf den Flächen über Buchungen, bis hin zum Monitoring und zur Bestimmung von Optimierungsmöglichkeiten bei der Flächenbedarfsanalyse, die wiederum die strategische Flächenplanung beeinflusst.

2.10.3 BIM für Digital Workplaces

Es soll der Frage nachgegangen werden, ob und in wie weit sich BIM im Zusammenhang mit der Nutzung von Digital Workplaces sinnvoll einsetzen lässt. Grundsätzlich ist dies insbesondere bei der Visualisierung von Gebäuden, Räumen und Flächen vorstellbar, in denen Digital Workplaces installiert sind. Dabei können Arbeitsplatz-Relationen, aktuelle Belegungsgrade, Ausstattungsmerkale und weitere Attribute eine Rolle spielen. Die Sinnfrage solcher Anwendungen lässt sich sowohl für neue und umgebaute Gebäude mit vorliegenden BIM-Daten als auch für Bestandsgebäude mit traditionellen CAD-Daten genauso beantworten, wie für das BIM im Betrieb generell. Bei Digital Workplaces wird der nach kurzer Zeit monetär messbare Nutzen von BIM aber eine noch größere Rolle spielen. Dies könnte auch der Grund dafür sein, dass in vielen WMS keine detaillierte Visualisierung (z. B. mittels CAD), sondern nur eine schematische Darstellung mit Arbeitsplatz-Symbolen auf einem nicht unbedingt maßstäblichen Grundriss (z. B. im pdf- oder png-Format) verwendet wird. Als Folge gibt es auch kaum Beispiele der Nutzung von BIM bei Digital Workplaces, obwohl dies zumindest bei vielen IWMS grundsätzlich möglich ist.

Eines der wenigen von den Autoren identifizierten Beispiele der Nutzung von BIM im Workplace Management stammt von der Xavier University in den USA (vgl. Haines und Norin 2016; May 2018a). Der in Abb. 2.19 dargestellte Grundriss ist aus dem BIM-As-built-Modell abgeleitet und enthält die Workplaces, die Flächenbeschriftungen und Bemaßungen.

Das BIM-FM-Modell wurde vom BIM-As-built-Modell abgeleitet. Bei der Erzeugung des BIM-FM-Modells, wurden folgende Modifikationen durchgeführt:

- Informationen, die ohne Relevanz für das FM sind, wurden entfernt, wie z. B. konstruktive Details und Ausführungspläne. Diese Informationen können dem As-built-Modell bei Bedarf entnommen werden. So wird das BIM-FM-Modell nicht durch unnötige Informationen überfrachtet.
- Wenn verlinkte Modelle genutzt wurden, um explizit die Gebäudestruktur, die Gebäudehülle oder Mietereinbauten zu repräsentieren, wurden diese in ein einheitliches Modell überführt.
- Soweit machbar, wurden verlinkte Modelle der TGA, für den Brandschutz und nutzungsspezifische Gebäudeausstattungen (z. B. Sicherheit) ebenfalls in das FM-Modell

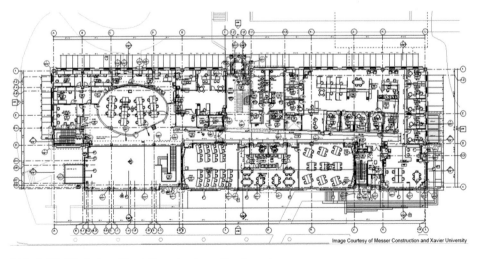

Image Courtesy of Messer Construction and Xavier University

Abb. 2.19 Workplace-Darstellung in einem Geschossplan

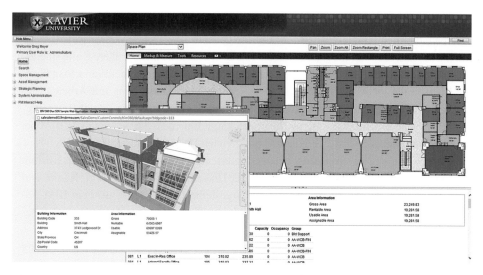

Abb. 2.20 3D-Modell und 2D-Grundriss abgeleitet aus dem BIM-FM-Modell mit Raumnummern und Flächenarten

überführt. Bei sehr großen Gebäuden kann es allerdings sinnvoll sein, mehrere spezialisierte Modelle separat zu führen und bestehende Links weiterhin zu nutzen.

• Belegungsraumnummern wurden von den Konstruktionsraumnummern übernommen und dabei wurde unmittelbar die passende Beschilderung gestaltet (auch in Form von elektronischen Schildern/Monitoren).

• Für Büroflächen wurden Workplaces und Büros separat von Räumen unter Nutzung eines Belegungsalgorithmus durchnummeriert. Dies ist notwendig, um Büronutzern Workplaces zuordnen und diese verrechnen zu können (vgl. Abb. 2.19).

• Die TGA-Elemente wurden mit speziellen Asset-IDs versehen (z. B. nach ASHRAE im Original, für Deutschland nach DIN 276).

• Das BIM-FM-Modell wurde mit einem CAFM/IWMS verlinkt, welches z. B. Arbeitsaufträge, Wartungsaktivitäten, Flächennutzung (vgl. Abb. 2.20) und Belegungsinformationen, Reparatur- und Materialkosten steuert.

2.10.4 Ausblick

Durch die rasante Ausbreitung von autonomen und/oder integrierten Workplace Management Systemen (IWMS) im Zuge der Umgestaltung der Arbeitswelt, welche durch die weltweite COVID-19 Pandemie ausgelöst wurde, hat in vielen Ländern bei der Nutzung von Immobilien ein Digitalisierungsschub eingesetzt, der noch weiter durch ESG (Environmental Social Governance – Umwelt, Soziales und Unternehmensführung) und die zugehörige Berichterstattung befeuert wird. Diese Entwicklung eröffnet grundsätzlich neue Optionen zur Nutzung von BIM im FM. Ob diese in Deutschland auch genutzt werden, bleibt abzuwarten, insbesondere im Hinblick auf die mangelnde Verfügbarkeit von BIM-Daten für den Gebäudebetrieb, den bestehenden Zeitdruck zur Einführung von

Workplace Management Systemen und die allgemeine Zurückhaltung bei Investitionen zur Digitalisierung des FM im Gegensatz zum Asset und Property Management (vgl. NN 2021k). So verwundert es nicht, dass die Autoren praktische Beispiele für den Einsatz von BIM beim Workplace Management nur in Nordamerika und Asien finden konnten, die im Übrigen aus der Zeit vor dem Jahr 2020 stammen.

2.11 Gebäudesimulation

Immer dann, wenn ein realer Sachverhalt zu komplex ist, um das Verhalten eines Gebäudes, einer Liegenschaft oder eines Quartiers exakt (meist durch mathematisch-physikalische Formeln) beschreiben zu können, kommen Simulationsmethoden zum Einsatz. Eine Simulation basiert stets auf einem Modell (Simulationsmodell), welches reale Situationen und Szenarien abstrakt und so realitätsnah, wie für den jeweiligen Simulationszweck erforderlich, abbildet. Im Unterschied zu Simulationen an einem realen System (z. B. Crashtests in der Automobilindustrie) werden hier ausschließlich Computersimulationen betrachtet, bei denen die Modelle softwareseitig abgebildet werden und anschließend die Simulationsaufgabe durch geeignete Methoden und Algorithmen zumindest näherungsweise gelöst werden.

Für diese Aufgabe werden verschiedenste Simulationswerkzeuge eingesetzt, die jedoch alle in irgendeiner Form auf eine modellhafte Beschreibung der realen Gebäudesituation zurückgreifen. Es liegt nahe, diese sehr unterschiedlichen Simulationsmodelle im Kontext digitaler Bauwerksmodelle und damit der BIM-Methode zu betrachten.

Dieser Abschnitt hat zum Ziel, einen Überblick über die verschiedenen Anwendungsfelder zu geben, in denen Simulationswerkzeuge über den Gebäudelebenszyklus hinweg eingesetzt werden, sowie das Zusammenspiel mit digitalen Bauwerksmodellen zu erläutern. Durch die Verknüpfung mit Simulationsmodellen werden die zunächst eher statischen beschreibenden digitalen Bauwerksmodelle um *Was-wäre-wenn*-Szenarien erweitert und damit dynamisiert. In Verbindung mit dem Monitoring von Messwerten aus der Gebäudeautomation bzw. von IoT-Sensoren (vgl. Abschn. 2.8) entsteht erst in Kombination von digitalen Bauwerksmodellen, Simulationsmodellen und Monitoring-Daten ein tatsächlicher digitaler Zwilling des Gebäudes (vgl. Abschn. 4.1).

2.11.1 Zielsetzung

Im Lebenszyklus eines Gebäudes kommen Simulationen in sehr unterschiedlichen Anwendungsfeldern zum Einsatz. So unterscheidet man die im Folgenden noch weiter ausgeführten Anwendungsfelder der Gebäudesimulation, ohne den Anspruch auf Vollständigkeit zu erheben:

- energetische Simulation
- akustische Simulation
- lichttechnische Simulation
- Strömungssimulation und Simulation des Gebäudeklimas

- strukturelle Simulation/Tragwerksplanung
- Bauablaufsimulation
- Betriebssimulation
- Personenstromsimulation
- Flächensimulation

Grundsätzlich sind allen diesen Simulationsansätzen folgende Ziele gemeinsam, von denen jedoch in einem Einzelprojekt nur eine Auswahl verfolgt wird:

- sie *beschreiben* in ihrem Anwendungsfeld das Gebäude bzw. einen Ausschnitt des Gebäudes in einem Simulationsmodell,
- sie ermöglichen zeitlich veränderliche, dynamische *Analysen* des Simulationsmodells,
- sie erlauben die *Erklärung* eines Verhaltens des Gebäudes bzw. von Abläufen in einem Gebäude und
- sie ermöglichen die *Vorhersage* (Prognose) eines zukünftigen Gebäudeverhaltens und unterstützen dadurch Entscheidungen des Menschen.

Folgerichtig differenziert man je nach Zielsetzung auch die entstehenden Simulationsmodelle als Beschreibungs-, Analyse-, Erklärungs- und Prognosemodelle. In der Summe erlauben diese verschiedenen Simulationsmodelle bereits bei der Planung, aber auch im späteren Betrieb Verbesserungen durch die Bewertung verschiedener Varianten (*Was-wäre-wenn*-Szenarien) und helfen damit das Risiko von Fehlentscheidungen bereits in einem frühen Stadium der Planung zu reduzieren.

Eine der großen Herausforderungen für den zuverlässigen Einsatz von Simulationen ist die Kalibrierung der eingesetzten Simulationsmethoden. Durch die Kalibrierung der Simulationsmethode wird exemplarisch ein erzieltes Simulationsergebnis mit der Realität verglichen, um daraus Simulationsparameter abzuleiten, die auch bei zukünftigen Anwendungen der Simulationsmethode ein zuverlässiges Simulationsergebnis erwarten lassen. Insofern handelt es sich bei der Entwicklung von Simulationsmodell und Simulationsmethode zumeist um einen iterativen Prozess.

2.11.2 Integration von Simulationswerkzeugen mit BIM

Digitale Bauwerksmodelle, die nach der BIM-Methode erstellt wurden, umfassen neben geometrischen 3D-Informationen bereits zahlreiche Fachinformationen unterschiedlicher Ingenieurdisziplinen, die mit den Bauteilelementen des Modells verknüpft sind. Diese i. d. R. parametrischen BIM-Objekte werden mit ihren Beziehungen untereinander semantisch im Modell abgelegt. So sind z. B. die Beziehungen zwischen Wänden, Räumen, Etagen und Türen bereits im Modell verfügbar. Aus diesem Grund bieten digitale Bauwerksmodelle eine sehr gute Voraussetzung, um für Simulationswerkzeuge wichtige Informationen strukturiert und z. T. automatisch bereitzustellen.

2.11.2.1 Integrierte Simulationswerkzeuge

Einfache Simulationswerkzeuge zumeist für eine überschlägige, grobe Auslegung werden bereits in gängige BIM-Autorenwerkzeuge integriert (vgl. Abschn. 4.2). Ein gutes Beispiel hierfür sind einfache, zumeist statische Energiebedarfsermittlungen, die direkt in Softwarewerkzeugen wie Revit oder ArchiCAD mit den dort erstellten BIM-Modellen zusammenarbeiten. Zumeist gelingt dies, indem die genannten BIM-Objekte um simulationsrelevante Informationsattribute erweitert werden. Das so integrierte Simulationswerkzeug benötigt also kein eigenständiges Modell.

2.11.2.2 Simulationswerkzeuge mit eigenständigen Simulationsmodellen

Für umfassende, komplexere Simulationswerkzeuge, wie das Gebäudesimulationssystem IDA ICE oder Softwaresysteme der Tragwerksplanung, die z. B. mit Hilfe der Finite Elemente Methode (FEM) arbeiten, wird ein spezifisches, eigenständiges Simulationsmodell benötigt. Häufig beinhalten diese Simulationsmodelle nicht nur weitergehende, detailliertere Informationen verglichen mit dem ursprünglichen digitalen Bauwerksmodell, mitunter ist aber auch das Gegenteil der Fall. So wird beispielsweise für die Simulation des Energiebedarfs und des Nutzungsverhaltens nicht unbedingt ein hoher geometrischer Detaillierungsgrad der Bauteilobjekte benötigt, wohingegen sehr präzise Bauteil- und Werkstoffeigenschaften erforderlich sind.

Am Beispiel der Tragwerksplanung wird auch deutlich, dass für das Simulationsmodell eine Modelltransformation des ursprünglichen Bauwerksmodells (z. B. des Architekturmodells) in eine analytische Präsentation erforderlich ist. Abb. 2.21 (Trzechiak 2017) verdeut-

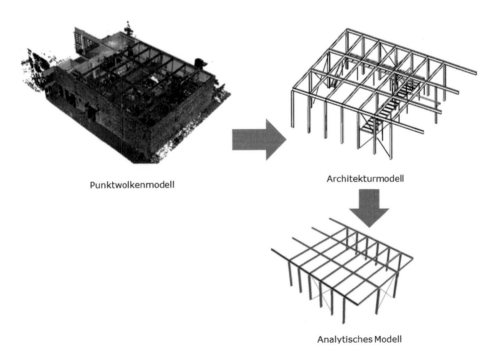

Punktwolkenmodell

Architekturmodell

Analytisches Modell

Abb. 2.21 Beispiel einer Modelltransformation für die Tragwerksplanung

licht dies anhand der Transformation einer digitalen Erfassung der As-built-Situation eines Gebäudes mit einer 3D-Punktwolke, die über ein geometrisches Architekturmodell in ein analytisches Modell transformiert wird. In diesem Beispiel werden die geometrischen Bauelemente von Stützen und Trägern, je nach Wahl der Berechnungsmethode, entweder als 3D-FEM-Netz (Volumenelemente) repräsentiert oder aber, wie in Abb. 2.21 dargestellt, als einfache Stab- oder Balkenelemente. Häufig sind im Rahmen der Modelltransformationen manuelle Nacharbeiten im Simulationsmodell erforderlich, etwa, weil Anschlussstellen und Übergabebedingungen nicht ausreichend genau im Ursprungsmodell abgebildet wurden.

Der Workflow einer BIM-basierten Simulation wird zumeist als Regelkreis ausgestaltet. So werden nicht nur Informationen aus den digitalen Bauwerksmodelle per Schnittstelle an das Simulationswerkzeug übergeben, sondern Ergebnisse der Simulation können auch zu Modifikationen des Ausgangsmodells führen. So wird der berechnete Energiebedarf eines Raums als Attributinformation an das Raumobjekt im ursprünglichen Bauwerksmodell zurückgeschrieben. Auf diese Weise können weitere Fachdisziplinen auf den Simulationsergebnissen aufbauen und ihre weiterführende Fachplanung ausführen, ohne direkt Zugriff auf das Simulationsmodell zu benötigen. Sollten sich jedoch aufgrund der Simulation die geometrischen Dimensionen eines Bauteils verändern, sind i. d. R. manuelle Anpassungen im Ursprungsmodell erforderlich.

Grundsätzlich stehen für den Austausch mit dem Simulationsmodell offene Datenstandards, wie das IFC-Format zur Verfügung. Für einzelne Simulationsaufgaben wurden bereits spezifische IFC-Vereinbarungen zum Austausch definiert (Model View Definitions – MVD). Für den Austausch mit Simulationsprogrammen besitzt das ebenfalls offene Green Building eXtensible Markup Language Schema (gbXML) eine besondere Bedeutung. Neben geometrischen Informationen werden durch gbXML ebenfalls weitere für energetische Simulationen bedeutende Informationen wie z. B. Nutzungsprofile, Beleuchtungsobjekte oder Wetterdaten ausgetauscht (vgl. Abschn. 5.3).

2.11.3 Anwendungsfelder

Die nachfolgend ausgeführten Anwendungsfelder für Gebäudesimulationen unterscheiden zwischen der Planungs- und Betriebsphase. Der Einsatz von Gebäudesimulationen in der Planungsphase ist aus Sicht des Immobilien und Facility Management aus zwei Gründen von besonderem Interesse. Erstens ermöglichen Gebäudesimulationen, die möglichst früh im Planungszyklus zum Einsatz kommen, durch die praxisnahe Wahl der Simulationsparameter das Verhalten des Gebäudes im späteren Betrieb besser in der Planung zu berücksichtigen. Auf diese Weise wird die Umsetzung einer seit langem geforderten, aber selten praktizierten FM-gerechten Planung realistischer. Zweitens können alle nachfolgend für die Planungsphase ausgeführten Anwendungsfelder auch in der Betriebsphase für Umbau-, Sanierungs- oder Umnutzungsmaßnahmen auftreten.

2.11.3.1 Gebäudesimulation in der Planungsphase

Je nach Fachplanungsdisziplin spielen unterschiedliche Anwendungsbereiche der Gebäudesimulation eine Rolle, wobei diese durchaus auf ähnlichen diskreten oder kontinuierlichen Simulationsansätzen und -methoden basieren. So beherrschen typische Simulationswerkzeuge wie TRNSSYS, IDA ICE, EnergyPlus, Top Energy oder auch das Greenbuilding Studio i. d. R. mehrere Anwendungsbereiche und können z. B. sowohl Simulationen des Gebäudeverhaltens bzgl. elektrischer oder thermischer Energieverläufe unterstützen. Teilweise beherrschen die Werkzeuge darüber hinaus auch Simulationsmethoden zum akustischen Verhalten, dem Gebäude-, bzw. Raumklima oder von Beleuchtungsszenarien.

Die Anwendung der Simulationswerkzeuge im Bereich der Energiebedarfsermittlung dient vor allem der Prognose des primären Energiebedarfs, so wie dies u. a. durch gesetzliche Vorgaben in der Energieeinsparverordnung (NN 2013a) gefordert wird. Weitere Simulationszwecke sind die Bestimmung der Heiz- und Kühllasten zur Auslegung gebäudetechnischer Anlagen und damit zur Sicherstellung eines behaglichen Gebäudeklimas, ohne dabei jedoch Anlagen überdimensioniert zu planen und so einen vermeidbaren höheren Energieverbrauch in Kauf zu nehmen.

Insbesondere dynamische Simulationen tragen erheblich dazu bei, mit realistischen Annahmen des Nutzungsverhaltens präzisere Lastprofile zu ermitteln, um die in der Praxis leider allzu häufig auftretende Differenz zwischen dem berechneten Energiebedarf und dem im Nachhinein gemessenen Energieverbrauch zu reduzieren. Im Bereich der Beleuchtungsanalysen können durch Gebäudesimulationen Verschattungs- und Lichtlenksysteme konzipiert werden, die durch eine verbesserte Tageslichtausbeute den primären Energiebedarf des Gebäudes weiter senken (vgl. auch Kolk 2021). Nicht zuletzt vor dem Hintergrund von offenen Bürokonzepten, wie z. B. Open-Space-Ansätzen (vgl. auch Abschn. 2.10), haben auch die Simulation der akustischen Eigenschaften von Räumen sowie die Prognose und Optimierung des Luftströmungsverhaltens der Be- und Entlüftung eine große Bedeutung gewonnen, um auch hier zugfreie Arbeitsplatzumgebungen zu gewährleisten.

Für weiterführende Informationen, auch zu der bereits zuvor als Beispiel herangezogenen Tragwerksplanung bzw. der strukturellen Simulation sei auf die weiterführenden Ausführungen von Fink (2015) und von Treeck et al. (2016) verwiesen.

Dynamische Simulationen, die das regelungstechnische Verhalten gebäudetechnischer Anlagen abbilden, berücksichtigen zunehmend auch die Wechselwirkungen mit Energieversorgungsnetzen. Die Wechselwirkung der energetischen Gebäudesysteme mit den Energienetzen kommt vor dem Hintergrund des immer größeren Anteils regenerativer Energien zukünftig eine zentrale Bedeutung zu. Durch die Abhängigkeit der regenerativen Produktion von Wind- und Sonnenenergie von aktuellen Wetterbedingungen wird zur Sicherstellung der Netzstabilität ein netzdienlicher Gebäudebetrieb zukünftig gefordert werden. Dies bedeutet, dass der Gebäudebetrieb zukünftig im Sinne einer Sektorkopplung seinen aktuellen Energiebedarf auf Schwankungen in den Energienetzen reagieren muss. In diesem Kontext werden entsprechende Speicher-/Puffersysteme eine zentrale Rolle spielen. Einen interessanten Simulationsansatz beschreiben Voss et al. (2021), bei dem die thermische Speicherfähigkeit von Gebäuden genutzt wird, um das Gebäude selbst als Speicher für die schwankende Energieproduktion regenerativer Energiequellen nutzbar zu machen. So wird z. B. bei einem Überangebot regenerativer Energien das Gebäude unwesentlich stärker erwärmt, ohne dabei den Komfort der Gebäudenutzer zu beinträchtigen. Bei einem Unterangebot wird die so im Gebäude gespeicherte Energie wieder entnommen, im einfachsten Fall, indem die eingebrachte Energiemenge zum Heizen reduziert wird. Die Autoren weisen nach, dass mit einfach zu messenden Leitindikatoren (z. B. der Oberflächentemperatur an Deckenflächen) der Speicherzustand des Gebäudes berechnet werden kann und somit ein netzdienlicher Gebäudebetrieb mit dieser sehr günstigen Speichertechnologie möglich wird.

2.11.3.2 Bauablauf- und Betriebssimulation

Ein weiterer Anwendungsbereich für dynamische Simulationen sind Bauablaufsimulationen. Diese auch als 4D-Simulation bezeichnete Simulationsform nutzt die Fähigkeit von BIM-Modellen anhand der enthaltenen BIM-Objekte automatische Massen- bzw. Mengenanalysen durchzuführen. Verbindet man diese bauteilorientierten Analysen mit den Arbeitspaketen einer Bauablaufplanung (Projektplanung), in denen die Bauteile z. B. beschafft oder auf der Baustelle eingebaut werden, so erweitert man die geometrischen Dimensionen (3D) des BIM-Modells um die Zeitdimension (4D). Auf diese Weise „wächst" das BIM-Modell gemäß den Aktivitäten im Projekt, indem immer mehr BIM-Bauteile in den einzelnen Bauabschnitten hinzukommen. Werden parallel zu dieser zeitlichen Abfolge noch die Kostenverläufe (bzw. Zahlungsflüsse) betrachtet, so entsteht sogar eine 5D-Simulation (vgl. Abb. 2.22, Gruschke und Werner 2013).

Derartige Bauablaufsimulationen ermöglichen im Vorfeld z. B. die Vermeidung von Terminkollisionen, eine Optimierung der Baustellenlogistik, aber auch parallel zur Bauausführung eine einfachere Abnahme von Bauleistungen durch den Vergleich des geplanten mit dem tatsächlichen Baufortschritt. Dasselbe gilt dann auch im Rahmen der Inbetriebnahmeplanung (vgl. Abschn. 3.3).

Das Anwendungsfeld der 4D- und 5D-Simulation lässt sich durch die Kopplung mit Echtzeit-Sensordaten aus dem Gebäude, z. B. durch IoT-Geräte oder die Kopplung mit der

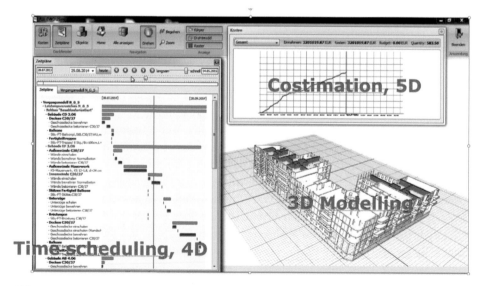

Abb. 2.22 Beispiel einer 5D-Bauablaufsimulation

Gebäudeleittechnik um weitere Dimensionen zu einem Digitalen Zwilling erweitern (vgl. Abschn. 4.1), um damit Betriebssimulationen zu ermöglichen.

2.11.3.3 Flächen- und Personenstromsimulationen

Flächenkosten stellen für viele Organisationen neben den Personalkosten den zweitgrößten Kostenblock dar. Flächen besitzen nachhaltigen Einfluss auf das Verhalten von Menschen und die Umwelt, werden aber oftmals nicht wirtschaftlich genutzt. Der verantwortliche Umgang mit dieser Ressource ist ein gesellschaftliches Anliegen. Dies ist Grund genug, die Optimierung von Flächenressourcen mit Hilfe von Flächensimulationen zu unterstützen (vgl. May 2016a). Diese Erkenntnis hat gerade auch durch die Covid-19-Pandemie erheblich an Bedeutung gewonnen.

Aufgrund der Tatsache, dass BIM-Modelle Flächen und Räume zumeist bereits klassifiziert enthalten, bilden sie einen sehr guten Ausgangspunkt für formalisierte Flächensimulationen. So können in die Flächensimulation die räumliche Nähe oder Erreichbarkeit bzw. die Sichtbarkeit von Orten (z. B. Raum oder Raumzone) von einem bestimmten Standort aus untersucht werden. Dabei werden räumliche Nachbarschaftsbeziehungen (Adjazenzen) und Bewegungsmöglichkeiten in Form von Graphen in das Simulationsmodell aufgenommen. Mitunter wird auch mit vereinfachten Rastermodellen gearbeitet, die einen Spezialfall von Graphenmodellen darstellen. Verbindungen zwischen Räumen werden dabei als Kanten der Graphen abgebildet. Diese Modellierung wird oftmals verfeinert, indem weitere Elemente als Knoten wie Durchgänge, Türen, Treppen oder Aufzugsschächte ergänzt werden. Auf diese Graphen lassen sich nun Algorithmen anwenden, beispielsweise zur Ermittlung der kürzesten oder schnellste Route.

Auf Grundlage dieser Simulationsmodelle sind diverse Simulationswerkzeuge zur Flächenoptimierung und Personenstromsimulation entwickelt worden. Mit der Recotech-Methode (vgl. May 2016b; NN 2021al) kann auf Basis mathematischer Algorithmen die Raumbelegung nach verschiedenen Kriterien (u. a. der Kommunikationsaufwände, Entfernungen) vollautomatisch optimiert werden.

Die Methode Space Syntax (vgl. May et al. 2013; NN 2021am) dient zur Simulation von Bewegungsmustern und erlaubt z. B. das Verhalten von Besuchern in einem öffentlichen Gebäude vorherzusagen und damit die Entwicklung von Wegeleitsystemen zu unterstützen. Hierbei kommen in letzter Zeit auch stärker 3D-Simulationen zum Einsatz, bei denen die räumlichen Modelle aus BIM abgeleitet und teilweise mittels Expertensystemen analysiert werden (vgl. Li et al. 2009; Cho und Kwon 2021).

Weitere agentenbasierte Personenstromsimulationen mit Hilfe von Simulationswerkzeugen wie crowd:it (vgl. NN 2021an) werden darüber hinaus im Bereich der Prüfung von Nutzungskonzepten, der Entwicklung von Entfluchtungsszenarien für Brandschutzkonzepte oder zur Lenkung von Personenströmen für die Gewährleistung von Hygiene- und Pandemiekonzepten eingesetzt.

2.12 PropTechs

Unter den Begriff PropTechs fallen Unternehmen, welche die digitale Transformation der Immobilienwirtschaft (im Regelfall durch den Einsatz innovativer Hardware und/oder Software) unterstützen und voranbringen. Das heißt nicht nur Digitalisieren von Vorgängen, sondern durch neue Methoden und Technologien neue oder vorhandene Prozesse zu optimieren, neue Produkte oder Dienstleistungen bereitzustellen bis hin zum Ablösen überholter Geschäftsmodelle.

Der Begriff PropTech ist eine Zusammensetzung aus den englischen Begriffen Property Services (Dienstleistungen der Immobilienwirtschaft) und Technology und kann mit Immobilientechnologien oder Technologien der Immobilienbranche übersetzt werden. *Technologie* wird in diesem Kontext immer mit Informationstechnologie oder mit *Digitalisierung* gleichgesetzt.

In anderen Branchen etablierten sich ähnliche Begriffe mit dem Buzzword „Tech", wie z. B. FinTech in der Finanzbranche oder InsurTech für Versicherungen.

Die meisten PropTechs nutzen Technologien, welche in der Informatik seit vielen Jahren bekannt sind (z. B. KI, lexikalische Analyse, Mustererkennung), die aber erst heute praktisch verfügbar und finanziell erschwinglich sind. Insofern ist das Innovationsrisiko in der PropTech Szene nicht so hoch, wie z. B. im Bereich der Biotechnologie.

PropTechs spezialisieren sich oftmals auf eng fokussierte Themenbereiche und bieten dort entsprechende Dienstleistungen oder Produkte mit Innovationen an, u. a. vom Datenmanagement über die Immobilienverwaltung bis hin zur Visualisierung und Planung, worunter z. B. auch BIM-Technologien fallen. Die Abb. 2.23 zeigt die Verteilung der PropTechs im Lebenszyklus der Immobilie gemäß der PropTech Germany Studie (NN 2021o).

In Deutschland existiert eine besonders vielfältige PropTech-Szene, welche im Vergleich zu anderen HighTech Hotspots (USA, Fernost) erstaunlich gut selbstorganisiert ist. Dies mag auch damit zusammenhängen, dass es für Startup-Unternehmen in Deutschland relativ schwierig ist, an Wagniskapital für die ersten Finanzierungsrunden nach der Unternehmensgründung zu kommen. Daher bieten die PropTech-Netzwerke dafür Hilfe zur Selbsthilfe.

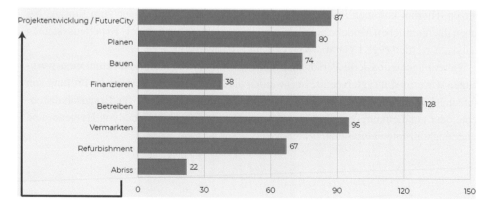

Abb. 2.23 Verteilung von PropTechs auf Aufgabenbereiche

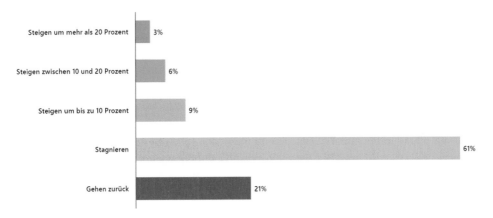

Abb. 2.24 Auswirkungen der Corona-Pandemie auf die Budgetplanung 2021/22

Es ist interessant, dass in Deutschland die meisten PropTechs, wie es bereits der Begriff PropTech suggeriert, in den diversen Anwendungsfeldern des Property Managements tätig sind und sich kaum im Facility Management betätigen. Dies gilt auch für fast alle in der PropTech-Marktübersicht (NN 2021l) unter der Rubrik „Immobilienbewirtschaftung" genannten Unternehmen. Die fast vollständige Abstinenz von Startups im Bereich von FMTech (in USA: FMIT) könnte damit zusammenhängen, dass im deutschen FM-Markt nur mit minimalen Gewinnmargen operiert wird und auch nach dem Ende der COVID-19 Pandemie dort kaum höhere Investitionen in Digitalisierungsinitiativen zu erwarten sind. Die Abb. 2.24 (NN 2021k) aus dem GEFMA/LÜNENDONK CAFM-Trendreport 2021 gibt die Zusammenfassung der Antworten von über 100 Unternehmen auf die Frage nach der Entwicklung von FMIT-Budgets in den Jahren 2021/22 wieder.

Die PropTech-Szene ist ein wichtiger Faktor bei der digitalen Transformation in der Immobilienwirtschaft. Durch sie werden Innovationen geschaffen und in praktische Lösungen umgesetzt.

2.13   Zusammenfassung

Die Digitalisierung ist in fast allen Bereichen ein wichtiger, in vielen Fällen sogar der wichtigste Innovationstreiber. Dies trifft auch auf die Immobilienbranche zu und damit insbesondere auf das Immobilien- und Facility Management.

Dabei arbeiten etablierte Technologien wie CAFM mit modernen Digitalisierungstrends wie IoT eng zusammen. Überall dort, wo es gelingt, unterschiedliche Technologien IT-gestützt zu integrieren, stellt sich auch der wirtschaftliche Erfolg schnell ein, denn es entfallen aufwändige und fehlerbehaftete Transformations- und Abstimmungsprozesse.

In diesem Kapitel wurden Digitalisierungstrends vorgestellt, die für die Immobilienbranche bereits heute, aber noch viel stärker in Zukunft von Bedeutung sind. Hierdurch soll nicht nur Experten, sondern in erster Linie interessierten Laien die Vielfalt der Technologien und deren Entwicklungspotenziale verdeutlicht werden.

Technologien und Systeme wie CAFM haben sich in den letzten drei Jahrzehnten zu bewährten und unverzichtbaren Tools und Plattformen entwickelt, die ihre besondere Stärke in der Nutzungsphase von Bauwerken besitzen. Diese werden nun ergänzt durch vielfältige BIM-Werkzeuge und -Plattformen, wodurch es zunehmend gelingt, die Informationslücke zwischen Planung/Errichtung und Nutzung zu schließen. Die Verlagerung vieler dieser Applikationen in die Cloud ist ein Trend, der schon seit Längerem in anderen Branchen beobachtet wird und der nun auch den Immobilienbereich – wenngleich oft noch verhalten – erreicht hat. Gebäude und ihre technischen Systeme produzieren große Mengen an Zustandsdaten (Big Data). Werden diese über geeignete Sensorsysteme und Messeinrichtungen erfasst und digital gespeichert, so entstehen völlig neuartige Auswertungsmöglichkeiten (Big Data Analytics), die z. B. unter Einbeziehung von KI- und ML-Methoden erlauben, Prognosen über das künftige Verhalten von Gebäudesystemen oder auch ihren Nutzern abzuleiten.

Noch bevor Gebäude und ihre Systeme errichtet und in Betrieb genommen werden, lassen sich aber bereits Aussagen zum Verhalten gewinnen. Hierfür stehen vielfältige Simulationstechniken zur Verfügung, die i. d. R. auf mathematisch-physikalischen Modellen und den zugehörigen Lösungsverfahren beruhen. In der Planungsphase ist der Einsatz solcher Methoden wie thermisch-energetischer, Flächen- oder Personenstromsimulationen bereits gängige Praxis. Im Betrieb gibt es zwar erste Ansätze wie Belegungs- und Umzugssimulationen, die auch Auswirkungen auf den Digitalen Workplace haben. Insgesamt besteht hier aber ein hoher Nachholbedarf, der zwar mit erheblichem Forschungsaufwand aber auch großen Erfolgsaussichten verbunden ist.

Die Liste der Digitalisierungstechnologien ist sicher länger als in diesem Kapitel vorgestellt. Technologien wie Blockchain, Robotics oder auch das autonome Fahren haben selbstverständlich ebenfalls einen Einfluss auf die Immobilienbranche, sei es auf Vertrags- und Servicemanagement oder auch logistische Aufgaben. Und selbst Technologien wie Quantencomputing (vgl. Heßling 2017), deren Nutzung scheinbar noch in ferner Zukunft liegt, werden keinen Bogen um immobilienbezogene (Optimierungs-)Aufgaben machen, sobald erkannt wird, dass ausgewählte, extrem komplexe Aufgaben in Bruchteilen der Zeit bisheriger Ansätze oder überhaupt erst (exakt) gelöst werden können.

Es ist davon auszugehen, dass die Faszination und Effizienz des Einsatzes von Digitalisierungstechnologien und das Verfolgen neuer Trends zu einer weiteren Modernisierung des Immobilien- und Facility Managements führen wird.

Literatur

Altmannshofer R (2018) Künstliche Intelligenz im FM. Der Facility Manager 25(2018)1/2, 50–51

Bollmann T, Zeppenfeld K (2015) Mobile Computing – Hardware, Software, Kommunikation, Sicherheit, Programmierung. 2. Auflage 2015, W3L AG, Dortmund, 216 S

Borrmann A, König M, Koch C, Beetz J (Eds.) (2018) Building Information Modeling – Technology Foundations and Industry Practice. Springer Nature, 2018

Buxmann P, Schmidt H (Hrsg.) (2019) Künstliche Intelligenz – Mit Algorithmen zum wirtschaftlichen Erfolg. Springer Gabler, 2019, 206 S

Cho J, Kwon O (2021) BIM Space Layout Optimization by Space Syntax and Expert System. Korean J. of Computational Design and Engineering 22(2017)1, 18–27

Ellmer D, Salzmann P (2014) Augmented Reality im FM. Facility Management 2014/15 – Das Branchenjahrbuch. F.A.Z.-Institut, Frankfurt, 2014, 84–95

Fink T (2015) BIM für die Tragwerksplanung. In: Borrmann A, König M, Koch C, Beetz J (Hrsg.). Building Information Modeling. Technologische Grundlagen und industrielle Praxis. Springer Vieweg

Göring M (2017) Begegnung mit einer unbekannten Art. National Geographic, Juli 2017, 58–81

Gruschke M, Werner P (2013) Intelligente Planung und Kostenkalkulation am virtuellen Gebäudemodell unter Anwendung von Building Information Modeling (BIM), Masterarbeit am FG Baubetriebswirtschaftslehre der HTW Berlin

Haines B, Norin R (2016) Utilizing ditstributed BIM based Workplace Management tools to analyze spatial performance of an entire facilities portfolio. Autodesk University, 37 S

Hanhart D (2008) Mobile Computing und RFID im Facility Manageent – Anwendungen, Nutzen und serviceorientierter Architekturvorschlag. Springer-Verlag Berlin Heidelberg, 213 S

Heßling H (2017) Quantum Computing – A Digitization Option for FM? Tagungsband INservFM, Frankfurt, 21.–23.02.2017, S 613–625

Hoar C, Atkin B, King K (2017) Artificial intelligence: What it means for the built environment. RICS Report, October 2017, 28 S

Hofstadter DR (1985) Gödel, Escher, Bach – ein Endloses Geflochtenes Band. 5. Aufl., Klett-Cotta, 1985, 844 S

Hwang K (2017) Cloud Computing for Machine Learning and Cognitive Applications. The MIT Press, Cambridge, London, 2017

Kolk D (2021) Der BIM-BOOM geht weiter – Für Leuchtenhersteller und Lichtplaner lohnt sich BIM mehr denn je. Licht (2021)8, 60–61

Li Y, Lertlakkhanakul J, Lee S, Choi J (2009) Design with Space Syntax Analysis Based on Building Information Model: Towards an interactive Application of Building Information Model in early Design Process. In CAADFutures, Les Presses de l'Université de Montréal, Montreal, QC, Canada, S 502–514

Lösel S (2017) Was ist Mobile Computing? (01.08.2017), URL: https://www.it-business.de/was-ist-mobile-computing-a-634341/ (abgerufen: 23.08.2021)

May M (2016a) Flächeneffizienz durch Analyse, Simulation und Optimierung. In: Knaut M (Hrsg.) Digitalisierung: Menschen zählen – Beiträge und Positionen der HTW, BWV Berliner Wissenschafts-Verlag, 282–287

May M (2016b) Best Practice Space Optimisation for Office Buildings. Corporate Real Estate Journal 5(2016)2, 154–170

May M (2017) BIM-based Augmented Reality for FM. FMJ (USA), 27(March/April 2017)2, 16–21

May M (Hrsg.) (2018a) CAFM-Handbuch – Digitalisierung im Facility Management erfolgreich einsetzen. 4. Auflage, Springer Vieweg, Wiesbaden, 2018, 713 S

May M (2018b) Artificial Intelligence and Machine Learning in FM. eFMinsight (June 2018)45, 8–10

May M (2020) Generatives Flächendesign. Der Facility Manager 27(April 2020)4, 28–33

May M, Clauss M, Salzmann P (2017) A Glimpse into the Future of Facility and Maintenance Management: A Case Study of Augmented Reality. Corporate Real Estate Journal 6(2017)3, 227–244

May M, Kohlert C, Schwander C (2013) Raumforschung mit Space Syntax – Neues (CA)FM-Geschäftsfeld. Der Facility Manager 20(Januar/Februar 2013)1/2, 48–52

May M, Williams, G (Eds.) (2017) The Facility Manager's Guide to Information Technology – An International Collaboration. 2nd edition, IFMA, Houston, 2017, 635 S

Mell P, Grance T (2011) The NIST Definition of Cloud Computing. National Institute of Standards and Technology, Gaithersburg, September 2011, Special Publication 800-145, http://nvlpubs. nist.gov/nistpubs/Legacy/SP/nistspecialpublication800-145.pdf, (abgerufen: 18.06.2021)

Milgram P, Takemura H, Utsumi A, Kishino F (1994) Augmented Reality: A class of displays on the reality-virtuality continuum. SPIE Proceedings Vol. 2351: Telemanipulator and Telepresence Technologies, Boston, 1994, 282–292

NN (2009) Cloud Computing – Evolution in der Technik, Revolution im Business. BITKOM-Leitfaden, Oktober 2009. https://www.bitkom.org/Publikationen/2009/Leitfaden/Leitfaden-Cloud-Computing/090921-BITKOM-Leitfaden-CloudComputing-Web.pdf (abgerufen: 18.06.2021)

NN (2013a) EnEV – Energieeinsparverordnung. https://www.bmwi.de/Redaktion/DE/Downloads/Gesetz/zweite-verordnung-zur%20aenderung-der-energieeinsparverordnung.html (abgerufen: 30.10.2021)

NN (2014a) GEFMA Richtlinie 410: Schnittstellen zur IT-Integration von CAFM-Software, Juli 2014, 11 S

NN (2016b) Cloud Computing im Facility Management. White Paper GEFMA 942, 01.11.2016

NN (2021a) GEFMA Richtlinie 400: Computer Aided Facility Management CAFM – Begriffsbestimmungen, Leistungsmerkmale, März 2021, 19 S

NN (2021g) https://de.wikipedia.org/wiki/Internet_der_Dinge (abgerufen: 27.05.2021)

NN (2021h) https://internetofthingsagenda.techtarget.com/definition/Internet-of-Things-IoT (abgerufen: 27.05.2021)

NN (2021i) https://www.bsi.bund.de/DE/Themen/Unternehmen-und-Organisationen/Informationen-und-Empfehlungen/Empfehlungen-nach-Angriffszielen/Cloud-Computing/Grundlagen/grundlagen_node.html (abgerufen: 18.06.2021)

NN (2021k) CAFM-Trendreport 2021 – GEFMA 945, GEFMA/LÜNENDONK, Juni 2021, 63 S

NN (2021l) https://proptech.de/wp-content/uploads/2021/04/PropTech_Uebersicht_Maerz_2021.pdf (abgerufen: 27.06.2021)

NN (2021o) PropTech Germany 2021 Studie. https://proptechgermanystudie.de/ (aufgerufen am: 27.06.2021)

NN (2021aj) PropTech-Unternehmen. https://proptech.de/ (abgerufen: 24.10.2021)

NN (2021ak) Seedit. https://recotech.de/overview/seedit/ (abgerufen: 24.10.2021)

NN (2021al) Recotech-Flächenoptimierung, https://recotech.de/overview/recotech/ (abgerufen: 01.11.2021)

NN (2021am) Space Syntax, https://www.spacesyntax.net (abgerufen: 01.11.2021)

NN (2021an) cowd:it-Personenstromsimulation, https://www.accu-rate.de/de/software-crowd-it-de/ (Abgerufen: 01.11.2021)

NN (2022a) IoT im Facility Management, White Paper GEFMA 928 (erscheint 2022)

NN (2022c) GEFMA Richtlinie 410: Schnittstellen zur IT-Integration von CAFM-Software, Februar 2022, 12 S

Schneider U (Hrsg.) (2012) Taschenbuch der Informatik. 7. Auflage, Carl Hanser Verlag München, 2012

Teicholz P (Hrsg.) (2013) BIM for Facility Managers. John Wiley & Sons, Inc., Hoboken, New Jersey, 2013

von Treeck C, Elixmann R, Rudat K, Hiller S, Herkel S, Berger M (2016) Gebäude. Technik. Digital. Building Information Modeling. Springer Vieweg, 453 S

Trzechiak M (2017) The BIM-to-FEM Interface – Development of Computational Tools for BIM Data Exchange and Check. Masterarbeit, HTW-Berlin

Vaughan G (2020) Event-based Microservices: Message Bus – Simple, Scalable, and Robust. https://medium.com/usertesting-engineering/event-based-microservices-message-bus-5b4157d5a35d (abgerufen: 26.11.2021)

Voss M, Heinekamp J, Krutzsch S, Sick F, Albayrak S, Strunz K (2021) Generalized Additive Modeling of Building Inertia Thermal Energy Storage for Integration Into Smart Grid Control. IEEE Access 99(May 2021)1, 71699–71711

Grundlagen

3

Markus Krämer, Thomas Bender, Joachim Hohmann,
Erik Jaspers, Thomas Kalweit, Michael Marchionini, Michael May
und Matthias Mosig

M. Krämer (✉)
Hochschule für Technik und Wirtschaft Berlin, Berlin, Deutschland
E-Mail: markus.kraemer@htw-berlin.de

T. Bender
pit – cup GmbH, Heidelberg, Deutschland
E-Mail: thomas.bender@pit.de

J. Hohmann
Technische Universität Kaiserslautern, Kaiserslautern, Deutschland
E-Mail: joachim.hohmann@bauing.uni-kl.de

E. Jaspers
Planon B.V., Nijmegen, Niederlande
E-Mail: erik.jaspers@planonsoftware.com

T. Kalweit
net-haus GmbH, Berlin, Deutschland
E-Mail: t.kalweit@net-haus.com

M. Marchionini
ReCoTech GmbH, Berlin, Deutschland
E-Mail: marchionini@recotech.de

M. May
Deutscher Verband für Facility Management (GEFMA), Bonn, Deutschland
E-Mail: michael.may@gefma.de

M. Mosig
TÜV SÜD Advimo GmbH, München, Deutschland
E-Mail: matthias.mosig@tuvsud.com

3.1 Von CAD zu BIM

Häufig wird BIM als nächste Stufe von Computer Aided Design (CAD) bzw. Computer Aided Architectural Design (CAAD) bezeichnet und oftmals synonym mit 3D-CAD verwendet. Der folgende Abschnitt soll dieses Missverständnis beseitigen, indem wichtige Stufen in der Entwicklung von CAD-Systemen bzw. der CAD-Methodik aufgezeigt werden und damit die Abgrenzung zum aktuellen BIM-Verständnis deutlich wird (vgl. Abb. 3.1).

Grundgedanke der ersten CAD-Systeme war es, die manuelle Erstellung von Zeichnungen mit dem Computer effizienter zu erledigen. So wurde die Abkürzung CAD folgerichtig als *Computer Aided Drafting* verstanden – also als computerunterstütztes Zeichnen. Die für diesen Zweck entwickelte CAD-Software hat die Zeichnung bereits rechnerintern als Modell verwaltet. Zunächst kam jedoch hierfür nur einfache 2D-Vektorgrafik zum Einsatz, die aus der Kombination geometrischer Grundelemente (2D-Primitive) wie z. B. Linien, Bögen, Kreise und Text bestand. Das eigentliche Ziel des Softwareeinsatzes war letztlich die automatische Erstellung einer (Papier-)Zeichnung, die auf einem Plotter ausgegeben wurde. Zusätzliche Attribute, die über die reine Geometrie hinausgingen, wurden gemäß festgelegten Konventionen technischer Zeichnungen z. B. als Linienarten, -stärken und -farben oder Layer ausgedrückt und im CAD-Modell gespeichert.

Bereits in diesem frühen Stadium wurde deutlich, dass die gewünschten Geschwindigkeitsvorteile (hier gegenüber der Zeichnungserstellung am Zeichenbrett) ohne eine Änderung der Arbeitsmethodik nur in wenigen Anwendungsfällen zu erreichen waren. Folglich

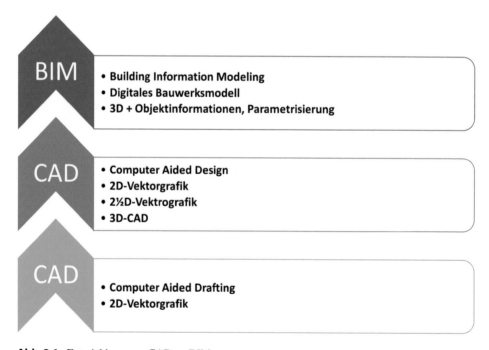

Abb. 3.1 Entwicklung von CAD zu BIM

unterstützten spätere CAD-Systeme zunehmend Entwurfs- und konstruktive Tätigkeiten, boten also zusätzlichen Mehrwert. Zeichnungsprogramme wandelten sich so zu Konstruktions- bzw. Entwurfssystemen, die neben Normteilbibliotheken mit Zeichnungsbausteinen bzw. -symbolen bereits einfache Auslegungsprogramme integrierten. Der heute noch übliche Begriff *Computer Aided Design* trägt dieser Entwicklung Rechnung. Erst dadurch und mit der Verfügbarkeit bezahlbarer Hardware und Software begann CAD in der Breite erfolgreich zu sein. Heute sind klassische Zeichenbretter nahezu vollständig aus dem beruflichen Alltag von Architekten und Ingenieuren verschwunden. Mit dieser Entwicklung wurde das CAD-Modell Gegenstand des Informationsaustausches zwischen den Beteiligten, wobei die Regeln technischer (Papier-)Zeichnungen weiterhin für die Interpretation der Modelle erforderlich waren.

Weitere Entwicklungen moderner CAD-Systeme waren gekennzeichnet von zunehmend komplexeren CAD-Modellen, die immer umfangreichere Aspekte des Bauwerks umfassten. Bezogen auf die geometrische Darstellung wurden die 2D-Grundelemente zunächst im Raum angeordnet, mit einer Höhenangabe versehen (2½D) und letztlich um 3D-Flächen- und -Volumenelemente erweitert. Heutige 3D-CAD-Systeme repräsentieren die Bauwerksgeometrie nicht mehr als Drahtmodell, sondern als Boundary Representation oder vollwertige Volumenkörper (Solids). Bei der recht einfachen Festkörpermodellierung (Constructive Solid Geometry) wird die Gebäudegeometrie durch die mengentheoretische Verknüpfung (z. B. Vereinigung, Durchschnitt und Subtraktion) von einfachen Grundkörpern (Primitiven) wie Quadern, Zylindern und Kugeln aufgebaut. Eine Türöffnung in einer (geraden) Wand wird dabei durch Subtraktion eines Quaders (Öffnung) von einem anderen Quader (Wand) gebildet.

Der nächste Entwicklungsschritt bereitete das heutige Verständnis von digitalen Gebäudemodellen im Sinne von BIM vor. In einem bauteil- oder objektorientierten Ansatz werden real existierende Bauteile der Konstruktion als virtuelle Objekte im CAD-System abgebildet. Sie besitzen neben der 3D-Geometrie des Bauteils (in z. T. unterschiedlichen Detaillierungsstufen) eine inhaltliche (semantische) Bedeutung, gehören also z. B. zur Klasse der Türen, Wände, Fenster oder Decken. Jedes Bauteil (Objekt) umfasst somit zusätzliche Sachinformationen, die als Attribute und Parameter abgebildet werden.

Für ein digitales BIM-Bauwerksmodell ist eine derartige objekt- und bauteilbezogene rechnerinterne Darstellung in einer Standarddatenbank erforderlich. In der Regel fordert man darüber hinaus, dass die Erstellung der verwendeten Bauteile über Parameter gesteuert werden kann (parametrische Modelle) und dass die eingesetzten Bauteile auch untereinander in Beziehung stehen, also miteinander verknüpft sind. So speichert das Bauteil (und damit Modellelement) „Tür" auch den Bezug zum Bauteil „Wand", in der diese Tür enthalten ist. Verschiebt man in einem solchen parametrischen Modell ein Türelement, so wird die entsprechende Türöffnung in der Wand automatisch mit verschoben.

3.2 CAFM-Grundlagen

Im deutschsprachigen Raum reicht die Entwicklung des Computer Aided Facility Management (CAFM) bis zum Beginn der 1990er-Jahre zurück. CAFM ist innerhalb dieses Zeitraums zu einer etablierten, zuverlässigen Methode und Technologie geworden, wenn es um das Datenmanagement und die effiziente Steuerung der Prozesse im Immobilien- und Facility Management (FM) geht (May 2018a).

In Deutschland wird das Thema „IT und Digitalisierung im Facility Management" maßgeblich vom Arbeitskreis Digitalisierung der GEFMA sowohl wissenschaftlich als auch praxisorientiert vorangetrieben (May 2021). Daneben entwickelt ein Zusammen-schluss von CAFM-Anbietern, FM-Beratern und -Dienstleistern, der CAFM RING e. V., das Thema insbesondere hinsichtlich der Interoperabilität zwischen CAFM-Produkten und BIM weiter.

Mit seiner lebenszyklus-orientierten Sichtweise ist CAFM dem Building Information Modeling (BIM) sehr wesensverwandt. Allerdings wurden Probleme der Systemintegra-tion und Interoperabilität weit weniger stringent gelöst, als dies heute im modernen BIM angestrebt wird und teilweise schon der Fall ist. So existierte nie ein Datenaustauschfor-mat, mit dem man eine komplette CAFM-Lösung möglichst aufwandsarm von einem Sys-tem zu einem anderen hätte migrieren können, obwohl diese Thematik in der Praxis durch-aus relevant ist, z. B. wenn ein System abgelöst werden soll. Hier sind durch die Weiterentwicklung standardisierter Austauschformate und Integrationstechnologien wei-tere Fortschritte zu erwarten.

CAFM-Systeme bewähren sich zunehmend als leistungsfähige Informationswerkzeuge zur Abbildung, Auswertung und Steuerung von FM-Strukturen und -Prozessen sowie zur Dokumentation von compliance-relevanten Vorgängen.

In Abschn. 2.1 wurde bereits auf den Unterschied zwischen CAFM-Software und CAFM-System kurz eingegangen. Etwas vereinfacht lässt sich sagen: CAFM-Software ist das, was man von einem CAFM-Anbieter an Software erwirbt, während ein CAFM-System das ist, was ein Nutzer im Rahmen eines CAFM-Projektes aus dieser Software entwickelt – ein anwendungsbereites und auf die jeweilige Organisation zugeschnittenes IT-System basierend auf den eigenen Daten und Prozessen.

Jede CAFM-Software verfügt über eine interne Struktur, die auf die Aufgaben des Fa-cility Management ausgerichtet ist. Diese umfasst ein FM-spezifisches Datenmodell so-wie eine Abbildung von Prozessabläufen und darüber hinaus verschiedene Berechnungs-algorithmen und Auswertungen. CAFM-Software bietet vielfältige Grundfunktionen, die – je nach Aufgabenstellung und Hersteller – mehr oder weniger umfangreich ausge-prägt sind und dem Anwender die Erweiterung der Software zum System ermöglichen.

Die Leistungsfähigkeit und der Funktionsumfang von CAFM-Software wachsen stän-dig und sind inzwischen sehr beachtlich. Die üblicherweise unterstützten Anwendungsfel-der (CAFM-Kernanwendungen) wurden bereits in Abschn. 2.1 benannt. Um dies zu ge-währleisten, werden an moderne CAFM-Softwaresysteme anspruchsvolle Anforderungen gestellt, u. a.:

- umfangreiche Funktionalität,
- Unterstützung von FM-Prozessen (Modellierung und Steuerung),
- Offenheit und Flexibilität (z. B. bzgl. Datenmodell, Prozessen und Reporting)
- Schnittstellen (I/O alphanumerische Daten, Grafik, Datenbank, API, Webservice, …),

- Mandantenfähigkeit,
- Datensicherheit,
- Integrationsfähigkeit in das betriebliche IT-Umfeld,
- Webfähigkeit,
- mobile Nutzung (Unterstützung mobiler Endgeräte online und offline),
- moderne n-tier Softwarearchitektur,
- Unterstützung standardisierter Datenaustauschformate,
- umfangreiche grafische und alphanumerische Auswertungsmöglichkeiten,
- Möglichst geringe Systemkosten,
- Effizienz (Beherrschung großer Datenmengen),
- Varianten- und Historienverwaltung,
- Bedienfreundlichkeit (einheitliche und intuitive Oberfläche, responsive design),
- leichte Erlernbarkeit (auch für Nicht-IT-Fachleute) und
- hohe Qualität des Help-Systems, von Assistenten und begleitenden Unterlagen.

Die Abb. 3.2 zeigt die wichtigsten Anforderungen an eine CAFM-Software bzgl. Anwendungsfokus, der zu unterstützenden Technologien und der erforderlichen Flexibilität, um Anpassungen entweder durch den Softwareanbieter oder den Nutzer vornehmen zu können.

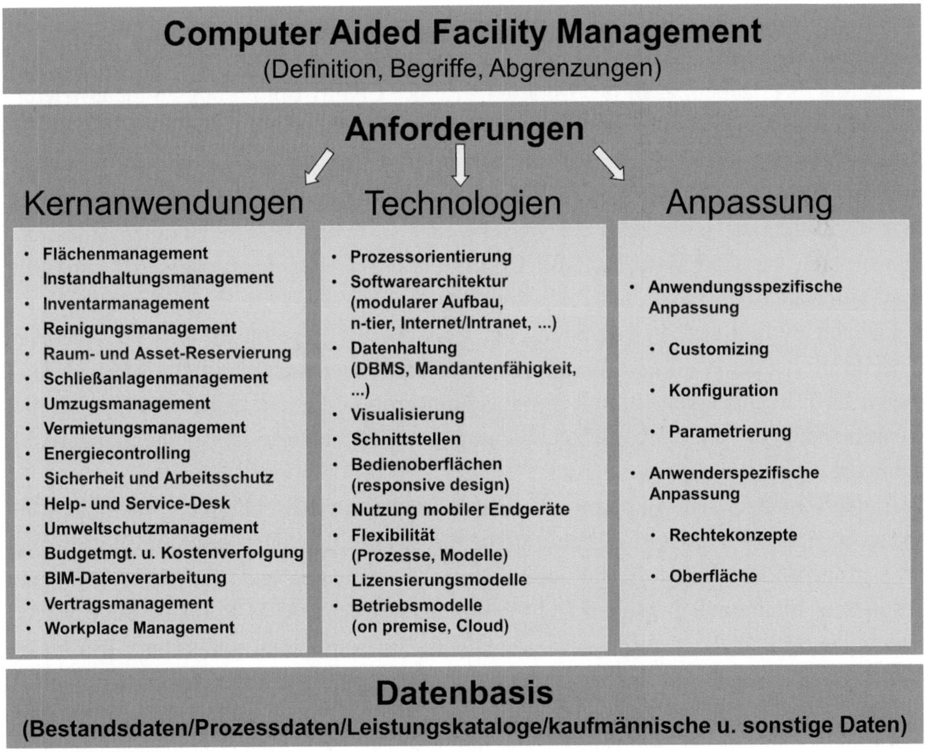

Computer Aided Facility Management
(Definition, Begriffe, Abgrenzungen)

Anforderungen

Kernanwendungen	Technologien	Anpassung
• Flächenmanagement	• Prozessorientierung	
• Instandhaltungsmanagement	• Softwarearchitektur	• Anwendungsspezifische Anpassung
• Inventarmanagement	(modularer Aufbau,	
• Reinigungsmanagement	n-tier, Internet/Intranet, ...)	
• Raum- und Asset-Reservierung	• Datenhaltung	• Customizing
• Schließanlagenmanagement	(DBMS, Mandantenfähigkeit,	
• Umzugsmanagement	...)	• Konfiguration
• Vermietungsmanagement	• Visualisierung	
• Energiecontrolling	• Schnittstellen	• Parametrierung
• Sicherheit und Arbeitsschutz	• Bedienoberflächen	
• Help- und Service-Desk	(responsive design)	• Anwenderspezifische Anpassung
• Umweltschutzmanagement	• Nutzung mobiler Endgeräte	
• Budgetmgt. u. Kostenverfolgung	• Flexibilität	• Rechtekonzepte
• BIM-Datenverarbeitung	(Prozesse, Modelle)	
• Vertragsmanagement	• Lizensierungsmodelle	• Oberfläche
• Workplace Management	• Betriebsmodelle	
	(on premise, Cloud)	

Datenbasis
(Bestandsdaten/Prozessdaten/Leistungskataloge/kaufmännische u. sonstige Daten)

Abb. 3.2 Anforderungen an CAFM gemäß GEFMA Richtlinie 400

Neben den Anforderungen an Funktionalität und Handhabung spielen aber auch die einmaligen und laufenden Systemkosten, der angebotene Service, die Unterstützung der Anwender (Support) sowie die Vision und Innovationskraft des Softwareanbieters bei der Auswahl einer Software eine wichtige Rolle.

Wie in der gesamten IT-Welt kommen auch bei der Entwicklung von CAFM-Software zahlreiche neue Technologien zum Einsatz. Neben bewährten Architekturen ist der Trend zu web- und cloudbasierten sowie mobilen Systemnutzungen nach wie vor ungebrochen bzw. stark steigend. Vereinzelt findet man noch klassische Client-Server-Lösungen. Die CAFM-Softwareanbieter haben aber die Vorteile mehrschichtiger (n-tier) Softwarearchitekturen bei der Softwareentwicklung und -pflege erkannt und forcieren den Umstieg auf moderne Systemarchitekturen und -technologien. Diese ermöglichen, dass die Datenspeicherung (Datenschicht), die Programmlogik (Applikationsschicht) und die Bedienoberfläche (Präsentationsschicht) unabhängig voneinander implementiert werden. Die Vielfalt der Strukturen und Nutzungsmöglichkeiten von CAFM-Software nimmt dadurch zu. Dies führt zu komplexeren Systemen mit entsprechend wachsenden Anforderungen bezüglich Installation, Betrieb und Betreuung.

Das richtige Vorgehen bei der Einführung und Nutzung von IT-Werkzeugen zur Unterstützung des FM ist ein wichtiger Erfolgsfaktor in CAFM-Projekten (NN 2017a). Häufig ist unklar, wie an eine erfolgreiche CAFM-Einführung heranzugehen ist und wie sich die Wirtschaftlichkeit nachweisen bzw. abschätzen lässt. Es sind inzwischen Methoden verfügbar, die es erlauben, z. B. die Wertetreiber einer CAFM-Einführung zu identifizieren und zu priorisieren oder auch den Return on Investment (ROI) bzw. andere wirtschaftliche Kennzahlen einer CAFM-Lösung abzuschätzen. Eine Zeitspanne von typischerweise ca. zwei bis drei Jahren für die Amortisation der Investitionen in CAFM ist in der Anwendungssoftwarebranche durchaus ein Spitzenwert. Es ist von Interesse zu untersuchen, inwieweit sich das CAFM-Wirtschaftlichkeitsmodell auf BIM übertragen und anpassen lässt (vgl. Kap. 6).

Für den Betrieb und die Betreuung einer CAFM-Software bieten sich verschiedene Modelle an. Bei der Wahl sind Anzahl und räumliche Verteilung der Nutzer, interne Kapazitäten für Datenmanagement und Systemadministration/-betrieb, Anforderungen an die Zuverlässigkeit des Systembetriebs und das angestrebte Finanzierungsmodell zu berücksichtigen.

In der Vergangenheit wurde eine CAFM-Software fast ausschließlich beim und vom Nutzer betrieben (on premise). Dieser stellte die erforderliche Hardware und Vernetzung zur Verfügung, installierte die Betriebssysteme, Datenbanken und die CAFM-Software. Bei diesem traditionellen Modell stellt der Hersteller der CAFM-Software dem Nutzer sowohl die Softwarelizenzen als auch die CAFM-Software bereit und sichert über einen Wartungsvertrag die Lieferung von Software-Updates und -Patches sowie eine Hotline für technische Fragen zu. Ein Dienstleister für die CAFM-Software, oft auch der Hersteller selbst, unterstützt den Nutzer durch Beratung, Softwareanpassung, Schulungen und ggf.

auch durch Datenaufbereitungen. Die Hotline für allgemeine Anfragen und für Fragen zu speziellen Anpassungen übernimmt der Dienstleister ebenfalls.

Die Verbreitung der Internettechnologien führte dazu, dass viele Softwareanbieter ihre Lösungen über Schnittstellen oder vollständig im Internet bereitstellen. Auch die komplette Nutzung von IT-Lösungen über Web-Technologien hat in zahlreichen Branchen, wie auch in der CAFM-Branche im CAFM, ihren Einzug gehalten. Die verschiedenen Ansätze, die sich in neuen Betriebs- und Betreuungsformen widerspiegeln, werden unter dem Begriff des Cloud Computing (Kalweit und May 2017, vgl. auch Abschn. 2.5) zusammengefasst. Ob und inwieweit sich eine Cloud-Lösung anbietet, hängt von dem Sicherheitsbedürfnis, der gewünschten Flexibilität, den verfügbaren personellen Ressourcen und deren Know-how im eigenen Unternehmen ab. Fast alle CAFM-Softwarehersteller bieten inzwischen Cloud-Lösungen an, wobei das Modell Software as a Service (SaaS) dominiert. Nur wenige Anbieter setzen aber bisher ausschließlich auf Cloud-Lösungen.

Was ein CAFM-System genau ist und was es im konkreten Anwendungsfall leisten kann oder sollte, ist auch heute noch oftmals unklar. Gründe hierfür sind fehlende Markttransparenz, die große Vielfalt des Angebots und teilweise auch immer noch fehlendes Wissen.

Die Anzahl der im deutschsprachigen Markt angebotenen CAFM-Softwaresysteme hat sich bis heute auf über 60 erhöht und bietet damit im internationalen Vergleich die mit Abstand größte Vielfalt. Von diesen stellen sich in der jährlich erscheinenden CAFM-Marktübersicht (NN 2021b und NN 2022b) mehr als 30 Anbieter genauer vor. Die Marktübersicht ist die erste Adresse, wenn Interessenten sich einen Überblick über die Leistungsfähigkeit und Schwerpunkte der verschiedenen Systeme verschaffen wollen. Daher dient sie oftmals der Vorauswahl der in Frage kommenden CAFM-Hersteller und -Software. Auch ist hier gekennzeichnet, welches der Systeme über ein CAFM-Zertifikat gemäß GEFMA Richtlinie 444 verfügt.

Interessant sind auch Vergleiche bestimmter Aspekte über den Zeitraum der Beobachtung des CAFM-Marktes. Die Abb. 3.3 (vgl. NN 2022b) gibt z. B. einen Überblick über die prozentuale Kostenentwicklung in einem typischen CAFM-Projekt. Bemerkenswert ist hierbei der sinkende Anteil der Datenerfassungskosten, was im Wesentlichen verbesserten und teilweise neuartigen Erfassungsmethoden (vgl. Abschn. 5.2) geschuldet ist.

Zu den Vorreitern beim CAFM-Einsatz zählen Banken und Versicherungen aber auch Groß- und Mittelstandsunternehmen der Fertigungsindustrie. Wachsender Bedarf zeigt sich u. a. im öffentlichen Bereich, bei Handelsketten, Krankenhäusern, Versorgungsunternehmen, Wohnungsverwaltungen, Flughäfen aber auch bei mittleren Unternehmen.

Zahlreiche erfolgreiche CAFM-Projekte in unterschiedlichen Branchen werden u. a. in May (2018a) ausführlich beschrieben. Obwohl sich die Ausbildungssituation im (CA)FM in den letzten Jahren verbessert hat, ist der CAFM-Experte, der sowohl die FM-Prozesse versteht als auch grundlegende Digitalisierungskenntnisse besitzt, immer noch relativ rar und wird sowohl von Anwendern als auch Anbietern dringend gesucht. GEFMA hat in der

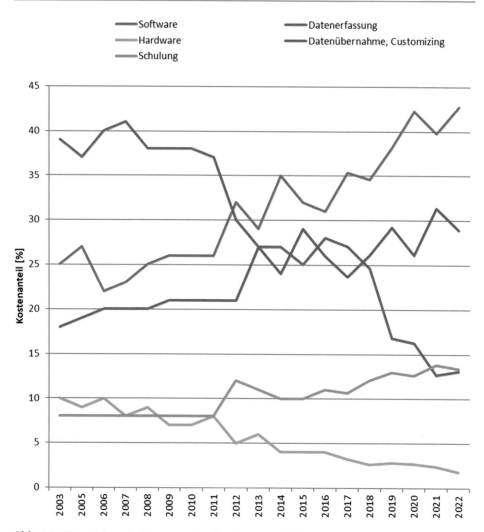

Abb. 3.3 Entwicklung der Kostenanteile einer CAFM-Einführung

GEFMA Richtlinie 610 (NN 2021c) die Kompetenzvorgaben für künftige Facility Manager überarbeitet, wobei die Digitalisierung eine sehr entscheidende Rolle spielt.

Wenn heutzutage CAFM-Projekte scheitern, liegt dies oft an einer ungenügenden Per-
sonalausstattung, einem unterschätzten Aufwand oder an nicht vorhandenen bzw. aktuellen Daten und nur selten an den verfügbaren Technologien und Softwaresystemen.

Als erfolgreicher Beitrag zur Qualitätssicherung und Verbesserung der Markttransparenz hat sich das CAFM-Zertifikat nach der GEFMA Richtlinie 444 (NN 2020a, vgl. auch
Abschn. 8.2) erwiesen, welche vom Arbeitskreis Digitalisierung der GEFMA im Jahr
2010 erstmals veröffentlicht wurde. Dieses Zertifikat bescheinigt den geprüften Softwareprodukten die Erfüllung allgemeiner technischer und spezifischer fachlicher Funktionen,
welche derzeit in 17 Prüfkataloge unterteilt sind. Auf der GEFMA-Homepage werden die
mehr als 20 zertifizierten bzw. rezertifizierten CAFM-Softwareprodukte in- und ausländi-

scher Hersteller aufgeführt. Potenziellen CAFM-Nutzern erlaubt das Zertifikat eine Vorselektion von in Frage kommenden Softwareprodukten. Die Anbieter müssen somit nicht jede Grundfunktion ihrer Software bei jedem Interessenten erneut unter Beweis stellen. Inzwischen wird in vielen CAFM-Ausschreibungen das GEFMA-Zertifikat als eine Grundvoraussetzung für die Teilnahme gefordert.

3.3 Nutzen von BIM für Facility Manager

3.3.1 Warum BIM für FM?

Sollten sich Facility Manager für BIM interessieren? In (Teicholz 2013) wird dies wie folgt begründet:

> „Ein unangemessen großer Zeitaufwand entsteht durch die Lokalisierung und Überprüfung spezifischer Objekt- und Projektinformationen aus vorangegangenen Aktivitäten."

Dies behindert effiziente FM-Prozesse und -Entscheidungen. Seit geraumer Zeit kann beobachtet werden, wie die Bauindustrie digitale Verfahren bei Entwurf und Errichtung von Gebäuden und Anlagen einsetzt. Siemens Real Estate (SRE) definiert BIM im firmeneigenen Standard (NN 2017b) wie folgt:

> „Building Information Management (BIM) ist eine modellbasierte, digitale, interdisziplinäre und verifizierbare Arbeitsmethodik. Virtuelle, dreidimensionale Gebäudemodelle werden mit nichtgeometrischen, alphanumerischen Daten verknüpft und bieten damit ein konsistentes Abbild aller planungs-, ausführungs- und betreiberrelevanten Informationen. Diese mehrdimensionalen Gebäudemodelle sind die digitale und visuelle Abbildung des Gebäudes, der physikalischen und funktionalen Eigenschaften und deren Beziehungen zueinander. Die verschiedenen Daten und Informationen der Projektteilnehmer ermöglichen so eine akkurate und verifizierte Übergabe von ,wie gebaut' Daten in den Betrieb."

Bei Entwurf und Bau spielt BIM inzwischen eine wichtige Rolle, wenn es um die Etablierung digitaler, kollaborativer Prozesse geht. Hierdurch wird es allen Beteiligten ermöglicht, Gebäude in kürzerer Zeit, mit höherer Qualität und zu niedrigeren Kosten zu entwerfen und zu errichten. Es ist seit Langem bekannt, dass der Großteil der späteren Bau- und Bewirtschaftungskosten bereits in der Planungsphase festgelegt wird. Facility Manager sollten sich deshalb aktiv in die Design- und Bauphase einbringen, wodurch ihre Kompetenz z. B. in der Instandhaltung und im Betrieb bereits im Designprozess berücksichtigt wird und so zu einem nachhaltigen Mehrwert im Lebenszyklus von Immobilien führen kann. Dies trifft ebenso auf das Bauen im Bestand zu. Es wird davon ausgegangen, dass gerade Facility Manager in hohem Maße von BIM profitieren können. Durch den Einsatz von BIM ist mit einer Kostenreduktion im Lebenszyklus und einer Wertsteigerung der Immobilien zu rechnen (Ashworth et al. 2016). Dies trifft in gleicher Weise auf Gebäude, Infrastruktur und Assets zu.

BIM-Modelle unterstützen Facility Manager dabei, Prozesse zu verbessern und die damit verbundenen Kosten zu reduzieren. Dazu tragen Simulationen z. B. zur Personenbe-

wegung und Entfluchtung, zu Flächenbelegungen, zur Sicherheit, Reinigung oder zum
Energieverbrauch bei, wobei das BIM-Modell jeweils die Datenbasis der Simulation bildet (vgl. Abschn. 2.11).

3.3.2 Nutzen von BIM bei der Inbetriebnahme

Werden die Lebenszyklusphasen von Gebäuden betrachtet, so fällt auf, dass der höchste
Informationsverlust beim Übergang von der Errichtung zum Beginn der Nutzung auftritt
(vgl. Abb. 3.4, in Anlehnung an Sacks et al. 2018). Board out bedeutet hierbei das traditi-
onelle Design auf der Basis von vielfältigen (separaten) 2D-CAD-Zeichnungen.

Insbesondere beim Übergang vom Bau zum Betrieb möchten Facility Manager relevante
Gebäudeinformationen übernehmen, um eine effiziente Inbetriebnahme und einen entsprechenden Gebäudebetrieb zu gewährleisten. Da BIM-Modelle zunehmend verfügbar sind,
ist es von zentralem Interesse, deren Daten nahtlos übernehmen, nutzen und fortschreiben
zu können. Hierdurch wird eine höhere Qualität der Inbetriebnahme bei geringerem Aufwand ermöglicht, wodurch in erheblichem Maße Zeit und Geld gespart werden.

Die Entwicklung von mehrjährigen Prognosen für FM-Prozesse (z. B. in der Instandhaltung) beruht auf der Verfügbarkeit geeigneter Gebäude- und Anlagendaten. Wenn die benötigten Daten in BIM-Modellen zur Verfügung gestellt werden, ermöglicht das den Facility Managern, z. B. Instandhaltungsarbeiten schneller und zuverlässiger planen und

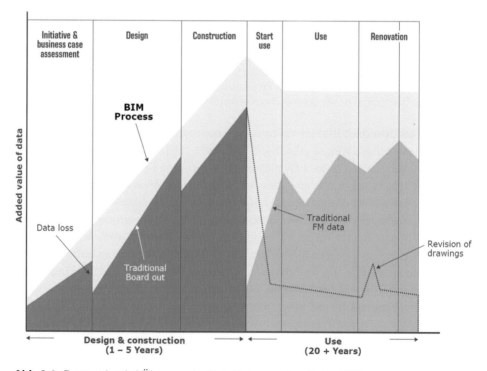

Abb. 3.4 Datenverlust bei Übergang der Projektphasen mit und ohne BIM

durchführen zu können, wobei auf CAFM- oder Instandhaltungsplanungs- und -steue-rungssysteme (IPS-Systeme) zurückgegriffen werden kann. Ähnliche Vorteile zeigen sich beim Gewährleistungsmanagement.

Die Möglichkeit Daten, die für den Betrieb relevant sind, aus BIM-Modellen beim Übergang von der Bau- zur Betriebsphase nutzen zu können, stellt ein hohes Nutzenpotenzial im FM dar und ist somit ein wesentlicher Aspekt der Wirtschaftlichkeit von BIM im FM. Hierdurch entfällt die oftmals noch praktizierte Mehrfacherfassung von Daten.

3.3.3 Nutzen von BIM im Betrieb

Im Fall der Inbetriebnahme (vgl. Abschn. 3.3.2) ist nur die Übernahme von Daten aus dem BIM-Modell in IT-Systeme, die für den Betrieb und die Instandhaltung von Gebäuden verwendet werden, erforderlich. Man könnte argumentieren, dass die Gebäudemodelle danach „überflüssig" sind.

Die zentrale BIM-Frage für Facility Manager ist: Gibt es einen Business Case, der die Aktualisierung und Fortführung von BIM-Modellen für den verbleibenden Lebenszyklus von Gebäuden, also für die Betriebs- und Rückbauphase, rechtfertigt?

Dies ist keine triviale Frage, denn die Entscheidung BIM-Modelle während des Lebenszyklus zu erhalten und fortzuführen, besitzt Konsequenzen für das Informationsmanagement rund um das Immobilien- und Facility Management. Hiermit sind zusätzliche Kosten verbunden.

Falls es darum geht, BIM-Modelle während des Betriebs zu verwenden, erfordert dies die Bereitstellung von IT-Umgebungen, die es Softwarenutzern oder -systemen ermöglichen, auf die Modelle in Echtzeit zuzugreifen und diese bei Bedarf zu visualisieren und zu verändern. Dies betrifft sowohl grafisch-geometrische als auch alphanumerische Daten. Derartige IT-Umgebungen werden als BIM-Server-Plattformen bezeichnet (vgl. Kap. 4). Die Verwendung solcher Plattformen setzt voraus, dass die in den BIM-Modellen enthaltenen Daten aktuell gehalten werden.

Während des Betriebs werden u. a. Umnutzungen, Renovierungen oder Wartungsarbeiten ausgeführt. Der Austausch technischer Anlagen und Komponenten (z. B. Pumpen, Ventilatoren) muss sich in den Sachdaten widerspiegeln, unabhängig davon, ob das BIM-Modell während des Instandhaltungsprozesses verwendet wurde oder nicht. Hierfür ist die zuverlässige Interoperabilität zwischen den beteiligten BIM-Systemen auf der einen Seite und den CAFM-Systemen auf der anderen Seite unabdingbar. Auch das ist mit Aufwand und Kosten verbunden. Ebenso müssen BIM Authoring Tools aber auch während der Betriebsphase nutzbar sein. Außerdem ist ein solides Management von Modellversionen sicher zu stellen.

Für die Akzeptanz von BIM-Modellen als einer wirtschaftlich attraktiven Option muss die Verwendung der Modelle Kosteneinsparungen und/oder Qualitätsverbesserungen im Betrieb gewährleisten. Die Größenordnung der Kosteneinsparung muss hierbei die Kosten der Erstellung und Pflege der Modelle übertreffen. Bislang scheinen keine verlässlichen

Wirtschaftlichkeitszahlen (vgl. Kap. 6) für solche Geschäftsfälle zu existieren, vor allem deshalb, weil die Verwendung von BIM im Betrieb noch in den Kinderschuhen steckt.

In dem Maße, wie praktische Erfahrungen gesammelt werden, werden auch Zahlen zur Rentabilität von BIM vorliegen, ähnlich wie dies von CAFM-Projekten bekannt ist. Neben quantifizierbaren Größen gibt es qualitative Aussagen, die für die Anwendung von BIM während des Betriebes sprechen und diese vorantreiben werden. Für derartige Wirtschaftlichkeitsuntersuchungen bietet sich die Orientierung an der GEFMA Richtlinie 460 (NN 2016a) an, auch wenn es dort um die Wirtschaftlichkeit von CAFM-Projekten geht.

3.3.4   Nutzen von BIM bei Sanierung und Umbau

BIM hat sich bei Konzeption, Planung und Errichtung von Bauwerken bereits bewährt. Hierfür gibt es auch sehr umfangreiche Fachliteratur (Borrmann et al. 2021). Auch wird auf Informationen und Veröffentlichungen von Organisationen wie der internationalen buildingSMART Alliance zum Thema BIM (NN 2021d) verwiesen.

Während des Lebenszyklus werden Bauwerke einer Reihe von Sanierungen (Retrofit) und Umbauten unterzogen. Hier bietet BIM genau dieselben Nutzeffekte wie bei Konzeption, Planung und Errichtung: höhere Qualität bei geringeren Kosten und kürzerer Umsetzungszeit. Außerdem kann BIM bei der Szenario-Planung hilfreich sein.

Um Sanierungs- und Umbauprozesse mittels BIM erfolgreich zu unterstützen, werden BIM-Modelle benötigt, die Architekten und Bauunternehmen passende und aktuelle Informationen zur Planung und Realisierung von Veränderungen eines Gebäudes liefern.

Es soll ein Beispiel hierfür betrachtet werden. Ein bestehendes Gebäude wurde in einem traditionellen Zellenbüro-Design entworfen. Es soll umgestaltet werden, um neue Arbeitsweisen (new ways of working), ggf. auch unter Pandemiebedingungen, zu ermöglichen. Hierbei handelt es sich um ein Modernisierungs-/Umbauprojekt. Die Vernetzung von Mitarbeitern, deren Kooperation, Teamarbeit und informelle Arbeitsstile und ggf. Hygienevorschriften sollen im neuen Konzept verstärkt berücksichtigt werden. Das Innendesign muss hierfür attraktiv und komfortabel sein, damit die Mitarbeiter ihre Aktivitäten effektiv ausführen können. Die Erfahrung der Nutzer spielt dabei eine wichtige Rolle. Das Projekt umfasst nicht nur eine grundlegende Neugestaltung der Grundrisse, sondern auch wichtige Überlegungen zum Raumklima, d. h. zur Gestaltung der Lüftungs- und Klimaanlagen, um eine an die neue Raumgestaltung angepasste Luftqualität sichern zu können. Mit Hilfe von BIM-Tools wird ein (IFC-) Modell des bestehenden Gebäudes erstellt und an die potenziellen Anbieter weitergegeben, so dass sie auf dieser Basis die Umgestaltung planen und die damit verbundenen Kosten abschätzen können. Die durch die Anbieter ergänzten und an den Auftraggeber zurückgesandten BIM-Modelle erlauben nun einen detaillierten Einblick in die Ideen und Ansätze, welche die verschiedenen Anbieter vorschlagen. Somit ist eine fundierte Entscheidung für einen dieser Anbieter möglich.

3.3.5 Nutzen von BIM im Tagesgeschäft

Auf welche Weise kann BIM Vorteile für die tägliche Arbeit während der Betriebsphase bieten?

Eine kurze Antwort auf diese Frage wäre: BIM-Modelle ermöglichen es grundlegend neue Wege zu gehen, um Gebäude zu analysieren und einen besseren Einblick in ihre Funktionsweise zu gewinnen. Im Gegenzug wird diese verbesserte Einsicht dazu führen, dass Facility Manager ihre Dienstleistungen mit höherer Qualität und gesteigerter Effizienz erbringen können. Um dies zu erklären, müssen zunächst die vorteilhaften Eigenschaften eines BIM-Modells für Aufgaben im Gebäudebetrieb erläutert werden.

Eine fundamentale Eigenschaft von BIM-Modellen ist ihre Fähigkeit, die Geometrie von baulichen und technischen Anlagen in verständlicher Weise zu beschreiben. Hierbei sind die Fähigkeiten des Menschen zur Interpretation visueller Informationen ausschlaggebend. Nicht umsonst sagt ein altes Sprichwort: „Ein Bild sagt mehr als tausend Worte." Wollte man z. B. die Konstruktion eines Bauwerks, wie das in Abb. 3.5, detailliert beschreiben, würde man wahrscheinlich Hunderte von Seiten Text und Tabellen benötigen, und selbst dann wäre die Beschreibung wohl immer noch unvollständig oder nicht detailliert genug.

BIM-Modelle ermöglichen eine schnelle und genaue Analyse des Zustandes und der Eigenschaften ihrer Objekte. Von diesem verbesserten Verständnis profitieren z. B. Instandhaltungsaktivitäten, wodurch die Vorbereitung von Arbeitsvorgängen beschleunigt und qualitativ verbessert werden kann.

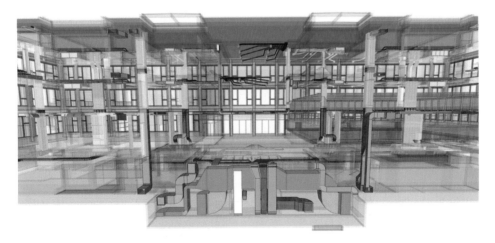

Abb. 3.5 Beispiel eines BIM-Modells

In gleicher Weise können BIM-Modelle das Flächenmanagement unterstützen, indem sie einen tieferen Einblick in die räumlichen Eigenschaften von Gebäuden bieten. Dies ermöglicht u. a. bessere und schnellere Entscheidungen bei der Belegungsplanung. Grundsätzlich lassen sich aus einem BIM-Modell mit ausreichend Daten die voraussichtlichen Energie-, Wartungs-, Reinigungs- und Flächenkosten abschätzen.

3.3.6   Das Digital-Twin-Prinzip

Auch im Bereich Analytics (Geschäftsanalysen) liefern BIM-Modelle Immobilien- und Facility Managern verbesserte Einsichten und Entscheidungshilfen.

Ein Digitaler Zwilling (digital twin) ist eine virtuelle Darstellung eines realen, physischen Objekts, die zusätzlich dessen aktuellen Zustand (Eigenschaften) beschreibt. Oftmals werden hierfür am realen Objekt Sensoren angebracht, die entsprechende Zustandsdaten übermitteln. Auch wird oftmals die Simulationsfähigkeit des realen Objekts als wichtige Charakteristik eines digitalen Zwillings gefordert.

Dieses Digital-Twin-Prinzip wurde zu Beginn dieses Jahrtausends im Rahmen von Product Lifecycle Management (PLM) in der Automobilindustrie entwickelt und hat im Bereich des produzierenden Gewerbes (insb. Maschinenbau und Elektroindustrie) schnell Verbreitung gefunden. Ein bekanntes Beispiel hierfür ist von General Electric (GE), wo das Modell eines Motors oder einer Windkraftanlage mit aktuellen Daten aus deren Betrieb kombiniert wird. Die Präsentation von Betriebsparametern in geometrischen Modellen bietet neue Möglichkeiten, den Zustand von Objekten besser zu verstehen und bei Bedarf korrigierend einzugreifen. Ebenfalls wird die Analyse potenzieller Risiken erleichtert und Auswirkungen von Vorfällen wie Havarien können schneller und zuverlässiger abgeschätzt werden. Dieser Ansatz wird als analytics-basierte Instandhaltung bezeichnet. Im Beispiel von GE werden Verschleißteile von Motoren gemeinsam mit ihren Betriebsparametern im Modell dargestellt. Ingenieure sind so in der Lage, Ausfallrisiken der Teile zu analysieren und rechtzeitig entsprechende Maßnahmen zu ergreifen.

Das gleiche Prinzip gilt für den Betrieb von Gebäuden. BIM-Modelle können mit relevanten Betriebs- sowie weiteren Daten verknüpft werden und erlauben Facility Managern sowie anderen Beteiligten die Beurteilung der Umgebungsbedingungen und der potenziellen Ausfallrisiken von Bauteilen oder technischen Komponenten auf sehr intuitive Weise.

Digital Twins sind auch ein gutes Anwendungsgebiet für eine erfolgreiche Integration unterschiedlicher Technologien wie BIM, CAFM und IoT. Hierfür gibt es zahlreiche nutzbringende Anwendungsfälle (Use Cases), z. B. im Belegungsmanagement, dem Energie- und Umweltmanagement, Sicherheit und Brandschutz bis hin zu vielfältigen Facility Services. Abb. 3.6 zeigt eine solche Konstellation, bei der unterschiedliche Anbieter im Rahmen eines Digital Twins zusammenarbeiten.

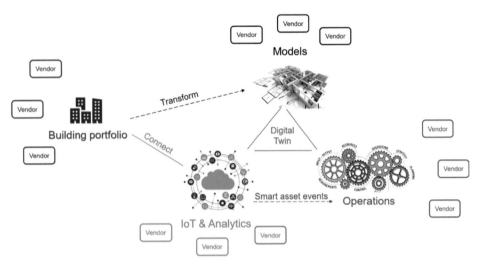

Abb. 3.6 Zusammenspiel von BIM, CAFM und IoT in einem digitalen Zwilling

3.3.7 Voraussetzungen für die Verwendung von BIM-Modellen im Immobilienbetrieb

Es ist sehr wichtig zu erkennen, dass die Verwendung von BIM-Modellen über einen Zeitraum von vielen Jahren wichtige Konsequenzen für das Informationsmanagement besitzt. Daher ist es empfehlenswert die IT-Abteilung bereits in frühen Phasen eines BIM-Projektes einzubeziehen.

Einige praktische Aspekte bei der Verwendung von BIM-Modellen sind:

- *BIM-bezogene Dokumentenverwaltung*
  BIM-Modelle sind Softwareobjekte. Das bedeutet, dass man sich für bestimmte Notationsformen entscheiden muss (z. B. IFC oder herstellerspezifische Formate). Ebenso muss geklärt werden, wie die verschiedenen Modellversionen verwaltet werden sollen.
- *Interoperabilität mit anderen Systemen*
  CAFM- und IPS-Systeme müssen mit BIM-Modellen interagieren, damit Facility Manager bei ihrer Arbeit auf sie zugreifen können. Daneben beinhalten diese Systeme Daten, die auch in den BIM-Modellen verfügbar sein müssen. Wenn z. B. ein fehlerhaftes Bauteil wie eine Pumpe oder ein Ventilator ersetzt wird, werden die während Beschaffung und Austausch anfallenden Bauteildaten typischerweise in diesen Systemen verarbeitet und müssen im Anlagenbuch des Gebäudes verwaltet werden.
- *Sicherheit und Autorisierung*
  Wenn BIM-Modelle einen zentralen Bestandteil der Informationsarchitektur bilden, muss der Zugriff auf ihre Daten geplant und gemanagt werden. Zumeist muss auch die Historisierung von Daten gesichert werden, damit überprüft werden kann, wer welche Daten wann verändert hat. Daneben müssen die Daten gegen unbefugte Nutzung und Manipulation gesichert werden. Dies sind typische IT- und Informationsmanagement-Themen, die auch in BIM-Projekten unbedingt berücksichtigt werden müssen.

- *BIM-Kompetenzentwicklung und –sicherung*
  Diese wichtige Aufgabe kann durch geeignete Schulungen sowohl in-house als auch extern gelöst werden.

3.4 BIM-Grundlagen für Facility Manager

Der Facility Manager muss sich in Abhängigkeit von seiner Rolle im Unternehmen unterschiedlich tiefgreifend mit der BIM-Methodik auseinandersetzen. Er kann als Teil eines Projektteams durch die Verantwortlichen für die Planungs- und Errichtungsphase in ein BIM-Projekt als Vertreter der Betriebsphase eingebunden werden oder als Verantwortlicher für das Corporate Real Estate Management für die Implementierung von BIM im Unternehmen und Projekten zuständig sein.

Egal, welche Rolle der Facility Manager in einem BIM-Projekt einnimmt, seine Anforderungen an BIM bzgl. der von ihm gewünschten Lieferleistung durch die Projektbeteiligten sind von ihm detailliert zu beschreiben und als fester Bestandteil in die BIM-Projekte zu implementieren.

Der Weg zur Anforderungsdefinition geht zunächst über die Formulierung einer konkreten BIM-Strategie und der damit verfolgten Ziele (vgl. Abb. 3.7). Daraus lassen sich in den Liegenschaftsinformationsanforderungen (LIA) konkrete Anforderungen an BIM bzw. an das BIM-Projekt aus dem Blickwinkel des Immobilienbetriebs definieren. Diese Anforderungen gilt es in den jeweiligen BIM-Projekten zu verankern. Hierzu müssen die Inhalte der LIA in die BIM-Projektdokumente Auftraggeberinformationsanforderungen (AIA) und BIM-Abwicklungsplan (BAP) übernommen werden (vgl. auch Abschn. 7.2).

Um die Anforderungen an BIM bzw. an das BIM-Projekt zielgerichtet und verbindlich zu formulieren und in einem Projekt umzusetzen, wird oftmals auf die Kompetenz externer BIM-Fachleute (z. B. BIM-Berater oder BIM-Informationsmanager) zurückgegriffen. Ein Grundverständnis für die Methode BIM und die wesentlichen Begrifflichkeiten ist für den Facility Manager dennoch unerlässlich, um im Projekt auf Augenhöhe mit den Beteiligten agieren zu können. Im Folgenden werden zunächst die wesentlichen Aspekte der BIM-Methode und die wichtigsten BIM-Begrifflichkeiten kurz erläutert, bevor am Ende das Abschnitts detailliert auf die Inhalte der LIA eingegangen wird.

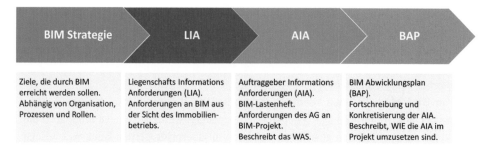

BIM Strategie	LIA	AIA	BAP
Ziele, die durch BIM erreicht werden sollen. Abhängig von Organisation, Prozessen und Rollen.	Liegenschafts Informations Anforderungen (LIA). Anforderungen an BIM aus der Sicht des Immobilienbetriebs.	Auftraggeber Informations Anforderungen (AIA). BIM-Lastenheft. Anforderungen des AG an BIM-Projekt. Beschreibt das WAS.	BIM Abwicklungsplan (BAP). Fortschreibung und Konkretisierung der AIA. Beschreibt, WIE die AIA im Projekt umzusetzen sind.

Abb. 3.7 BIM-Anforderungsdokumente

3.4.1 BIM-Definition

Wie im Abschn. 2.2 definiert, handelt es sich bei BIM um eine Methode bzw. ein Prozess, in dem im Laufe eines BIM-Projektes ein 3D-Gebäudeinformationsmodell (Geometrie und Semantik) sukzessive entsteht, das am Ende des Projektes an das Facility Management übergeben wird (FM-Handover).

Das Gebäudeinformationsmodell stellt dann die valide Datenbasis für einen digitalen Gebäudebetrieb z. B. mit einem CAFM-System dar. Neben dem geometrischen 3D-Modell sind für das Facility Management insbesondere die alphanumerischen Objektinformationen von sehr großer Bedeutung, da diese die Grundlage für die Abbildung digitaler Prozesse (z. B. der Instandhaltung) in einem CAFM-System bilden.

3.4.2 BIM-Reifegradmodell

Das BIM-Reifegradmodell (BIM Maturity Model, vgl. Abb. 3.8, in Anlehnung an Borrmann et al. 2021) wird für die Entwicklung von Stufenplänen zur BIM-Einführung verwendet und umfasst vier Reifegrade (Level 0–3), die aufzeigen, wie umfassend die BIM-Methode in einem Projekt oder einer Organisation eingesetzt wird. Die Stufen markieren ebenfalls Meilensteinen bei der Umsetzung einer nationalen BIM-Strategie.

3.4.3 BIM-Dimensionen

BIM-Modelle sind als multidimensionale (multiperspektivische) Informationsmodelle aufgebaut, die über die geometrischen Dimensionen hinaus weitere Informationsebenen

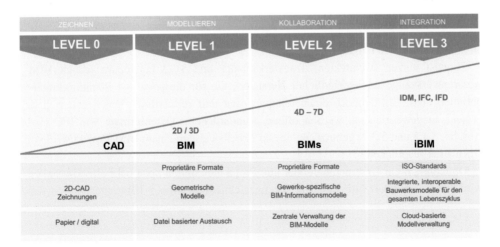

Abb. 3.8 BIM-Reifegradmodell

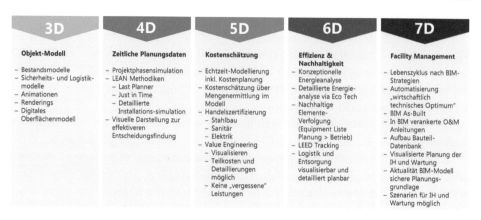

Abb. 3.9 BIM-Dimensionen

enthalten können, die es Architekten und Fachplanern ermöglichen, z. B. eine modellbasierte Zeit- und Kostenplanung zu erstellen. Im Kontext von BIM werden üblicherweise
fünf weitere über die geometrische 2D-Darstellung hinausgehende Dimensionen (3D bis
7D) unterschieden (vgl. Abb. 3.9, in Anlehnung an NN 2021ax).

3.4.4 Open und Closed BIM

Bei der Entstehung des digitalen Gebäudeinformationsmodells sind verschiedene Projektbeteiligte involviert (z. B. Architekt, Tragwerksplaner, TGA, FM), die zur Modellerstellung auf sogenannte BIM-Autorenwerkzeuge (vgl. Abschn. 4.2.1) zurückgreifen. Nutzen
alle Projektbeteiligten dasselbe BIM-Autorenwerkzeug, kann der modellbasierte Austausch auf Basis des herstellerspezifischen, proprietären Datenformates des eingesetzten
Autorenwerkzeugs erfolgen. In diesem Fall spricht man von Closed BIM. Dies gilt ebenfalls, wenn mehrere Werkzeuge einer Software-Suite eines Herstellers mit seinen proprietären Datenformaten eingesetzt werden.

Zumeist nutzen Architekten, Tragwerksplaner und TGA-Ingenieure jedoch BIM-
Autorenwerkzeuge unterschiedlicher Hersteller, die für die jeweilige Planungsaufgabe
optimiert sind. Um dennoch einen reibungslosen und verlustfreien Datenaustausch im
Projekt zu gewährleisten, werden offene, standardisierte Datenformate wie IFC (vgl.
Abschn. 3.4.5 und 5.3.2) genutzt. Bei dieser Arbeitsweise in einem BIM-Projekt wird von
Open BIM gesprochen.

Ob lediglich ein Unternehmen oder alle Projektbeteiligten open oder closed arbeiten,
wird durch den Zusatz little bzw. big gekennzeichnet (vgl. Abb. 3.10).

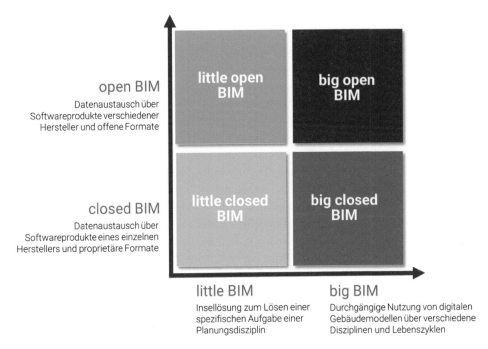

Abb. 3.10 Überblick open/closed, little/big BIM

Folgende Ausprägungen sind möglich:

- *Little Closed BIM*
  Einsatz der BIM-Methode in einem Unternehmen auf Basis proprietärer Datenformate
  für den internen Datenaustausch.
- *Big Closed BIM*
  Einsatz der BIM-Methode über mehrere Lebenszyklusphasen eines Bauwerks mit mo-
  dellbasierten Datenaustausch zwischen den beteiligten Unternehmen auf Basis propri-
  etärer Datenformate zumeist eines Hersteller einer BIM-Suite.
- *Little Open BIM*
  Einsatz der BIM-Methode in einem Unternehmen, wobei Softwareprodukte verschie-
  dener Hersteller den Datenaustausch über offene Datenformate realisieren (z. B. IFC).
- *Big Open BIM*
  Einsatz der BIM-Methode über mehrere Lebenszyklusphasen eines Bauwerks mit mo-
  dellbasierten Datenaustausch zwischen den beteiligten Unternehmen auf Basis offener
  Datenformate (z. B. IFC).

Weiterführende Informationen zu Begriffsdefinitionen finden sich bei Helmus et al. (2019).

3.4.5 BIM-Fachmodelle und CDE

Ein wesentliches Arbeitsmittel in BIM-Projekten sind die BIM-Autorenwerkzeuge, welche zur geometrischen Bauteilmodellierung sowie zur Definition der Semantik genutzt werden. Der Einsatz der BIM-Methode mit einem simultanen Zugriff aller Fachdisziplinen auf ein gemeinsames BIM-Modell hat sich in der Praxis selbst bei BIM-Projekten des BIM-Reifegrads Level 3 (vgl. Abschn. 3.4.2) aufgrund organisatorischer und technischer Restriktionen nicht durchgesetzt (Borrmann et al. 2019b).

Vielmehr basieren BIM-Projekte auf einzelnen Fachmodellen der jeweiligen Disziplinen (Objektplanung, Tragwerksplanung, TGA, Facility Management), die im Projekt regelmäßig zu Koordinationsmodellen zusammengeführt werden. Sie dienen der spezifischen Abstimmung (Koordination) ausgewählter Fachmodelle.

Die Erstellung der Koordinationsmodelle und damit das Zusammenführen der einzelnen Fachmodelle erfolgt an zentraler Stelle i. d. R. durch den BIM-Gesamtkoordinator, die Prüfung und Freigabe durch den BIM-Manager. Als Plattform zur Verwaltung und Versionierung der einzelnen Modelle wird im Projekt eine gemeinsame Datenumgebung (Common Data Environment – CDE) eingerichtet (vgl. Abschn. 4.3). Die Koordinationsmodelle werden im Projekt zu definierten Meilensteinen (z. B. am Ende einer Planungs-/Leistungsphase) erstellt. Auf Basis eines Koordinationsmodells können dann Kollisionsprüfungen oder fachmodellübergreifende Auswertungen stattfinden sowie der Fertigstellungsgrad gemäß BAP überprüft werden. Änderungen erfolgen nicht direkt im Koordinationsmodell, sondern werden in den ursprünglichen Fachmodellen fortgeschrieben. Die Koordinationsmodelle werden versioniert in der CDE gespeichert.

Als finales Modell wird bei Projektende das As-built-Modell erstellt. Dieses stellt das geprüfte, digitale Abbild des tatsächlichen Bauwerks dar. Für den Immobilienbetrieb wird aus dem As-built-Modell ein reduziertes Betriebsmodell abgeleitet. Es enthält ausschließlich die betriebsrelevanten Inhalte. Das Betriebsmodell wird in die IT-Systemlandschaft des Immobilienbetriebs überführt. Insbesondere die alphanumerischen Bauteilinformationen werden in ein CAFM-System überführt und dort während der Betriebsphasen genutzt und fortgeschrieben (vgl. Abschn. 4.3.2). Kommt es zu größeren Bau- oder Umbaumaßnahmen im Betrieb, können aus den aktuellen Betriebsdaten Bestandsmodelle generiert und für den Umbauprozess zur Verfügung gestellt werden.

3.4.6 Offener Datenaustausch von BIM-Modellen

Der verlustfreie und automatisierte Datenaustausch der digitalen Gebäudeinformationsmodelle ist ein wesentlicher Bestandteil in einem BIM-Projekt. Als herstellerneutrales, offenes Format hat sich hier das vom buildingSMART entwickelte IFC-Datenschema (Industry Foundation Classes) als international führender offener BIM-Standard etabliert (vgl. Abschn. 5.3.2). In der Version 4 ist das IFC-Format als ISO Standard 16739 (NN 2018a) anerkannt.

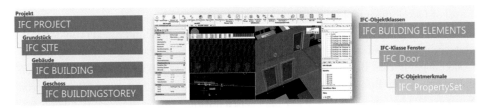

Abb. 3.11 IFC-Bauwerksstruktur

Viele der am Markt etablierten BIM-Autorenwerkzeuge und CAFM-Systeme unterstützen mittlerweile das IFC-Format (Import, Export). Basisanforderungen an den Datenaustausch bzw. zur Integration von BIM-Modellen in ein CAFM-System sind im Katalog
A15 der GEFMA Richtlinie 444 (NN 2020a) beschrieben und werden auf Antrag bei der
CAFM-Zertifizierung geprüft.

IFC kann dabei als Datenschema verstanden werden, nach dessen Definition der Datenaustausch zwischen zwei Systemen erfolgt. Eine IFC-Datei kann als Kopie des Modells
betrachtet werden, welches sowohl geometrische als auch semantische Objektinformationen enthält und damit ähnlich wie ein PDF-Dokument zum Datenaustausch von Text-/
Grafikdaten eingesetzt wird. Innerhalb einer IFC-Datei werden Objekte i. d. R. nicht editiert, Änderungen erfolgen vielmehr im originären Ausgangsmodell, um dann auf dieser
Basis erneut in ein IFC-Modell exportiert zu werden. Im IFC-Schema wird ein Bauwerk
nach einer einheitlichen Struktur abgebildet (vgl. Abb. 3.11).

Neben der einheitlichen Struktur werden vordefinierte Merkmalsätze (IFC Common
Property Sets) zur Objektbeschreibung definiert bzw. zur Verfügung gestellt. Diese reichen oft aber nicht aus, um Objekte nach unterschiedlichen Anforderungen (z. B. aus FM-
Sicht) hinreichend zu beschreiben. Um dieser Anforderung gerecht zu werden, können
innerhalb des IFC-Schemas sogenannte User-defined Property Sets ergänzend definiert
werden. Dadurch ist man in der Lage, unterschiedliche Aspekte und Anforderungen
z. B. auf Auftraggeber- oder Projektebene zu berücksichtigen.

Eine verbindliche Definition der für den Immobilienbetrieb erforderlichen Merkmalsets erfolgt in den Liegenschafts-Informationsanforderungen (LIA) in Form des Ausarbeitungsgrades des Gebäudeinformationsmodells.

3.4.7 Definition der Modellinhalte

Wesentliche Lieferleistung im Rahmen eines BIM-Projekts ist das 3D-Gebäude-
informationsmodell, welches geometrische und alphanumerische Informationen abbildet.
Wie detailliert die Objekte in den BIM-Autorenwerkzeugen modelliert werden und wel-
che alphanumerischen Informationen zu erfassen sind, ist abhängig vom jeweiligen
BIM-Anwendungsfall (vgl. Abschn. 3.3 und Kap. 6) und wird in den BIM-Dokumenten
AIA und BAP über den Ausarbeitungsgrad detailliert beschrieben. Der Ausarbeitungsgrad

(Level of Development – LOD) beschreibt im Wesentlichen, welche Informationen zu einem bestimmten Zeitpunkt (z. B. am Ende einer Leistungsphase im Projekt) von den Projektbeteiligten zu liefern sind. Er umfasst den Detaillierungsgrad der Geometrie der im Modell abgebildeten BIM-Objekte (Level of Geometry – LOG) und ihre beschreibenden alphanumerischen Informationen (Level of Information – LOI). Mit dem LOI wird durch Attribute der überwiegende Teil der semantischen Information des digitalen Bauwerksmodells festgelegt. Weiterführende Informationen finden sich in Borrmann et al. (2019a, b).

Die Definition des Ausarbeitungsgrades erfolgt in fünf Detaillierungsstufen. LOD 100 beschreibt den niedrigsten Detaillierungsgrad und LOD 500 den höchsten (vgl. Abb. 3.12). Die Detaillierungsgrade zeigen, wie das Gebäudeinformationsmodell im Projektverlauf über die jeweiligen Leistungsphasen immer weiter detailliert bzw. mit weiteren Informationen angereichert wird.

- *Level 100*
  Konzeptionelle Darstellungen und Studie
- *Level 200*
  Angaben zu Dimension und Größe maßgeblicher Bauelemente sowie deren Beziehungen untereinander
- *Level 300*
  Grundlage für die Realisierung: ausschreibungsreife Angaben mit Spezifikationen
- *Level 400*
  Fabrikationsreife Ausführungsplanung
- *Level 500*
  Dokumentation des ausgeführten Objektes (as-built)

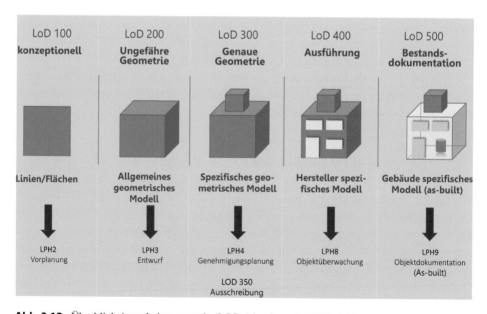

Abb. 3.12 Überblick Ausarbeitungsgrade (LODs) in einem BIM-Projekt

Aus FM-Sicht ist insbesondere der höchste Detaillierungsgrad (LOD 500) von Interesse, da dieser den finalen Stand des Bauwerkes (as-built) beschreibt, auf dessen Datenbasis die Übergabe an das FM erfolgt (FM-Handover).

Um dieses Ziel zu erreichen ist es essenziell, die Anforderungen aus der FM-Sicht über die LIA in die BIM-Projektdokumente AIA und BAP verbindlich einfließen zu lassen. Weiterhin müssen die Modellqualität und der Modellfortschritt in jeder Leistungsphase bzw. zu jedem Meilenstein überprüft werden. Nur wenn das digitale Gebäudeinformationsmodell über den gesamten Projektverlauf kontinuierlich qualitätsgesichert fortgeschrieben wird, kann am Projektende realistisch mit einer validen As-built-Dokumentation gerechnet werden.

3.4.7.1 Level of Geometry (Geometrischer Detaillierungsgrad)

Grundsätzlich entspricht der zunehmende geometrische Detaillierungsgrad (LOG) der BIM-Modellelemente – von einer symbolischen über eine vereinfachte bis hin zu einer detaillierten Darstellung in den Fachmodellen – der zunehmenden Maßstabsgenauigkeit in den traditionellen zeichnerischen Darstellungen. Der geometrische Detaillierungsgrad ist meist gekoppelt an die fortschreitende Tiefe der Planung entlang der HOAI-Leistungsphasen.

Der Anspruch an den LOG aus FM-Sicht hängt auch von der im Immobilienbetrieb eingesetzten CAFM-Software ab. Die Anforderungen des CAFM-Herstellers an die Schnittstelle zum Geometriemodell sollten sich daher in der Anforderungsdefinition wiederfinden. Ggf. sind ergänzend zum 3D-Modell auch 2D-Ableitungen aus dem Modell (z. B. Schnitte) erforderlich, die als Grafikgrundlage mit dem CAFM-System verbunden werden. Dies gilt es bei der Anforderungsdefinition ebenfalls zu berücksichtigen.

3.4.7.2 Level of Information (Alphanumerischer Detaillierungsgrad)

Der alphanumerische Detaillierungsgrad (semantischer Informationsgrad – LOI) beinhaltet die Information zur eindeutigen Identifikation der Modellelemente wie Name und Bauteilkennziffer sowie weitere Informationen, die zu spezifischen Anwendungsfällen oder in bestimmten Leistungsphasen erforderlich sind.

Die alphanumerischen Informationen sind für das FM von besonderer Bedeutung, da diese die Datenbasis für die digitale Prozessbearbeitung in einem CAFM-System darstellen (z. B. im Flächen-, Instandhaltungs- oder Störungsmanagement).

Bei der Definition des LOI sind insbesondere folgende Punkte zu berücksichtigen:

- Verwenden einer durchgängigen und standardisierten Klassifizierung der zu beschreibenden Objekte (z. B. nach CAFM-Connect oder ähnlichen Klassifizierungssystemen),
- Definition der für Prozesse und Objekte erforderlichen Inhalte in Form von Merkmalsets (property sets).

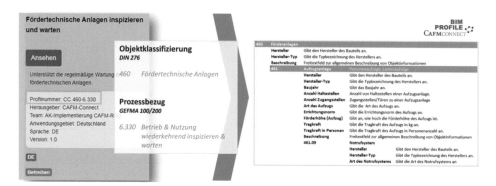

Abb. 3.13 Beschreibung von Merkmalsets auf Basis von CAFM-Connect

Standards wie z. B. CAFM-Connect (vgl. Abschn. 5.3.5) liefern sowohl das Gerüst für eine einheitliche Objektklassifizierung als auch sogenannte BIM-Profile, die die erforderlichen Dateninhalte und das zu liefernde Übergabeformat der alphanumerischen Inhalte auf Basis von IFC (IFCXML und IFCZIP) bereitstellen (Abb. 3.13).

Die Dokumentation des LOI erfolgt in den BIM-Dokumenten oftmals noch analog in Form einer Matrix. In der Liste werden meist die nachfolgend aufgeführten Inhalte beschrieben:

- für welchen Anwendungsfall,
- zu welchen Objekten,
- welche Merkmale,
- in welchem Format,
- zu welchem Zeitpunkt,
- von wem zu erfassen.

Mittlerweile gibt es auch IT-Systeme am Markt, die die Erstellung und Fortschreibung digitaler AIAs unterstützten. Mit solchen Systemen können dann auch die im Projekt zu liefernden Property Sets digital beschrieben und verteilt werden.

3.4.8   Liegenschafts Informationsanforderungen

Wie bereits erwähnt, sind die Anforderungen an ein BIM-Projekt bereits zu Beginn konkret zu formulieren und im Projekt zu verankern. Aus dem Blickwinkel des Immobilienbetriebs erfolgt diese Anforderungsdefinition in den Liegenschafts Informationsanforderungen (LIA).

Die LIA werden i. d. R. projektübergreifend innerhalb der Organisation erstellt und sind in die BIM-Dokumente AIA und BAP zu überführen bzw. es ist darauf zu verweisen. Die Inhalte der LIA sind analog zu den Inhalten des AIA (vgl. Abschn. 7.2). Sie werden allerdings ausschließlich aus Sicht des FM beschrieben und haben keinen konkreten Projektbezug. Eine mögliche Gliederung der LIA zeigt das folgende Inhaltsverzeichnis:

1. BIM-Anwendungsfälle
2. Bereitgestellte digitale Grundlagen
3. Digitale Liefergegenstände
4. Organisation und Rollen
5. Strategie der Zusammenarbeit
6. Lieferzeitpunkte
7. Qualitätssicherung
8. Modellstruktur und Modellinhalte
9. Technologie

Die wichtigsten Inhaltspunkte werden nachfolgend genauer beschrieben.

3.4.8.1 BIM-Anwendungsfälle

Für eine zielgerichtete Anforderungsdefinition sind zunächst die aus FM-Sicht relevanten Anwendungsfälle bzw. Prozesse zu beschreiben. Hierbei handelt es sich zumeist um die Erstellung der Betriebsdokumentation. Die Inhalte der Betriebsdokumentation hängen allerdings auch von den relevanten Betriebsprozessen ab, d. h. für den Prozess der Instandhaltung werden andere Inhalte benötigt als für das Flächenmanagement. Diese differenzierte Betrachtung gilt es bei der Anforderungsdefinition zu berücksichtigen, damit die „richtigen" digitalen Liefergegenstände beschrieben werden können.

3.4.8.2 Digitale Liefergegenstände

Der Auftragnehmer (AN) hat im Rahmen seiner Leistungserbringung digitale Liefergegenstände zu erstellen, zu prüfen und dem Auftraggeber (AG) mit Fokus auf das FM zu übergeben. Die Liefergegenstände werden mit Bezug auf Leistungsphasen und die Angabe des LOD beschrieben. Liefergegenstände sind Dateien, die als Ergebnis am Ende einer Leistungsphase an den AG zu übergeben sind. Bei den Liefergegenständen kann es sich z. B. um Modelle, aus dem Modell abgeleitete 2D-Pläne, semantische Informationen oder Dokumente handeln. Der Ausarbeitungsgrad (LOG, LOI) der zu liefernden digitalen Modelle ist detailliert zu beschreiben.

3.4.8.3 Strategie der Zusammenarbeit

Hier gilt es den Prozess der Zusammenarbeit grundsätzlich zu beschreiben. Welche Rolle nimmt das FM im BIM-Projekt ein, z. B. vertreten durch den BIM-Informationsmanager, und welche Aufgaben sind damit verbunden (vgl. Abschn. 7.2)?

3.4.8.4 Qualitätssicherung

Wie bereits im Abschn. 3.4.7 ausgeführt, ist eine kontinuierliche Qualitätssicherung im BIM-Projekt ein wesentlicher Baustein für eine valide As-built-Dokumentation. Die Qualitätssicherung der angeforderten digitalen Liefergegenstände ist grundsätzlich durch den AN zu gewährleisten. Aus FM-Sicht sind insbesondere folgende Inhalte zu prüfen:

- Einhaltung der vorgegebenen Modellstruktur und Modellinhalte,
- Einhaltung der vorgegebenen Datenformate,
- Einhaltung der Angemessenheit der Datengröße,
- Übereinstimmung von abgeleiteten Plänen und digitalen Modellen,
- Übereinstimmung von Modell mit der Realität.

Das FM ist in den Prüfprozess durch einen von ihm gestellten Informationsmanager einzubinden.

3.4.8.5 Modellstruktur und Modellinhalte

Namensgebung, Klassifizierung, Aufbau und Strukturierung der digitalen Modelle sind für die Nutzung der Modelle durch den AG, hier mit Fokus auf das FM, entscheidend. Der AN hat die im Folgenden spezifizierten Vorgaben zur Modellierung der digitalen Liefergegenstände zu gewährleisten:

- Koordinatensysteme,
- Einheiten,
- Strukturierung (z. B. Anlagenkennzeichnungsschlüssel),
- Klassifikationssysteme (z. B. CAFM-Connect),
- Ausarbeitungsgrade (LOD, LOG, LOI),
- Modellierungsvorschriften.

3.4.8.6 Technologie

Im Bereich Technologie werden Angaben zur gemeinsamen Datenumgebung (CDE) sowie zu den zu verwendenden Datenaustauschformaten gemacht. Die Festlegung der Austauschformate (z. B. IFC, CAFM-Connect, COBie) hängt von den in der Betriebsphase eingesetzten IT-Systemen und den von ihnen unterstützten Datenformaten ab. Des Weiteren sollte der Prozess der Datenintegration nach der Bauphase in den Immobilienbetrieb beschrieben und im Projekt verankert werden.

3.5   Integrated Digital Delivery – Ein internationales Vorgehen in BIM-Projekten

Mit zunehmender Reife von BIM-Systemen wächst das Interesse an ihrer Verwendung über die Planungs- und Bauphase hinaus. Eine wirksame Einführung in großem (internationalen und teilweise auch nationalem) Maßstab ist jedoch bisher noch nicht erfolgt. Es gibt jedoch Entwicklungen, die zur strukturellen Einführung der BIM-Methode bis hin zur Nutzung auch für Bestandsgebäude während des gesamten Lebenszyklus führen. Dabei ist es bemerkenswert, dass einige Regierungen die Nutzung von BIM-Modellen und -Modellierungswerkzeugen im Lebenszyklus auf nationaler Ebene initiieren und fördern. Beispiele für proaktive Regierungen sind Großbritannien und Singapur, wobei die Building and Construction Authority Singapur mit dem „Integrated Digital Delivery" (IDD) (NN 2021n) einen vielbeachteten, interessanten Ansatz veröffentlichte. Dieses Vorgehen umfasst einige gute und in zahlreichen BIM-Leitfäden übernommene Ansätze und wird daher in diesem Abschnitt beschrieben.

3.5.1 Integrated Digital Delivery

Kerngedanke des IDD-Ansatzes ist es, Störungen während des Baus von Gebäuden zu minimieren, die eigentlichen Bauphasen zu beschleunigen und die Übergabe an die FM-Teams zu erleichtern, so dass Projekte schneller abgeschlossen werden können (vgl. Abb. 3.14). IDD umfasst hierfür den Einsatz digitaler Technologien zur Integration von Arbeitsprozessen mit allen Beteiligten, die während des gesamten Lebenszyklus eines Gebäudes zusammenarbeiten.

Neben den CAFM/IWMS-Systemen, die beim Betrieb der Gebäude innerhalb des gesamten Lebenszyklus verwendet werden, spielen BIM-Toolsets eine zentrale Rolle bei der Umsetzung dieses digitalen Ansatzes.

Abb. 3.14 Die vier Phasen der integrierten digitalen Lieferung (IDD) von Gebäuden

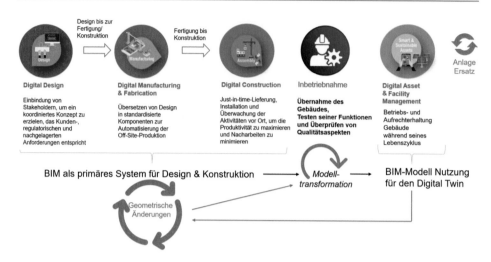

Abb. 3.15 Verwaltung von BIM-Modellen während des Lebenszyklus

Die Erfahrung zeigt, dass der IDD-Ansatz nur funktioniert, wenn bei der digitalen Übertragung von Daten einige Änderungen an den BIM-Modellen vorgenommen werden (Modell-Transformation), damit sie für die nächste Stufe, den Betrieb, geeignet sind (vgl. Abb. 3.15).

Dies erfolgt in der Inbetriebnahmephase von Gebäuden, in der die BIM-Modelle so angepasst werden, dass Daten, die nur für die Planungs- und Bauphase von Interesse sind, entfernt werden. Außerdem werden Daten hinzugefügt, die für das Flächen- und Anlagenmanagement von Interesse sind, da sie wesentlicher Bestandteil der Betriebsphase sind.

Die übergebenen BIM-Modelle sind während der Nutzungsphase von Gebäuden permanent zu aktualisieren, um den korrekten Ist-Zustand (as-built) weiterhin korrekt wiederzugeben. Wenn Assets eins zu eins ersetzt werden, kann dies in der Regel problemlos mit den CAFM-Systemen in Verbindung mit den vorliegenden Modellen erfolgen. Geometrische Änderungen, wie die Änderung von Grundrissen, führen normalerweise neue Elemente in das Gebäude ein. Hier muss der Transformationsprozess meist erneut durchlaufen werden, um die vorgenommenen Änderungen zu aktualisieren.

3.5.2 Die potenzielle Rolle von FM im IDD-Prozess

Facility Manager müssen in solchen Prozessen eine neue Rolle einnehmen. Diese Schlüsselrolle muss hierbei proaktiv sein (vgl. Abb. 3.16), wobei die frühzeitige Einbindung ein wichtiger Aspekt ist.

Das Engagement des FM reicht von einer beratenden Rolle in der frühen Phase bis hin zu einer führenden Rolle in der Inbetriebnahme- und Betriebsphase.

In Bezug auf Informationssysteme erfordert diese Art von digitalem Ansatz den möglichst einfachen Austausch von Daten zwischen allen Arten von Systemen, die während

Abb. 3.16 Die potenzielle Rolle von FM im IDD-Prozess

der Betriebsphase des Gebäudes genutzt werden. Dazu gehören BIM-Modelle und -Toolsets, CAFM/IWMS-Systeme, aber auch Gebäudeautomations- und IoT-Systeme.

Um dies zu erreichen, ist zunehmend das bereits in Abschn. 3.4.5 erwähnte und in Abschn. 4.3 ausgeführte Konzept des Common Data Environment von Bedeutung. Ein CDE wird hier als ein einziges Datenrepositorium eingesetzt, das verwendet wird, um erforderliche Dokumentationen zu sammeln, zu verteilen und zu verwalten.

Konzeptionell passt dieser Ansatz hervorragend zum Integrated-Digital-Delivery-Modell. Das Problem besteht jedoch darin, dass Softwareanbieter heute unterschiedliche und nur eingeschränkt interoperable CDE-Lösungen produzieren. Diese gegenwärtige CDE-Vielfalt und das Fehlen einer Standardisierung von CDE-Initiativen stellt heute noch oft ein Hindernis für Anwender bei der erfolgreichen Nutzung dieses Ansatzes dar.

3.6 Zusammenfassung

Im Kap. 3 werden die für den Facility Manager erforderlichen Grundlagen für einen erfolgreichen Einsatz der BIM-Methode aus Sicht des FM dargestellt.

Den Ausgangspunkt für diese Aufgabe bildet zunächst die Darstellung der Entwicklung von CAD-basierten Ansätzen bis zum heutigen BIM-Verständnis. Dabei wird deutlich, dass Vorbehalte wie gegenüber der BIM-Methode bereits in ähnlicher Form in der Vergangenheit bei der Einführung von CAD bestanden haben und überwunden werden konnten.

CAFM-Systeme haben heute für den Betrieb von Gebäuden eine zentrale Bedeutung und sind fester Bestandteil von FM-Organisationen und -Prozessen sowohl auf Seiten der Auftraggeber als auch auf Seiten der Auftragnehmer. Um die Bedeutung von CAFM-Systemen auch beim zukünftigen Einsatz der BIM-Methode zu verstehen, wird im Abschn. 3.2 zunächst auf wichtige CAFM-Grundlagen eingegangen. So wird das CAFM-Verständnis, der Markt von CAFM-Software, deren Funktionsumfang sowie typische Herausforderungen von CAFM-Projekten mit Bezug auf die BIM-Methode erläutert.

Der Abschn. 3.3 ist der zentralen Frage des Nutzens von BIM für Facility Manager und den Gebäudebetrieb gewidmet. Hierfür werden wichtige BIM-Anwendungsfälle entlang der einzelnen Betriebsphasen von der Inbetriebnahme, über den Betrieb bis hin zu Sanierung und Umbau behandelt. Dies umfasst die Betrachtung wirtschaftlicher, technischer und vor allem auch organisatorischer Aspekte sowie des Nutzens von BIM im Tagesgeschäft. Mit der Erläuterung des Prinzips von digitalen Zwillingen werden die Konzepte BIM, CAFM und IoT miteinander verbunden, um BIM-Modelle nicht nur zur statischen Beschreibung von Gebäuden zu nutzen, sondern im Kontext der dynamischen Gebäudenutzung zu betrachten. Auf diese Weise wird mit Digital Twins eine neue Qualität für Entscheidungen im Betrieb auf Basis fundierter Vorhersagen des Gebäudeverhaltens mit dem Ziel der Verbesserung von Energieeffizienz und Nachhaltigkeit erreichbar.

Die Umsetzung der BIM-Methode im FM, aber auch das Verständnis seitens BIM in der Planungs- und Bauphase für FM und umgekehrt wird im anschließenden Abschnitt behandelt. Hierfür werden grundlegende Begriffsdefinitionen der BIM-Methode vorgestellt sowie verschiedene Stufen für die Einführung von BIM anhand des BIM-Reifegradmodells erläutert und typische zusätzliche Dimensionen von BIM für die Betrachtung von Zeit, Kosten und der Betriebssicht vorgestellt.

Um dies praktisch umzusetzen, müssen jedoch wichtige Grundlagen des modellbasierten Datenaustauschs beachtet werden. So werden die verschiedenen Formen bei der Nutzung offener (open) oder herstellerspezifischer (closed) Datenformate für die Zusammenarbeit mit BIM erläutert und der Umgang mit Fach- und Kooperationsmodellen aus Sicht des FM beleuchtet. Abschließend mündet die Darstellung der BIM-Grundlagen in praktische Ratschläge zur Definition von Liegenschaftsinformationsanforderungen (LIA) als Vorgabe von Anforderungen an das BIM aus FM-Sicht.

Das Kapitel schließt mit der Vorstellung des international anerkannten Vorgehens zum „Integrated Digital Delivery" der Building and Construction Agency aus Singapur und präsentiert damit internationale Erfahrungen bei der Einführung von BIM auch für die Betriebsphase von Gebäuden.

Literatur

Ashworth S, Tucker M, Druhmann C, Kassem M (2016) Integration of FM expertise and end user needs in the BIM process using the Employer`s Information Requirements (EIR), May 2016

Borrmann A, Elixmann R Eschenbruch K, Forster C, Hausknecht K, Hecker D, Hochmuth M, Klempin C, Kluge M, König M, Liebich T, Schöferhoff G, Schmidt I, Trzechiak M, Tulke J, Vilgertshofer S, Wagner B (2019a) Leitfaden und Muster für den BIM-Abwicklungsplan. Publikationen BIM4INFRA 2020, Teil 3

Borrmann A, Elixmann R Eschenbruch K, Forster C, Hausknecht K, Hecker D, Hochmuth M, Klempin C, Kluge M, König M, Liebich T, Schöferhoff G, Schmidt I, Trzechiak M, Tulke J, Vilgertshofer S, Wagner B (2019b) Handreichung BIM-Fachmodelle und Ausarbeitungsgrad. Publikationen BIM4INFRA 2020, Teil 7

Borrmann A, König M, Koch C, Beetz J (Eds.) (2021) Building Information Modeling – Technologische Grundlagen und industrielle Praxis. 2. aktualisierte Auflage. Springer Vieweg, 2021, 871 S

Helmus M, Meins-Becker A, Agnes K, et al. (2019) TEIL 1: Grundlagenbericht Building Information Modeling und Prozesse. Forschungsbericht Bergische Universität Wuppertal. Fakultät für Architektur und Bauingenieurwesen. Lehr- und Forschungsgebiet Baubetrieb und Bauwirtschaft

Kalweit T, May M (2017) Cloud-Technologie im Facility Management. In: Bernhold T, May M, Mehlis J (Hrsg.): Handbuch Facility Management. ecomed-Storck GmbH, Landsberg am Lech, 55. Ergänzungslieferung, Dezember 2017, 24 S

May M (Hrsg.) (2018a) CAFM-Handbuch – Digitalisierung im Facility Management erfolgreich einsetzen. 4. Auflage, Springer Vieweg, Wiesbaden, 2018, 713 S

May M (2021) 20 Jahre GEFMA-Arbeitskreis Digitalisierung – Mehr als nur CAFM und Richtlinienarbeit für das FM. Facility Management 27(2021)1, 44–47

NN (2016a) GEFMA Richtlinie 460: Wirtschaftlichkeit von CAFM-Systemen, Mai 2016, 27 S

NN (2017a) GEFMA Richtlinie 420: Einführung von CAFM-Systemen, Juli 2017, 7 S

NN (2017b) BIM@Siemens Real Estate, Standard Version 2.0 vom 25.10.2017. https://assets.new.siemens.com/siemens/assets/api/uuid:caceb1c2b181de452d5f9ec00b1cb0d1242d5498/version:1520000392/bim-standard-siemens-real-estate-version-2-0-en.pdf (abgerufen: 25.04.2021)

NN (2018a) ISO 16739-1: Industry Foundation Classes (IFC) for data sharing in the construction and facility management industries Part 1: Data schema. International Organization for Standardization, 2018-11

NN (2020a) GEFMA Richtlinie 444: Zertifizierung von CAFM-Softwareprodukten. Februar 2020, 21 S

NN (2021b) Marktübersicht CAFM-Software. GEFMA 940, Sonderausgabe von „Der Facility Manager", FORUM Zeitschriften und Spezialmedien GmbH, Merching, 2021, 198 S

NN (2021c) GEFMA Richtlinie 610: Facility Management-Studiengänge. 2021-11, 3 S

NN (2021d) https://www.buildingsmart.de/ (abgerufen: 26.04.2021)

NN (2021n) https://www1.bca.gov.sg/buildsg/digitalisation/integrated-digital-delivery-idd (abgerufen: 16.08.2021)

NN (2021ax) https://h-m-consult.com/ (abgerufen: 06.12.2021)

NN (2022b) Marktübersicht CAFM-Software. GEFMA 940, Sonderausgabe von "Der Facility Manager", FORUM Zeitschriften und Spezialmedien GmbH, Merching, 2022, 202 S

Sacks R, Eastman C, Lee G, Teicholz P (2018) BIM Handbook. 3rd ed., John Wiley & Sons, Hoboken, New Jersey, 2018, 659 S

Teicholz P (Hrsg.) (2013) BIM for Facility Managers. John Wiley & Sons, Inc., Hoboken, New Jersey, 2013

IT-Umgebungen für BIM im FM

4

Markus Krämer, Thomas Bender, Nancy Bock, Michael Härtig,
Erik Jaspers, Stefan Koch, Marko Opić und Maik Schlundt

4.1 Der Digitale Zwilling

Die Verwendung von BIM-Modellen zur Verwaltung von Gebäuden im Rahmen ihres Lebenszyklus wird häufig im Lichte der Einrichtung sogenannter Digitaler Zwillinge (Digital Twins) betrachtet (vgl. Abschn. 3.3.6).

Das Prinzip eines Digital Twin wurde 2002 von Michael Grieves erstmals im Rahmen der Einweihung eines Product Lifecycle Management (PLM) Centers an der University of Mi-

M. Krämer (✉)
Hochschule für Technik und Wirtschaft Berlin, Berlin, Deutschland
E-Mail: markus.kraemer@htw-berlin.de

T. Bender
pit – cup GmbH, Heidelberg, Deutschland
E-Mail: thomas.bender@pit.de

N. Bock
BuildingMinds GmbH, Berlin, Deutschland
E-Mail: nancy.bock@buildingminds.com

M. Härtig
N+P Informationssysteme GmbH, Meerane, Deutschland
E-Mail: michael.haertig@nupis.de

E. Jaspers
Planon B.V., Nijmegen, Niederlande
E-Mail: erik.jaspers@planonsoftware.com

S. Koch
Axentris Informationssysteme GmbH, Berlin, Deutschland
E-Mail: skoch@axentris.de

© Der/die Autor(en), exklusiv lizenziert an Springer Fachmedien Wiesbaden
GmbH, ein Teil von Springer Nature 2022
M. May et al. (Hrsg.), *BIM im Immobilienbetrieb*,
https://doi.org/10.1007/978-3-658-36266-9_4

chigan geprägt, obwohl der Begriff Digital Twin damals noch nicht verwendet wurde (vgl. Grieves und Vickers 2017). Die Grundvoraussetzung für das Konzept war, dass jedes System aus zwei Teilsystemen bestand – dem physischen System, das es immer gegeben hat, und einem neuen virtuellen System, das alle Informationen über das physische System enthielt.

Der digitale Zwilling ist die virtuelle Repräsentation eines physischen Objekts oder Systems während seines Lebenszyklus (Planen, Bauen und Betreiben) unter Verwendung von Echtzeit-Betriebsdaten und anderen Quellen, mit dem Ziel Verständnis, Lernen, Schlussfolgern und dynamische Neukalibrierung für eine verbesserte Entscheidungsfindung zu ermöglichen (Mikell 2017). Das physische Objekt kann alles sein – von einem Gebäude bis zu einem Kugellager, wobei das System z. B. elektrisch, mechanisch oder auf Software basierend sein kann. Ferner findet die Interoperabilität zwischen diesen Systemen (d. h. Systeme von Systemen) Berücksichtigung.

Aus der o. g. Definition können folgende Punkte als wesentliche Bestandteile eines Digitalen Zwillings abgeleitet werden:

- digitale/virtuelle Repräsentation (z. B. 3D-BIM-Modell, angereichert mit Semantik) und der bidirektionale Informationsaustausch zur physischer Welt,
- Betrachtung über den gesamten Lebenszyklus des Objektes/Gebäudes (Planen, Bauen, Betreiben),
- Berücksichtigung einer zeitlichen Komponente (Echtzeitfähigkeit für Datenerfassung, -analyse und -handhabung).

Die Digital-Twin-Technologie hat viele Einsatzgebiete nicht nur im Bauwesen und dem Facility Management (NN 2021j). Es ist wichtig zu erkennen, dass die digitale Zwillingstechnologie für Gebäude nicht unbedingt die Verwendung von BIM-Modellen impliziert. Es gibt unterschiedliche Arten von Implementierungen für digitale Zwillinge rund um Gebäude. Sie können mathematisch-numerische Modelle sein oder auch auf einfachen 2D-Modellen von Gebäuden (Grundrissplänen) basieren.

Bei der Entscheidung, welche Art von digitalem Zwilling verwendet werden soll, ist es wichtig, vorher den Zweck des digitalen Zwillings zu bestimmen. Wenn der Zweck z. B. darin besteht, einen Ausfall durch Verschleiß während des Betriebs etwa einer Pumpe vorherzusagen, könnte ein IoT-basiertes numerisches Modell gut funktionieren.

Beim Betrieb eines Kraftwerks ist z. B die angewandte digitale Zwillingstechnologie eine Kombination von Anlagenbetriebsdaten, die mit der logischen (SCADA – supervisory control and data acquisition) Darstellung des Systems übereinstimmen. Man würde allerdings kein BIM-Modell verwenden, um das Kraftwerk zu betreiben. Durch die Ein-

M. Opić
Alpha IC GmbH, Nürnberg, Deutschland
E-Mail: m.opic@alpha-ic.com

M. Schlundt
DKB Service GmbH, Berlin, Deutschland
E-Mail: maik.schlundt@dkb-service.de

bindung von BIM-Modellen können komplexe Digital Twins etabliert werden (vgl. Abb. 3.6). Digitale Zwillinge bieten verschiedene neue Nutzenpotenziale.

4.1.1   Darstellung der physischen Komponenten im virtuellen Modell

In Abschn. 4.3 werden die Methoden zur Bereitstellung von BIM-Modellen in einer gemeinsamen Datenumgebung für den Lebenszyklus von Gebäuden erörtert. Tatsächlich ist die Transformation der BIM-Modelle, ausgehend von zahlreichen Fach- und Koordinationsmodellen (vgl. Abschn. 3.4.5) ein zentraler Schritt beim Aufbau des Building Digital Twin zur Repräsentation der physischen Gebäudekomponenten in einem virtuellen Modell. Hierbei sind auch die im CAFM-System für den Betrieb verwendeten Komponenten von großer Bedeutung. Der Nutzen des Building Digital Twin bzgl. der Abbildung der physikalischen Strukturgeometrie liegt u. a. darin, die reale Umgebung über eine virtuelle Umgebung für Indoor-Navigation und Schulungs- bzw. Trainingszwecke verfügbar zu machen. In Verbindung mit Augmented Reality Technologien (vgl. Abschn. 2.6) kann auch eine *Remote Assist* Unterstützung von Vor-Ort-Personal ermöglicht werden (vgl. Abschn. 6.3.1 und 10.2.4).

4.1.2   Verfolgung und Analyse des Verhaltens von Bauteilen durch IoT

Im Rahmen des Digital-Twin-Prinzips gibt es zwei Arten von Daten für die Beschreibung von Anlagen und verwandten Objekten: die geschäfts- und prozessbezogenen Daten, wie sie normalerweise in CAFM-Systemen verwaltet werden (z. B. Objektklassifizierungen, Modellinformationen, Wartungspläne und deren zeitliche Verläufe) sowie die dynamischen (IoT-) Parameter, die in Echtzeit erfasst und verarbeitet werden. Dies trifft u. a. auf Temperatur, Luftfeuchte, elektrischen Strom, CO_2-Werte und Vibrationswerte zu. Die analytische Auswertung dieser Variablen kann zur Erkennung von Ereignissen genutzt werden, die weiterführende Maßnahmen im CAFM-System zur Folge haben (vgl. Abschn. 4.1.4).

4.1.3   Erweiterung der Verhaltensanalyse durch Verknüpfung von IoT-Daten mit BIM-Modellen

Das Ist-Verhalten von Objekten, soweit es bekannt ist, kann im Modell abgebildet werden. Ein Beispiel hierfür wurde in einem GEFMA Future Lab (May und Turianskyj 2017) gezeigt (vgl. Abb. 4.1). Dabei wurden die Temperatur und der CO_2-Gehalt in einem Konferenzraum live erfasst und mit dem Digitalen Zwilling verknüpft.

Hierfür müssen die IoT-Daten den im Modell vorhandenen BIM-Objekten zugeordnet werden, wie z. B. die Temperatur der Lager einer Pumpe dem zugehörigen BIM-Objekt. Diese Verknüpfung kann direkt zwischen der IoT-Plattform und dem BIM-Objekt erreicht werden. Eine alternative Möglichkeit besteht darin, hierfür die Anlagenobjekte in einem CAFM-System zu nutzen. Verschiedene CAFM-Systeme bieten heute bereits entsprechende IoT-Funktionen. Wenn die BIM-Modelle bereits mit dem CAFM/IWMS-System

Abb. 4.1 IoT-Daten, die mit einem BIM-Modell verknüpft sind, erleichtern die Verhaltensanalyse

verbunden sind, können die IoT-Daten über diesem Weg verknüpft werden, ohne dass eine direkte Verbindung zwischen der IoT-Plattform und dem BIM-Modell besteht. Dieser Ansatz kann sich als effizient und kostengünstig erweisen.

4.1.4 Automatisierung von Reaktionen auf Ereignisse

Verschiedene CAFM-Systeme bieten IoT-Dienste, indem sie IoT-Funktionen auf ihrer eigenen Plattform bereitstellen oder mit IoT-Plattformen von Drittanbietern kommunizieren. Einige Anbieter bieten sogar beide Optionen gleichzeitig an. Hierdurch können Ereignisse, deren Daten mittels IoT erfasst werden, im CAFM-System ausgewertet werden (vgl. Abb. 4.2).

Erweiterte Integrationen zwischen IoT-Plattformen und CAFM-Systemen ermöglichen die Automatisierung von Reaktionen im CAFM-System auf identifizierte Ereignisse aus der IoT-Plattform. Ein Beispiel hierfür ist der Start eines Wartungsauftrags für eine Anlage, wenn das übertragene Ereignis in absehbarer Zeit einen möglichen Ausfall dieser Anlage anzeigt.

Abb. 4.2 Ereignisse aus einer IoT-Infrastruktur, die im CAFM-System verarbeitet werden

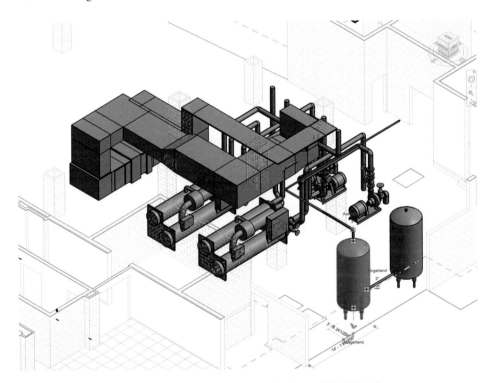

Abb. 4.3 Darstellung eines verteilten Techniksystems in einem BIM-Modell

Die Kombination dieser Funktionen mit der Möglichkeit, den tatsächlichen Standort der vorhandenen Infrastruktur mithilfe eines BIM-Modells darzustellen (vgl. Abb. 4.3), bietet eine effektive IT-Umgebung für den Betrieb.

Die BIM-Methode bietet zahlreiche konkrete Ansatzpunkte, um effiziente Digital-Twin-Modelle zu erstellen. Bevor jedoch Projekte in diesem Bereich gestartet werden, sollte zunächst der Zweck des Einsatzes eines Digitalen Zwillings definiert werden. Nur so können die erforderlichen Transformationen der BIM-Modelle festgelegt, eine geeignete Implementierung geplant und die dafür erforderlichen IT-Komponenten ausgewählt werden. Auch ist hierfür ein Business Case (vgl. Kap. 6) zu erstellen, in dem der Aufwand für die Implementierung den damit verbundenen Kosten gegenübergestellt wird.

4.2 BIM-Werkzeuge

Im Abschn. 4.1 wurden die enormen Potenziale eines Building Digital Twin gerade auch in der Betriebsphase von Gebäuden erläutert. Ein wichtiger, wenn auch nicht zwingender Bestandteil eines Digitalen Zwillings, ist die Kombination mit Gebäudeinformationsmodellen. BIM steht hierbei zunächst für eine digitale Arbeitsweise, welche als Ergebnis ein digitales, dreidimensionales Gebäudeinformationsmodell (BIM-Modell) liefert. Neben der geometrischen Repräsentation enthält das Gebäudeinformationsmodell auch die dazugehörigen alphanumerischen Objektinformationen und semantischen Beziehungen der Objekte untereinander (vgl. Abschn. 2.2 und 3.4).

Zur Erstellung, Verwaltung und Nutzung digitaler Gebäudeinformationsmodelle sind im BIM-Lebenszyklus verschiedenste Softwarewerkzeuge (BIM-Werkzeuge) beteiligt. Für die jeweiligen Anwendungsfälle im BIM-Prozess, die daraus resultierenden Aufgaben sowie die zu erstellende digitale Lieferleistung gibt es spezialisierte Werkzeuge. Für eine digitale und verlustfreie Arbeitsweise ist es unabdingbar, dass diese Systeme über standardisierte Schnittstellen (z. B. über IFC in einem Open-BIM-Projekt, vgl. Abschn. 3.3.4 und. 5.3.1) miteinander interagieren können.

BuildingSMART hat zur Sicherstellung eines reibungslosen Datenaustausches auf Basis von IFC ein Software-Zertifizierungsverfahren entwickelt, nach dem mittlerweile eine recht große Auswahl an Softwareprodukten, die die BIM-Methode und den Datenaustausch mit IFC unterstützen, zertifiziert sind. Eine Übersicht über die Produkte für verschiedene BIM-Anwendungsfälle ist bei buildingSMART abrufbar (NN 2021at).

Die Systeme reichen dabei von BIM-Autorenwerkzeugen bis hin zu Berechnungs- und Simulationssystemen. Zur Klassifizierung der BIM-Werkzeuge wird im Folgenden eine

BIM - WERKZEUGE			
Modell **ERSTELLUNG**	Modell **VERWALTUNG**	Modell **QS**	Modell **NUTZUNG**
▪ **BIM-Autorenwerkzeuge** – Geometrische Modellierung von Bauteilen – Für Architektur und TGA – Definition der Semantik ▪ **BIM-Datenbank** – Definition der Semantik – Verwalten von Dokumenten zu Bauteilen	▪ **CDE** – Gemeinsame Datenumgebung – Verteilen und verwalten von Modellen ▪ **BIM-Viewer** – Als Teil einer CDE	▪ **BIM-Prüfwerkzeuge** – Kollisionsprüfung ▪ **BIM-Datenbank** – QS der Semantik	▪ **AVA-Werkzeuge** – Ausschreibung, Vergabe und Abrechnung auf Basis von BIM-Modellen ▪ **Simulations-Werkzeuge** – Gebäudesimulation ▪ **CAFM** – digitale FM-Prozesse auf Basis von BIM-Modellen

Abb. 4.4 Klassifizierung von BIM-Werkzeugen

Einteilung in vier Kategorien entlang wichtiger Aufgaben der BIM-Methode vorgenommen (vgl. Abb. 4.4):

- Modellerstellung,
- Modellnutzung,
- Modellverwaltung,
- Qualitätssicherung.

4.2.1 Werkzeuge zur Modellerstellung

Da die wesentliche Lieferleistung in einem BIM-Projekt das Gebäudeinformationsmodell mit seinen geometrischen und alphanumerischen Informationen zu den Bauteilen ist, bilden die Werkzeuge zu deren Erstellung eine entscheidende Grundlage des Erfolges. Im Folgenden werden einige wichtige Vertreter dieser Gruppe vorgestellt.

4.2.1.1 BIM-Modellierungswerkzeuge für Architektur

Diese Werkzeuge dienen der Erstellung und Planung von Bauwerken oder Architekturmodellen mit parametrischen 3D-Objekten. Hierbei steht die geometrische Modellierung von Bauteilen im Vordergrund. Autorenwerkzeuge verfügen jedoch auch über Funktionen zur Definition der Semantik (Attribuierung der Bauteile sowie Beziehungen zwischen den Bauteilen). Zur Definition bzw. Erfassung der alphanumerischen Informationen werden im BIM-Projekt immer häufiger speziell dafür eingerichtete BIM-Datenbanken eingesetzt, die mit dem BIM-Modellierungswerkzeug verknüpft sind (vgl. Abschn. 4.2.1.4).

Autorenwerkzeuge speichern das mit ihnen erstellte Gebäudeinformationsmodell, in diesem Fall das Fachmodell *Architektur*, üblicherweise in dem proprietären, nativen Dateiformat des Herstellers ab. Um den verlustfreien Datenaustausch in einem Open-BIM-Projekt zu gewährleisten, ist es wichtig, dass diese Werkzeuge über eine standardisierte IFC-Schnittstelle für den Import- und Export verfügen (vgl. Abschn. 4.2.3.1).

4.2.1.2 BIM-Modellierungswerkzeuge für Gebäudetechnik

Diese Werkzeuge sind auf die Modellierung von Objekten der Gebäudetechnik spezialisiert. In der Regel sind hierfür Gebäudeinformationsmodelle der Fachdisziplin Architektur die Grundlage, die zunächst importiert und dann mit der erforderlichen Anlagentechnik angereichert werden. Oftmals enthalten diese Programme zudem spezielle gewerkespezifische Module zur Berechnung und Dimensionierung einzelner technischer Anlagen und Baugruppen und unterstützen auch durch Assistenzsysteme bei der Modellerstellung die Verbindung der Anlagenteile mit Hilfe von Rohren oder Kanälen. Als Ergebnis wird ein Gebäudeinformationsmodell der Fachdisziplin TGA erzeugt.

4.2.1.3 BIM-Modellierungswerkzeuge für die Tragwerksplanung

Diese Werkzeuge unterstützen den Workflow der Tragwerksplanung über die verschiedenen Planungsphasen hinweg, wie Vor-, Genehmigungs- oder Ausführungsplanung. Eine

Besonderheit dieser Modellierungswerkzeuge ist neben der fachspezifischen Ausrichtung die Fähigkeit, sowohl mit geometrischen als auch analytischen Modellen umgehen zu können. So beherrschen die meisten Werkzeuge den Import von Architekturmodellen und transformieren, zumeist im Dialog mit dem Anwender, geometrische Objekte wie Wände in korrespondierende analytische Modellelemente. So kann z. B. eine 3D-Wand als 2D-Scheibe, Platte oder 3D-FEM-Netzwerkelement für die entsprechenden Berechnungsverfahren repräsentiert werden (vgl. Abschn. 2.11.2.2). Eine besondere Herausforderung ist dabei die Positionierung der analytischen Elemente sowie deren Verbindung, die für die Berechnung erforderlich jedoch aufgrund der Transformation nicht immer eindeutig sind.

4.2.1.4 BIM-Datenbank als Ergänzung zu den Autorenwerkzeugen für die alphanumerischen Objektinformationen

In der BIM-Datenbank (BIM-DB) werden die alphanumerischen Objektinformationen (Semantik) zu den im jeweiligen Autorenwerkzeug geometrisch modellierten Bauteilen erfasst und verwaltet. BIM-DB und Autorenwerkzeug sind über Schnittstellen, z. B. über eine Plugin-Schnittstelle miteinander verbunden.

Durch die Trennung von Geometrie und Semantik in zwei verschiedene Systeme kann der Umfang des geometrischen Modells im Autorenwerkzeug „klein" gehalten werden. Darüber hinaus bietet eine BIM-Datenbank weiterführende Funktionen, um alphanumerische Daten einfach und effizient erfassen, ändern und vor allem auswerten zu können. Zumeist bieten Datenbanksysteme typische Auswertungswerkzeuge wie Berichtsgeneratoren an, mit denen auch komplexe Bauteil- oder Mengenauswertungen verhältnismäßig einfach erstellt werden können. Datenbanksysteme setzen zumeist auf relationale (tabellenorientierte) Datenmodelle auf und können mit einer Standardabfragesprache wie SQL abgefragt werden.

Für den Einsatz einer BIM-DB im BIM-Projekt ist es wichtig, dass diese über Schnittstellen für einen bidirektionalen Austausch mit den Autorenwerkzeugen verfügen. Nur so können ergänzende alphanumerische Attribute aus der BIM-DB auch wieder an die parametrischen Objekte im Autorensystem zurückgegeben werden.

4.2.1.5 BIM-Objektserver und BIM-Objektbibliotheken

BIM-Objektserver (Bauteilserver) stellen BIM-Objekte für Architektur oder TGA zur Verfügung. Oftmals stellen Hersteller ihre Anlagen oder Bauteile als BIM-Objekte zum Download bereit, zum Teil bereits in den proprietären Formaten einzelner Autorensysteme (z. B. Revit). Es werden aber auch BIM-Objekte im offenen IFC-Standardformat angeboten.

Im Unterschied zum BIM-Server werden BIM-Objekte für die Anwender nur zum Download bereitgestellt, um diese mit Hilfe eines Autorenwerkzeugs in das eigene Modellprojekt zu integrieren. So bieten z. B. Hersteller von Wänden, Decken, Fundamenten, Dächern oder Fenstern BIM-Datenbanken für ihre Produkte an.

4.2.2   Werkzeuge zur Modellverwaltung

Beim Einsatz der BIM-Methode steht die Kollaboration der Projektbeteiligten im Vordergrund. Modelldaten werden von den einzelnen Beteiligten erstellt, müssen hinsichtlich ihrer Qualität gesichert werden, an zentraler Stelle zu einem Koordinationsmodell zusammengeführt und den Beteiligten zur Verfügung gestellt werden. Um diese komplexen Prozesse transparent steuern zu können, werden im BIM-Projekt speziell dafür entwickelte, sogenannte Kollaborationswerkzeuge eingesetzt.

4.2.2.1 Kollaborationssoftware, Projekträume und BIM-Server

Für die Zusammenarbeit kommen verschiedene Werkzeuge zum Einsatz, die meistens in einem Werkzeug-Verbund (engl. Tool-Chain) eingesetzt werden. Als BIM-Plattformen oder auch Projekträume werden Werkzeuge bezeichnet, die für alle beteiligten Fachgewerke Funktionen zum Ablegen, Austauschen und Teilen von BIM-Modellen oder Teilobjekten bereitstellen. Dies schließt häufig eine Dokumentenverwaltung ein.

BIM-Projekträume beherrschen zumeist den Umgang mit verschiedenen proprietären Datenformaten, aber zunehmend auch mit dem offenen IFC-Format. Weitere Funktionen von Projekträumen betreffen die Regelung von Berechtigungen zur Zusammenarbeit sowie die Versionierung der Objekte und Modelle.

BIM-Server behandeln im Vergleich zu den meisten Projekträumen die einzelnen BIM-Fachmodelle nicht als eine Datei (Container), die verwaltet wird, sondern legen die Modellelemente selbst in einer internen Datenbank ab. Auf diese Weise können verschiedene Fachmodelle (Architektur, TGA, …) in einer Datenbank verwaltet und auf der Ebene der Modellelemente miteinander für bestimmte Aufgaben kombiniert werden. So können z. B. sogenannte Koordinationsmodelle zur Ermittlung von Kollisionen zwischen Bauteilen verschiedener Gewerke (Fachmodelle) erzeugt werden.

In aller Regel bilden BIM-Server die Grundlage für Kollaborationssoftware, die zur gemeinsamen, bis hin zur simultanen Bearbeitung der Bauwerksmodelle mit verschiedenen Softwareprodukten eingesetzt werden. Änderungen an Modellen im BIM-Server werden protokolliert und Nutzer können über diese Änderungen aktiv informiert werden.

Die beschriebenen Werkzeuge stellen zusammen für ein BIM-Projekt eine gemeinsame Datenumgebung bereit, die als Common Data Environment (CDE) bezeichnet und im Abschn. 4.3 bezüglich Nutzen, Anforderungen, Aufgaben sowie Integration mit CAFM-Systemen in der Betriebsphase näher betrachtet wird.

4.2.2.2 BIM-Viewer

Modelle, die von einem BIM-Projektraum heruntergeladen werden, können natürlich mit dem jeweiligen Autorenwerkzeug aufgerufen und bearbeitet werden. Ist das Autorenwerkzeug jedoch nicht verfügbar oder ist die Bearbeitung nicht gewünscht, kommt ein BIM-Viewer zum Einsatz. BIM-Viewer werden zum Teil kostenlos für native BIM-Formate, aber auch für das IFC-Format angeboten.

IFC-Viewer können IFC-Modelle lesen und die Inhalte sowohl grafisch als auch alphanumerisch darstellen. Einige dieser Tools gestatten auch die Änderung alphanumerischer Attribute und einen Datenexport z. B. im COBie-Format (vgl. Abschn. 5.3) sowie die Erstellung von Reports und Analysen des BIM-Modells. Sie ermöglichen dem Bauherrn oft bereits eine virtuelle „Begehung" (Walkthrough) des Gebäudes mit Hilfe des Modells.

Einige beliebte IFC-Viewer können durch Freischalten zusätzlicher, kostenpflichtiger Funktionen zu einem BIM-Modellchecker erweitert werden (vgl. Abschn. 4.2.3.2), mit dem Kollisionen oder die Einhaltung der Modellierungsstandards geprüft werden können.

4.2.3 Werkzeuge zur Qualitätssicherung der Modelle

4.2.3.1 BIM-Koordinationswerkzeuge

Der Einsatz verschiedenster fachspezifischer Autorenwerkzeuge im BIM-Projekt und die mit ihrer Hilfe erstellten Fachmodelle müssen untereinander abgestimmt und auf Konsistenz geprüft werden. Dies betrifft sowohl BIM-Modellelemente, die in mehreren Fachmodellen vorkommen (z. B. Wände, Decken), sich aber in den einzelnen Fachmodellen z. T. bezüglich der semantischen und geometrischen Abbildung unterschieden (z. B. ein Wandobjekt im Fachmodell Architektur und im Fachmodell der Tragwerksplanung) als auch Modellelemente, die nur in einem spezifischen Fachmodell vorkommen (z. B. ein Kanal- oder Rohrelement im TGA-Fachmodell).

Für diese Abstimmungsprozesse werden BIM-Koordinationswerkzeuge eingesetzt. Mit ihrer Hilfe werden die verschiedenen Fachmodelle zu einem Koordinationsmodell zusammengeführt (vgl. Abb. 4.5, NN 2019k). Dabei können die zumeist in nativen Formaten vorliegenden Fachmodelle mit Hilfe der Autorenwerkzeuge selbst über einen IFC-Export in ein neutrales, offenes Format überführt werden, um dann mit der Koordinationssoftware zum Koordinationsmodell zusammengeführt zu werden. Viele Koordinationswerkzeuge verfügen aber zusätzlich zum Import von IFC-Modellen über die Fähigkeit direkt Fachmodelle in ihrem nativen Format einzulesen.

Im Koordinationsmodell können dann die Modellelemente unterschiedlicher Fachmodelle gemeinsam betrachtet und analysiert werden, u. a. können Kollisionen überprüft werden. Auf diese Weise werden Planungsfehler anhand von entdeckten Inkonsistenzen,

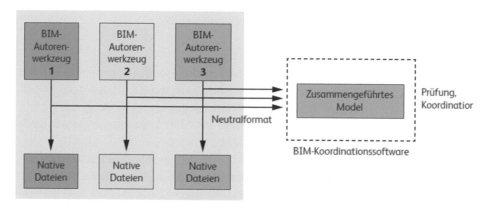

Abb. 4.5 Verwendung von proprietären und herstellerneutralen Datenformaten in Autorenwerkzeugen

z. B in Form fehlender Wanddurchbrüche oder Kollisionen von Modellelementen frühzeitig entdeckt und Lösungsstrategien können festgelegt werden. Für die Kommunikation der Prüfergebnisse kommt häufig das offene BCF-Format (BIM Collaboration Format) zum Einsatz (vgl. Abschn. 5.3.2).

Kollaborationswerkzeuge sind zumeist fester Bestandteil der in Abschn. 4.2.2.1 erläuterten Kollaborationssoftware.

4.2.3.2 BIM-Prüfwerkzeuge

Neben Koordinationswerkzeugen oder als Bestandteil solcher Werkzeuge kommen BIM-Prüfwerkzeuge zum Einsatz. Sie ermöglichen die automatische Prüfung der in den AIA bzw. im BAP definierten Anforderungen an den Ausarbeitungsgrad sowie die Einhaltung der vorgegebenen Modellierungsrichtlinien. Je nach verwendetem Autorenwerkzeug können die Prüfwerkzeuge direkter Bestandteil des Autorenwerkzeugs sein, wobei auch eigenständige Softwareprodukte üblich sind. Für die Prüfung der alphanumerischen BIM-Daten kann z. T. auch direkt der Inhalt der BIM-DB geprüft werden.

Art und Umfang der Anforderungen an das Gebäudeinformationsmodell variieren je nach den geplanten BIM-Anwendungsfällen von Projekt zu Projekt sehr stark, so dass von BIM-Prüfwerkzeugen gefordert wird, verwendete Prüfregeln flexibel konfigurieren und bei Bedarf auch neue Regeln definieren zu können. Einige Werkzeuge haben begonnen, nicht nur einfache syntaktische Prüfungen anzubieten (z. B. das Vorhandensein bestimmter Attribute), sondern auch komplexe Regeln für die Einhaltung einschlägiger Normen und Richtlinien anzubieten. So wird im Bereich des FM die Einhaltung von Flächenstandards automatisch per Regel überprüft.

Die Prüfergebnisse, einschließlich individueller Anmerkungen (Annotations) können dann wiederum über das Open-BIM-Format BCF an andere Teilnehmer übertragen werden. Das BCF-Format transportiert dabei nicht das gesamte Modell, sondern nur relevante Ausschnitte und Referenzen auf betroffene Bauteile.

4.2.4   Werkzeuge zur Modellnutzung

Die im Rahmen eines BIM-Projektes erstellten Modelle dienen als Datengrundlage und Input weiterer Prozesse und Anwendungsfälle während der Planungs-, Bau- und Bewirtschaftungsphase. Für diese Folgeprozesse kommen jeweils geeignete weitere Softwarewerkzeuge zum Einsatz. So greifen z. B. einige Softwarewerkzeuge auf das Gebäudeinformationsmodell zurück, um Leistungsverzeichnisse und Ausschreibungsunterlagen auf den bereits validen Daten der Modelle zu generieren oder auch eine Instandhaltungsplanung in einem CAFM-System vorzubereiten. Im Folgenden werden einige typische Werkzeuge für die Modellnutzung erläutert.

4.2.4.1 BIM-CAFM-Software

CAFM-Systeme mit standardisierter BIM-Schnittstelle sind oftmals in der Lage IFC-, COBie- und/oder CAFM-Connect-Daten zu importieren und zu exportieren. Daneben integrieren sie in aller Regel BIM-Viewer, mit denen entsprechende Modelle betrachtet werden können. Einige CAFM-Systeme verfügen darüber hinaus über proprietäre Schnittstellen zu spezifischen BIM-Autorensystemen oder BIM-fähigen CAD-Systemen. Somit können Änderungen der alphanumerischen Bauteildaten in der Bewirtschaftungsphase im CAFM-System als führendes System vorgenommen und über die bidirektionale Schnittstelle an das BIM-Modell zurückgegeben werden. Kommt es zu größeren Umbaumaßnahmen im Bestand, können aktuelle Daten aus einem CAFM-System, z. B. als IFC-Datei, exportiert und für die Planung zur Verfügung gestellt werden.

Grundlegende BIM-Funktionen von CAFM-Systemen können über die GEFMA Richtlinie 444, Katalog A15 (BIM Datenverarbeitung) zertifiziert werden (NN 2020a). Weitere Informationen hierzu sind in Abschn. 8.2 beschrieben. Damit bieten moderne CAFM-Systeme bereits Funktionen, die Elemente einer BIM-DB und zum Teil sogar eines BIM-Servers umfassen. CAFM-Systeme sind damit auch Kandidaten für den Aufbau einer Betriebs-CDE, was in Abschn. 4.3.2 beschrieben wird.

4.2.4.2 Projektmanagement

Hierbei handelt es sich um Software zur Projekt- und Zeitplanung von Bauprojekten inklusive Kostendarstellung. BIM-fähige Projektmanagement-Software ermöglicht die sogenannte 4D- bzw. 5D-Planung, bei der die drei geometrischen Dimensionen (3D), um die Dimensionen Projektplanung (4D) und Kostenplanung (5D) erweitert werden (vgl. Abschn. 3.4.3). Zumeist importieren derartige Projektmanagement-Werkzeuge ein BIM-Modell eines Autorenwerkzeugs, um es um die genannten Dimensionen zu erweitern.

4.2.4.3 Simulationswerkzeuge

Diese Software-Tools verarbeiten Gebäudeinformationsmodelle, um damit Simulationen bestimmter Vorgänge rund um den Immobilien-Lebenszyklus zu ermöglichen. Hierzu zählen z. B. Simulationen und Analysen bezogen auf Energieverbrauch, Wärmebedarf, Akustik, Beleuchtung, Brandschutz, Umgebung, Fabrikplanung, Kollisionen oder Projektablauf. Weitere Ausführungen zu BIM-basierten Simulationswerkzeugen finden sich in Abschn. 2.11.

4.2.4.4 BIM-Software Toolkits

Hierbei handelt es sich um Software-Bibliotheken oder Plugins, die in eigene Software integriert werden können. Dies betrifft z. B. Funktionen wie Visualisierung, Explorer oder BIM-Export/Import, die somit nicht neu entwickelt werden müssen.

4.3   Common Data Environment und BIM-CAFM-Integrationsmöglichkeiten

Die praktische Anwendung der in Abschn. 4.2 vorgestellten BIM-Werkzeuge zur Modell-erstellung und -bearbeitung sowie vor allem der verlustfreie, modellbasierte Informati-onsaustausch im BIM-Projekt zwischen diesen Werkzeugen macht eine gemeinsame Da-tenumgebung erforderlich. Der Begriff der „Gemeinsamen Datenumgebung" wurde erstmals durch die britische BIM-Spezifikation in der BSI PAS 1192 im Jahre 2007 als „Common Data Environment" (CDE) eingeführt (NN 2014b). Heutzutage ist der Begriff CDE von nahezu allen nationalen und internationalen Normen und Richtlinien übernom-men worden: DIN EN ISO 19650-1 Abschnitt 1 (NN 2019a), DIN EN ISO 1950-2 Ab-schnitt 5 (NN 2019j), DIN SPEC 91391 (NN 2019i), VDI 2552 Blatt 5 (NN 2018f).

Eine CDE bietet eine zentrale, gemeinsame Datenumgebung für die

- Sammlung,
- Verwaltung und
- Verteilung

von modellbasierten Informationen in einem BIM-Projekt oder, besonders relevant für die Betriebsphase, für ein Asset. Zumindest konzeptionell unterstützt die CDE den gesamten Lebenszyklus eines Gebäudes.

Um diese Aufgaben zu erfüllen, werden zur Umsetzung einer CDE besonders die zuvor beschriebenen BIM-Plattformen bzw. BIM-Projekträume eingesetzt, wobei auch die Inte-gration weiterer BIM-Werkzeuge, wie BIM-Server, BIM-Viewer oder BIM-Prüfwerkzeuge in die CDE üblich sind (vgl. Abschn. 4.2.2). In der Praxis findet man jedoch nicht nur eine CDE, sondern es werden in den verschiedenen Projektphasen vielmehr parallel oder nach-einander verschiedene CDEs unterschiedlicher Hersteller eingesetzt. Aus diesem Grund muss nicht nur der Datenaustausch zwischen den verschiedenen BIM-Werkzeugen und der CDE, sondern auch verschiedener CDEs untereinander gewährleistet sein. Auch hier-für kommen immer stärker offene Standards wie IFC, CAFM-Connect, COBie (vgl. Abschn. 5.3.3) oder OSCRE zum Einsatz.

In den ersten Leistungsphasen des Gebäudelebenszyklus steht während der Planung und Bauwerkserrichtung für die CDE die Unterstützung von Projektstrukturen im Vorder-grund. Folgerichtig werden die hier entstehenden digitalen Bauwerksinformationsmodelle auch als Projekt-Informationsmodelle (PIM) bezeichnet, die dann mit der CDE verwaltet werden. Mit dem Übergang zur Betriebsphase (FM-Handover) wechselt jedoch der Fokus auf die Betrachtung des Gebäudes als Asset. Man spricht deshalb für die Betriebsphase von einem Asset-Informationsmodell (AIM). Hiermit ändern sich auch die Anforderungen an die CDE. Neben Kooperationsprozessen, die sich in der Betriebsphase in höherem Maße regelmäßig wiederholen bzw. zumeist stärker standardisiert sind, gewinnt die Inte-gration des AIM mit dynamischen Prozess- und Verbrauchsdaten sowie betriebswirt-

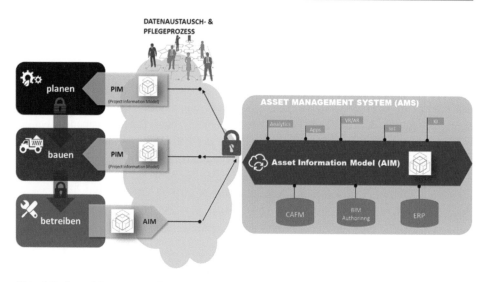

Abb. 4.6 Asset-Management-System (AMS) als Abbildung einer CDE im Betrieb

schaftlichen Informationen an Bedeutung. Patrick Mc Leamy bezeichnet das AIM als „Building Operation Optimization Model" (BOOM).

Folglich muss die CDE in der Betriebsphase u. a. auch CAFM- und ERP-Systeme mit einbeziehen, die entweder mit der CDE zusammenarbeiten oder sogar wesentliche Aufgaben der CDE selbst übernehmen. Für die Betriebsphase spricht man deshalb häufig von einem Asset-Management-System (AMS) und bezeichnet damit teilweise die CDE der Betriebsphase selbst (Abb. 4.6). Auf die besondere Bedeutung moderner BIM-fähiger CAFM-Systeme als wichtigem Element des AMS bzw. der CDE in der Betriebsphase wird im Abschn. 4.3.2 mit der Vorstellung verschiedener Integrationsszenarien zur Kopplung von BIM und CAFM eingegangen.

4.3.1 Nutzen, Aufgaben und Entwicklungsstufen einer CDE in der Betriebsphase

Mit dem Einsatz einer CDE in der Betriebsphase wird allgemein eine deutliche Senkung des Zeit- und damit auch Kostenaufwands, u. a. durch die Automatisierung von Verwaltungsaufgaben für Informationslieferungen sowohl aus Sicht der Bereitstellung als auch der Entgegennahme (Abnahme) von digitalen Bauwerksmodellen erwartet. Erwartet werden vor allem die Vermeidung von Nachforderungen und die Senkung des Nachbearbeitungsaufwands durch Informationsverluste, fehlerhafte oder nicht eindeutige Objektbezeichnungen oder ähnliches. Hierfür wird eine zumindest teilautomatische Prüfung eingehender Bauwerksmodelle bzgl. Syntax und Semantik (Qualitätssicherung) gefordert. In der Betriebsphase wird zudem als Nutzen der CDE die Senkung von Rechercheaufwänden bei Informationsanfrage sowie die Verbesserung der Entscheidungssicherheit durch eine verlässliche, aktuelle Informationslage erwartet.

Um diesen Nutzen zu erreichen, ergeben sich folgende Anforderungen und Aufgaben einer CDE für die Betriebsphase:

- Eindeutigkeit, Richtigkeit und Integrität der verwalteten digitalen As-built-Bauwerksinformationen („Single Source of Truth"),
- Nachvollziehbarkeit und Transparenz aller Informationslieferungen, einschließlich zugehöriger Verantwortlichkeiten und Urheberrechte („Audit Trail") sowie ein hierfür geeignetes Management von Zugriffsrechten,
- revisionsfeste und rechtssichere Dokumentation kritischer Informationen, die z. B. im Rahmen der Darlegung der Betreiberverantwortung benötigt werden,
- Unterstützung der Qualitätssicherung und Modellprüfung von Lieferungen neuer oder angepasster Modellinhalte (u. a. bzgl. Klassifizierung, Vollständigkeit und Aktualität).

Hierfür bildet die CDE Workflows ab, die gemäß DIN EN ISO 19650-1: 2019 über vier definierte Status

- geteilt,
- in Bearbeitung,
- freigegeben und
- archiviert

die kollaborative Modellerstellung unterstützen. In Abb. 4.7. wird der prinzipielle Workflow verdeutlicht.

Eine CDE setzt zur Erfüllung dieser Anforderungen und zur Abbildung des kollaborativen Workflows als wesentliches Kernelement Informationscontainer ein. Derartige

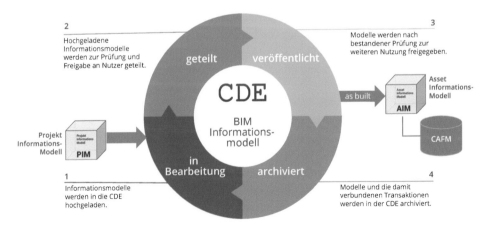

Abb. 4.7 Status der kollaborativen Modellerstellung in einer CDE

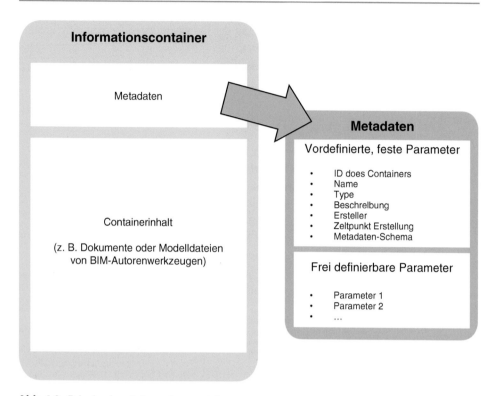

Abb. 4.8 Prinzip eines Informationscontainers

Informationscontainer umfassen definierte, inhaltlich zusammenhänge Informationsmengen (Containerinhalt) sowie Metadaten, die den Informationsinhalt klassifizieren und Auskunft z. B. über die gerade erläuterten Status von Fachmodellen im BIM-Prozess liefern. Weitere Metadaten können Verantwortlichkeiten sowie beliebige weitere Eigenschaften sein (vgl. Abb. 4.8, in Anlehnung an NN (2019i)). Informationscontainer einer CDE gelten als kleinste Informationseinheit, auf die gezielt zugegriffen werden kann.

Analog zu den drei Entwicklungsstufen des Informationsmanagements mit der BIM-Methode (vgl. NN 2019j und Abschn. 4.2) oder den BIM-Reifegradstufen nach Bew und Richards (vgl. NN 2014b und Abschn. 3.4.2) werden auch verschiedene Entwicklungsstufen einer CDE unterschieden, von denen die Stufe 2 containerbasiert funktioniert, während die Stufe 3 auf Datenbanken basiert. Eine Stufe 1 wird nicht gesondert definiert, da hier noch kein modellbasierter Informationsaustausch stattfindet.

4.3.1.1 Containerbasierte CDE (Stufe 2)
Im einfachsten Fall werden auf dieser Stufe komplette Bauwerksmodelle als Dateien und Dokumente im Informationscontainer verwaltet. Der Informationscontainer kann dabei einzelne oder mehrere Dateien/Dokumente, z. B. auch im PDF-Format (Zeichnungen, techn. Datenblätter usw.) enthalten. Ferner sind CAD-Modelle im DWG-Format (2D, 3D)

oder vollständige parametrische BIM-Modelle im proprietären Format des BIM-Autorensystems (z. B. RVT im Falle von AutoDesk Revit) üblich.

Die Suche nach Informationen und Modellelementen kann in diesem Fall nur über die Metadaten des Informationscontainers erfolgen. Der eigentliche Container- und damit Modellinhalt (z. B. einzelne Wände und Räume) steht für eine Suche bzw. Filteroperationen in der CDE in dieser Stufe nicht zur Verfügung. Eine Verknüpfung mehrerer Fachmodelle unterschiedlicher Container kann ebenfalls nur auf Basis der Metadaten der Container erfolgen. In dieser Stufe können auch bereits IFC-Modelle verwaltet werden (openBIM), wobei die CDE der Stufe 2 auch in diesem Fall keine Kenntnis von möglichen Verknüpfungen der IFC-Modelle hat, auch wenn diese in den IFC-Modellen selbst enthalten sein sollten (z. B. über den einheitlichen Identifikator (GUID) von Bauelementen).

Die Stufe 2 der CDE kann im einfachsten Fall durch ein Dokumentenmanagement-System (DMS) abgebildet werden, wobei die Dokumente in diesem Fall auch Dateien von BIM-Fachmodellen sein können. BIM-Projekträume und BIM-Plattformen beherrschen i. d. R. zumindest die Stufe 2, wobei im Vergleich zu einem einfachen DMS, BIM-Projekträume über spezifische BIM-Funktionen und -Prozesse und eben auch spezifische BIM-Metadaten für die Abbildung von Workflows verfügen.

4.3.1.2 Datenbankbasierte CDE (Stufe 3)

Mit der Stufe 3 werden die Informationscontainer im Prinzip aufgelöst und einzelne Bauwerksobjekte aus den Modellen direkt in einer Datenbank abgelegt. Auf diese Weise können die einzelnen BIM-Objekte eines Modells (z. B. Wand, Raum, Anlage) über die Datenbank in der CDE direkt angesprochen werden. Mit der Auflösung der Informationscontainer kann nun in der CDE bauteilspezifisch gesucht, gefiltert oder referenziert werden. Um dies zu erreichen, kommen dann in der CDE die bereits vorgestellten BIM-Server und BIM-Datenbanken zum Einsatz (vgl. Abschn. 4.2.1.4). Eine typische CDE dieser Stufe beherrscht meist zusätzlich auch die containerbasierte Verwaltung der Stufe 2. Insbesondere Hersteller von umfassenden BIM-Werkzeugsuiten bieten in der Regel eine CDE-Lösung der Stufe 3 an, zum Teil jedoch beschränkt auf die proprietären Datenformate ihrer eigenen BIM-Autorenwerkzeuge (closedBIM). Allerdings ist ein Trend zur Verwaltung von Modellen im offenen IFC-Format auch hier festzustellen (openBIM).

4.3.2 BIM-CAFM-Integration zum Aufbau einer CDE für die Betriebsphase

Die Architektur- und Bauindustrie setzt heute zunehmend auf BIM-basierte Planungs- und Entwurfswerkzeuge. Infolgedessen stehen zumeist mehrere BIM-Fachmodelle von Gebäuden zur Verfügung, die von Facility Managern prinzipiell über den gesamten Lebenszyklus des Gebäudes verwendet werden können. Die Implementierung einer BIM-Strategie für die Verwaltung von Gebäuden über den gesamten Lebenszyklus

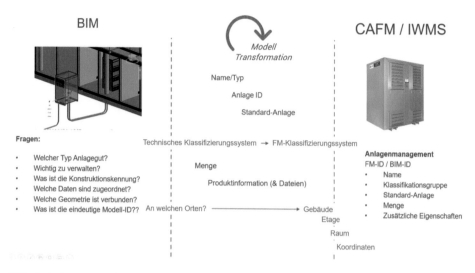

Abb. 4.9 Anpassung des BIM-Modells für die Nutzung in CAFM-Systemen

erfordert eine sorgfältige Planung. Es ist sehr wichtig, die Hauptziele für die Einführung von BIM festzulegen, da dies in hohem Maße die Art und Weise der Integration, die dafür erforderlichen Toolsets und die mit dem Projekt verbundenen Kosten definiert.

Im Allgemeinen erfordert die Übernahme von BIM-Modellen in CAFM-Systeme neben der Übertragung von Daten auch geometrische Anpassung des Modells (vgl. Abb. 4.9), um es im gesamten Lebenszyklus nutzen zu können.

Neben BIM-Plattformen und BIM-Projekträumen, die häufig für die Projektphasen Planen und Bauen als CDE eingesetzt werden, bieten BIM-fähige CAFM-Systeme und z. T. auch ERP-Systeme bereits zahlreiche Funktionen, die spezifische Anforderungen der Betriebsphase an eine CDE unterstützen bzw. sogar vollständig abbilden. Im Folgenden sollen drei typische Szenarien vorgestellt werden, wie BIM-fähige CAFM-Systeme für eine CDE in der Betriebsphase eingesetzt werden können (Aengenvoort und Krämer 2021). In allen drei Szenarien wird die CAFM-Datenbank genutzt, um die nicht-geometrischen, alphanumerischen Informationen der digitalen Bauwerksmodelle (AIM) auf der Ebene einzelner Bauwerksobjekte (z. B. Räume, Anlagen) abzubilden, was der Stufe 3 einer CDE entspricht. CAFM-Systeme bilden in ihrer Datenbank dabei bereits die Gebäudetopologie (Liegenschaft, Gebäude, Etage, Raum usw.) und zahlreiche, flexibel erweiterbare Objekttypen, z. B. der Anlagentechnik ab. Darüber hinaus verfügen CAFM-Systeme über die Fähigkeit, Dokumente und CAD-Zeichnungsdateien den Datenbankobjekten zuzuordnen und ermöglichen so von Hause aus Funktionen einer container-basierten CDE der Stufe 2.

4.3.2.1 Integrationsszenario 1: BIM-CAFM-Übergabe durch Informationsextraktion (FM-Handover)

In dieser Situation wird das BIM-Modell verwendet, um so viele Anlagen-, Raum- und Bauteildaten wie möglich zu extrahieren, damit diese in das CAFM-System übernommen werden können (vgl. Abb. 4.10). Dies kann auch vorhandene Grundrisspläne beinhalten. Für geometrische Informationen aus einem As-built-PIM können ggf. auch einmalig klassische 2D-/3D-CAD-Pläne erzeugt und diese dann über den Lebenszyklus fortgeführt werden. Nach der Extraktion wird das Modell archiviert, aber nicht mehr zur Interaktion verwendet. Es kann natürlich jederzeit wieder aufgerufen und z. B. mittels BIM-Viewer betrachtet werden. In der Regel ist dies der Ansatz mit den geringsten Kosten und der geringsten Integrationskomplexität.

CAFM-Systeme, die diesen Integrationsansatz verfolgen, zielen auf eine möglichst effiziente Durchführung des FM-Handover am Ende der Bauphase. Hierbei werden vor allem die relevanten strukturierten, alphanumerischen Informationen des PIM direkt in die CAFM-Datenbank übertragen, indem entweder Dienste einer BIM-Serverplattform oder spezifische Schnittstellen von CAFM-Anbietern verwendet werden. Dies betrifft nicht nur Asset-Daten, sondern kann auch räumliche Daten wie die Flächen von Räumen umfassen. Mit COBie (vgl. Abschn. 5.3 und NN 2021e) steht eine international akzeptierte Struktur zum Austausch alphanumerischer BIM-Daten zur Verfügung. Viele CAFM-Anbieter unterstützen den BIM-Datenaustausch über das COBie-Format oder das COBie-Lite-Format. Im deutschsprachigen Raum findet auch das Format CAFM-Connect zunehmend Verwendung (vgl. Abschn. 5.3 und NN 2021f). Daneben bieten Softwarehersteller möglicherweise auch alternative Implementierungen an. Es ist wichtig zu erfragen, welche Formate der BIM-Autorwerkzeuge vom CAFM-Anbieter unterstützt werden, und sicherzustellen, dass sie zu den tatsächlich verfügbaren Modellformaten passen.

Im *Integrationsszenario 1* existieren also während des Lebenszyklus zwei voneinander getrennte Modelle: das native, zunächst unveränderte As-built-PIM, das mit der jeweiligen BIM-Autorensoftware ggf. parallel manuell weiterbearbeitet werden muss und ein AIM,

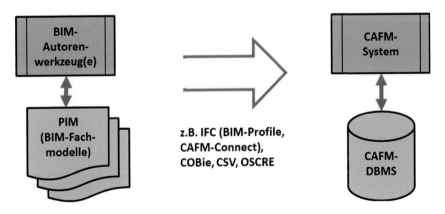

Abb 4.10   Integrationsszenario 1: BIM-CAFM-Übergabe „FM-Handover"

das davon getrennt direkt in die CAFM-Datenbank abgebildet wurde, sowie mit verknüpften CAD-Dokumenten verbunden ist.

4.3.2.2 Integrationsszenario 2a: Nutzung des Quellmodells (nativ) über den Lebenszyklus – partielle CAFM-BIM-Integration

Bei diesem Ansatz wird das verfügbare Originalmodell im proprietären Format des verwendeten BIM-Autorenwerkzeugs genutzt. In diesem Fall sind wahrscheinlich auch einige Datenextraktionen erforderlich, um die CAFM-Datenbank zu füllen, aber das
BIM-Modell (PIM) selbst wird vom CAFM-System aus verbunden. So wird typischerweise Modellierungssoftware wie Autodesk Revit, Graphisoft ArchiCAD oder Nemet-
schek Allplan unterstützt. Für die Umsetzung der proprietären Schnittstelle wird in das
jeweilige BIM-Autorenwerkzeug ein PlugIn des CAFM-Softwareherstellers integriert,
mit dessen Hilfe einzelne oder mehrere BIM-Objekte mit den entsprechenden Objekten
der CAFM-Datenbank synchronisiert werden können (vgl. Abb. 4.11).

In der Regel wird diese Schnittstelle bidirektional ausgeführt, so dass Änderungen an
alphanumerischen Informationen in der CAFM-Datenbank auch wieder an das PIM des
BIM-Autorenwerkzeugs zurück übertragen werden können. Diese Art der Schnittstellen-
gestaltung ermöglicht bereits ein AIM im nativen Format des BIM-Autorenwerkzeugs,
das zumindest in Teilen in der Betriebsphase weitergepflegt werden kann. Alphanumerische Informationen werden dabei zumeist direkt in der CAFM-Datenbank geändert. Allerdings erfordert dieses Szenario für einige Aufgaben spezielle Kenntnisse des BIM-
Autorenwerkzeugs durch die Mitarbeiter des FM-Bereiches. Das Szenario umfasst damit
in Ansätzen eine CDE der Stufe 2 und über die CAFM-Datenbank eingeschränkt auch der
Stufe 3.

Wenn das PIM z. B. Anlagendaten (Anbieter, Typ usw.) enthält und diese Anlagen ersetzt werden, muss also die Frage beantwortet werden, wo diese Daten benötigt werden

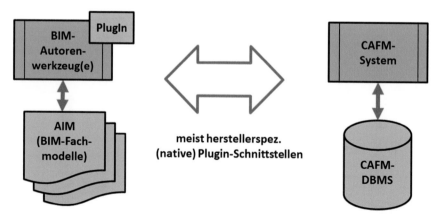

Abb. 4.11 Integrationsszenario 2: Bidirektionale Synchronisation der BIM-Modelle (AIM) mit der
CAFM-Datenbank

und wie sie aktualisiert werden. Wie erläutert, kann dies prinzipiell im PIM mit dem BIM-Autorenwerkzeug, im CAFM-System oder in beiden geschehen.

Ein weiterer wichtiger Aspekt ist das Änderungsmanagement für das Gebäude. Wird z. B. ein Stockwerk umstrukturiert oder umgestaltet, müssen diese Änderungen durch das BIM-Modell laufen, da es sonst nicht mehr als zuverlässige Informationsquelle (Single Source of Truth) für das Gebäude verwendet werden kann. In der Folge muss also das Modell häufig auf neue Versionen des BIM-Autorenwerkzeugs aktualisiert werden. Dies ist ein nicht zu vernachlässigender Aufwand, da die Hersteller der Tools in relativ kurzen Zeitabschnitten (normalerweise jährlich, mitunter auch häufiger) neue Versionen ihrer Software herausgeben.

Das *Integrationsszenario 2* ermöglicht die Visualisierung und Lokalisierung von Objekten im AIM und kann zur dynamischen Anzeige von verknüpften Informationen im Geometriemodell verwendet werden, wie z. B. Wartungsinformationen, technische Dokumente oder Termine. Auch die dynamische grafische Einfärbung (color coding) von BIM-Objekten auf Basis von Prozessinformationen oder weiterer verknüpfter Datensätze ist möglich.

4.3.2.3 Integrationsszenario 2b: Nutzung des IFC-Quellmodells über den Lebenszyklus – partielle CAFM-BIM-Integration

Die Verwendung von IFC wird in Betracht gezogen, wenn Gebäude mit verschiedenen BIM-Autorenwerkzeugen entworfen wurden. Dies ist keine Ausnahme: BIM-Autorenwerkzeuge sind in der Regel auf bestimmte Aspekte der Gebäudeplanung spezialisiert. Werden alle diese Modelle in IFC einfügt, entsteht ein *integriertes BIM-Modell*. Alle Aspekte, die bei Nutzung des Quellmodells über den Lebenszyklus besprochen wurden (vgl. Abschn. 4.3.2.2), gelten auch hier.

Es gibt einen Aspekt in diesem Ansatz, der hier besonders betont werden muss – das Änderungsmanagement des Modells. Nach dem Prinzip des Standards können IFC-Modelle nicht direkt geändert (editiert) werden. Wenn also eine geometrische Änderung des Gebäudes ansteht, muss diese die ursprünglichen Modelle durchlaufen, die dann erneut in IFC konvertiert werden müssen. Dies kann zu zusätzlichen Komplikationen bei der Integration in das CAFM-System führen, da sich im schlimmsten Fall die BIM-Objektkennung (BIM object identifier) des geometrischen Objekts im Modell ändern kann. Die BIM-Modellkennung einer Pumpe könnte sich z. B. in einem neuen Modell geändert haben, obwohl die Pumpe selbst nicht geändert wurde. Natürlich gibt es Möglichkeiten, damit umzugehen, aber dies ist mit Investitionen und zusätzlicher Komplexität verbunden.

In Situationen, in denen ein BIM-Teilmodell mit verschiedenen Autorenwerkzeugen erstellt wurde, ist die Konvertierung in das IFC-Format die praktikabelste Möglichkeit, diese Modelle während des Lebenszyklus zu verwenden. Auf diese Weise können alle Modelle aus dem CAFM-System kombiniert und angezeigt werden bzw. miteinander interagieren. Voraussetzung dafür ist, dass das CAFM-System eine Viewer-Technologie unterstützt, die die Anzeige von IFC-Modellen ermöglicht.

Dieses Szenario ist jedoch im Hinblick auf das Änderungsmanagement komplexer. Wenn das Gebäude oder eine Etage rekonstruiert wird, müssen die mit der Änderung verbundenen Modelle mithilfe der Quellmodelle im Format des BIM-Anbieters geändert werden, der die Autorenwerkzeuge hierfür bereitgestellt hat. Der Grund dafür ist, dass die IFC-Modellierung für die sogenannte Kollisionserkennung während der Entwurfsphase konzipiert wurde. Die verschiedenen Modelle müssen hierfür zusammengefügt und auf Maßhaltigkeit geprüft werden. Daher können IFC-Modelle im Allgemeinen hinsichtlich ihrer Geometrie nicht ohne Weiteres geändert werden.

Nach dem Wechsel müssen die Teilmodelle erneut in IFC konvertiert werden und danach muss die Konvertierung in das CAFM-System erneut erfolgen. Die Kombination der Daten und der Darstellung in einem Modell schafft ein gutes Verständnis der tatsächlichen Situation (vgl. Abb. 4.12).

Neben der Datenübertragung, wie beim Prinzip der Datenextraktion (vgl. Abschn. 4.3.2.1) erläutert, muss das Modell nun den Gebäude-, Anlagen- und Raumdaten zugeordnet werden, die sich im CAFM-System befinden. Dies erfordert die Übertragung von BIM-Objektkennungen an das CAFM-System, um die Extraktion des Modells aus dem CAFM-System zu ermöglichen. Dies stellt einen zusätzlichen Schritt in der Datenübernahme aus dem Modell dar. Darüber hinaus muss das CAFM-System eine Viewer-Technologie unterstützen, die auf das bereitgestellte Modell zugreifen kann, in diesem Fall ein Modell mit der proprietären Notation des BIM-Anbieters.

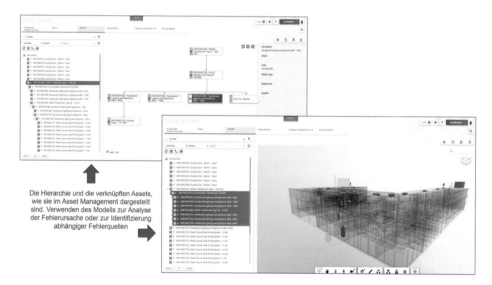

Die Hierarchie und die verknüpften Assets, wie sie im Asset Management dargestellt sind. Verwenden des Modells zur Analyse der Fehlerursache oder zur Identifizierung abhängiger Fehlerquellen

Abb. 4.12 BIM-Modelle liefern wichtige Einblicke in die Struktur und Lage von (verteilten) Systemen

4.3.2.4 Integrationsszenario 3: Nutzung des Quellmodells über den Lebenszyklus – Kollaborationsplattform im Betrieb

Das dritte Integrationsszenario macht das CAFM-System zum integralen Bestandteil eines Asset-Management-Systems (vgl. Abb. 4.13). In diesem Integrationsansatz kommt i. d. R. ein BIM-Modellserver zum Einsatz, in dem die BIM-Modelle der Betriebsphase als AIM mit Hilfe eines Datenbankmanagement-Systems (DBMS) bereitgestellt werden. Bauwerksobjekte existieren also parallel in der Datenbank des BIM-Servers und der CAFM-Datenbank.

Häufig werden die BIM-Modelle in diesem Modellserver bereits in einem offenen Standardformat, also z. B. im IFC-Format gespeichert (openBIM). Die Verknüpfung von Elementen der BIM-Modelle mit Objekten aus dem CAFM-System, wie Wartungstermine, Inspektions-, Prüfaufträgen oder Ersatzteilstücklisten erfolgt direkt auf der Ebene der beteiligten Datenbanken. Analog wird dies z. B. auch für Objekte in einem ERP-System möglich, in dem u. a. Verträge, Bestellungen oder Bestellstücklisten abgebildet sind.

Das Besondere dieses serverbasierten Ansatzes liegt in der Möglichkeit, alle erforderlichen Informationen im Hintergrund zu verknüpfen. Der Anwender kann vollständig transparent auf die jeweiligen, originären Informationsquellen zugreifen. Für ihn ist damit der Informationsabruf immer gleich, egal, ob die Information aus der CAFM-, ERP-Datenbank oder einem BIM-Modellserver erfolgt. Aus diesem Grund wird der Ansatz als verteilte Datenhaltung nach dem „linked-data"-Prinzip bezeichnet (Krämer et al. 2018). Als Voraussetzung dieses Ansatzes muss jedoch eine Software als Zwischenschicht zum Einsatz kommen (Middleware), die zwischen den Anwendungssystemen, z. B. CAFM oder mobilen Apps und den Informationsquellen vermittelt (vgl. Abb. 4.13).

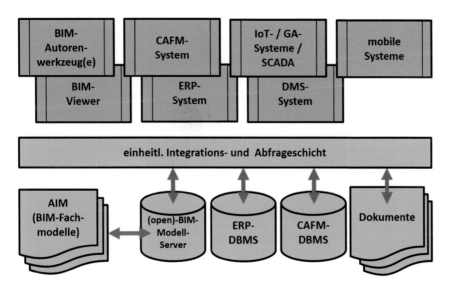

Abb. 4.13 Integriertes, verteiltes (linked data) Asset-Management-System

Die von BIM-Anbietern gestarteten CDE-Initiativen dieses Integrationsszenarios zielen darauf ab, einen BIM-Modelldienst bereitzustellen, bei dem die Modellinteraktionen, Modellaktualisierungen und Änderungen an den alphanumerischen Daten sowie den zugehörigen Dateien der Modelle durch die Bereitstellung von Programmierschnittstellen (APIs) erleichtert werden.

Dieses *Integrationsszenario 3* eröffnet weitreichende Möglichkeiten zur Abbildung dynamisch gestaltbarer Workflows, z. B. im Rahmen des Störungsmanagements, der Bearbeitung von Service-Tickets oder von Raumbuchungen durch Gebäudenutzer. Zudem kann auch die Integration von BIM-Modellen mit den Systemen der klassischen Gebäudeleittechnik bzw. mit modernen IoT-Sensoren deutlich einfacher und umfassender abgebildet werden, wobei die erforderlichen Technologien noch nicht immer ausgereift sind. Ein Problem dabei wird möglicherweise auch sein, dass jeder BIM-Anbieter seine eigene CDE entwickelt. Eine große Herausforderung – sowohl für CAFM-Anwender als auch-Anbieter – stellt heutzutage die Frage dar, wie eine strukturelle Konnektivität zwischen unterschiedlichen CDE-Diensten hergestellt werden kann. Einen Ausblick auf zukünftige Initiativen für lebenszyklus- und unternehmensübergreifende Kollaborationspattformen zeigt Abschn. 8.4.

4.4 BIM mit freier Software

Ein Grund dafür, dass sich BIM nicht so schnell durchsetzt, besteht auch darin, dass sich kleinere Ingenieurbüros häufig die Kosten für BIM-Software nicht leisten können oder wollen. Als Alternative haben sich in einigen Bereichen nicht kommerzielle Softwarelösungen durchgesetzt. Mittlerweile gibt es auch für BIM kostenlose Software. Diese sollte dahingehend geprüft werden, inwieweit sie sich für BIM im eigenen Anwendungsgebiet einsetzen lässt (NN 2021ay).

Die Unterscheidung zwischen kommerzieller und kostenloser Software ergibt sich durch das Lizenzmodell. Dies regelt die Nutzung der Software durch den Nutzer. Bei nicht kommerzieller Software entsteht schnell der Eindruck, dass die Lizenzkosten für eine Software gespart werden können und sich dadurch die Kosten insgesamt verringern. Dies sollte genau geprüft werden. Im Folgenden werden die Vor- und Nachteile beleuchtet und es wird ein Überblick gegeben, wofür sich nichtkommerzielle Software in Bezug auf BIM einsetzen lässt.

4.4.1 Open-Source- und freie Software

Für nichtkommerzielle Software gibt es unterschiedliche Lizenzmodelle. Jeder Autor einer Software kann dies über den Endbenutzer-Vertrag regeln. Dieser kann unterschiedliche

Bedingungen enthalten, z. B. dass die Software nur für Privatanwender kostenfrei nutzbar ist, Einschränkung des Weiterverkaufs bis hin zur Bereitstellung des Quellcodes. Bei Open-Source-Software steht der Quellcode frei zur Verfügung und kann je nach Lizenzmodell von jedem Softwareentwickler bei Bedarf geändert werden. Der Vorteil von Open-Source-Software ist, dass eine mögliche Weiterentwicklung der Software durch unterschiedliche Softwareentwickler erwünscht und weltweit möglich ist, wie dies beim Betriebssystem Linux der Fall ist.

Oftmals werden unter dem Begriff freie Software, Programme verstanden, die kostenlos zur Verfügung stehen. Es gibt jedoch keine einheitliche Definition. Es gilt der Lizenzvertrag der Software, in dem die Bedingungen geregelt werden. Die meisten BIM-Viewer werden z. B. als kostenlose Software angeboten, wobei nicht immer der Quellcode zur Verfügung steht. Zudem muss geprüft werden, ob die Software kostenlos auch im kommerziellen Umfeld genutzt werden kann.

4.4.2   Vor- und Nachteile kostenloser Software

Auf den ersten Blick entsteht der Eindruck, die Softwarekosten, die im BIM-Bereich bei mehreren Tausend Euro liegen, einzusparen. Dabei gibt es durchaus prominente Beispiele für nicht kommerzielle Software wie das Betriebssystem Linux, das durchaus als nichtkommerzieller Ersatz für Microsoft Windows entwickelt wurde und weiterhin wird. Im Serverumfeld ist Linux durchaus auch in kommerziellen Umgebungen im praktischen Einsatz, im Desktop-Bereich zumeist nur bei wenigen privaten Anwendern. Der Anteil von Linux liegt im Mai 2019 bei 2,38 % (NN 2021au).

Dazu kommt, dass sich die Softwarekosten oftmals nicht auf einmalige Investitionen beschränken, sondern noch ca. 10–30 % Wartungskosten für Support-Leistungen hinzukommen. Alternativ gibt es auch Verträge, bei denen die Software gemietet und mit Ablauf des Abos nicht weiter genutzt werden darf. Das bietet dem Softwarehersteller regelmäßige Einnahmen und stellt damit die Weiterentwicklung sicher.

Bei nichtkommerzieller Software sind es eher engagierte Freiwillige, die das Produkt weiterentwickeln oder sich zumindest zum Teil über kommerzielle Support-Leistungen finanzieren. Dies ist u. a. bei einigen Linux-Distributionen der Fall.

Ein weiterer Nachteil kostenloser Software ist, dass diese oft von etablierten Verfahren der Benutzerführung abweichen. Dadurch wird je nach Komplexität der Software die Einarbeitung z. T. erheblich erschwert. Weiterhin sollte beachtet werden, ob eine ausreichende Dokumentation der Software existiert, die Software ausreichend verbreitet eingesetzt wird und damit auch genügend Anwender zur Verbesserung der Software beitragen. Oftmals fehlt es auch an Schulungsanbietern, wobei verfügbare Video-Tutorials dies kompensieren können. Die genannten Aspekte freier, nichtkommerzieller Software führen häufig zu schwer abschätzbaren Herausforderungen beim praktischen Einsatz. Die Tab. 4.1 fasst die wesentlichen Vor- und Nachteile zusammen.

Tab. 4.1 Vor- und Nachteile freier Software

Vorteile	Nachteile
– keine laufenden Softwarekosten	– oftmals keine Schulungsanbieter
– keine Lizenzkosten	– nur knappe Dokumentation
– oftmals Spezialfunktionen	– hoher Einarbeitungsaufwand, da
– gerade zum Testen, Entwickeln und Verstehen	abweichend von Standards
bietet sich Open-Source-Software an	– keine Weiterentwicklungsgarantie
– Einsatz von offenen Standards vereinfacht den	– häufig abhängig von einem (wenigen)
Datenaustausch	Entwickler(n)
– eine Anpassung der Software ist bei	– Bedienung der Software entspricht oftmals
entsprechendem Know-how möglich	keinem Standard
	– rudimentäre Anleitungen
	– learning by doing

4.4.3 Einsatz freier Software

Der Einsatz lohnt sich in Organisationen, die kein ausreichendes Budget für Software bereitstellen, dafür aber zeitliche Ressourcen zur Verfügung haben. Im Bereich von Forschung und Entwicklung, z. B. in Hochschulen, kann dies ein entscheidendes Argument sein. Durch Einblick in den Quellcode der Software können hier wichtige Konzepte vermittelt oder gar die Weiterentwicklung der Software vorangebracht werden.

Architekturbüros, die ausreichend IT-affine Mitarbeiter haben und auf individuelle Eigenentwicklungen Wert legen, können ebenfalls von der Open-Source-Community profitieren. Hier besteht die Möglichkeit der Anpassung der Software an die eigenen Projekte und unabhängig von einem Softwareanbieter zu agieren.

Software, die BIM unterstützt, entstand oft aus etablierten CAD-Programmen. Hier gibt es mehrere kostenfreie CAD-Softwarelösungen, z. B. freecad oder LibreCAD. Durch die Einbindung des offenen und ohne Lizenzgebühren durch buildingSMART entwickelten IFC-Formats (vgl. Abschn. 5.3.1) lassen sich diese CAD-basierten Softwarelösungen für den Einsatz der BIM-Methode weiterentwickeln. Einige unterstützen bereits den IFC-Import/Export.

4.4.4 Beispiel einer 3D-Modellierung mit Blender

Aus der Kategorie *3D-Modellierung* soll die freie Softwarelösung *Blender* für den Einsatz der BIM-Methode exemplarisch näher vorgestellt werden. *Blender* unterstützt durch die Erweiterung mit Addons den Im- und Export von IFC-Modellen. In der Software ist sogar die Änderung von IFC-Objekten und -Attributen möglich, was kommerzielle BIM-Autorenwerkzeuge nur sehr eingeschränkt ermöglichen. Die Software wurde für 3D-Modellierungen und -Animationen entwickelt und bietet hierfür einen großen Funktionsumfang. Mittlerweile wird Blender auch im kommerziellen Umfeld in 3D-Modellierungsprojekten von der Erstellung, über die Animation bis hin zur Videobearbeitung eingesetzt. Die Software kann über das Internet bezogen werden (NN 2021av) und durch das IFC-Addon zu einem BIM-Autorenwerkzeug erweitert werden.

Nach der Installation des Addons steht unter „File/Import/Industry Found Classes" die gewünschte Funktionserweiterung zur Verfügung. In Abb. 4.14 wurde ein einfaches Modell in Blender erstellt und als IFC-Datei exportiert und wieder importiert. Grundsätzlich ist Blender für den openBIM-Einsatz geeignet.

In Blender können die BIM-Objekte der entsprechenden IFC-Klassen einer IFC-Datei direkt genutzt und bearbeitet werden. Es ist auch möglich, beliebige 3D-Objekte im Nachgang mit IFC-Klassen zu verknüpfen und die entsprechenden Attribute anzupassen. Durch die offene Struktur des Plugins kann Blender auch zur Analyse der IFC-Dateistruktur verwendet werden. So kann bei der eingelesenen IFC-Datei direkt in den Quelltext gesprungen werden (vgl. Abb. 4.15).

Abb. 4.14 IFC-Datei, geladen in Blender

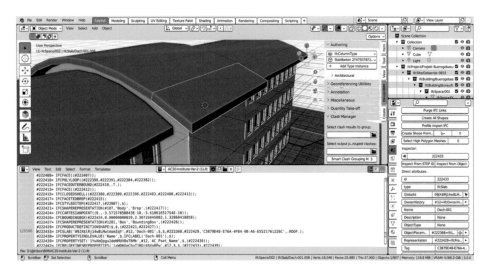

Abb. 4.15 Analyse einer IFC-Datei in Blender

Im Vergleich mit dem kommerzielleren BIM-Autorenwerkzeug Revit werden bereits Funktionen für große Bereiche des IFC-Schemas bereitgestellt. Nach Aussage des Autors kann Blender ca. 74 % des IFC-Schemas nutzen, während es in REVIT nur 38 % sind (NN 2021aw). Die Entwicklung der Software hängt aber von einer einzigen Person ab und die bisherige Dokumentation muss als rudimentär bezeichnet werden. Die Einarbeitung in Blender erfolgt über die Methode „Trial and Error". Blender ist aufgrund der Möglichkeit der Einsicht des Source Codes und dessen Weiterentwicklung sehr gut geeignet, um den Aufbau und die Verarbeitung von IFC-Modellen besser zu verstehen und eröffnet insbesondere für den Bereich Forschung und Lehre große Potenziale.

4.4.5 Fazit

Aufgrund zahlreicher Initiativen im Umfeld von openBIM ist bereits eine überschaubare Menge an kostenloser BIM-Software entstanden. Den möglichen Einsparungen im Bereich der Softwarekosten steht zumindest bei den umfangreicheren Tools ein hoher Einarbeitungsaufwand gegenüber. Für die Nutzung verschiedener BIM-Viewer, die oft einen überschaubaren Funktionsumfang haben, ist der Einsatz freier Software auch im kommerziellen Umfeld empfehlenswert. Die Weiterentwicklung von Open-Source-Softwarelösungen ist immer dann sinnvoll, wenn freie Entwicklerressourcen vorhanden sind und eigene, individuelle BIM-Lösungen benötigt werden. Im Bereich von Forschung und Lehre ist es auf jeden Fall eine überlegenswerte Alternative.

4.5 Zusammenfassung

Der Einsatz der BIM-Methode als Treiber der Digitalisierung für den Betrieb von Immobilien erfordert neben der Einführung BIM-basierter Prozesse und der entsprechenden Anpassung von Organisationsstrukturen vor allem die Umsetzung einer hierfür passenden IT-Umgebung. Das Kapitel behandelt die wichtigsten, hierfür erforderlichen Aspekte.

Den Ausgangspunkt bildet das Konzept des digitalen Zwillings (Digital Twin), bei dem Modelle als virtuelles Pendant zur gebauten, physischen Umwelt eingesetzt werden. Der Abschn. 4.1 konzentriert sich auf das Zusammenspiel der Technologien und Systeme aus dem Bereich BIM, IoT, SCADA und CAFM. Dabei wird die Anwendung von Digital Twins bei der Analyse des Verhaltens von Gebäuden und deren Bauteilen, einer erweiterten Verhaltensanalyse durch IoT bis zur Reaktionsautomatisierung durch CAFM-Verknüpfung erläutert.

Zur Beantwortung der Frage, welche Software-Werkzeuge für die Anwendung der BIM-Methode in BIM-Projekten und der nachfolgenden Phase des Immobilienbetriebs überhaupt eingesetzt werden könnten, werden anschließend wichtige BIM-Werkzeuge innerhalb der Phasen Modellerstellung, Modellverwaltung, Qualitätssicherung und Modellnutzung vorgestellt, mit deren Hilfe digitale Verarbeitungsketten (engl. tool chains) umgesetzt werden können.

BIM-Autorenwerkzeuge werden zur Modellerstellung genutzt und unterscheiden sich je nach betrachteter Fachdisziplin und der von ihnen erzeugten, spezifischen Fachmodelle. Dabei ist zu beachten, dass neben den bekannten BIM-Autorenwerkzeugen zum Aufbau von Architekturmodellen (z. B. Revit, ArchiCAD) für die Ingenieurdisziplinen Gebäudetechnik und Tragwerksplanung von BIM-Autorensystemen erwartet wird, dass sie sowohl geometrische Fachmodelle, als auch analytische und schematische Modelle abbilden können.

Es liegt auf der Hand, dass die Abstimmung und Koordination dieser Fachmodelle für den Projekterfolg von zentraler Bedeutung sind. So werden BIM-Werkzeuge zur Koordination und Modellverwaltung wie Projekträume, BIM-Server und BIM-Plattformen beschrieben, die durch BIM-Werkzeuge zur Qualitätssicherung ergänzt werden. Prominente Vertreter dieser Software-Kategorie sind Koordinationssoftware-Systeme, mit deren Hilfe Koordinationsmodelle zur Kollisionserkennung entstehen sowie Prüfwerkzeuge, die die Modellqualität syntaktisch und z. T. inhaltlich (semantisch) überwachen. Weitere Software-Werkzeuge zur Modellnutzung im Bereich Projektmanagement, Simulation, aber auch CAFM schließen die Vorstellung der BIM-Werkzeuge ab.

All diese Werkzeuge müssen in BIM-Projekten, aber vor allem auch in der Phase des Immobilienbetriebs miteinander möglichst ohne Informationsverluste interagieren. Hierfür ist eine gemeinsame Datenumgebung (Common Data Environment – CDE) unerlässlich, deren Nutzen und Entwicklungsstufen erläutert werden. Während in der Planungs- und Bauphase BIM-Projekträume und BIM-Server die Umsetzung einer CDE in der Praxis bestimmen, erfordert die Phase des Immobilienbetriebs die Integration von CAFM- und ERP-Systemen mit BIM. Hierfür werden drei Integrationsszenarien vorgestellt, beginnend von einem einfachen FM-Handover von BIM zu einem CAFM-System bis zur einem integrierten Asset-Information-Management-System als Kollaborationsplattform für den Betrieb.

Abschließend werden Ansätze für die Verwendung von freier, nichtkommerzieller Software für BIM im FM diskutiert sowie deren Potenziale und Grenzen beschrieben.

Literatur

Aengenvoort K, Krämer M (2021) BIM im Betrieb von Bauwerken. In: Borrmann A, König M, Koch C, Beetz J (Hrsg.): Building Information Modeling – Technologische Grundlagen und industrielle Praxis, Springer Vieweg, Wiesbaden, S 611–644

Grieves M, Vickers J (2017) Digital Twin: Mitigating Unpredictable, Undesirable Emergent Behavior in Complex Systems. In: Kahlen F-J, Flumerfelt S, Alves A (Hrsg.) Transdisciplinary Perspectives on Complex Systems, Springer, Cham, 85–113

Krämer M, Besenyöi Z, Sauer P, Herrmann F (2018) Common Data Environment für BIM in der Betriebsphase – Ansatzpunkte zur Nutzung virtuell verteilter Datenhaltung. In: Bernhold T, May M, Mehlis J: Handbuch Facility Management, ecomed SICHERHEIT Verlag, Heidelberg, München, Landsberg, Frechen, Hamburg, S 1–32

May M, Turianskyj N (2017) The Future is Now – CAFM Future Lab 2017. Der Facility Manager 24(Mai 2017)5, 20–23

Mikell M (2017) Immersive analytics: the reality of IoT and digital twin. IBM Business Operations Blog https://www.ibm.com/blogs/internet-of-things/immersive-analytics-digital-twin/ July 13, 2017 (abgerufen: 25.06.2021)

NN (2014b) PAS 1192-2 (2014) Specification for information management for the capital/delivery phase of construction projects using building information modelling. London: British Standards Institution

NN (2018f) VDI 2552 Blatt 5. Building information modeling – Datenmanagement. Düsseldorf: Beuth, 22 S

NN (2019a) DIN EN ISO 19650-1. Organisation und Digitalisierung von Informationen zu Bauwerken und Ingenieurleistungen, einschließlich Bauwerksinformationsmodellierung (BIM) – Informationsmanagement mit BIM – Teil 1: Begriffe und Grundsätze, Deutsches Institut für Normung, 2019-08, 49 S

NN (2019i) DIN SPEC 91391-1, Gemeinsame Datenumgebungen (CDE) für BIM-Projekte – Funktionen und offener Datenaustausch zwischen Plattformen unterschiedlicher Hersteller. Deutsches Institut für Normung, 2019-04, 45 S

NN (2019j) DIN EN ISO 19650-2. Organisation und Digitalisierung von Informationen zu Bauwerken und Ingenieurleistungen, einschließlich Bauwerksinformationsmodellierung (BIM) – Informationsmanagement mit BIM – Teil 2: Planungs-, Bau- und Inbetriebnahmephase, Deutsches Institut für Normung, 2019-08, 42 S

NN (2019k) BIM4Infra2020, Teil 10 Technologien im BIM-Umfeld. Publikationen

NN (2020a) GEFMA Richtlinie 444: Zertifizierung von CAFM-Softwareprodukten. Februar 2020, 21 S

NN (2021e) https://www.wbdg.org/bim/cobie/ (abgerufen: 27.05.2021)

NN (2021f) https://www.cafm-connect.org/ (abgerufen: 27.05.2021)

NN (2021j) https://softengi.com/blog/use-cases-and-applications-of-digital-twin/ (abgerufen: 25.06.2021)

NN (2021at) buildingSMART, Certified Software. http://www.buildingsmart.org/compliance/certifiedsoftware/ (abgerufen: 18.11.21)

NN (2021au) https://de.statista.com/statistik/daten/studie/157902/umfrage/marktanteil-der-genutzten-betriebssysteme-weltweit-seit-2009/ (abgerufen: 28.08.2021)

NN (2021av) https://blenderbim.org/download.html (abgerufen: 28.08.2021)

NN (2021aw) https://blenderbim.org/blenderbim-vs-revit.html (abgerufen: 28.08.2021)

NN (2021ay) https://www.irbnet.de/daten/rswb/17089005133.pdf (abgerufen: 28.08.2021)

Datenmanagement und Datenaustausch für BIM und FM

Maik Schlundt, Thomas Bender, Nancy Bock, Michael Härtig, Markus Krämer, Michael May, Matthias Mosig und Marko Opić

M. Schlundt (✉)
DKB Service GmbH, Berlin, Deutschland
E-Mail: maik.schlundt@dkb-service.de

T. Bender
pit – cup GmbH, Heidelberg, Deutschland
E-Mail: thomas.bender@pit.de

N. Bock
BuildingMinds GmbH, Berlin, Deutschland
E-Mail: nancy.bock@buildingminds.com

M. Härtig
N+P Informationssysteme GmbH, Meerane, Deutschland
E-Mail: michael.haertig@nupis.de

M. Krämer
Hochschule für Technik und Wirtschaft Berlin, Berlin, Deutschland
E-Mail: markus.kraemer@htw-berlin.de

M. May
Deutscher Verband für Facility Management (GEFMA), Bonn, Deutschland
E-Mail: michael.may@gefma.de

M. Mosig
TÜV SÜD Advimo GmbH, München, Deutschland
E-Mail: matthias.mosig@tuvsud.com

M. Opić
Alpha IC GmbH, Nürnberg, Deutschland
E-Mail: m.opic@alpha-ic.com

© Der/die Autor(en), exklusiv lizenziert an Springer Fachmedien Wiesbaden GmbH, ein Teil von Springer Nature 2022
M. May et al. (Hrsg.), *BIM im Immobilienbetrieb*,
https://doi.org/10.1007/978-3-658-36266-9_5

5.1   Datenmanagement

Eine wesentliche Aufgabe von CAFM-Software besteht in der Übernahme, Verwaltung und Auswertung von FM-relevanten Daten (z. B. Gebäudedaten oder Anlagendaten), die notwendig sind, um Facility Prozesse über den gesamten Lebenszyklus der Gebäude hinweg unterstützen und steuern zu können.

Der Grundstein für eine valide Datenbasis wird bereits in der Planungs- und Bauphase (Neubau) einer Immobilie gelegt. Die für das FM relevanten Bestandsdaten werden idealerweise nach definierten Regeln und Standards in Abstimmung mit dem FM im Bauprojekt generiert und können am Ende der Bauphase final als As-built-Daten aus dem BIM-Modell an den Betrieb übergeben werden.

Bei Gebäuden, die sich bereits in der Bewirtschaftungsphase befinden, zu denen allerdings noch keine valide digitale Datenbasis existiert, ist ein gesonderter Prozess zur Bestandsdatenerfassung zu implementieren. Hier gibt es inzwischen effiziente Methoden und Technologien wie z. B. das Laserscanning (vgl. Abschn. 5.2) um in kurzer Zeit eine valide Datenbasis bis hin zur nachträglichen Modellierung eines digitalen Bauwerkmodells (BIM-Modell) aufbauen zu können.

Bestandsdaten beschreiben eine Immobilie nebst ihren Einrichtungen und technischen Anlagen. Hierzu zählen:

- alphanumerische Daten, z. B. in Form von Tabellen, Verzeichnissen, Aufstellungen, Berechnungsergebnissen oder textlichen Beschreibungen,
- grafisch-geometrische Daten, z. B. Teile von BIM-Modellen, CAD-Pläne wie Grundrisse, Schnitte oder Ansichten, Schemata, Skizzen, Gebäude-Scans, Fotos, Videos.

Bestandsdaten stellen die Basis für eine digitale Prozessbearbeitung in einem CAFM-System dar. Insbesondere im Rahmen von Neubauvorhaben wird empfohlen, den Grundstein für eine solide Datenbasis bereits in den frühen Lebenzyklusphasen zu legen. Maßnahmen hierbei können sein:

- die Schaffung strukturierter Vorgaben, u. a. zu Kennzeichnungssystemen und erforderlichem Datenumfang,
- die Festschreibung dieser Datenvorgaben in Ausschreibungsunterlagen und Verträgen mit Planern, Architekten und ausführenden Firmen,
- die laufende Überprüfung der Einhaltung dieser Datenvorgaben und Qualitätssicherung bis zur Übergabe an den Betrieb.

Hinweise zur Gewinnung von Bestandsdaten enthalten die GEFMA Richtlinien 420 „Einführung eines CAFM-Systems" (NN 2017a) und 430 „Datenbasis und Datenmanagement in CAFM-Systemen" (NN 2019m) sowie das CAFM-Handbuch (May 2018a).

Empfohlen wird die Entwicklung einer für das Unternehmen oder die Organisation verbindlichen internen Daten- bzw. Dokumentationsrichtlinie, die dann auch in die AIA zur Abwicklung von BIM-Projekten integriert werden sollte (vgl. Abschn. 3.4) Diese sollte sowohl die Datenstruktur und Detailtiefe beschreiben als auch die Verantwortlichkeiten der Datenpflege regeln. Zur Unterstützung kann hier auch die GEFMA Richtlinie 198 „FM-Dokumentation" (NN 2013b) herangezogen werden.

Die Abb. 5.1 (NN 2021a) zeigt die einzelnen Datenkategorien und deren Abhängigkeiten.

Aus Sicht des Facility Management müssen die Daten zwischen der CAFM- und der BIM-Software (Authoring Tool oder CDE-Plattform) ausgetauscht und dargestellt werden können. Sowohl Import- als auch Export-Dateien in den unterschiedlichen Formaten (IFC, COBie, CAFM-Connect oder auch weitere modellbasierte Formate, vgl. Abschn. 5.3) müssen mit geeigneter Viewer-Software geöffnet werden können, damit ihr Inhalt strukturiert dargestellt und überprüft werden kann.

Folgende Funktionen sollen für die Prozessunterstützung durch die CAFM-Software zur Verfügung gestellt werden:

- Übernahme einer räumlichen Struktur nebst Sachdaten aus dem BIM-Modell in die Datenbank der CAFM-Software,
- Anzeigen der Struktur und Sachdaten in der CAFM-Software,
- Übertragung von Flächendaten aus dem BIM-Modell in die CAFM-Software,
- Übertragung der technischen Anlagendaten aus dem BIM-Modell in die CAFM-Software,
- Visualisierung grafisch-geometrischer Daten aus dem BIM-Modell in der CAFM-Software,

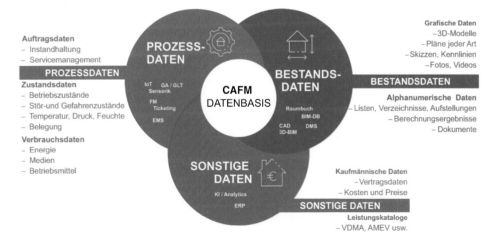

Abb. 5.1 Zusammenhang Datenkategorien und Abhängigkeiten

- Übertragung von Ausstattung/Inventar mit wesentlichen Merkmalen aus dem BIM-Modell in die CAFM-Software,
- Übertragung CAFM-seitiger Änderungen (Sachdaten, ggf. auch geometrischer Daten) zurück in das BIM-Modell bzw. das BIM Authoring Tool,
- Import von IFC-Dateien in das CAFM-System und späterer Export von IFC-Dateien nach einer Bearbeitung,
- Import/Export einer COBie- oder COBieLite-Datei,
- Prüfung und Anzeige der zu exportierenden Dateien,
- Übernahme und Weiterverarbeitung von Ereignissen aus der CDE-Software (z. B. Mängel).

Folgende Daten und Kataloge sind schwerpunktmäßig zu verarbeiten:

- Gebäude, Geschosse, Räume mit Raumnummern und Raumtypen,
- Raumfläche mit Nutzungsart gemäß DIN277,
- Grundrisse,
- technische Anlagen, Inventar, Möbel jeweils mit Hersteller, Modell/Typ-Nr., Leistungsdaten usw.

Folgende Reports und Auswertungen sollen die Entscheidungen im Facility Management unterstützen:

- (Fehler-)Protokolle der Datenübertragung,
- technische Anlagenliste,
- Raumbuch,
- räumliche Objektdarstellung.

Schnittstellen zu einer BIM-Software (Authoring-Software, CDE-Software) sind für eine weitgehende Systemintegration sinnvoll (vgl. Abschn. 4.2 und 4.3).

Eine besondere Herausforderung beim Datenaustausch zwischen CAFM-Software und BIM-Software (Authoring-Software, CDE-Software) entsteht dadurch, dass bezogen auf die FM relevanten Daten in beiden Software-Welten unterschiedliche Datenmodelle zu Grunde liegen. Deshalb haben sich unterschiedliche Initiativen am Markt gebildet, die einen standardisierten Datenaustausch sicherstellen möchten.

Die meisten dieser Initiativen bauen auf dem Standardaustauschformat IFC für BIM-Authoring-Software auf oder transformieren (engl. mapping) dieses zumindest, wobei weitere FM-relevante Parameter ergänzt werden können. Eine Übersicht über die Initiativen, die aktuell Datenmodelle für den Austausch von Daten zwischen einem BIM-Modell und einem CAFM-System liefern, findet sich im Anhang 2. Die in den einzelnen Initiativen behandelten FM-relevanten Parameter sind jedoch wiederum nicht übergreifend genormt und somit auch nicht immer aufeinander abgestimmt. Dies führt regelmäßig dazu, dass Lücken bei der Übergabe FM-relevanter Parameter z. B. für das Reinigungsmanagement oder zur Bestimmung der Prüfpflichten für technische Anlagen auftreten.

Ein führender, verbindlicher Standard für die Erweiterung der FM-relevanten Parameter in einem BIM-Modell hat sich bisher noch nicht etabliert. Vielmehr bilden sich derzeit Initiativen heraus, die die existierenden verschiedenen Standards untereinander abbilden können (data mapping), um den strukturellen Datenaustausch sogar plattformbasiert zu ermöglichen (vgl. Abschn. 10.2.1).

Die Empfehlung lautet deshalb, die für den Betrieb relevanten Datenattribute aus dem Zielsystem (häufig dem CAFM-System) heraus zu definieren, mit einem IFC-basierten Standard abzugleichen und die dort festgestellten Lücken dann benutzerdefiniert zu schließen. Das daraus resultierende Datenschema, inklusive eindeutiger Referenz-/Identifikationsschlüssel von Flächen, Ausstattungsmerkmalen oder technischen Anlagen und ihrer hierarchischen Zugehörigkeit, muss dann als Anhang den AIA beigefügt und als Vertragsgrundlage mit den Auftragnehmern des BIM-Projektes vereinbart werden.

Einzelne CAFM-Softwareanbieter arbeiten mit herstellerspezifischen Plug-Ins auf Basis proprietärer Datenformate (i. d. R. Autodesk Revit, vgl. Abschn. 4.3.2.2) oder auch dem offenen IFC-Format. Hierbei sind sowohl unidirektionale Schnittstellen mit einem einfachen IFC-Import, aber auch ein bidirektionaler Austausch (IFC-Import und -Export) möglich.

Das Datenmanagement im laufenden Betrieb stellt viele Unternehmen jedoch vor eine weitere große Herausforderung. Veränderungen von Bestandsdaten im Rahmen von Umbauten, Veränderungen der Raumaufteilung, Sanierungen, größeren Instandsetzungen usw. werden häufig nicht zentral aktualisiert, wodurch Bestandsdaten nicht mehr aktuell und vollständig sind (vgl. Abschn. 4.3.2.3). In der Folge bauen auch die Prozessdaten im CAFM-System nicht mehr auf stimmigen Bestandsdaten auf und verfälschen die Ergebnisse. Bei Neuausschreibungen von FM-Dienstleistungen müssen z. B. alle 3–5 Jahre die Bestandsdaten strukturiert, verifiziert und neu erfasst werden. Um dies zu vermeiden, muss ein durchgängiger Datenmanagementprozess auch in der Betriebsphase inklusive der benötigten Ressourcen (interne/externe Mitarbeiter und Werkzeuge) implementiert werden. Dieser Prozess sollte mindestens folgende Tätigkeiten abdecken:

- Identifikation von Veränderungen der Bestandsdaten im Rahmen der Leistungserbringung (z. B. Umbau) oder durch gesonderte Begehungen,
- Kommunikation der Veränderungen der Bestandsdaten im Rahmen der Leistungsdokumentation oder eines gesonderten Workflows,
- vollständige und aktuelle digitale Dokumentation der Veränderungen an zentraler Stelle (z. B. CDE, DMS, digitaler Projektraum),
- Qualitätssicherung der Aktualisierung gemäß Dokumentationsrichtlinie (z. B. AIA für Bestandsveränderungen) und
- Aktualisierung der Verknüpfungen dieser Bestandsdaten mit dem CAFM-System.

5.2   Moderne Datenerfassung für BIM und FM

Eine große Herausforderung für den Einsatz der BIM-Methode in der Praxis des FM ergibt sich aus der Tatsache, dass in der Regel für Bestandsgebäude, die den überwiegenden
Anteil am Immobilienmarkt ausmachen, keine digitalen Bauwerksmodelle (BIM-Modelle)
im Sinne der BIM-Methode verfügbar sind. BIM-Modelle können zudem nur dann sinnvoll im FM eingesetzt werden, wenn sie auch den aktuellen Stand der Facilities abbilden,
also auf *As-built*-Informationen basieren. Der Aufwand zur Erstellung derartiger digitaler
As-built-Modelle wird derzeit von vielen FM-Organisationen als zu hoch eingeschätzt.

Die nachfolgenden Abschnitte konzentrieren sich daher auf digitale Erfassungsmethoden, die als teilweiser Ersatz bzw. Ergänzung einer manuellen, nachträglichen Modellerstellung eines Bestandsgebäudes eingesetzt werden können. Weitere Methoden der Datenerfassung für Bestandsgebäude, insbesondere für die Aufnahme der in einem
Gebäudesystem eingesetzten TGA-Komponenten, werden ausführlich von Turianskyj
et al. (2018) erläutert.

5.2.1   Modellerstellung von BIM-Modellen für Bestandsgebäude

Die Erstellung von BIM-Modellen von Bestandsgebäuden als Aufmaß für das FM geht
deutlich über den üblichen Ablauf zur Bauaufnahme hinaus. Während hier überwiegend
2D-CAD-Zeichnungen in Form von Grundrissen, Ansichten oder Schnitten im Vordergrund standen, ist für die Erstellung von BIM-Modellen nicht nur die Erstellung von zumeist volumenorientierten 3D-Geometrien, sondern vor allem eine bauteilbezogene
3D-Objekterstellung, einschließlich der fachlichen Objektattribute (Objektsemantik) und
Objektklassifizierung erforderlich. Wird z. B. eine Tür mit Hilfe eines BIM-Autorensystems
erstellt, so umfasst dies die (vereinfachte) 3D-Geometrie der Tür, die Zuordnung einer
Bauteilklasse (im Falle des IFC-Formats z. B. IfcDoor) sowie die für den Betrieb als wichtig erachteten Türeigenschaften (z. B. die Brandschutzklasse).

Klassische 2D-Pläne können aber auch hier den Ausgangspunkt für die Modellerstellung bilden. Als Voraussetzung gilt jedoch, dass alle Pläne den aktuellen Zustand des
Bauwerks wiedergeben und damit auch spätere bauliche Anpassungen nachgeführt wurden. Ist dies nicht der Fall, können die üblichen Erfassungsverfahren, wie ein elektroni-
sches Handaufmaß oder Tachymetrie eingesetzt werden (Turianskyj et al. 2018). Die eigentliche Modellierungstätigkeit erfolgt hier aber ohne automatisierte Objekterkennung.

Zur Reduzierung des Modellierungsaufwands kann der geometrische Detaillierungsgrad (Level of Geometry – LOG) oder der alphanumerische Detaillierungsgrad (Level of
Information – LOI) für die Aufgabenstellungen im FM bzw. Betrieb angepasst werden
(vgl. Abschn. 3.4). Vorteilhaft bei einer solchen manuellen Modellierung auf Basis vorhandener und aktualisierter 2D-Pläne sind die umfassenden Informationen klassischer

Pläne, die weit über die reine Geometrieinformation hinausgehen und z. B. Informationen zu verwendeten Werkstoffen oder Raumstempeln enthalten.

5.2.2 Digitale Erfassungsmethoden zur Bauwerksdokumentation von Bestandsgebäuden

Sind jedoch keine 2D-Pläne vorhanden oder sind diese zu stark veraltet, können flächen- bzw. volumenorientierte digitale Erfassungsmethoden wie z. B. terrestrisches 3D-Laserscanning oder fotogrammetrische Verfahren zum Einsatz kommen. Das Ziel ist dabei, den Erfassungsaufwand und möglichst auch den Modellerstellungsaufwand zu senken, was jedoch nicht in jedem Fall erreichbar ist. Aus diesem Grund ist eine möglichst effiziente Nutzung der Erfassungsergebnisse entscheidend. In Abschn. 5.2.4 werden verschiedene Szenarien erläutert, die dieses Ziel verfolgen.

5.2.2.1 Terrestrische 3D-Laserscanner
Terrestrisches 3D-Laserscanning (Light imaging, detection and ranging – LIDAR) bietet nicht nur eine schnelle und genaue Punktvermessung, sondern ermöglicht den Vermessungsingenieuren, Messdaten bis zu einem Kilometer Reichweite zu sammeln (abhängig von der Art der Ausrüstung). Das Endergebnis eines 3D-Laserscans ist eine genaue und dichte Menge von vermessenen Einzelpunkten, die zusammen als 3D-Punktwolke bezeichnet werden. In der Punktwolke besitzen die einzelnen Punkte x-, y-, z-Koordinaten (oder lassen sich in dieses System umrechnen), wobei je nach Verfahren z. B. die Laufzeit des vom Laserscanner emittierten Laserstrahls gemessen wird. Eine derartige Punktwolke umfasst i. d. R. Millionen von Einzelpunkten, die bei einer durchschnittlichen Punktgenauigkeit im Bereich von wenigen Millimetern von aktuellen Geräten in wenigen Minuten aufgenommen werden. Zu beachten ist, dass ein 3D-Laserscanner natürlich nur den sichtbaren Bereich eines Gebäudes aufnehmen kann, also diejenigen Flächen, die durch den Laserstrahl auch tatsächlich erreicht werden. Objekte hinter abgehängten Decken, Installationen in Wänden oder andere Objekte hinter Barrieren können mit diesem Verfahren nicht erfasst werden.

5.2.2.2 Fotogrammetrische Verfahren mit Vermessungsdrohnen
Alternativ zu 3D-Laserscannern werden Gebäudedaten auch durch Fotogrammetrie erfasst. Diese Verfahren werden z. B. beim Einsatz von Vermessungsdrohnen angewendet. Zwar können auch Vermessungsdrohnen mit LIDAR-Sensoren ausgerüstet werden, zumeist werden jedoch video- oder fotobasierte Verfahren bevorzugt. Bei fotogrammetrischen Verfahren wird eine große Zahl an Einzelbildern erfasst, die dann im Nachgang durch eine fotogrammetrische Software in eine 3D-Punktwolke umgerechnet werden, wobei für jedes Einzelbild die genaue Lage zum Zeitpunkt der Aufnahme bestimmt wird. Für die Erfassung eines Gebäudes nimmt eine Vermessungsdrohne in einer Flugmission von ca. 10 min ungefähr 1000 Einzelbilder auf, die im Nachgang in eine 3D-Punktwolke

transformiert werden. Derartige 3D-Punktwolken weisen jedoch verglichen mit dem Ergebnis eines 3D-Laserscanners eine deutliche geringere Genauigkeit auf (vgl. Krämer et al. 2017). Da für eine Vermessungsdrohne zumeist eine Flugbahn mit konstanter Höhe programmiert wird, in der ein Gebäude z. B. in 30 m Höhe mäanderförmig überflogen wird, nimmt die Genauigkeit aufgrund des Erfassungswinkels der Kamera insbesondere im unteren Teil des Gebäudes erheblich ab.

5.2.3 Workflow für die BIM-Modellerstellung mit digitalen Erfassungsmethoden

Nachfolgend wird der prinzipielle Workflow erläutert, der für die beiden zuvor vorgestellten digitalen Erfassungsmethoden die wichtigsten Phasen bei der Erstellung eines BIM-Modells für ein Bestandsgebäude beinhaltet (Krämer und Besenyöi 2018). Der Workflow in Abb. 5.2 umfasst die einzelnen Aktivitäten sowie deren zeitlichen Aufwand, gibt aber auch Auskunft über die Bedeutung der Aktivität für das Gesamtergebnis. Ferner beinhaltet er die Abbildung von drei Szenarien zur Nutzung der Punktwolke: *Scan2CAFM*, *Scan2Dataset* und *Scan2BIM*, die im Abschn. 5.2.4 erläutert werden. Die Grundidee der drei Szenarien ist es, die erfassten 3D-Punktwolken nicht in jedem Fall vollständig in ein parametrisches BIM-Modell zu transformieren, da für bestimmte Aufgaben im

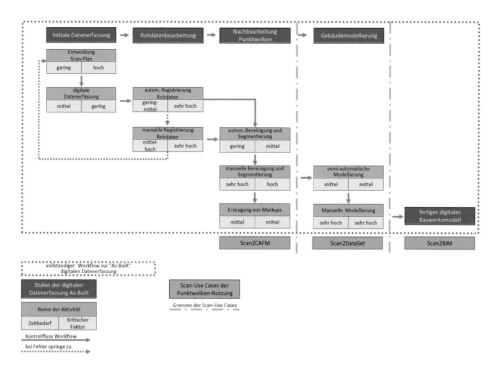

Abb. 5.2 Workflow zur Erstellung von BIM-Modellen für Bestandsgebäude

Immobilienbetrieb eine weiterführende Nutzung der Punktewolken durchaus ausreichend erscheint. Auf diese Weise entsteht ein sogenanntes hybrides BIM-Modell, das sowohl parametrische Bauwerkselemente (wie Räumen, Wänden, Türen, Fenstern) und zugeordnete Punktwolkensegmente als auch Fachdaten in einem CAFM-System umfasst. Ziel dieser hybriden Modelle ist es, den Modellierungsaufwand bei ausreichendem Informationsgehalt zu senken (BIM-Lite).

In der ersten Phase (Datenerfassung) liegt der Schwerpunkt auf der korrekten Positionsplanung der Ausrüstung (Scanstationen). Über die Festlegung der Positionen der Scanstationen wird sichergestellt, dass die erfassten Daten (Rohdaten) eine ausreichende Überlappung untereinander aufweisen. Dadurch wird die Weiterverarbeitung der Rohdaten gesichert. So müssen etwa 25 % der erfassten Punkte auch in den Scans der benachbarten Scanstationen enthalten sein. So wird z. B. das Erfassungsgerät zwischen jeder Türöffnung positioniert, wodurch die Verbindung zwischen verschiedenen Gebäudebereichen (und Räumen) in den Einzelscans hergestellt werden kann. Entsprechend müssen im Fall des Einsatzes einer Vermessungsdrohne die während des Flugs automatisch aufgenommenen Luftbilder ebenfalls überlappende Punktinformationen benachbarter Bilder enthalten.

Diese Aktivität nimmt nur wenig Zeit in Anspruch (Zeitaufwand: gering), wobei die Bedeutung dieser Aktivität für das Endergebnis hoch ist (kritischer Faktor: hoch). Obwohl die tatsächliche Durchführung der Datenerfassung im gesamten Workflow einen mittleren Zeitbedarf aufweist, ist der *kritische Faktor* verglichen mit der ordnungsgemäßen Positionsplanung der Ausrüstung nur niedrig.

In der zweiten Phase (Rohdatenverarbeitung) werden die Rohdaten gemäß den überlappenden Punktregionen zusammengefügt, wodurch aus den einzelnen Punktwolken jeder Scanstation eine gemeinsame, registrierte Punktwolke entsteht. Dieser Registrierungsprozess kann automatisch, manuell oder in Kombination beider Verfahren erfolgen.

Im Fall der dritten Phase (Datennachbearbeitung) werden unnötige Punkte (Rauschen) aus den Punktwolken entfernt und die Punktwolken in Segmente unterteilt (vgl. Abb. 5.3). Diese Phase kann ebenfalls automatisch oder manuell durchgeführt werden. Obwohl die

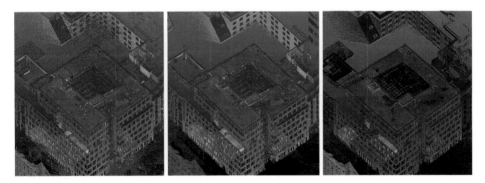

Abb. 5.3 Nachbearbeitung von Punktwolkendaten

meisten unerwünschten Punkte während des automatischen Bereinigungsprozesses entfernt werden können, verbleiben unerwünschte Punkte, wie z. B. Silhouetten von Personen. Die Segmentierung ermöglicht das Arbeiten mit kleineren Datenmengen der Punktwolke während der Phase der Modellerstellung, was die Verarbeitungsgeschwindigkeit deutlich erhöht. Zudem können einzelne Segmente benannt und mit Zusatzinformationen versehen werden (Markups) und dann direkt in einem CAFM-System z. B. Räumen zugeordnet werden. Auch ist es üblich technische Objekte (z. B. Anlagen) als Punktwolkensegemente abzubilden und mit beschreibenden Markups (Points of Interest – POIs) zu versehen (Scharf 2016).

In der letzten Phase (Aufbau BIM-Modell) wird das digitale Bauwerksmodell auf Basis der erfassten Punktwolkendaten erstellt. Auch dieser Modellierungsschritt kann durch geeignete Software halbautomatisch oder mit den üblichen BIM-Autorensystemen manuell erfolgen. Bei Nutzung der ersten Option kann der Aufwand erheblich reduziert werden. So werden z. B. mit Hilfe der Software Edgewise über ein generiertes Flächenmodell automatisch Bauteilobjekte erkannt und in wenigen Schritten in parametrische Revit-Objekte transformiert. Dies gelingt für Objekte mit einfacher Geomedtrie wie z. B. Wände, Öffnungen, Balken, Säulen sowie Rohrelemente bereits recht zuverlässig (vgl. Abb. 5.4). Je nach eingesetztem Verfahren ist trotz der automatischen Objekterkennung jedoch mitunter eine erhebliche manuelle Nacharbeit notwendig.

Die Erzeugung von Punktwolken über 3D-Laserscanner kann mit den heutigen Systemen mit einem vergleichsweise geringen Zeitaufwand vor Ort durchgeführt werden. Für ein Gebäudeaufmaß, wie es z. B. FM-Dienstleister zumeist für neu gewonnene Aufträge durchführen, sind sie jedoch noch zu aufwändig und unvollständig. Hier kann ggf. die parallele oder (falls die Genauigkeitsanforderungen geringer sind) fotogrammetrische Erfassung eine Alternative bilden. Auch der Einsatz von Vermessungsdrohnen stellt eine

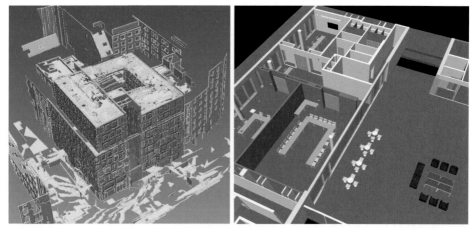

Abb. 5.4 Automatische Bauteilerkennung (links) und manuelle Gebäudemodellierung (rechts)

Option dar, vor allem für schwer zugängliche Dachbereiche oder die Erfassung von Au-
ßengeländen.

Zur Automatisierung des vorgestellten Workflows werden auch sehr erfolgreich kombi-
nierte Erfassungsgeräte wie z. B der M6-Trolley bzw. das tragbare Mappingsystem Nav-
VIS VLX der Firma NavVis eingesetzt, die fotogrammetrische Verfahren, LIDAR-
Erfassung, 360°-Panoramabilder sowie weitere Sensoren kombiniert einsetzen (Rust und
Och 2021). Die Erfassungssysteme nutzen darüber hinaus eine weitgehend automatisierte
Datenaufbereitung und Weiterverarbeitung, die nunmehr ebenfalls auch den letzten
Schritt, also die Transformation der Punktwolkenmodelle in parametrische BIM-Objekte
unterstützt. Zudem sind KI-basierte Verfahren zur automatischen Erkennung und Trans-
formation der Punktwolkendaten Gegenstand aktueller Forschungsaktivitäten (vgl.
Abschn. 10.2.2).

Ist der Aufwand zur digitalen Erfassung durch Gebäudescans erfolgt, erscheint die
bestmögliche Nutzung der Scandaten geboten, wofür die drei in Abschn. 5.2.4 erläuterten
Scan-Szenarien einen validen Ansatz darstellen.

5.2.4 Szenarien zur Nutzung von 3D-Punktwolken

5.2.4.1 Scan2BIM
Der Anwendungsfall *Scan2BIM* umfasst die vollständige Transformation der 3D-
Punktwolke(n) in parametrische Bauteilobjekte eines BIM-Modells des Bestandsgebäudes. Damit wird der gesamte Workflow aus Abb. 5.2 vollständig durchlaufen. Neben der
aufwändigen direkten (manuellen) Modellierung der BIM-Objekte aufgrund von
Punktkoordinaten kann der Aufwand für die Modellerstellung durch konturbezogene und
teilautomatisierte Verfahren zur Objekterkennung reduziert werden. Durch den Einsatz
von Verfahren der *Künstlichen Intelligenz* (KI) und des *maschinellen Lernens* (vgl.
Abschn. 2.9 und 10.2.2) werden aktuell große Fortschritte im Bereich der automatischen
Objekterkennung in Punktwolken gemacht. Fachdaten zu den Bauteilobjekten müssen jedoch in jedem Fall manuell ergänzt werden. Vorteilhaft ist in diesem Szenario, dass ein
BIM-Modell entsteht, das so vollständig in ein CAFM-System übernommen bzw. mit einem CAFM-System verknüpft werden kann, so wie dies in Abschn. 4.3 erläutert wird. Das
so entstandene BIM-Modell des Bestandsgebäudes unterscheidet sich im Prinzip nicht
von einem BIM-Modell, das aus einem Neubauprojekt an das FM übergeben wird. Als
Nachteil ist sicherlich der erhebliche Modellerstellungsaufwand zu nennen, wenn nicht
gravierende Einschränkungen im Bereich der Detaillierung in Kauf genommen werden.

5.2.4.2 Scan2CAFM
Der zweite Anwendungsfall *Scan2CAFM* hat die Ermittlung der für die Bewirtschaftung
benötigten Sachinformationen aus der Punktwolke zum Gegenstand. Der Grundgedanke
ist, durch die einfache Identifikation von Objekten in der Punktwolke (z. B. Gebäudeausstattung) bzw. durch die Abnahme von Maßen Sachdaten direkt in ein CAFM-System zu

übertragen, ohne dabei den Umweg über die Modellierung von Bauwerksobjekten zu verfolgen. So können z. B. gezielt Raummaße und -flächen verhältnismäßig einfach entnommen werden. Die Identifikation von Anlagen bzw. die Entzifferung von gescannten Maschinenschildern gelingt jedoch aufgrund der zu geringen Scannerauflösung nicht oder nur schlecht. Auch in diesem Bereich sind jedoch in Zukunft große Fortschritte zu erwarten. Das Szenario *Scan2CAFM* sollte in Kombination mit dem nachfolgend erläuterten Szenario *Scan2Dataset* eingesetzt werden, um über die entnommenen Sachdaten und Maße hinaus die Punktwolkeninformation im Betrieb weiter zu nutzen.

5.2.4.3 Scan2Dataset

Das Szenario *Scan2Dataset* lässt sich mit den beiden zuvor erläuterten Szenarien kombinieren. Grundgedanke dieses Szenarios ist es, den Aufwand zur Objektmodellierung bei der initialen BIM-Modellerstellung zu reduzieren, indem die Modellierung bzw. Detaillierung von Objekten über die Betriebsphase nach Bedarf (on-demand) verteilt wird. Hierfür werden die im Schritt 5 des Workflows aus Abb. 5.2 erzeugten Punktwolkensegmente (z. B. ein Raum oder eine Anlage) in einzelnen Punktwolkendateien direkt über eine Datenbank verfügbar gemacht. Denkbar ist z. B. die Zuordnung zu einer Etage oder einem Raum in einem CAFM-System. Auf diese Weise wird der Raum zunächst nicht im BIM-Modell als Objekt abgebildet (vgl. *Scan2BIM*), wobei wichtige Informationen z. B. für die Untersuchung des Einbauraums oder die Zugänglichkeit einer Anlage direkt aus der Punktwolke ermittelt werden können. Eine Transformation zu BIM-Objekten ist zunächst nicht erforderlich, kann jedoch später bei Bedarf nachgeholt werden. Die Kombination der Szenarien entspricht dann einem hybriden BIM-Modell.

5.2.5   Weitere Verfahren

Ein weiterer Anwendungsfall zur Effizienzsteigerung des Baucontrollings bei Neubauoder Umbauprojekten ist der Einsatz der KI-basierten Überlagerung von Gebäudescans mit dem BIM-Modell, um Abweichungen zu erkennen. So ist es möglich, am Ende auch eine aktuelle und vollständige As-built-Dokumentation aus dem Bauprojekt für die Betriebsphase zu erhalten. Hierbei wird die Ausführung auf der Baustelle zyklisch mit mobilen Scannern erfasst und die Ergebnisse der Punktwolken werden mit dem BIM-Modell aus der Ausführungsplanung überlagert und mit Hilfe künstlicher Intelligenz analysiert. Abweichungen z. B. hinsichtlich der Existenz oder Lage technischer Bauteile bzw. Komponenten werden dadurch als Mangel identifiziert und markiert. Diese Mängel können dann klassifiziert werden. Werden dabei gravierende Mängel erkannt, so werden sie in die Mängelverfolgung eingesteuert. Auf diese Weise wird sichergestellt, dass das Bauwerk inklusive der technischen Gebäudeausstattung am Ende dem BIM-Modell entspricht. Umgekehrt können ggf. technisch erforderliche Vor-Ort-Veränderungen identifiziert und im As-built-Modell nachmodelliert werden.

5.3   Methoden und Formate zum BIM-Datenaustausch

5.3.1   Industry Foundation Classes (IFC)

IFC ist ein offener, hersteller- und plattformunabhängiger objektorientierter Datenmodell-Standard für den Austausch von Daten in der Baubranche und auch darüber hinaus. Er bildet zumeist die Basis für openBIM-Projekte (vgl. Abschn. 3.4.4). IFC wurde von buildingSMART International entwickelt und ist seit Version 4 als internationaler Standard ISO 16739:2018 (NN 2018a) registriert. In der derzeitigen Version sind bereits einige Hundert Klassen enthalten, die Objekte der Realität beschreiben. Im Rahmen der IFC werden alle Bauteile, die an oder in einem Gebäude existieren, als Objekte definiert. In Softwareprogrammen, die diese Schnittstelle unterstützen, können diese Objekte wieder eingelesen sowie weiterver- und bearbeitet werden. So kann z. B. ein Fenster eines Gebäudes mit all seinen Merkmalen und Informationen über diese Schnittstelle ausgetauscht werden.

Durch die Plattformunabhängigkeit und den dadurch ermöglichten Datenaustausch zwischen verschiedenen Softwaresystemen wird die integrierte Arbeitsweise zwischen den an den Prozessen beteiligten Partnern gefördert und erspart Zeit und Kosten bei gleichzeitig gesteigerter Qualität. Durch das Produktdatenmodell der IFC wird versucht, im Bauwesen eine Prozessoptimierung zu ermöglichen, indem alle Projektbeteiligten wie Architekten, Ingenieure, Bauausführende, Haustechniker und Facility Manager auf der gleichen Datengrundlage arbeiten.

Spezifikation, Dokumentation sowie Implementierungsrichtlinien für IFC stehen frei zur Verfügung und stellen ein objektorientiertes Datenschema bereit (NN 2021ap). Dieses Format wird verwendet, um zwischen verschiedenen Softwareanwendungen Daten zu transferieren/auszutauschen, zu exportieren und zu importieren. Die IFC definieren ein integriertes, objektorientiertes und semantisches Modell aller Komponenten, Attribute, Eigenschaften und Beziehungen innerhalb des Produktes „Bauwerk". Das bedeutet, dass alle Bestandteile und Eigenschaften durch IFC als Objekte beschrieben werden und innerhalb von IFC-kompatibler Software auch als solche interpretiert werden. Bestandteile und Eigenschaften bezeichnen hierbei nicht nur Gebäudeelemente, Räume und geometrische Formen, sondern auch logische, topologische und zeitliche Zusammenhänge.

Durch den Standard IFC bleiben Objekte während ihres Lebenszyklus mit ihren Eigenschaften erhalten und können mit zusätzlichen und notwendigen Informationen, z. B. aus dem Verwaltungssektor und dem technischen oder infrastrukturellen Gebäudemanagement erweitert werden. Dadurch ist es möglich, neben der Geometrie auch Kosten, Heizlasten oder verweisende Dokumente wie Zeichnungen oder Bilder zu hinterlegen und anschließend mit verschiedenen Softwaresystemen weiterzuverarbeiten.

IFC-kompatible Software unterstützt einen oder mehrere Datenaustauschprozesse. Beispiele für Datenaustauschprozesse sind:

- Austausch zwischen zwei Fachdisziplinen in der gleichen Planungsphase
  (z. B. zur Koordination der Durchbruchsplanung zwischen Architektur-CAD-System und dem TGA-CAD-System),
- Austausch innerhalb einer Fachdisziplin in zwei Planungsphasen
  (z. B. zur Übergabe der Vorentwurfsplanung vom Architektur-CAD-System an ein anderes Architektur-CAD-System, welches von einem anderen Büro für die Ausführungsplanung verwendet wird),
- Austausch innerhalb einer Fachdisziplin in einer Planungsphase
  (z. B. zur Übergabe der statischen Analysemodelle eines statischen Modellierungssystems an ein statisches Berechnungsprogramm),
- Austausch innerhalb zweier Lebenszyklusphasen und zweier Fachdisziplinen
  (z. B. zur Übergabe der Baudokumentation von der Architekturplanung an ein CAFM-System des Betreibers/Bauherrn).

Für diese Datenaustauschprozesse implementieren die IFC-kompatiblen Applikationen die dafür erforderliche Untermenge des IFC-Datenmodells. Diese Untermengen werden als „Views" bezeichnet (Modell View Definition – MVD). Eine MVD ist eine Sicht auf ein Datenmodell – in diesem Kontext eine Sicht auf das Produktdatenmodell der IFC (NN 2021aq). Die MVD beschreibt die Klassen des Produktdatenmodells, welche von der Software unterstützt werden müssen, um die entsprechenden Datenaustauschprozesse zu gewährleisten. Die IFC-kompatiblen Softwaresysteme werden in aller Regel zertifiziert. Die Implementierung und Zertifizierung beziehen sich immer auf eine MVD.

Eine Software kann auch mehrere MVDs implementieren, jedoch muss jede MVD einzeln zertifiziert werden. Um einen erfolgreichen Datenaustausch zu gewährleisten, müssen das sendende und empfangende System die gleiche IFC-Version und die gleiche MVD unterstützen.

Der Umstieg von einer Version auf die nächste ist allerdings oftmals noch von Problemen begleitet, weshalb länger als sinnvoll an älteren Versionen festgehalten wird. Auch ist zu berücksichtigen, dass die Versionen i. d. R. nicht abwärtskompatibel sind, z. B. ist das aktuelle IFC4-Format nicht abwärtskompatibel zu dem viel weiter verbreiteten IFC2x3-Format.

Das IFC-Format wird durch buildingSMART kontinuierlich weiterentwickelt. Ein Hauptproblem ist, dass IFC für den Datenaustausch dateibasiert erstellt wurde und damit für neue Anwendungen wie datenbankorientierte CDE, zur Abbildung eines digitalen Zwillings oder Verbindungen zu IoT nicht optimiert ist. Damit gibt es neue Anforderungen, die bei neuen Entwicklungen berücksichtigt werden müssen.

5.3.2   BIM Collaboration Format (BCF)

BCF ist ein offenes Dateiformat das ebenfalls von buildingSMART entwickelt wurde. Es dient zur plattformunabhängigen Kommunikation von IFC-Modellen zwischen allen

Beteiligten in den verschiedenen Phasen wie Planern und Spezialisten. Mittels Texten oder Bildern kann ein Modell kommentiert oder bezogen auf einzelne Modellelemente eine Diskussion unterstützt werden. Diese Daten werden dateibasiert als BCF-Datei hinterlegt oder über eine Web-API ausgetauscht. Das Dateiformat ist im Prinzip unabhängig von der IFC-Datei. Die zu transportierenden Inhalte der BCF-Datei werden jedoch dabei den Elementen innerhalb der IFC-Datei zugeordnet (referenziert). Dies erfolgt durch die im IFC-Standard spezifizierte eindeutige GUID. Die Datei wird im XML-Format (bcfXML) erstellt. Die technische Dokumentation steht frei abrufbar über buildingSMART zur Verfügung.

Durch BCF ist es möglich, über verschiedene BIM-Softwareanwendungen wie Authoring Tools und Viewer modellbasiert zu kommunizieren, da Kommentare und Anmerkungen im Viewer genauso wie auch in weiterer Software zur Anreicherung der BIM-Daten bearbeitet werden können. Typische Anwendungsfälle sind die Unterstützung der Protokollierung, Dokumentation und Steuerung der Zusammenarbeit und des Changemanagements (z. B. Issue Tracking).

5.3.3 Construction Operations Building Information Exchange (COBie)

COBie ist ein Datenaustauschstandard zur Bereitstellung nichtgrafischer BIM-Daten (NN 2021ar). Dieses Austauschformat wurde in UK entwickelt.

Mit Hilfe von COBie können Daten, die während des Betriebes, der Wartung und Instandhaltung sowie im Zuge der Vermögensverwaltung eine Rolle spielen, bereitgestellt werden. Dabei kann sich die Erfassung der Daten über den gesamten Immobilienlebenszyklus, also die Planung, den Bau und den Betrieb erstrecken.

COBie ist ursprünglich ein Tabellenformat, in dem Gebäudeinformationen in Form von alphanumerischen Attributen zur Verfügung gestellt werden. Das Öffnen und Bearbeiten einer COBie-Datei erfolgt mit einem Tabellenkalkulationsprogramm. COBie bietet 16 vorgefertigte Datenblätter, die miteinander verknüpft sind. Informationen wie die Gebäudestruktur, TGA und Dokumente können so strukturiert beschrieben werden. Zur Datenpflege ist somit nicht zwingend ein BIM-Werkzeug erforderlich.

Verfügt eine CAFM-Software über eine COBie-Schnittstelle, ist die Grundlage für einen erfolgreichen Datenimport von BIM-Modellen auf COBie-Basis gegeben. Zu beachten ist jedoch, dass COBie keine Inhalte wie die eines Anlagenkennzeichnungssystems (AKS) oder generelle Leistungskenndaten eines Objektes beschreibt. Diese sollten im Voraus definiert werden.

Beispiele für zu erfassende und auszutauschende Daten sind:

- Ausrüstungs- und Inventarlisten,
- Ersatzteillisten,
- Produktdatenblätter,

- Informationen zu Gewährleistungen und
- Wartungspläne.

COBie nutzt verschiedene Formate, wie z. B. Spreadsheets, IFC oder ifcXML zum Austausch von Daten. COBieLite ist eine von buildingSMART eingeführte, vereinfachte XML-Struktur, die für einen standardisierten Datenaustausch genutzt werden kann.

5.3.4 Green Building eXtensible Markup Language (gbXML)

gbXML ermöglicht den interoperablen Austausch von Daten zwischen Architektur-CAD-Systemen (CAAD) und technischen Berechnungsprogrammen oder Analysetools (NN 2021as). Es ist ein offenes Format und besteht aus der einfachen Gebäudegeometrie im XML-Format, durch welches Raumdaten einschließlich der Gebäudehülle exportiert und somit komplette Raumbücher in Berechnungsprogramme importiert werden können. Dadurch erübrigen sich manuelle Nacherfassungen und Neueingaben in Berechnungsprogrammen. Das Format gbXML wird z. B. eingesetzt, um aus einem BIM-Gebäudemodell die für energetische Berechnungen erforderlichen Daten zu exportieren.

5.3.5 CAFM-Connect

CAFM-Connect ist eine deutsche Initiative zur Gewährleistung der Interoperabilität von Software, die im CAFM zum Einsatz kommt. Es bildet eine einheitliche Schnittstelle (Import/Export) zum Austausch von alphanumerischen Daten zwischen der FM-Datenerfassung und CAFM-Systemen.

CAFM-Connect ermöglicht einen einfachen Import von grundlegenden FM-Daten in CAFM-Systeme, die dieses Austauschformat unterstützen. Gleichzeitig ist ein Export von FM-Daten in Systeme möglich, die zum erfolgreichen Betrieb diese Daten benötigen und IFC4 oder den Vorgänger IFC2x3 unterstützen. CAFM-Connect 1.0 beinhaltete Raumdaten, die hierarchisch in Liegenschaft, Gebäude, Etage und Raum gegliedert sind, während CAFM-Connect 2.0 zusätzlich auch Anlagen- und Ausstattungsdaten umfasste. Die derzeit aktuelle Version 3.0 klassifiziert zudem Dokumententypen und unterstützt u. a. die Speicherung und den Transport von Dokumenten (Dateien) auf Basis einer Klassifizierung nach GEFMA 198 sowie dem Dateiformat ifcZIP (NN 2021f).

5.3.6 Proprietäre Austauschformate

Neben der Nutzung offener Formate, die i. d. R. international standardisiert sind, kommen natürlich auch proprietäre Formate der verschiedenen BIM-Softwarehersteller zum Einsatz. Dies kann sich insbesondere dann als hilfreich erweisen, wenn BIM-Projekte innerhalb der Produktfamilie eines BIM-Softwareherstellers abgewickelt werden (Closed BIM). Andererseits bieten verschiedene CAFM-Hersteller Schnittstellen zu derartigen proprietären Formaten an. Prominentestes Beispiel eines solchen Formates ist das Revit-Format rvt, welches das vollständige Gebäudeinformationsmodell mit allen geometrischen und Sachdaten sowie Metainformationen enthält und auch in einer SQL-Datenbank abgelegt werden kann. Daher ist es eher eine proprietäre Datenbank als ein klassisches Dateiformat. Auf der Fachtagung „IT im Real Estate und Facility Management" wurde 2017 im Rahmen des „CAFM Future Lab" auf dieser Basis eindrucksvoll die Integration von IT-Systemen verschiedener Hersteller in einem einheitlichen Workflow live präsentiert (May 2018a).

5.4 BIM-FM-Datenmanager

In der Planungs- und Bauphase sollte es eindeutige Rollen wie z. B. den BIM-Informationsmanager geben (vgl. Abschn. 7.2), die vertraglich durch die AIA und den BAP dazu verpflichtet sind, auch die FM-relevanten Daten in Form des As-built-Modells an den Betrieb und die CAFM-Software zu übergeben.

Betriebsseitig sollte an dieser Schnittstelle bei der Datenübernahme und der weiteren Aktualisierung bei Veränderungen im Betrieb ein BIM-FM-Datenmanager eingeführt werden. Diese Rolle kann intern oder extern besetzt werden und ist dafür verantwortlich, dass die Bestandsdaten der Gebäude zentral aktuell und vollständig zur Verfügung stehen. Bei einer externen Vergabe ist darauf zu achten, dass die Leistungsinhalte eindeutig beschrieben werden, da für diese Leistung kein Standardleistungsbild existiert und es derzeit noch wenige auf diese Rolle spezialisierte Anbieter gibt.

Häufig werden diese Leistungen durch externe regionale Vertragsarchitekten oder Vermessungsbüros mit erbracht oder der externe FM-Dienstleister wird damit beauftragt. Bei der Vergabe ist auch auf die Technikkompetenz des Anbieters für die Pflege der TGA-Bestandsdaten zu achten.

Der BIM-FM-Datenmanager etabliert, steuert und führt einen Datenmanagement-Prozess aus, der folgende Teilleistungen beinhalten muss:

- Formulierung, Fortschreibung und Integration von Datenpflichtenheften in die Bauprojekte,
- Etablierung von Qualitätssicherungsprozessen für die Einhaltung der Vorgaben in den Projekten,
- Übernahme von Bestandsdaten in Form von BIM-Modellen, CAD-Daten, alphanumerischen Stammdaten und digitalen Dokumenten,
- Durchführung der Qualitätssicherung dieser Daten,
- Kommunikation von Mängeln und Anstoßen der Mängelbeseitigung,
- Import oder Verknüpfung dieser Daten in die CAFM-Software,
- Etablierung eines Änderungsprozesses in der Betriebsphase,

- Aufnahme der Änderungen von Bestandsdaten in der Betriebsphase,
- Qualifizierung dieser Veränderungen,
- Organisation oder Durchführung der Datenüber- oder -aufnahme nach Veränderungen,
- Aktualisierung der grafischen und alphanumerischen Daten in der CAFM-Software und
- Übergabe von Bestandsdaten an das Projektteam bei Umbau, Sanierung, Renovierung.

In Abhängigkeit von der eigenen Leistungstiefe können Teilleistungen intern oder extern durchgeführt werden. Es ist dabei zu beachten, dass es eindeutige standardisierte Vorgaben für alle Beteiligten, Projekte, Maßnahmen und beteiligten Softwaresysteme gibt, die die Kompatibilität bei der Datenübernahme und -austausch sicherstellen.

Für die Überprüfung der Einhaltung der Vorgaben in BIM-Modellen bietet sich als Werkzeug für den Datenmanager der Einsatz von Model Checkern an (vgl. Abschn. 4.2), die die Vollständigkeit der Parameter, die Einhaltung von Nomenklaturen und die Existenz erforderlicher Modellelemente prüfen können. Die Anzahl und Größe der jährlichen Projekte und Veränderungsmaßnahmen und die Komplexität der von diesen Daten abhängigen Betriebsprozesse bestimmen die internen bzw. externen Mitarbeiterkapazitäten für die Besetzung dieser Rolle. Flughäfen halten z. B. teilweise ganze Abteilungen für die Aktualisierung der Bestandsdaten vor, während in Bürogebäuden mit ca. 2500 Mitarbeitern diese Rolle auch in Synergie mit der Rolle des Flächenmanagers erbracht werden kann (in Abhängigkeit von den Büroraumkonzepten).

Die nachfolgenden Qualifikationen und Fähigkeiten sollten bei der Besetzung dieser Rolle idealerweise vorhanden sein:

- grundlegendes Verständnis für den Planungs- und Bauablauf,
- Bedienung von CAD- und Modellierungssoftware,
- Bedienung der CAFM-Software,
- Bedienung der CDE-Software oder des digitalen Projektraumes (sofern vorhanden),
- Kenntnisse der FM-relevanten Datenstrukturen (Architektur, Technik, Ausstattung usw.),
- Steuerung externen Dienstleister und
- ggf. Konfiguration der Regeln und Bedienung von Model Checkern.

Somit ist der BIM-FM-Datenmanager die Schnittstelle zur Übertragung der BIM-Daten in den Betrieb.

5.5   Zusammenfassung

Schwerpunkt dieses Kapitels bilden die Daten, die für die Anwendung der BIM-Methodik im Immobilienbetrieb notwendig sind. Es werden die Grundlagen des Datenmanagements vorgestellt. So wird erörtert, welche Art von Daten benötigt werden. Die Datengrundlage für die BIM-Methode bilden idealerweise As-built-Modelle. Sollten diese Daten nicht vorliegen, was bei Bestandsgebäuden sehr häufig der Fall ist, so besteht die Möglichkeit der Nacherfassung. Dazu bietet sich das 3D-Laserscanning an mit den jeweils geeigneten Methoden der Nachbearbeitung wie SCAN2BIM, SCAN2CAFM oder SCAN2Dataset.

Für die weitere Verarbeitung und den Austausch der BIM-Daten haben sich unterschiedliche Formate und Methoden entwickelt. Hierzu gehören standardisierte Formate wie IFC, COBie, gbXML und CAFM-Connect, die den Open-BIM-Ansatz unterstützen. Weiterhin gibt es proprietäre Formate die oftmals als Standardformat für eine Herstellersoftware verwendet werden. Die unterschiedlichen Formate und deren Einsatzzweck werden beschrieben.

Den Abschluss bildet die Beschreibung der Rolle des BIM-Datenmanagers, der aus FM-Sicht die Koordinierung des Datenmanagementprozesses übernimmt und die Verantwortung für die Daten besitzt. Zu seinen Aufgaben gehört neben dem Erstellen der Im- und Exporte auch die Überprüfung der Datenqualität.

Literatur

Krämer M, Besenyöi Z (2018) Towards Digitalization of Building Operations with BIM. IOP Conference Series: Materials Science and Engineering, IOP Publishing Ltd, Moskau, S 1–11

Krämer M, Besenyöi Z, Lindner, F (2017) 3D Laser Scanning – Approaches and Business Models for Implementing BIM in Facility Management. Proc. INservFM, Verlag Wissenschaftliche Scripten, Auerbach/Vogtland, S 679–691

May M (Hrsg.) (2018a) CAFM-Handbuch – Digitalisierung im Facility Management erfolgreich einsetzen. 4. Auflage, Springer Vieweg, Wiesbaden, 2018, 713 S

NN (2013b) GEFMA 198: FM-Dokumentation, November 2013

NN (2017a) GEFMA Richtlinie 420: Einführung von CAFM-Systemen, Juli 2017, 7 S

NN (2018a) DIN ISO ISO 16739-1: Industry Foundation Classes (IFC) for data sharing in the construction and facility management industries Part 1: Data schema. International Organization for Standardization, 2018-11

NN (2019m) GEFMA 430: Datenbasis und Datenmanagement in CAFM-Systemen, März 2019, 10 S

NN (2021a) GEFMA Richtlinie 400: Computer Aided Facility Management CAFM – Begriffsbestimmungen, Leistungsmerkmale, März 2021, 19 S

NN (2021f) https://www.cafm-connect.org/ (abgerufen: 27.05.2021)

NN (2021ap) https://www.buildingsmart.org/standards/bsi-standards/ (abgerufen: 17.08.2021)

NN (2021aq) Model View Definition. https://technical.buildingsmart.org/standards/ifc/mvd/ (abgerufen: 17.08.2021)

NN (2021ar) https://cobie.buildingsmart.org/history/ (abgerufen: 17.08.2021)

NN (2021as) https://www.gbxml.org/ (abgerufen: 17.08.2021)

Rust C, Och S (2021) Den digitalen Zwilling erzeugen. Bauen im Bestand 44(2021)5, 64

Scharf H-J (2016) Panoramabilder, Punktwolken und Points of Interest. Der Facility Manager 22(September 2016)9, 36–37

Turianskyj N, Bender T, Kalweit T, Koch S, May M, Opić M (2018): Datenerfassung und Datenmanagement im FM. In: May M (Hrsg.) CAFM-Handbuch – Digitalisierung im Facility Management erfolgreich einsetzen. Springer Vieweg, Wiesbaden, S 229–258

Wirtschaftlichkeit von BIM im FM

6

Markus Krämer, Thomas Bender, Matthias Mosig
und Marco Opić

6.1 Treiber für die Wertschöpfung durch BIM

In Ergänzung zu den GEFMA-Richtlinien 400ff und mit Bezug zur RL 460 (NN 2016a) wird nachfolgend eine Auswahl an Begriffsdefinitionen zum Themenbereich Wirtschaftlichkeit dargestellt (NN 2016a).

Wirtschaftlichkeit
Wirtschaftlichkeit wird in der einschlägigen Literatur als optimales Verhältnis zwischen Input und Output beschrieben. Ein IT-System wird dann als wirtschaftlich betrachtet, wenn die Kosten der Einführung und des Betriebs unter dem zu erwartenden messbaren Nutzen innerhalb des Betrachtungszeitraums liegen.

M. Krämer (✉)
Hochschule für Technik und Wirtschaft Berlin, Berlin, Deutschland
E-Mail: markus.kraemer@htw-berlin.de

T. Bender
pit – cup GmbH, Heidelberg, Deutschland
E-Mail: thomas.bender@pit.de

M. Mosig
TÜV SÜD Advimo GmbH, München, Deutschland
E-Mail: matthias.mosig@tuvsud.com

M. Opić
Alpha IC GmbH, Nürnberg, Deutschland
E-Mail: m.opic@alpha-ic.com

M. May et al. (Hrsg.), *BIM im Immobilienbetrieb*,
https://doi.org/10.1007/978-3-658-36266-9_6

ROI

Die Rentabilität oder der Return on Investment (ROI) vergleicht den Gewinn aus einer Investition mit dem Kapitaleinsatz. Als statische Kennzahl in der Investitionsrechnung berücksichtigt der ROI jedoch nicht die unterschiedlichen Verläufe von Einzahlungen und Auszahlungen innerhalb verschiedener Perioden (z. B. Jahre) eines Betrachtungszeitraums. Im Sprachgebrauch wird als ROI oft generell die Rentabilität einer Investition verstanden, ohne genauer zu spezifizieren, unter welchen Rahmenbedingungen diese zu berechnen ist.

Zur Ermittlung der Wirtschaftlichkeit sind im Wesentlichen drei Schritte durchzuführen:

- Ermittlung der zu erwartenden Kosten,
- Ermittlung der erzielbaren Nutzeffekte und
- Berechnung der Wirtschaftlichkeit.

Die einzelnen Treiber können sowohl die Kosten als auch die Nutzeffekte beeinflussen. Wenn man sich die Treiber für die Wertschöpfung durch BIM im gesamten Lebenszyklus vor Augen führt, ergibt sich ein Treiberbaum, der bereits bei der Produktion beginnt und sich bis zur Verwertung weiter aggregieren lässt.

Die Treiber können Einfluss auf folgende Aspekte haben:

- Reduzierung der Prozessdurchlaufzeiten, z. B. bei Einsparungen von Arbeitszeit durch eine Effizienzsteigerung bei allen Beteiligten,
- Reduzierung von Kosten durch EBIT-wirksame Einsparungen von externen Sachkosten durch bessere Planungsqualität und Vermeidung z. B. von Fehlerkosten, eine bedarfsgerechtere Auslegung der Architektur oder der TGA,
- Erhöhung von Umsatz und Gewinn durch eine Wertsteigerung der Immobilie und einen höheren Verkaufspreis. Dies kann z. B. durch eine vollständige und aktuelle BIM-basierte Bestandsdokumentation, durch die Vermeidung des Risikos eines verspäteten Starts der Kerngeschäftstätigkeit oder durch die Verhinderung von Mietausfall aufgrund der Einhaltung der Zieltermine erreicht werden.

Die Treiber können direkten oder indirekten Einfluss auf die Wertschöpfung der jeweiligen Phase in Form der Aufwand- und Nutzenbetrachtung haben. Produkthersteller können z. B. durch die Platzierung auf BIM-Objekt- und -Produktplattformen zukünftig direkte Vertriebskanäle weiter ausbauen oder einen wesentlichen Beitrag im Rahmen des Informationsmanagements der Nachhaltigkeitsziele (Nachverfolgung Produktionskette) leisten. Eine ausführliche Darstellung der Anwendung eines Treibermodells für CAFM-Systeme findet sich in der GEFMA 460, die in großen Teilen auch analog auf den Einsatz von BIM-Anwendungsfällen übertragen werden kann (NN 2016a, vgl. auch May 2018a).

6.2   Wirtschaftlichkeit von BIM in der Bauphase

Die Rentabilität von BIM ermittelt sich in der Bauphase im Wesentlichen aus der Gegen-
überstellung der Investitionen für die technische Infrastruktur zum Einsatz der BIM-
Methode (z. B. Server, Software, Plattformen) sowie für die Schulung, Qualifikation und
Einbindung der beteiligten Rollen, deren Einsatz im BIM-Projekt (z. B. der Rolle des
BIM-Managers) und den Nutzeffekten. Die Nutzeffekte ergeben sich überwiegend durch
Einsparungen, die durch die Vermeidung von Planungsfehlern, von Nachträgen, verkürz-
ten Planungs- und Bauzeiten und einer im Folgenden optimierten Betriebsphase ergeben,
die bzgl. der Wertschöpfung in den Abschn. 6.2.1 bis 6.2.3 ausgeführt werden.

6.2.1   Prozessbezogene Wertschöpfung

Durch BIM werden unerkannte Planungsfehler in der Planungsphase und Baufehler durch
die spätere Fehlinterpretation von Plänen in der Bauphase vermieden. Wichtig ist hierbei,
dass die BIM-Methode im Sinne eines *Digital Prototyping* angewendet und nicht nur als
moderne Form der digitalen Dokumentation verstanden wird. Die reine Dokumentation
von Baumängeln gelingt mit BIM zwar bereits besser als mit 2D-Plänen, wobei die im-
mensen zusätzlichen Potenziale erst durch den möglichen Prototyping-Ansatz mit der
BIM-Methode erschlossen werden. Die so erreichbare Vermeidung von Planungs- und
Baufehlern schlägt sich auch in der Betriebsphase nieder, in der Fehler zu erhöhten Ver-
bräuchen oder ungenutzten Ressourcen führen. Werden hier aufgrund der Anwendung der
BIM-Methode rechtzeitig geeignete Gegenmaßnahmen eingeleitet, gehen die Nutzeffekte
deutlich über eine reine Dokumentationsfunktion hinaus.

   Viele Bauherrn sind heute der Meinung, dass ein baubegleitendes Planen mit all seinen
Risiken wie erhebliche Zeit- und Kostenanstiege nicht vermieden werden kann, weil Bauprojekte unter einem hohen Zeitdruck stehen. Die Praxis beim Einsatz der BIM-Methode
zeigt jedoch bei einer konsequenten Implementierung im Projekt im Sinne eines *Digital
Prototyping* und eines *Digital Lifecycle Management*, dass in der Entwurfs- und Planungsphase bereits ein derart großer Zeitgewinn entsteht, indem zeitintensive (Um-)Planungen
nach Abschluss der Leistungsphase 5 (gemäß HOAI) nahezu vermieden werden. Der Begriff Digital Prototyping bezieht sich dabei auf die Simulationsfähigkeit der Aspekte Energie, Fläche, (Instandhaltungs-) Prozesse (z. B. Zugänglichkeit für Wartungen), die durch
Einsatz der BIM-Methode möglich werden (vgl. Abschn. 2.11). Die BIM-Methode ist
somit auch eine Risiko-Reduktionsmethode, aus der sich ein hohes Einsparpotenzial ergibt.

   Entscheidend für den wertschöpfenden Einsatz von BIM ist die Implementierung von
BIM bereits in der Vorprojektphase bzw. in den Entwurfsphasen. Mit BIM wird nicht mehr
nur geplant, sondern die BIM-Methode ermöglicht vielmehr industrielle Prozesse der digitalen Konstruktion eines Gebäudeprototypen, einschließlich der Absicherung durch

Simulation seiner Performance über den Lebenszyklus. Dies führt z. B. zur Optimierung von Wartungsintervallen oder des Cash Flow in einer 5D-BIM-Planung.

6.2.2 Qualitätsbezogene Wertschöpfung

Selbst Neubauten können zum Zeitpunkt der Fertigstellung zumeist nicht wirklich als „neu" bezeichnet werden, da die eingebauten Technikkomponenten z. T. kürzere Lebenszyklen verglichen mit der Dauer der Planungs- und Beschaffungsphase in Bauprojekten haben. Während einer 2–3-jährigen Planung werden oftmals parallel mehrere Generationen von technischen Komponenten entwickelt, deren Eigenschaften eine bessere Performance, Nachhaltigkeit bzw. Energiebilanz aufweisen. Bisher konnten diese neuen Komponenten in einem fortgeschrittenen Planungsstadium nicht mehr berücksichtigt werden, nicht zuletzt, da erforderliche Simulationen zum Nachweis der Einspareffekte individuell programmiert werden mussten und damit zumeist teurer waren als der erwartete Mehrwert. In der Folge wurden häufig alte technische Komponenten in der Planung nicht mehr durch energieeffizientere Folgegenerationen ersetzt, um so eine manuelle Neuberechnung und die Anpassung kompletter Gewerke-oder Bauteillisten zu vermeiden.

Mittels des Einsatzes von BIM-basierter Software und deren parametrisierten („intelligenten") digitalen BIM-Bauteilobjekten können auch technische Komponenten in der Zeit zwischen Planung und Ausführung bzw. sogar während der Ausführungsphase noch simuliert, bewertet und verhältnismäßig einfach ausgetauscht werden. Durch den Einsatz der entsprechenden BIM-Werkzeuge in der Planungs- und Ausführungsphase ergibt sich dann eine Verbesserung der Gebäudeperformance als qualitätsbezogener Wertschöpfungsbeitrag.

Mittels BIM-basierter Simulation können auch End-of-Life-Szenarien und Materialszenarien einfacher durchgespielt werden. Mit speziellen Softwareprogrammen können z. B. Materialien oder verschiedene Versionen des späteren Gebäudes miteinander in einem Benchmarking verglichen werden. So kann z. B. verglichen werden, wie sich die Anschaffungs-, Einbau-, Reinigungs- und Entsorgungskosten unterschiedlicher Materialien wie Linoleum, Eichenparkett oder Granitboden verhalten.

6.2.3 Ressourcenbezogene Wertschöpfung

6.2.3.1 Flächeneffizienz

Was an Fläche nicht benötigt wird, muss auch nicht gebaut und instandgehalten werden. Die Planung eines internationalen Medizinzentrums wurde beispielsweise mittels BIM-Simulation derart optimiert, dass die technische Fläche für Anlagen bei vergleichbarer Wartbarkeit von ursprünglich 25 % auf nur 7 % reduziert werden konnte.

Dies betrifft auch die Unterdimensionierung technischer Flächen, da Architekten bei der Planung der Flächen für TGA-Installationen den Aspekt der Erreichbarkeit dieser

Flächen oft nur ungenügend berücksichtigen. Durch die Simulation von Wartungsräumen bzgl. ihrer Anlagen und Komponenten kann das Gebäude vom betrieblichen Platzbedarf her bereits während der Planung plausibilisiert werden. Hierdurch lassen sich Betriebsvorgänge dann später zeitlich optimieren. So wurde z. B. ein europäisches Krankenhaus durchgängig mit Fokus auf eine optimale Betriebsführung geplant, wodurch pro Jahr erhebliche Einsparungen durch reduzierte Wege und verminderten Einsatz von Zeit- und damit Personalressourcen für das Technische Gebäudemanagement generiert werden konnten und das nur dadurch, dass Anlagen im Betrieb schnell und einfach zugänglich sind.

6.2.3.2 Energieeffizienz

Durch den Einsatz intelligenter BIM-Objekte und deren Beitrag zu einer verbesserten Analysefähigkeit können Gebäude fortan mit dem Einsatz der BIM-Methode besser bzgl. ihrer Gesamtenergie-Bilanz optimiert werden. Auf diese Weise entstehen Gebäude, die energetisch den Anforderungen des Nationalen Aktionsplans Energieeffizienz (NAPE) des BMWi entsprechen (NN 2019h), wodurch auch auf volkswirtschaftlicher Ebene relevante Energieeinsparungen erzielt werden. Dies gilt auch für Lebenszykluskosten, die bis hin zum Abriss simuliert werden können, so dass Gebäude auch bzgl. eingesetzter Werkstoffe optimal an umweltpolitische Vorgaben angepasst werden können. So erkannten Planer bisher häufig nicht die Konsequenzen der Verwendung eines Parkett- oder Linoleumfußbodens hinsichtlich Reinigung, Nachhaltigkeit, Rückbau und Recycling.

Der Einsatz der BIM-Methode ermöglicht im Vergleich zum früheren Vorgehen, Simulationen weitaus niederschwelliger und damit häufiger einzusetzen und die teure Programmierung individueller Simulationen, wie dies in der Vergangenheit erforderlich war, zu vermeiden. Zudem entfällt zumindest zum Teil die Notwendigkeit spezifischen mathematischen und physikalischen Wissens, was früher zur Entwicklung und Anwendung derartiger Simulationsverfahren zwingend erforderlich war. Die stetig steigende Programmlogik und Verfahrensvielfalt ermöglichen heute das deutlich schnellere und kostengünstigere Simulieren komplexer Szenarien, so dass Gebäude heute energetisch aber auch bzgl. vieler weiterer Parameter optimiert werden können.

Modell-integrierte Berechnungen (vgl. Abschn. 2.11) sparen erheblich Kommunikationszeit zwischen CAD-Konstruktion und Ingenieurwesen, was dem Projektzeit-Kontingent und damit den Kosten zugutekommt. Im Bestand können weitere Einsparungen generiert werden, indem das BIM-Modell als Basis für ein „Realtime Building Dashboard" zur Analyse und Optimierung von Bestandsgebäuden genutzt wird.

6.3 Wirtschaftlichkeit von BIM in der Nutzungsphase

Die Wirtschaftlichkeit von BIM in der Nutzungsphase lässt sich anhand zahlreicher BIM-Anwendungsfälle darstellen, die jedoch jeweils von den konkreten Rahmenbedingungen der Treiber für Kosten und Einsparungen abhängen. Dabei sind Eingangsgrößen,

z. B. die Größe der Immobilien und des Immobilienportfolios, die Anzahl der Mitarbeiter für den Betrieb, die Komplexität der Betriebsprozesse, das gewählte Steuerungsmodell und die Häufigkeit relevanter Ereignisse wie Umzüge oder Störungsmeldungen ausschlaggebend für die jeweiligen Nutzeffekte. Eine erste Übersicht der zu erwartenden Nutzeffekte des BIM-Einsatzes im FM zeigt Abschn. 3.3 bezogen auf die Inbetriebnahme, den eigentlichen Betrieb und die Sanierung bzw. den Umbau während des Betriebs. Im Folgenden werden einige BIM-Anwendungsfälle bzgl. der Nutzeffekte zur Reduzierung der Durchlaufzeiten, der Einsparung von Sachkosten und der Steigerung der Produktivität von Gebäudenutzern weiter ausgeführt.

6.3.1 BIM-Anwendungsfälle zur Reduzierung von Prozessdurchlaufzeiten

Die modellbasierte Mengenermittlung mit BIM für Ausschreibungen von (Um-) Bau-Maßnahmen und FM-Services ist wesentlich schneller und genauer als bei herkömmlichen Ausschreibungsmethoden. Durch eine zentrale Modellpflege und eine direkte Integration der modellbasierten Mengenermittlung in eine AVA-Software können die Leistungsverzeichnisse effizienter erstellt werden.

Im Rahmen des Flächenmanagements und der räumlichen Ausstattungs- und Möblierungsplanung wird durch BIM das Vorstellungsvermögen der Nutzer erheblich gesteigert und folglich werden Entscheidungen wesentlich schneller getroffen und kaum revidiert. Ferner können Einbringöffnungen und Gangbreiten bezogen auf Umzugs- oder Ausstattungsvorhaben besser begutachtet und eingeschätzt werden.

Der Aufwand für die Arbeitsvorbereitung von Instandhaltungsmaßnahmen oder die Umrüstung z. B. von Produktionsanlagen kann durch den Einsatz eines BIM-Modells erheblich reduziert werden. So ist bei einem Großteil der Störungsmeldungen keine Vor-Ort-Begehung mehr erforderlich, um die Einbausituation oder den eingebauten Typ der defekten Komponente zu inspizieren. Ersatzteile können bereits im Vorfeld auf Basis der Datenlage des BIM-Modells bestellt werden. Auf diese Weise werden erhebliche Vorbereitungs- und Fahrtzeiten und damit Kosten eingespart.

Auch für eine effizientere Durchführung von operativen Instandhaltungsprozessen und um dem Fachkräftemangel entgegenzuwirken, wird BIM als Grundlage für den Einsatz von Augmented Reality (AR) durch Remote Assist eine wesentliche Bedeutung als Enabler haben, um diese innovativen Technologien überhaupt erst durch den Rückgriff auf BIM-Modelle möglich zu machen (vgl. Abschn. 2.6 und 10.2.4). Dadurch kann geringer qualifiziertes Personal eingesetzt und digital angeleitet werden.

Im Rahmen der jährlichen Begehungen zur Identifikation des Instandsetzungs- und Sanierungsbedarfs unterstützen BIM-Modellinformationen, z. B. durch die Bereitstellung der ursprünglichen Errichtungskosten, die Kostenschätzung für die Budgetplanung der Maßnahmen erheblich. Ferner können vor Ort identifizierte Schadstellen mobil im BIM-Modell verortet und mit Maßnahmen verknüpft sowie die klaren Workflows anschließend abgearbeitet werden.

Die räumliche Darstellung von IoT-Messwerten im BIM-Modell ermöglicht eine bessere Orientierung und ein schnelleres Erkennen und Bewerten von Ausreißerwerten. Eine mit dem BIM-Modell gekoppelte Feuchtigkeitsüberwachung auf der Baustelle und im Gebäude liefert sofort die genaue Verortung und ermöglicht ein schnelleres und gezielteres Eingreifen bei Schadensmeldungen.

Im Rahmen von Baumaßnahmen im Bestand oder der Qualitätsüberprüfung von Facility Services können digitale, zentralisierte flächen- sowie bauteilbezogene Abnahme- und Mängelberichte auf Basis der BIM CDE-Funktionalitäten erstellt und bearbeitet werden. Dies umfasst sowohl die Verortung im Modell mit Hilfe mobiler Eingabegeräte als auch die workflow-gestützte Abwicklung von Aufgaben und entsprechende Berichte.

6.3.2 BIM-Anwendungsfälle zur Reduzierung von externen Sachkosten

Durch das zentrale und aktuelle Arbeiten in einem Datenmodell und den Einsatz der CDE-Methodik auch in der Betriebsphase wird verhindert, dass die Bestandsdaten mit jeder Änderung im Bestand inkonsistent werden und schließlich veraltet sind. Auf diese Weise müssen die Flächen und die technischen Anlagen nicht alle drei bis fünf Jahre vor einer FM-Ausschreibung neu erfasst oder aufwändig verifiziert werden. Hier werden nicht nur externe Erfassungskosten, Vorbereitungskosten der Ausschreibung und deren Mengengerüste, sondern auch Startup-Kosten auf FM-Dienstleisterseite eingespart.

Bei der Reduzierung der Energiekosten durch regelbasierte Optimierung der GLT und dynamische Simulation im Betrieb können die BIM-Informationen durch eine bessere Beschreibung der bauphysikalischen Situation genauere Ergebnisse liefern.

Die BIM-Modell-basierte thermische Gebäudesimulation spart nicht nur Zeit bei der Überführung der Architektur in die Simulationssoftware, sondern liefert auch genauere Ergebnisse zur späteren Energieeinsparung durch bedarfsgerechte Auslegung der technischen Anlagen.

6.3.3 BIM-Anwendungsfälle zur Steigerung der Produktivität

Als Beispiel zur Steigerung der Produktivität von Gebäudenutzern können Tageslichtsimulationen auf Basis von BIM-Modellen benannt werden. Hierbei wird nicht nur Zeit bei der Überführung der Architektur in die Simulationssoftware gespart, sondern die bessere Ausleuchtung des Gebäudes auf Basis der Tageslichtsimulation liefert auch genauere Erkenntnisse zur späteren Produktivitätssteigerung der Nutzer im Kerngeschäft des Unternehmens.

In Verbindung mit *Generative Design* können z. B. spätere Produktionsprozesse und die hierfür erforderliche Layout-Planung durch BIM optimal aufeinander abgestimmt werden. Kommunikations- und Verkehrsströme sowie Logistik- und Fertigungsprozesse werden dadurch optimiert und führen zu einer Produktivitätssteigerung der Kernprozesse des Unternehmens in der Betriebsphase.

6.4   Bewertung von Nutzeffekten mit der Balanced Scorecard

In den Abschn. 6.1, 6.2 und 6.3 wurden grundlegende Treiber für Nutzeffekte und Kosten des Einsatzes der BIM-Methode im FM und den jeweilgen Anwendungsfällen für die Wirtschaftlichkeit von BIM in der Bauprojekt- und Nutzungsphase ausführlich erläutert. Die Entscheidung für die tatsächliche Implementierung der BIM-Methode in einer FM-Organisation oder einem Projektvorhaben für einzelne oder mehrere der erläuterten BIM-Anwendungsfälle ist jedoch in der Praxis nicht immer einfach. Besonders für die geschilderten Nutzeffekte ist die Berechnung eines monetär bewerteten Einsparbetrags durch den Einsatz von BIM nicht immer möglich. Insbesondere qualitative Nutzeffekte, z. B. im Bereich der qualitätsbezogenen Wertschöpfung (vgl. Abschn. 6.2.2), lassen sich bzgl. der finanzwirtschaftlichen Effekte teilweise nur unzureichend abschätzen.

Für strategische Entscheidungen, die nicht ausschließlich durch finanzwirtschaftliche Parameter begründet werden können, hat sich die Methode der Balanced Scorecard (BSC) bereits umfassend in der Praxis bewährt. Im Allgemeinen wird die BSC-Methode jedoch zunächst mit der Einführung von Methoden und Systemen zur Leistungsmessung (Performance Measurement System) in Verbindung gebracht. Seit der ersten Veröffentlichung der BSC-Methode durch Robert S. Kaplan und David Norton im Jahr 1992 (Kaplan und Norton 1992) erfreut sich die BSC-Methode im praktischen Einsatz in Unternehmen aller Branchen bis heute weltweit großer Beliebtheit. Neben der ursprünglichen Zielsetzung lässt sich die BSC-Methode aber auch sehr gut anwenden, um den Nutzen und die Wirtschaftlichkeit innovativer, neuer Methoden und Werkzeugen wie eben der BIM-Methode systematisch zu ermitteln und zu verdeutlichen.

6.4.1   Methode der Balanced Scorecard

In diesem Abschnitt werden zunächst die ursprüngliche BSC-Methode kurz vorgestellt, die Grundprinzipien erläutert und in einem nächsten Schritt für die Bewertung des BIM-Einsatzes angepasst. Der Abschnitt schließt mit der Darstellung eines Vorgehensmodells für die praktische Anwendung der BSC-basierten Bewertung im Kontext des BIM-Einsatzes.

Der Ansatz der BSC-Methode basiert auf der Erkenntnis, dass Management-Entscheidungen in der Praxis nur zu einem Teil auf Basis finanzwirtschaftlicher Kenngrößen getroffen werden, sondern vielmehr qualitative Aspekte sowohl aus unternehmensinterner als auch externer Perspektive eine zumindest ebenso große Rolle spielen.

So definierten Kaplan und Norton für die BSC-Methode die beiden namensgebenden Grundsätze.

Balanced („ausgewogen")

Mit dem Begriff „Balanced" wird ausgedrückt, dass neben der Finanzperspektive auch weitere Perspektiven für Management-Entscheidungen berücksichtigt werden müssen. Kaplan und Norton definieren neben der Finanzperspektive (Sicht der Anteilseigner des Unternehmens), die Kundenperspektive (Vertriebs- und Kundensicht), die Prozessperspektive (interne Organisation) sowie die Innovations- bzw. Lernperspektive (vgl. Abb. 6.1). Die BSC-Methode balanciert nun einzelne, zum Teil auch widersprüchliche Ziele der vier Perspektiven über deren Zielvorgaben aus. So ermöglicht die BSC systematisch alle Aspekte einer Unternehmensstrategie einzubeziehen, auch die, deren Ziele nicht durch rein finanzwirtschaftliche Kennzahlen abgebildet werden können.

Scorecard („Zählkarte")

Die „Scorecards" verknüpfen für jede der vier Perspektiven die Ziele der Unternehmensstrategie mit konkreten Kennzahlen (Key Performance Indicator – KPI) zur Messung der Zielerreichung. Dies umfasst auch die Definition der Vorgabe- bzw. Zielwerte. Ferner wird auf der Scorecard für jedes Ziel ein Bezug zu den Maßnahmen hergestellt, die zur

Abb. 6.1 Perspektiven der BSC nach Kaplan und Norton

Erreichung des Ziels erforderlich sind. Damit beantwortet die BSC die Fragen: „Was muss ich tun, um das Ziel zu erreichen?" und vor allem „Bin ich erfolgreich bei der Durchführung dieser Maßnahmen?".

6.4.2 Anwendung der BSC-Methode zur Bewertung des BIM-Einsatzes

In den Abschn. 6.2 und 6.3 wurden wesentliche Treiber für die Wertschöpfung durch den Einsatz der BIM-Methode aus Sicht des FM und das Spektrum der Nutzeffekte dargestellt. Dabei wurde die Problematik der Quantifizierung dieser Nutzeffekte diskutiert und genau, wie es der BSC-Ansatz vorsieht, gilt es auch hier, bei der (Management)-Entscheidung für den BIM-Einsatz qualitative Aspekte systematisch in die Entscheidung einzubeziehen. Folgerichtig liegt eine Modifikation der ursprünglichen BSC-Methode für diesen Einsatzzweck nahe.

Nutzt man die vier BSC-Perspektiven zur Entscheidungsfindung, ob die BIM-Methode projektspezifisch oder aber sogar in der regulären FM-Organisation eingesetzt werden soll, so treten die erläuterten BIM-Nutzeffekte bzw. BIM-Anwendungsfälle an die Stelle der Unternehmensziele der BSC. Die Erreichung dieser Nutzeffekte, ob im BIM-Projekt oder für die FM-Organisation allgemein, ist dann die Zielstellung. Die Messung der Zielerreichung ermöglicht somit die Prüfung, ob die geforderten Nutzeffekte auch wirklich eingetreten sind.

Der BSC-Ansatz verdeutlicht die Nutzeffekte nicht nur strukturiert nach den Adressaten des Nutzeffekts (Geschäftsführung, Kunde, Organisation, Innovationsfähigkeit), sondern liefert auch gleich ein Instrument zur Überprüfung des Umsetzungserfolgs.

Im Einzelnen werden die BSC-Perspektiven wie folgt konkretisiert:

* *Finanzperspektive*
  Hier werden die monetären, finanzwirtschaftlichen Nutzeffekte des BIM-Einsatzes gesammelt. Dabei werden sowohl Kosteneinsparungen (z. B. Qualitätskosten) wie auch durch den BIM-Einsatz erwartete neue Erlöse (z. B. zusätzlich abgerechnete Leistungen) berücksichtigt. Von Nutzeffekten der Finanzperspektive wird erwartet, dass die Kennzahlen zur Messung i. d. R. monetär in Euro bewertet werden.
* *Kundenperspektive*
  Hier werden die Nutzeffekte aufgeführt, die einen Mehrwert für den Auftraggeber liefern. Der Auftraggeber kann intern (z. B. andere Abteilungen des Unternehmens) aber auch extern sein. Zum Beispiel, umfasst dies Nutzeffekte, die der Einsatz der BIM-Methode bei einem FM-Dienstleistungsunternehmen für seinen (externen) Auftraggeber erzeugt. Nutzeffekte dieser Perspektive können sowohl quantitativ als auch qualitativ sein.

- *Prozessperspektive*
  Hier wird auf Nutzeffekte fokussiert, die interne Prozesse optimieren. Die Vermeidung von Nacharbeiten durch Fehler bei Informationsübertragungen oder -nacherhebungen sind typische Beispiele. Legt man den Fokus des Nutzeffekts auf die Prozessperspektive, steht z. B. die Verringerung von Durchlaufzeiten im Vordergrund. Resultierende Kosteneinsparungen werden erst mittelbar betrachtet. Liegt jedoch der Schwerpunkt auf den Kosteneinsparungen, könnte eine Verschiebung des BIM-Nutzeffekts in die Finanzperspektive sinnvoll sein.
- *Innovationsperspektive*
  Für viele FM-Organisationen stellt die BIM-Methode einen grundsätzlich neuen Ansatz dar. So ermöglichen es BIM-Pilotprojekte erste Erfahrungen zu sammeln und spezifisches BIM-Know-how aufzubauen. Typischerweise wird dieser Nutzen in der Innovationsperspektive berücksichtigt. Kosteneinsparungen werden zunächst noch nicht betrachtet. Bei einem Update der BIM-BSC für das nächste Projekt erfolgt ggf. eine entsprechende Anpassung.

6.4.3 Vorgehen bei der Anwendung der BSC-Methode zur Bewertung des BIM-Einsatzes

Die konkrete Anwendung der BSC-Methode zur Bewertung von Nutzen und Wirtschaftlichkeit des BIM-Einsatzes lässt sich in fünf Schritte gliedern, die sich in verkürzter Form eignen, um überschlägig in einem Workshop abgeschätzt zu werden.

6.4.3.1 Sammlung der Nutzeffekte – Schritt 1

Im ersten Schritt werden die erwarteten Nutzeffekte (Nutzen-Treiber) zunächst nur gesammelt. Hierfür kann auf die Darstellungen der Nutzeffekte in den Abschn. 3.3, 6.2 und 6.3 zurückgegriffen werden. Die Zusammenstellung der BIM-Anwendungsfälle (BIM-Uses) des *BIM Project Execution Planning Guide* (Kreider und Messner 2013) bieten ebenfalls eine sehr gute Übersicht typischer BIM-Nutzeffekte über den gesamten Gebäudelebenszyklus. Die Autoren beschreiben die verschiedenen BIM-Anwendungsfälle strukturiert nach Einsatzzweck, typischen Merkmalen des BIM-Use sowie den für die Umsetzung erforderlichen BIM-Kompetenzen. Zudem werden Hilfestellungen bei der Auswahl geeigneter BIM-Anwendungsfälle angeboten. Im Bereich infrastruktureller Bauvorhaben entstand im Rahmen der Initiative BIM4INFRA2020 mit dem Teil 6 eine Zusammenstellung der wichtigsten BIM-Anwendungsfälle in Form von Steckbriefen, die ebenfalls Hinweise zum potenziellen Nutzen, zum Aufwand bei der Umsetzung sowie zu relevanten Daten, Modellen und Formaten bieten (Borrmann et al. 2019b).

6.4.3.2 Operationalisierung der Nutzeffekte – Schritt 2

Auf Basis der selektierten BIM-Nutzeffekte erfolgt in einem nächsten Schritt nun eine strukturierte Beschreibung der gewählten BIM-Anwendungsfälle für das konkrete

Vorhaben. Als Grundlage für diesen Schritt kann auf die unter Schritt 1 aufgeführten Quellen als Vorlage für BIM-Anwendungsfälle zurückgegriffen werden.

Für jeden BIM-Anwendungsfall werden folgende Informationen zusammengestellt:

- *Zielsetzung* des BIM-Anwendungsfalls
  Welcher Nutzen wird mit dem Einsatz der BIM-Methode für das Vorhaben erwartet?
- *BIM-Rollen/BIM-Kompetenzen*
  Welche Rollen und Projektpartner sind bei diesem BIM-Anwendungsfall beteiligt und welche BIM-Kompetenzen sind für die Umsetzung erforderlich?
- *Informationsobjekte*
  Welche Daten, ggf. auch welche Modelle (z. B. Bestandsmodelle, spezielle Fachmodelle) und Formate werden für diesen BIM-Anwendungsfall benötigt?
- *Hinweise/Chancen und Risiken bei der Umsetzung*
  Welche Herausforderungen sind bei der Umsetzung des BIM-Anwendungsfalls zu beachten?

6.4.3.3 Zuordnung der Nutzeffekte zu einer BSC-Perspektive – Schritt 3

Mit dem dritten Schritt wird nun festgelegt, aus welcher BSC-Perspektive die Nutzeffekte des BIM-Anwendungsfalls für die Entscheidung, ob und in welchem Umfang die BIM-Methode angewendet werden soll, betrachtet wird.

Für den im Abschn. 6.2.3 erläuterten Nutzeffekt der *Optimierung technischer Flächen* könnte eine Zuordnung zu zwei der BSC-Perspektiven wie folgt sinnvoll sein:

- Zuordnung zur *Finanzperspektive*
  Diese Perspektive würde gewählt, wenn das eigene Unternehmen von dem finanziellen Einspareffekt durch die Reduzierung der technischen Flächen in der Planungsphase eines Bauvorhabens später in der Betriebsphase profitiert. So könnten z. B. die Gewinnung zusätzlicher Flächen für die Vermietung zusätzliche Erlöse generieren.
- Zuordnung zur *Prozessperspektive*
  Die Entscheidung für die Prozessperspektive für den erwarteten Nutzeffekt würde dann gewählt werden, wenn durch die Optimierung der technischen Flächen Instandhaltungsprozesse verbessert würden. Wie im Abschn. 6.2.3 erläutert, führt eine Unterdimensionierung technischer Flächen dazu, dass der nötige Arbeitsraum für Wartungen bzw. die Zugänglichkeit von Anlagen nicht oder nur unter erschwerten Bedingungen gewährleistet ist. Die Optimierung des Arbeitsraums um eine technische Anlage führt für den Betrieb also letztendlich zu geringeren Instandhaltungskosten und einer Verbesserung der Prozessqualität.

Die Zuordnung eines Nutzeffekts kann auch zu mehreren Perspektiven erfolgen, wobei i. d. R. eine Priorisierung auf eine Perspektive erfolgt.

6.4.3.4 Zuordnung eines Indikators zur Messung der Zielerreichung – Schritt 4

Einer der großen Vorteile der BSC-Methode liegt nicht nur in der Verknüpfung von Zielsetzung mit den Adressaten einer Perspektive (z. B Stakeholder/Shareholder, Kunde, interne Organisation), sondern auch in der Verknüpfung der Zielsetzung mit Kennzahlen (KPIs) zur Messung der Zielerreichung. Dabei werden als KPI für Nutzeffekte regelmäßig auch qualitative Indikatoren gewählt. Nur in der Finanzperspektive wird zumeist eine quantitative Kennzahl eingesetzt.

In dem in Schritt 3 gewählten Beispiel würde man den Nutzeffekt „Optimierung technischer Flächen" im Falle der Zuordnung zur Finanzperspektive mit den erwarteten zusätzlichen Erlösen als Kennzahl messen. Die Größe könnte absolut in Euro oder relativ, in einer prozentualen Steigerung der Gesamterlöse aus der Vermietung angegeben werden.

Wählt man in Schritt 3 hingegen die Prozessperspektive könnte eine erwartete Reduzierung der Durchlaufzeiten für Instandhaltungstätigkeiten als Kennzahl gewählt werden. Allerdings sind auch qualitative Effekte wie die Verbesserung der Prozessqualität denkbar.

6.4.3.5 Festlegung der Maßnahmen zur Zielerreichung – Schritt 5

Im letzten Schritt werden dann die Maßnahmen zur Umsetzung des BIM-Anwendungsfalls konkretisiert. So werden Informationsanforderungen in AIA übersetzt, sowie erforderliche Prozesse und Datenübergabepunkte (Data Drops) im BAP bzw. IDM beschrieben (vgl. Abschn. 3.4 und Kap. 7).

6.5   Zusammenfassung

Die kontinuierliche weitere Anwendung der BIM-Methode auch in der Nutzungsphase von Gebäuden scheitert heute noch häufig an der Skepsis von FM- und/oder Eigentümer-Organisationen am wirtschaftlichen Nutzen des BIM-Einsatzes, vor allem – aber nicht nur – bei Bestandsimmobilien.

In diesem Kapitel werden zunächst grundlegende Treiber für die Wirtschaftlichkeit und den ROI des BIM-Einsatzes erläutert. Auf dieser Basis erfolgt die Darstellung typischer Nutzeffekte der BIM-Methode in der Bauphase, die Auswirkungen auf die Wertschöpfung in der Betriebs- und Nutzungsphase haben. So wird die Notwendigkeit des Einsatzes der BIM-Methode im Sinne eines „Digital Prototyping" und eines „Digital Life Cycle Managements" in der Entwurfs- und Planungsphase verdeutlicht. Die sich aus dieser prozessbezogenen Betrachtung ergebenen Nutzeffekte werden um die qualitätsbezogene Wertschöpfung in der Bauphase ergänzt, wobei Vorteile der BIM-Methode durch eine niederschwellige, frühzeitige Anwendung von Simulationsverfahren erläutert werden. So können in der Entwurfs- und Planungsphase noch zeitnah Innovationen durch neue Generationen technischer Komponenten berücksichtigt werden, da die Auswirkungen auf die Planung durch den Austausch einzelner, energieeffizienterer Komponenten mit deutlich geringerem Aufwand abgeschätzt und berechnet werden kann. Eine ressourcenbezogene

Betrachtung der Wertschöpfung durch den Einsatz von BIM aus Sicht von Flächen- und Energieeffizienz schließt die Bauphase mit praktischen Erfahrungen bei der Optimierung von technischen Flächen durch eine BIM-basierte Planung ab.

In der Betriebs- und Nutzungsphase werden zunächst anhand von BIM-Anwendungsfällen Nutzeffekte durch die Reduzierung der Prozessdurchlaufzeiten wichtiger Bewirtschaftungsprozesse, wie z. B. von Instandhaltungsprozessen vorgestellt. So wird u. a. ausgeführt, wie BIM-Modelle als „Enabler" den Einsatz innovativer Technologien wie Augmented- oder Mixed Reality ermöglichen. Der Einsatz dieser Technologien bewirkt nicht nur Effizienzgewinne bezogen auf die Bearbeitungsgeschwindigkeit, sondern es werden auch Entscheidungen z. B. über den Austausch oder die Reparatur technischer Komponenten schneller und sicherer getroffen. Vor dem Hintergrund des akuten Fachkräftemangels ergeben sich hieraus in Verbindung mit Ansätzen zur Remote-Unterstützung von Vor-Ort-Kräften weitere interessante Ansatzpunkte. Abschließend werden Beispiele für die Reduzierung externer Sachkosten, wie z. B. durch die Vermeidung der üblichen Erfassungskosten bei einem Wechsel von Dienstleistungsunternehmen erläutert sowie Effekte durch den Einsatz der BIM-Methode zur Steigerung der Produktivität von Gebäudenutzern durch eine bessere Tageslichtausleuchtung vorgestellt.

Im letzten Abschnitt dieses Kapitels wird ein neuer Ansatz zur Bewertung der BIM-Nutzeffekte in der Bau- und Nutzungsphase vorgeschlagen. So wird der in der Praxis etablierte Ansatz der Balanced Scorecard (BSC) für unternehmensstrategische Entscheidungen, die nicht ausschließlich auf finanzwirtschaftlichen Kennzahlen basieren, auf die Bewertung von BIM-Nutzeffekten übertragen. Auch hier gilt, dass der BIM-Einsatz zumeist nicht ausschließlich durch finanzielle Einsparungen gerechtfertigt werden kann. Vielmehr muss eine Entscheidung ebenfalls von dem häufig qualitativen Nutzen des BIM-Einsatzes für Kunden, der eigenen Prozessorganisation oder der eigenen Innovationsfähigkeit abhängig gemacht werden. Der Abschnitt schließt mit der Darstellung eines Vorgehens in fünf Schritten für die praktische Anwendung der BSC-basierten Bewertung im Kontext des BIM-Einsatzes.

Literatur

Borrmann A, Elixmann R, Eschenbruch K, Forster C, Hausknecht K, Hecker D, Hochmuth M, Klempin C, Kluge M, König M, Liebich T, Schöferhoff G, Schmidt I, Trzechiak M, Tulke J, Vilgertshofer S, Wagner B (2019b) Steckbriefe der wichtigsten BIM-Anwendungsfälle. Publikationen BIM4INFRA 2020, Teil 6

Kaplan R, Norton D (1992) The Balanced Scorecard – Measures That Drive Performance. In: Harvard Business Review, Jan-Feb 1992

Kreider R, Messner J (2013) The Use of BIM. Classifying and Selecting BIM Uses. PennState University College of Engineering. https://pennstateoffice365-my.sharepoint.com/:b:/g/personal/jim101_psu_edu/EYm_wQdsDn5MvcFwDbrg-SsB7LGn7iP5_WazMXwFdVFDZQ?e=iod4JD. (abgerufen: 18.11.2021)

May M (Hrsg.) (2018a) CAFM-Handbuch – Digitalisierung im Facility Management erfolgreich einsetzen. 4. Auflage, Springer Vieweg, Wiesbaden, 2018, 713 S

NN (2016a) GEFMA Richtlinie 460: Wirtschaftlichkeit von CAFM-Systemen, Mai 2016, 27 S

NN (2019h) Energieeffizienzstrategie 2050. Bundesministerium für Wirtschaft und Energie. https://www.bmwi.de/Redaktion/DE/Publikationen/Energie/energieeffiezienzstrategie-2050.html (abgerufen: 18.11.2021)

BIM-Einführung in FM-Organisationen

7

Maik Schlundt, Thomas Bender, Michael Härtig, Erik Jaspers
und Marko Opić

7.1 Stakeholder in BIM4FM-Projekten

Stakeholder sind Personen, Gruppen oder Organisationen, die von einem BIM-Projekt betroffen sein können oder sich als Betroffene wahrnehmen. Ambitionen und Ziele der Stakeholder ergänzen sich häufig, können aber auch unterschiedlich und im ungünstigsten Fall sogar gegensätzlich sein. Dabei haben nicht alle die gleichen Einflussmöglichkeiten auf die Ausprägung der BIM-Methode im jeweiligen Projekt.

M. Schlundt (✉)
DKB Service GmbH, Berlin, Deutschland
E-Mail: maik.schlundt@dkb-service.de

T. Bender
pit – cup GmbH, Heidelberg, Deutschland
E-Mail: thomas.bender@pit.de

M. Härtig
N+P Informationssysteme GmbH, Meerane, Deutschland
E-Mail: michael.haertig@nupis.de

E. Jaspers
Planon B.V., Nijmegen, Niederlande
E-Mail: erik.jaspers@planonsoftware.com

M. Opić
Alpha IC GmbH, Nürnberg, Deutschland
E-Mail: m.opic@alpha-ic.com

© Der/die Autor(en), exklusiv lizenziert an Springer Fachmedien Wiesbaden
GmbH, ein Teil von Springer Nature 2022
M. May et al. (Hrsg.), *BIM im Immobilienbetrieb*,
https://doi.org/10.1007/978-3-658-36266-9_7

7.1.1 Stakeholder während des Gebäudelebenszyklus

Die Betrachtung der Lebenszyklusphasen nach GEFMA Richtlinie 100 (NN 2004a) eines Gebäudes eröffnet den Blick auf viele Stakeholder eines BIM-Projekts (vgl. Abb. 7.1).

Zunächst fällt auf, dass die vermeintlichen „Hauptprotagonisten" des BIM, Architekten, Planer und Errichter, gemessen am gesamten Lebenszyklus eines Gebäudes nur einen relativ kleinen Stakeholder-Anteil, auch bezogen auf die Dauer des Lebenszyklus, haben. Insbesondere die Unterscheidung zwischen Datenerzeugung und Datennutzung verdeutlicht die Rolle von BIM in den Gebäudelebenszyklusphasen nach der Errichtung. Dabei ist zu berücksichtigen, dass Abb. 7.1 nicht den realen zeitlichen Umfang der einzelnen Phasen darstellt – die Phasen der Gebäudenutzung sind bekanntlich ungleich länger als die der Errichtung.

7.1.2 Datenerzeuger

Die operativen Hauptakteure in BIM-Projekten sind *Architekten und Planer*. Ihre Zusammenarbeit am BIM-Modell bildet die Grundlage für den Effizienzvorteil der BIM-Methode bezüglich Entscheidungs-, Zeit- und Kostenplanungs- oder Baumanagementprozessen. Sie gewährleisten mithilfe von BIM ein hohes Maß an Planungstempo und -sicherheit. Dabei sind sie stark auf die erfolgreiche Fertigstellung des Gebäudes fokussiert. Die Umsetzung von Anforderungen aus dem Objektbetrieb sind in der Regel, insbesondere wenn

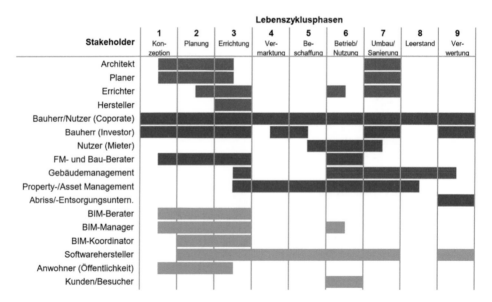

Abb. 7.1 Zeiträume des Auftretens verschiedener Stakeholder im BIM-Prozess (Datenerzeugung – grün, Datennutzung – blau, Beratung/Unterstützung/sonstige – grau)

nicht frühzeitig kommuniziert, mit Zusatzaufwand verbunden und können daher dem wirtschaftlichen Projekterfolg entgegenstehen.

Dies gilt in besonderem Maße für die *Errichterfirmen*, deren Einsatz zeitlich näher an der Betriebsphase liegt und die daher intensiver mit den entsprechenden Anforderungen (z. B. an Datenaustausch und Dokumentation) konfrontiert werden.

Als indirekt Beteiligte spielen die *Hersteller* und Lieferanten von baulichen und technischen Komponenten eine derzeit noch unterentwickelte Rolle. Dass neben der funktionalen und materiellen Qualität der gelieferten Komponenten auch die Bereitstellung umfassender digitaler Daten (vgl. Abschn. 6.3) einen Mehrwert darstellt, ist noch nicht durchgängig erkannt worden. Dies hat insbesondere Auswirkungen auf die Schnittstelle zum Facility Management, für welches entsprechende Informationen dringend benötigt werden.

7.1.3 Datennutzer

Unter den datennutzenden Stakeholdern steht der *Bauherr* an erster Stelle. Sein Interesse an der bestmöglichen qualitativen Auswirkung des BIM-Einsatzes sowohl auf den Planungs- und Errichtungsprozess als auch auf die Gebäudedokumentation und den Objektbetrieb ist groß, allerdings stehen auch hier häufig Kostenaspekte im Vordergrund. Dabei sind zwei Formen der Bauherrenschaft zu unterscheiden: Wer das Gebäude für die spätere Eigennutzung errichten lässt (als Corporate Real Estate), gewichtet den Nutzen in der Betriebsphase in der Regel höher als ein klassischer Investor, der das Objekt je nach Geschäftsmodell nur sehr befristet hält und daher nicht den gesamten Lebenszyklus, sondern eher den Dokumentationszustand in der Transaktionsphase im Blick hat. Beide profitieren von einer möglichst genauen und vor allem schnell verfügbaren Bestandsdokumentation.

Als *Mieter* des Objekts ist der *Nutzer* eher ein indirekter Stakeholder von BIM. Er profitiert von einem effizienten Gebäudebetrieb und einer ggf. höheren technologischen Qualität in seiner Mietfläche. Diesbezüglich kann er später eigene interne Services (z. B. auf Basis von IoT, vgl. Abschn. 2.7) in das BIM-Modell integrieren.

Obwohl die *FM-* und weiteren *Bauberater* eher dem Planungs- und Errichtungsprozess zuzuordnen sind, erzeugen sie in der Regel keine Daten innerhalb des BIM-Modells, sondern nutzen diese vorwiegend, um mittels Datenexport technischer Anlagen- oder Flächenaufstellungen die Ausschreibung von FM-Dienstleistungen zu unterstützen oder anhand geometrischer Modell- sowie Materialdaten strömungs- oder bauphysikalische Simulationen durchzuführen (vgl. Abschn. 2.11). Der FM-Berater hat im BIM-Projekt u. U. eine weitere Rolle: Als Spezialist für die Belange des späteren Objektbetriebs kann er maßgeblich zur Definition der Anforderungen an den Aufbau und die Nutzung des BIM-Modells in Form der AIA oder LOIN (vgl. Abschn. 3.4) beitragen.

Sowohl als Nutzer als auch Erzeuger von BIM-Daten ist das *Gebäudemanagement* bzw. *FM* einer der wichtigsten Stakeholder eines BIM-Projekts. Durch eine rechtzeitige

Kenntnis (und bestenfalls sogar Einbindung in die Definition) der BIM-Strukturen des Projekts kann der spätere Objektbetrieb optimal auf die Nutzung des BIM-Modells ausgerichtet und hinsichtlich der Dokumentationsprozesse möglichst effizient gestaltet werden. Erst unter dieser Maßgabe ist auch die weitere Datenpflege eines digitalen Gebäudezwillings (vgl. Abschn. 4.1) denkbar. Es versteht sich von selbst, dass ein BIM-basierter Gebäudebetrieb hohe Anforderungen an die Datenpflege durch Architekten und Planer, insbesondere aber durch die Errichterfirmen stellt und dort entsprechende Aufwände erzeugt.

Weitere Stakeholder des Objektbetriebs sind das *Property* und *Asset Management*. Ihr Bedarf an Daten aus dem BIM ist stark abhängig von den Schnittstellen zum Gebäudemanagement, wird aber eher infrastrukturelle Daten, vor allem Flächen- und Ausstattungsinformationen der Nutzungsbereiche betreffen.

Um die Relevanz von BIM über den gesamten Gebäudelebenszyklus hinweg zu unterstreichen, sei auch die letzte Phase, die Verwertung erwähnt. Hier können *Abriss-* und *Entsorgungsunternehmen* wertvolle Daten von der Gebäudestatik über verwendete Baustoffe bis hin zu Masseninformationen entnehmen, um eine sichere Zerlegung, die möglichst umfassende Wiederverwendung oder Verwertung und die nicht vermeidbare Entsorgung zu gewährleisten.

7.1.4 Berater und Unterstützer

In der Planungs- und Entwicklungsphase eines Bauprojekts spielen verschiedene beratende und unterstützende Stakeholder eine Rolle, die jedoch weder Daten erzeugen noch nutzen. So haben *BIM-Manager* und *-Koordinatoren* das gemeinsame Ziel einer effizienten BIM-Projektabwicklung entlang des auf Basis der AIA entwickelten BAP. Als Stellvertreter verschiedener Baubeteiligter können die Vorstellungen von der Zielerreichung dabei allerdings stark variieren. Ein extern hinzugezogener *BIM-Berater*, der u. U. auch als Mediator wirken kann, ist häufig eine hilfreiche Ergänzung des Projektteams.

Die *Softwarehersteller* der Produkte, die während der Planungs- und Bauphase sowie im späteren Betrieb eingesetzt werden, haben einen nicht zu unterschätzenden Einfluss auf die erfolgreiche Nutzung von BIM. Hier sind neben den Herstellern von BIM-Software auch die Lieferanten von CDE-Plattformen, Simulationssoftware, CAFM und vielen weiteren Produkten zu nennen, die digitale Planungs-, Errichtungs- und Betriebsprozesse auf Basis von BIM-Daten ermöglichen. Die dafür erforderlichen Schnittstellen werden zunehmend standardisiert, was nur durch die Zusammenarbeit aller Marktteilnehmer und das Engagement von Organisationen und Verbänden (vgl. Anhang 2) möglich ist.

7.1.5 Sonstige

Zwei wesentliche Beteiligte bzw. Betroffene von Bauprojekten sollen an dieser Stelle nicht vergessen werden. Insbesondere bei Gebäuden von öffentlichem Interesse ist es häufig erforderlich, *Anwohner* oder die aus anderen Gründen interessierte *Öffentlichkeit* umfassend zu informieren. Dabei sind schnell und zuverlässig überzeugende Antworten auf spezifische Fragestellungen zu präsentieren, was an einem integralen und grafisch hochwertigen 3D-Gebäudemodell eher gelingt als durch Pinnwände mit Ansichten und Schnitten.

Weitere Stakeholder können *Kunden* und *Besucher* der späteren Nutzer des Objekts sein. Sie profitieren von vielen, auf den Daten des BIM-Modells basierenden technischen Lösungen wie einer Indoor-Navigation. Die Zufriedenheit von Kunden und Besuchern ist dabei ein Treiber, der sich über die Objektnutzer auf die zukünftige Entwicklung von BIM auswirken kann.

7.2   Vorgehensweise in einem BIM-Projekt

Die Anzahl von Bauprojekten, die nach der BIM-Methode realisiert wird, steigt immer weiter. In den meisten BIM-Projekten liegt der Fokus allerdings auf der Planungs- und Bauphase. Der spätere Gebäudebetrieb wird im BIM-Projekt noch zu selten berücksichtigt.

Um aus einem BIM-Projekt einen Mehrwert für den Gebäudebetrieb zu generieren, ist es unabdingbar, die Anforderungen aus dem Facility Management bereits zu Projektbeginn zu berücksichtigen und als festen Bestandteil im Projekt zu implementieren. Weiterhin sind die erforderlichen BIM-Rollen und die dazugehörige IT-Landschaft zu etablieren (vgl. Abb. 7.2). Hier ist insbesondere der BIM-Datenmanager hervorzuheben (vgl. Abschn. 5.4).

Aus FM-Sicht sind dabei insbesondere folgende Punkte zu berücksichtigen und in einem BIM-Projekt verbindlich zu verankern:

- Beschreiben der Anforderungen aus dem Facility Management an ein BIM-Projekt (Asset Information Requirements – AIR),
- Integration der AIR in die BIM-Projektdokumente (Auftraggeber-Informations-Anforderungen – AIA),
- Implementieren der aus FM-Sicht erforderlichen Rollen im Projekt,
- Etablieren der aus FM-Sicht relevanten BIM-Tools im Projekt, wie Autorenwerkzeuge, BIM-DB und CDE.

7.2.1   Anforderungen aus dem Facility Management

Die Anforderungen aus dem Facility Management an BIM bzw. an ein BIM-Projekt sollten bereits bei der Zieldefinition und Strategieentwicklung des Bauherrn berücksichtigt werden. Eine Konkretisierung der FM-Anforderungen erfolgt durch die Beschreibung der AIR (deutsch: Liegenschafts-Informationsanforderungen – LIA).

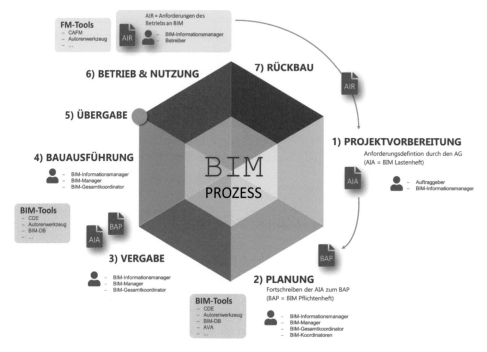

Abb. 7.2 Schematische Darstellung des BIM-Referenzprozesses

Das LIA-Dokument fasst die Daten- und Informationsanforderungen für die Bewirtschaftungsphase einer Liegenschaft oder des Liegenschafts-Portfolios einer Organisation zusammen. Es spezifiziert die Informationsbedürfnisse für alle Stakeholder, um Immobilien über den ganzen Lebenszyklus planen, steuern und bewirtschaften zu können (NN 2019e).

Abhängig davon, wie der spätere Gebäudebetrieb gestaltet werden soll (Welche Prozesse gibt es, welche Systeme werden eingesetzt, welche Daten und Dokumente werden dazu benötigt?), können daraus konkrete Informationsanforderungen abgeleitet und formuliert werden. Die Anforderungen werden vom Eigentümer in Zusammenarbeit mit dem Gebäudebetreiber und/oder einem FM-Berater erstellt. Sie werden i. d. R. projektübergreifend definiert und können als Basis für verschiedene BIM-Projekte herangezogen werden.

In diesem Kontext geben die Asset Information Requirements mit Blickwinkel Gebäudebetrieb insbesondere Aufschluss über folgende Inhalte:

- Definition einer durchgängigen, logischen Kennzeichnung für Gebäude, Flächen sowie bauliche und technische Objekte (Allgemeines Kennzeichnungssystem – AKS),
- Definition der Merkmale (Attribute) zu den Objekten nach Klassifizierungsstandards wie CAFM-Connect,
- Übergabezeitpunkte – welche Inhalte werden, zu welchen Zeitpunkten, von wem geliefert → Level of Detail (LOD)/Level of Information (LOI),

- Datenformate (z. B. IFC, COBie) zum verlustfreien Austausch der Daten bzw. zur Übernahme in CAFM- sowie andere IT-Systeme.

Ziel der Asset Information Requirements ist es die Anforderungen des Facility Management an ein BIM-Projekt und somit auch die Lieferleistung der Projektbeteiligten an die As-built-Dokumentation verbindlich zu beschreiben. Ergebnis ist eine valide und strukturierte Datenbasis die nach Projektende problemlos in den Gebäudebetrieb überführt bzw. integriert werden kann.

7.2.2 BIM-Projektdokumente

In einem BIM-Projekt gibt es unterschiedliche Dokumente, die als Grundlage für einen geregelten Projektablauf zu erstellen sind. Diese Dokumente stellen einen wesentlichen Bestandteil der Verträge mit den einzelnen Projektbeteiligten (z. B. Architekt, TGA-Planer, ausführende Firmen/GU) dar.

Neben den Anforderungen aus dem Facility Management (AIR) handelt es sich hierbei im Wesentlichen um die Auftraggeber-Informations-Anforderungen und den BIM-Abwicklungsplan (vgl. Abb. 7.3).

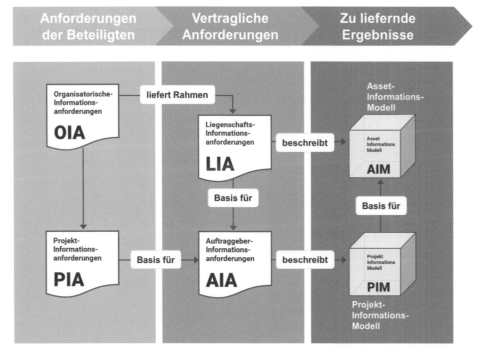

Abb. 7.3 BIM-Dokumente

7.2.2.1 Auftraggeber-Informations-Anforderungen (AIA)

In den Auftraggeber-Informations-Anforderungen definiert der Auftraggeber (Bauherr) seine Anforderungen an den Einsatz von BIM im Projekt und leitet daraus die Anforderungen an die Informationserzeugung ab. Die AIA geben im Wesentlichen Aufschluss darüber, welche Information, in welcher Detailtiefe benötigt werden. Sie beschreiben damit das, „WAS" vom AN an den AG zu liefern ist.

Die AIA sind Teil der Ausschreibungsunterlagen und sollen den Bieter umfassend über die Anforderungen und Informationsbedürfnisse des Bauherrn unterrichten, damit dieser seine Kompetenzen in Bezug auf BIM einordnen und nachweisen kann. Die AIA sind ein projektspezifisches Dokument und müssen immer auf die Anforderungen des jeweiligen BIM-Projektes angepasst werden.

Die nachfolgend aufgeführten Themenbereiche sind in den AIA detailliert zu beschreiben (NN 2015d):

- technische Details (Softwareplattform, LOD-/LOI-Definition usw.),
- Managementdetails (Beschreibung des Managementprozesses, der in Verbindung mit einem BIM-Projekt aufgesetzt werden muss),
- kommerzielle Details (Lieferleistungen, Übergabezeitpunkte).

Die Anforderungen aus dem Facility Management (AIR) sind inhaltlich in die AIA zu integrieren bzw. es ist darauf zu verweisen.

Die Arbeitsgemeinschaft BIM4INFRA2020 erbringt im Auftrag des Bundesministeriums für Verkehr und Digitale Infrastruktur (BMVI) wissenschaftliche Unterstützungsleistungen im Zusammenhang mit der Einführung von Building Information Modeling. Insgesamt wurden von der Arbeitsgemeinschaft 10 Handreichungen als Empfehlung zum Umgang mit BIM herausgegeben. In Teil 2: Leitfaden und Muster für Auftraggeber-Informationsanforderungen (AIA) beschreibt die Arbeitsgemeinschaft das Gerüst für AIA wie folgt:

Inhaltsverzeichnis AIA (NN 2019f)

1) BIM-Anwendungsfälle
2) Bereitgestellte digitale Grundlagen
3) Digitale Liefergegenstände
4) Organisation und Rollen
5) Strategie der Zusammenarbeit
6) Lieferzeitpunkte
7) Qualitätssicherung
8) Modellstruktur und Modellinhalte
9) Technologien

Welche Leistungen im BIM-Projekt durch die Beteiligten zu erbringen sind, wird im AIA über die BIM-Anwendungsfälle beschrieben. Aus diesen Anwendungsfällen ergeben sich Anforderungen an die zu erstellenden digitalen Liefergegenstände. Einen Überblick über mögliche Anwendungsfälle gibt die Abb. 7.4 (NN 2019d).

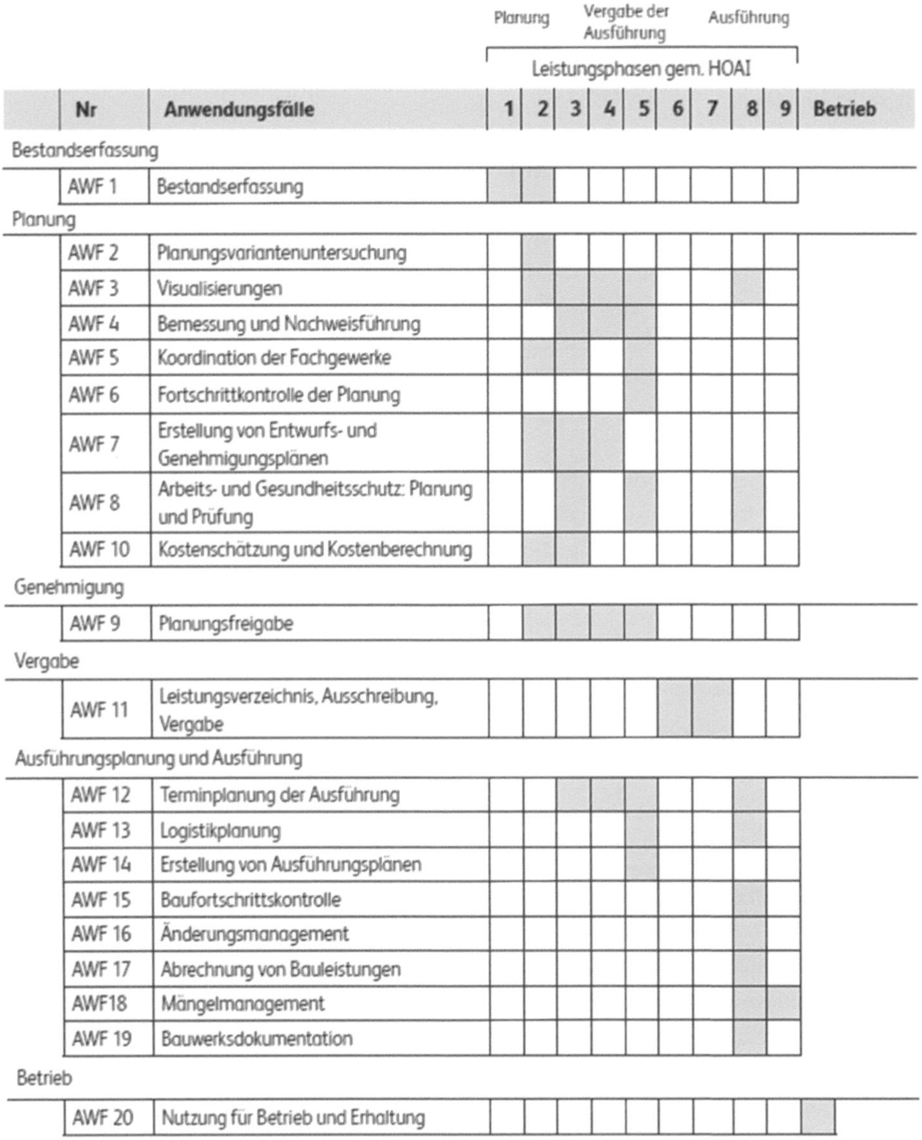

			Planung				Vergabe der Ausführung		Ausführung			
			Leistungsphasen gem. HOAI									
Nr		**Anwendungsfälle**	**1**	**2**	**3**	**4**	**5**	**6**	**7**	**8**	**9**	**Betrieb**
Bestandserfassung												
	AWF 1	Bestandserfassung	X	X								
Planung												
	AWF 2	Planungsvariantenuntersuchung		X								
	AWF 3	Visualisierungen		X	X	X			X			
	AWF 4	Bemessung und Nachweisführung			X	X	X					
	AWF 5	Koordination der Fachgewerke			X	X	X					
	AWF 6	Fortschrittkontrolle der Planung				X	X					
	AWF 7	Erstellung von Entwurfs- und Genehmigungsplänen			X	X						
	AWF 8	Arbeits- und Gesundheitsschutz: Planung und Prüfung			X							
	AWF 10	Kostenschätzung und Kostenberechnung		X	X							
Genehmigung												
	AWF 9	Planungsfreigabe			X	X						
Vergabe												
	AWF 11	Leistungsverzeichnis, Ausschreibung, Vergabe						X	X			
Ausführungsplanung und Ausführung												
	AWF 12	Terminplanung der Ausführung							X			
	AWF 13	Logistikplanung							X			
	AWF 14	Erstellung von Ausführungsplänen							X	X		
	AWF 15	Baufortschrittskontrolle								X		
	AWF 16	Änderungsmanagement								X		
	AWF 17	Abrechnung von Bauleistungen								X		
	AWF18	Mängelmanagement								X	X	
	AWF 19	Bauwerksdokumentation									X	
Betrieb												
	AWF 20	Nutzung für Betrieb und Erhaltung										X

Abb. 7.4 BIM-Anwendungsfälle

Der AN hat im Rahmen seiner Leistungserbringung digitale Liefergegenstände zu erstellen, zu prüfen und dem AG zu übergeben. Die digitalen Liefergegenstände sind vom AN im BIM-Projekt zu erstellen, zu prüfen und dem AG zu übergeben.

In den AIA werden die Liefergegenstände mit Bezug auf die Leistungsphasen nach HOAI und mit Angabe der LOD beschrieben. Die Liefergegenstände sind i. d. R. Dateien, die als Ergebnis am Ende einer Leistungsphase an den AG zu übergeben sind. Dies können z. B. 3D-Gebäudemodelle, Berechnungen, alphanumerische Informationen oder beschreibende Dokumente sein. Der Ausarbeitungsgrad (LOG, LOI) ist in den AIA detailliert zu beschreiben.

7.2.2.2 BIM-Abwicklungsplan (BAP)

Nach erfolgter Vergabe erstellen die zu diesem Zeitpunkt feststehenden Projektbeteiligten idealerweise gemeinsam den BIM-Abwicklungsplan (BAP), in dem festgehalten wird, wie die Auftraggeber-Informations-Anforderungen erfüllt werden. Während in den AIA das „WAS" beschrieben ist, wird im BAP das „WIE" beschrieben.

Der BIM-Abwicklungsplan wird auf der Basis der AIA erstellt und fortgeführt und bildet das projektspezifische Rückgrat eines BIM-Projekts hinsichtlich der Erstellung, Weitergabe und Verwaltung von Daten und Informationen. Er beantwortet u. a. (May 2018a)

- wie die Rollen und Verantwortlichkeiten verteilt sind,
- welche Technologie zum Einsatz kommt,
- wie oft und wann Planungsbesprechungen durchgeführt werden und
- welche Teile der Planung zu welchem Zeitpunkt in welcher Detailtiefe modelliert und geplant werden.

Die im Vorfeld definierten Anforderungen aus dem Facility Management (AIR) sind in die AIA und den BAP zu integrieren. Sowohl AIA als auch BAP sind grundlegende Vertragsdokumente in einem BIM-Projekt und anschließend für die Projektbeteiligten verbindlich umzusetzen.

7.3   Gemeinsame Datenumgebung (CDE)

Eine zentrale, gemeinsame Datenumgebung CDE (Common Data Environment) ist Dreh- und Angelpunkt im BIM-Projekt für

- die Sammlung,
- das Management und
- die Verteilung

aller Elemente des BIM-Informationsmodells. Unter Informationsmodell versteht man in diesem Zusammenhang das Zusammenspiel von geometrischen Informationen (Modell), strukturierten Daten (Alphanumerik) und Dokumentationen. Die CDE setzt sich aus Prozessen, Konventionen, Regeln und unterstützenden Technologien zusammen, um die o. g. Aufgaben erfüllen zu können (vgl. ausführlich in Abschn. 4.3).

7.4   Rollen im BIM-Projekt

Im Vergleich zu einem klassischen Bauprojekt sind bei einem BIM-Projekt neue Rollen mit neuen Aufgaben, Zuständigkeiten und Verantwortlichkeiten erforderlich und zu definieren. Grundsätzlich handelt es sich dabei um folgende Rollen:

- BIM-Informationsmanager,
- BIM-Manager,
- BIM-Gesamtkoordinator,
- BIM-Koordinator(en) Architekt, Fachplaner.

Abhängig von Projektgröße, Projektorganisation und Vergabestrategie können die Rollen von unterschiedlichen Projektbeteiligten (z. B. Bauherr, Architekt), eventuell auch in Personalunion, übernommen werden. Ggf. kommen einzelne Rollen wie der BIM-Gesamtkoordinator nicht zum Tragen.

7.4.1   BIM-Informationsmanager

Der BIM-Informationsmanager ist Ansprechpartner für die BIM-Inhalte auf Seiten des Bauherrn. Er definiert die Informationsbedürfnisse und Modellanforderungen des Bauherrn und bringt diese in das Projekt ein. Der BIM-Informationsmanager ist für die Erstellung der AIA verantwortlich. Analog zum BIM-Datenmanager (vgl. Abschn. 5.4), der für die Datenqualität in der Betriebsphase verantwortlich ist, vertritt der BIM-Informationsmanager u. a. die Interessen des Betriebs in der Planungs- und Bauphase.

7.4.2   BIM-Manager

Der BIM-Manager ist verantwortlich für das Aufsetzen des BIM-Projektes und die Organisation der Managementprozesse rund um das Projekt in virtueller Form. Er stellt einen konsistenten Umgang mit dem Modell und die Ableitung weiterer Dokumente aus diesem Modell sicher. Grundlage hierfür ist der BIM-Abwicklungsplan (BAP), für dessen Erstellung er federführend verantwortlich ist.

7.4.3   BIM-Gesamtkoordinator

Der BIM-Gesamtkoordinator begleitet die Zusammenarbeit und Koordination der Modellinformationen und überwacht die Modellqualität gemäß den Projektrichtlinien und -anforderungen.

7.4.4   BIM-Koordinator

Der jeweilige BIM-Koordinator besitzt hohes Fachwissen über die BIM-Methode und koordiniert die internen Anforderungen mit den Bedürfnissen im Projekt. Er sorgt für die nötige Durchgängigkeit in dem Fachbereich und verantwortet die Qualitätssicherung aller Daten, bevor diese für andere Projektbeteiligte freigegeben werden.

Die Interessen aus dem Facility Management werden im BIM-Projekt durch den BIM-Informationsmanager und den BIM-Manager vertreten bzw. wahrgenommen. Ggf. müssen sich diese Rollen fachliche Unterstützung aus dem Facility Management holen, um die Anforderungen aus dem FM konkret definieren und die Umsetzung bis zur Übernahme der Daten in den Gebäudebetrieb kontinuierlich überwachen zu können.

Werden diese Aufgaben nicht in der erforderlichen Detaillierung und Durchgängigkeit wahrgenommen, kann eine reibungslose Datenübernahme in den Gebäudebetrieb nicht sichergestellt werden.

7.5   Anwendungsszenarien

7.5.1   Inbetriebnahme- und Übergabephase

Unterteilt man BIM in eine Phase der Planung und Errichtung einer Immobilie sowie in eine Phase ihres Betriebs, läuft man Gefahr, eine zwar kurze, aber wesentliche Zeitspanne zu übersehen – die der Inbetriebnahme und Übergabe des Gebäudes an den Bauherrn. Diese Übergangsphase ist eine wichtige Grundlage für die Anwendungsszenarien im Objektbetrieb.

Mit dem Abschluss der klassischen Planungsphasen beginnt der Übergang in die Bauausführung eines Objekts. Zu diesem Zeitpunkt enthält das BIM-Modell bereits einen Großteil der für die späteren Betriebsleistungen relevanten Daten. Diese wurden idealerweise bereits während der Entwurfsplanung in einem Betriebskonzept definiert und im weiteren Planungsablauf detailliert. Eine BIM-basierte Ausschreibung der FM-Dienstleistungen ermöglicht nun die frühzeitige Einbindung des späteren Betreibers. So kann er die idealen Voraussetzungen für einen effizienten Objektbetrieb schaffen und insbesondere die wichtige Inbetriebnahmephase des Objekts begleiten.

Die Bereitstellung des BIM-Modells für den Bieterkreis der FM-Dienstleister ermöglicht eine einfache und umfassende Information und eine entsprechend sichere Kalkulation der geforderten Leistungen. So kann u. U. auf zeitaufwändige und zum Zeitpunkt des Bauablaufs meist nur eingeschränkt informative Objektbegehungen verzichtet werden. Unterstützend können durch den Export der baulichen und technischen Massendaten entsprechende Leistungs-, Massen- und Preisverzeichnisse als Kalkulationsgrundlage erstellt werden. Hat der FM-Dienstleister auf Basis der BIM-Daten kalkuliert, gestaltet sich auch der während der späteren Implementierungsphase erforderliche Leistungs- und Massenabgleich wesentlich einfacher, da er bestenfalls nur aus der automatischen Aktualisierung der BIM-Daten besteht.

Für FM-Dienstleister entsteht hier ein durchaus interessantes Betätigungsfeld, das in der Branche derzeit noch wenig Beachtung findet. Bevor ein BIM-Modell als digitaler Zwilling eingesetzt werden kann (vgl. Abschn. 4.1), müssen die zwangsläufig in jedem Errichtungsprozess auftretenden Abweichungen zwischen Ausführung und Planung bereinigt werden. Erst dann entspricht es dem tatsächlichen Errichtungszustand (as-built). Erbringt der FM-Dienstleister diese Leistung, kann er viele Synergien nutzen – von der Gewinnung einer bestmöglichen Objektkenntnis bis hin zum Wunsch des Bauherrn nach einer neutralen Prüfung des BIM-Modells.

Sollte das BIM-Modell nicht als digitaler Zwilling weitergeführt werden, kann der Objektbetreiber die während der Planung und Ausführung erfassten Informationen als initialen Datenbestand in sein CAFM-System (vgl. Abschn. 3.2 und 5.3) überführen.

7.5.2   Betriebsphase

Um in der Betriebsphase von BIM-Daten profitieren zu können, ist eine IT-Unterstützung der FM-Prozesse unerlässlich. In der Regel verwenden Betreiber CAFM-Software zur Bewirtschaftung ihrer Objekte. Ein laufender Datenabgleich zwischen BIM und CAFM ist dabei unerlässlich. Die Daten des BIM-Modells liefern hauptsächlich die bauliche und technische Beschreibung des Gebäudes und seiner Anlagen, die als Datenbasis ins CAFM überführt und dort um alle FM-Prozess-relevanten Daten ergänzt werden. Im weiteren Betriebsablauf können sich Datenänderungen jeweils auf das andere System auswirken (vgl. Tab. 7.1). Der Grad der Verzahnung beider Systeme ist dabei variabel.

Tab. 7.1 BIM-Beispielszenarien im FM

Szenario	– Daten/Aktion
Ausschreibung FM-Dienstleistungen	– Export von (alphanumerischen) Massendaten und ggf. grafischen Daten aus CAFM – Virtuelle Objektbegehung im BIM-Modell
Aufbau CAFM-Datenmodell	– 3D-Daten aus BIM-Modell importieren – Alphanumerische Daten und Dokumente importieren
Anreichern der CAFM-Daten	– Nach Planung von Umbauten in BIM werden Daten im CAFM aktualisiert oder ergänzt.
Anreichern des BIM-Modells	– Nach Instandsetzungsmaßnahmen werden z. B. neue Anlagenkomponenten in BIM übertragen.
Visualisierung von Sachdaten im BIM-Modell	– Einfärben/Hervorheben (color coding) von Daten im Modell, Visualisierung von Umzugsvarianten – Dient als Entscheidungsgrundlage.

Nachfolgend werden verschiedene Anwendungsszenarien im Zusammenspiel von BIM und CAFM aufgezeigt.

7.5.3 Instandhaltung

Von der genauen Kenntnis aller baulichen und technischen Anlagen einer Immobilie hängt wesentlich die Qualität der Instandhaltung ab. Dies beginnt bei Detailinformationen von Anlagenkomponenten (z. B. Fabrikat, Typ, Leistungsdaten) und reicht über deren funktionalen Zusammenhang (Versorgungsbereich) bis hin zur genauen Verortung im Gebäude.

Die bereits in der Planungsphase angelegte Beschreibung technischer Anlagen im BIM-Modell und deren Ergänzung um Detaildaten durch die Errichterfirmen gibt den für die Instandhaltung Verantwortlichen alle erforderlichen Informationen für eine zielgerichtete Leistungserbringung. Zudem ist durch die jederzeit im Modell nachvollziehbare aktuelle Einbausituation eine optimale Vorbereitung, z. B. einer Instandsetzung, gewährleistet. Die Visualisierung des Versorgungsbereichs einer technischen Anlage lässt schnell erkennen, welche Gebäudeteile von einer Abschaltung betroffen wären.

Das BIM-Modell ermöglicht auch den Einsatz von Informationstechnologien, die bisher in Gebäuden kaum wirtschaftlich umgesetzt werden konnten. So werden technische Anlagen durch den Einsatz von Augmented-Reality-Brillen (vgl. Abschn. 2.6) automatisch erkannt und im Sichtfeld der ausführenden Person werden relevante technische Informationen zur jeweiligen Anlagenkomponente dargestellt. Über die Indoor-Navigation finden Personen sicher ihren Einsatzort auch in großen und komplexen Gebäuden.

Selbstverständlich ist es von wesentlicher Bedeutung, dass nach Abschluss jeder Instandhaltungsmaßnahme der Datenbestand entsprechend aktualisiert wird.

7.5.4 Umzugsmanagement

CAFM-Produkte bieten heute auf Basis von 2D-Plänen bereits sehr gute Unterstützung bei der Planung und Visualisierung von Umzugsvarianten. Die Informationsdichte eines BIM-Modells ist jedoch ungleich höher, als sie ein 2D-Plan bieten kann. So können z. B. Daten zur elektro- oder informationstechnischen Versorgung ohne zeitaufwändige Begehungen einbezogen und Umbauerfordernisse oder -potenziale leichter erkannt werden. Darüber hinaus gestattet die Betrachtung des gesamten Gebäudes statt nur einzelner Geschosse einen tieferen Einblick in funktionale und kommunikative Zusammenhänge zwischen Abteilungen und Nutzungsbereichen.

7.5.5 Smart Building

Sensoren und Aktoren im Rahmen des Internet of Things (IoT) sind wichtige Bestandteile einer künftig noch weiter zunehmenden Technisierung von Immobilien. Als im BIM-Modell verortete Komponenten bilden sie eine Grundlage für die Steuerung vielfältiger FM-Prozesse. So lassen sich Sensoren zur Ermittlung der Luftqualität nutzen, um im Modell kritische Bereiche zu visualisieren und über die hinterlegten Versorgungsbereiche die entsprechenden technischen Anlagen zu steuern. Anwesenheitssensoren unterstützen besonders effektiv die Prozesse der bedarfsorientierten Reinigung sowie der Raumbelegung.

7.6 Zusammenfassung

In diesem Kapitel wird darauf eingegangen, wie BIM im Immobilien- und Facility Management erfolgreich implementiert werden kann. Dazu werden die Stakeholder bezogen auf das Datenmanagement vorgestellt. Während BIM den Planern und Architekten als unmittelbares Werkzeug dient und sie entsprechend großen Anteil an Entscheidungen in der Entwurfs- und Planungsphase haben, werden Fragen zum späteren Objektbetrieb meist erst sehr spät im Projekt gestellt. Dabei arbeitet das Facility Management über den mit Abstand längsten Zeitraum mit den BIM-Daten und ist darüber hinaus ein wesentlicher Garant für die Pflege der Modelle und insbesondere eines digitalen Zwillings. Als Stakeholder nehmen aber noch viele andere Bau- und Nutzungsbeteiligte direkt oder indirekt Einfluss auf ein BIM-Projekt. Die frühzeitige Ermittlung und Berücksichtigung möglichst vieler Anforderungen kann wesentlich zum Erfolg des Projekts beitragen.

Weiterhin wird die Vorgehensweise in einem BIM-Projekt mit Vorgaben für die Projektdokumentation, die beteiligten Rollen und deren Aufgaben vorgestellt. Erst die Berücksichtigung der konkreten Anforderungen des Immobilien- und Facility Management führt zu einem ganzheitlichen Erfolg der BIM-Methode.

BIM kann bereits während der Bauausführung und in der Inbetriebnahmephase wichtige Daten für das FM liefern. Um BIM in allen FM-Prozessen erfolgreich einsetzen zu können, ist die Ausführung eines BIM-Modells als Digitaler Zwilling hilfreich. Insbesondere für die weitere Digitalisierung von Immobilien spielt das BIM-Modell eine wesentliche Rolle.

Literatur

May M (Hrsg.) (2018a) CAFM-Handbuch – Digitalisierung im Facility Management erfolgreich einsetzen. 4. Auflage, Springer Vieweg, Wiesbaden, 2018, 713 S

NN (2004a) GEFMA Richtlinie 100-1: Facility Management – Grundlagen, Juli 2004, 21 S

NN (2015d) Employers Information Requirements – Structure of an EIR. https://toolkit.thenbs.com/articles/employers-information-requirements (abgerufen: 10.11.2021)

NN (2019d) BIM4Infra2020, Teil 1 – Grundlagen und BIM-Gesamtprozess, April 2019

NN (2019e) Bauen digital Schweiz, LIM Liegenschafts-Informationsmodell/IMB Informationsmodell Bewirtschaftung, Arbeitsdokument, August 2019

NN (2019f) BIM4Infra2020, Teil 2 – Leitfaden und Muster für Auftraggeber Informationsanforderungen (AIA), Abschnitt II Muster AIA, April 2019

BIM in FM-Anwendungen

8

Michael May, Nancy Bock, Michael Härtig, Joachim Hohmann,
Markus Krämer, Bernd Limberger und Marko Opić

8.1 CAFM-Systemunterstützung

Die Anwendung von BIM findet nach wie vor hauptsächlich in den Gebäudelebenszyklusphasen Planen und Errichten statt (vgl. Abb. 7.1), da sich hier effizienzsteigernde Technologien besonders schnell auswirken und der Return on Investment (ROI) relativ leicht ermittelbar und zuzuordnen ist (vgl. Abschn. 6.4).

M. May (✉)
Deutscher Verband für Facility Management (GEFMA), Bonn, Deutschland
E-Mail: michael.may@gefma.de

N. Bock
BuildingMinds GmbH, Berlin, Deutschland
E-Mail: nancy.bock@buildingminds.com

M. Härtig
N+P Informationssysteme GmbH, Meerane, Deutschland
E-Mail: michael.haertig@nupis.de

J. Hohmann
Technische Universität Kaiserslautern, Kaiserslautern, Deutschland
E-Mail: joachim.hohmann@bauing.uni-kl.de

M. Krämer
Hochschule für Technik und Wirtschaft Berlin, Berlin, Deutschland
E-Mail: markus.kraemer@htw-berlin.de

B. Limberger
SAP Deutschland SE & Co. KG, Walldorf, Deutschland
E-Mail: bernd.limberger@sap.com

Für den Betrieb von Immobilien können selbstverständlich ebenfalls Kosten- und Nutzenbetrachtungen durchgeführt werden (vgl. Abschn. 6.3). Zwischen der Entscheidung für die Nutzung von BIM im FM, die am besten bereits in der Entwurfsphase getroffen wird, und der Realisierung von Nutzeffekten (u. U. erst nach einigen Betriebsjahren) liegt jedoch ein langer Zeitraum, in dem die Entscheider, Kostenträger und letztlich die ROI-Nutznießer in ihren vielfältigen Rollen (Eigentümer, Projektentwickler, Investor, Planer, Errichter, Nutzer, Dienstleister usw.) in den seltensten Fällen gemeinsam am Tisch sitzen.

Technologisch steht der Nutzung der BIM-Methode im Rahmen des Immobilienbetriebs jedoch wenig im Wege und so werben immer mehr CAFM-Anbieter damit, diesen Trend aufzunehmen und über diverse Schnittstellen (vgl. Abb. 8.1) die Kopplung von CAFM und BIM zu ermöglichen.

Notwendige Schnittstellenformate wie IFC, COBie oder XML, sowie direkte Anbindungen an Tools im BIM-Umfeld, wie z. B. Autodesk Revit oder andere CAD-/BIM-Lösungen, sind bereits von vielen CAFM-Herstellern in ihre Produkte integriert worden. Alle an der „Marktübersicht CAFM-Software" (NN 2021b, vgl. auch NN 2022b) teilnehmenden Softwareanbieter geben an, über Schnittstellen Daten aus einem/in ein BIM-Modell lesen/schreiben zu können (Abb. 8.1).

Auch wird auf die entsprechenden Fähigkeiten von CAFM-Software zum BIM-Datenimport und -export verwiesen, die im Rahmen der CAFM-Zertifizierung gemäß GEFMA Richtlinie 444 (vgl. NN 2020a und Abschn. 8.2) überprüft werden.

Auf der Ebene des reinen Datenaustauschs bestehen also bereits umfängliche Möglichkeiten der Kommunikation zwischen den Systemen. Allerdings bilden BIM und CAFM

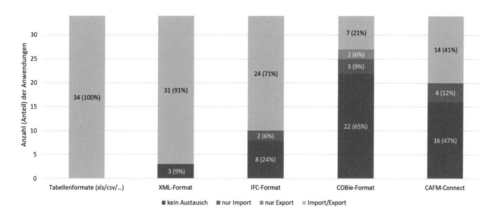

Abb. 8.1 Unterstützung des indirekten Zugriffs auf BIM-Modelle über Schnittstellenformate (N = 34, Mehrfachnennung möglich)

M. Opić
Alpha IC GmbH, Nürnberg, Deutschland
E-Mail: m.opic@alpha-ic.com

dabei parallele Daten- und Prozesswelten ab, die in keiner Weise integriert sind. In BIM können dabei allerdings keine FM-Prozesse abgebildet werden, sondern nur Metaprozesse zur Pflege der BIM-Daten.

Als Anwendungsbeispiel, das wiederum der Planungs- und Errichtungsphase zuzuordnen ist, sei der Austausch FM-relevanter Daten zur Vorbereitung des späteren FM im betreffenden Objekt genannt. Wenn Planer und Errichter in geeigneter Weise mit der Erfassung betriebsrelevanter Daten beauftragt sind, können diese Daten schrittweise aus dem BIM-Modell in eine CAFM-Software übertragen und damit z. B. der frühzeitige Einkauf erforderlicher FM-Dienstleistungen gesteuert werden. Steht der FM-Dienstleister bereits fest (weil es sich um ein weiteres Gebäude in einem größeren Portfolio handelt oder der Errichter auch FM-Dienstleistungen erbringt), kann dieser die Datenstrukturen anhand seiner CAFM-Software vorgeben, in das BIM-Modell einspielen und projektbegleitend die Datenqualität sicherstellen.

Über diese *Datenebene* hinaus unterstützen viele Hersteller auch den direkten Zugriff auf BIM-Authoring-Tools. Die Abb. 8.2 (NN 2022b) zeigt, dass ca. 70 % der CAFM-Produkte direkt mit dem Autorenwerkzeug Autodesk Revit interagieren können. Dies ermöglicht die direkte Kommunikation zwischen BIM und CAFM und damit eine Unterstützung auf *Prozessebene*.

Hier ist die Entwicklung jedoch noch wenig ausgeprägt. Derzeit liegt der Fokus der meisten Produkte deutlich auf der visuellen Darstellung von Gebäuden als 3D-Modell innerhalb der CAFM-Software, häufig ergänzt um die Möglichkeit der Navigation innerhalb des Modells. Dazu werden eigenentwickelte oder extern am Markt verfügbare BIM-Viewer als Plugins in die CAFM-Software eingebunden. Je nach Umsetzungstiefe kann dies als Integration des BIM-Modells in die Software betrachtet werden.

Wenige CAFM-Produkte sind in der Lage, den CAFM-Datenbestand und das 3D-Gebäudemodell so zu kombinieren, dass FM-Prozesse über mobile Endgeräte wie Smart Glasses oder Head-Mounted Displays (vgl. Abschn. 2.6) visualisiert und gesteuert werden können. Dies würde es einer CAFM-Software z. B. ermöglichen, eine Person des Instand-

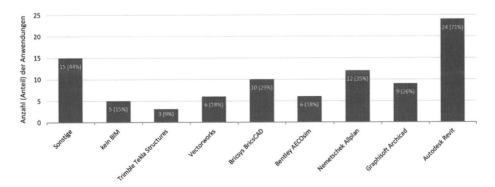

Abb. 8.2 Unterstützung des direkten Zugriffs auf BIM-Modelle durch direkte Schnittstellen zu Authoring Tools (N = 34, Mehrfachnennung möglich)

haltungsteams durch das Gebäude zu navigieren, am Einsatzort mit den erforderlichen Informationen zu technischen Anlagen und zum auszuführenden Auftrag zu versorgen sowie während der Auftragsbearbeitung direkt die benötigten Rückmeldungen zu verarbeiten.

Lösungen dieser Art erfordern derzeit ein noch sehr intensives Zusammenspiel von Herstellern verschiedener Hard- und Softwarebereiche, das von deutlichem Entwicklungscharakter geprägt ist. Nichtsdestotrotz zeichnen sie einen praktikablen Weg auf, dessen Nutzen für bestimmte Objekt- und Betriebsszenarien nicht von der Hand zu weisen ist.

8.2 CAFM-Zertifizierung und BIM

2008 wurde innerhalb des GEFMA Arbeitskreises CAFM – heute GEFMA Arbeitskreis Digitalisierung – der Unterarbeitskreis Zertifizierung gegründet, um im Rahmen der damaligen GEFMA-Qualitätsoffensive im CAFM-Bereich durch eine Software-Zertifizierung zur Qualitätssicherung beizutragen. Im Januar 2010 wurde dann die GEFMA Richtlinie 444 erstmals veröffentlicht. Sie enthielt neben der Beschreibung des Zertifizierungsverfahrens eine Sammlung von 9 Katalogen mit Kriterien, deren Erfüllung im Rahmen einer Prüfung nachgewiesen werden sollte.

In den Folgejahren wurden sowohl der große Bedarf der Nutzer an einer solchen Zertifizierung als auch eine hohe Akzeptanz des Verfahrens durch die Hersteller deutlich. Während innerhalb von zwei Jahren rund 20 Hersteller ihre CAFM-Produkte zertifizieren ließen, wird inzwischen auch in CAFM-Ausschreibungen immer häufiger die Zertifizierung der Software nach GEFMA Richtlinie 444 gefordert. Heute ist das Prüfsiegel (Abb. 8.3) regelmäßig Bestandteil insbesondere öffentlicher Vergabeverfahren.

Abb. 8.3 Prüfsiegel für die bestandene Zertifizierung gemäß GEFMA 444

Mittlerweile ist das Verfahren seit über einem Jahrzehnt etabliert und es wird ständig weiterentwickelt. Unter den derzeit 17 Kriterienkatalogen findet sich seit 2018 auch ein Katalog, der den Bereich Building Information Modeling mit einbezieht (NN 2020a). Er fragt Grundfunktionen im Austausch und in der Verarbeitung von BIM-Daten ab (vgl. Abb. 8.4), wie:

- Import von geometrischen Daten,
- Import/Export von Raumbuchdaten,
- IFC-Import/Export sowie
- Anzeige und Prüfung des BIM-Modells.

Zur Überprüfung dieser Mindestanforderungen wird dem Hersteller die Aufgabe gestellt, ein BIM-Gebäudemodell (oder Teile davon) zunächst in einem externen BIM-Viewer zu öffnen und den Prüfern darin (später zu verändernde) Demo-Objekte zu zeigen. Daraufhin erfolgt der Import des Modells in die Datenbank der CAFM-Software. Dort werden die importierten Daten gezeigt und die Demo-Objekte verändert. Nach dem Export in das BIM-Modell müssen die Veränderungen im externen Viewer sichtbar sein.

Softwarename:			Version:	
Prüfer:			Prüfungsdatum:	
			Prüfungsdauer:	ca. 45 min
Bemerkung:	Der Katalog fragt keine BIM-Funktionalitäten innerhalb der CAFM-Software ab. Vielmehr ist jeweils darzustellen, dass im- und exportierte Daten nach der Übertragung entweder in der CAFM- oder in der BIM-Software (Authoring Tool) angezeigt werden können. Zu importierende und beim Export entstehende Dateien (IFC oder andere modellbasierte Formate) müssen mit einem geeigneten, frei zugänglichen und von neutraler Stelle herausgegebenen Viewer geöffnet und ihr Inhalt strukturiert dargestellt werden können. Derzeit empfiehlt GEFMA dazu den FZKViewer des Karlsruhe Institute of Technology (https://www.iai.kit.edu/1648.php).			
Kriterien/Funktionalitäten				
		Funktionalität	**Beispiele/Daten**	
☐	[1]	Kann eine räumliche Struktur nebst Sachdaten aus dem BIM-Modell in die Datenbank der CAFM-Software übernommen und dort angezeigt werden?	Gebäude, Geschosse, Räume mit Raumnummern und Raumtyp	
☐	[2]	Können Flächendaten aus dem BIM-Modell an die CAFM-Software übertragen werden?	Raumfläche mit DIN277 Nutzungsart	
☐	[3]	Können grafische/geometrische Daten aus dem BIM-Modell in der CAFM-Software visualisiert werden? (mit den Grafik-Funktionalitäten aus Katalog „**Flächenmanagement**")	Grundriss	
☐	[4]	Kann Ausstattung/Inventar mit wesentlichen Merkmalen aus dem BIM-Modell an die CAFM-Software übertragen werden?	Technische Anlagen, Inventar, Möbel jeweils mit Hersteller, Modell/Typ-Nr., Leistungsdaten, etc.	
☐	[5]	Können CAFM-seitige Änderungen (Sachdaten, optional auch geometrische Daten) wieder an das Authoring Tool zurück übertragen werden?	Ausstattung wird in einen anderen Raum verschoben	
☐	[6]	Kann eine IFC-Datei in das CAFM-System importiert und nach Bearbeitung auch wieder von dort exportiert werden?		
☐	[7]	Ist eine Funktion zur Prüfung und Anzeige der zu exportierenden/importierenden Dateien vorhanden?	Sichtprüfung im ext. IFC-Viewer	

Abb. 8.4 BIM Katalog A15 aus der GEFMA Richtlinie 444

Nr.	Unternehmen	Software	Gültigkeit	A1 Basisdarstellung	A2 Flächenmanagement	A3 Instandhaltungsmanagement	A4 Inventarmanagement	A5 Reinigungsmanagement	A6 Raum- und Asset-Reservierung	A7 Schließanlagenmanagement	A8 Umzugsmanagement	A9 Vermietungsmanagement	A10 Energiecontrolling	A11 Sicherheits- und Arbeitsschutz	A12 Umweltschutzmanagement	A13 Help- und Service-Desk	A14 Budgetverfolgung und Kostenverrechnung	A15 BIM-Datenverwaltung	A16 Vertragsmanagement	A17 Workplace Management
1	ARCHIBUS Solution Centers Germany GmbH	ARCHIBUS 25.2	11/2020 - 10/2022	√	√	√	√	√	√	√	√	√	√	√	√	√	√	√	√	-
2	AT+C EDV GmbH	Facility-Manager VM-7 Version 22	03/2022 - 02/2024	√	√	√	√	-	√	-	√	√	-	√	-	√	-	-	-	-
3	Axians Infoma GmbH	Infoma newsystem Liegenschafts- und Gebäudemanagement Version 21.2	01/2022 - 12/2023	√	√	√	-	√	√	√	-	√	-	√	-	-	√	√	√	-
4	Byron Informatik AG	Byron/BIS Version 5.2	07/2021 - 06/2023	√	√	√	√	√	√	√	√	-	-	-	-	√	√	-	√	√
5	EBCsoft GmbH	Vitricon Version 6	04/2021 - 03/2023	√	√	√	√	√	√	√	√	√	√	√	√	√	√	-	√	-
6	Facility Consultants GmbH	getFM 6.016	10/2021 - 09/2023	√	√	√	√	-	-	√	√	√	√	√	-	-	√	-	√	-
7	HSD Händische Software & Datentechnik GmbH	HSD NOVA FM Version 4.0	03/2022 - 02/2024	√	√	√	√	√	√	√	-	√	√	√	√	√	√	√	√	-
8	IBM GmbH	IBM TRIRIGA, Plattform 3.6.1.1 Application Version 10.6.1	12/2020 - 11/2022	√	√	√	√	√	√	√	√	√	√	√	√	√	-	√	√	√
9	Iffm GmbH	iffmGIS Version 15	10/2021 - 09/2023	√	√	√	√	√	-	√	-	√	√	-	√	√	√	-	√	-
10	InCaTec Solution GmbH	Axxerion, Version 22	04/2022 - 03/2024	√	√	√	√	√	√	√	-	√	√	√	√	√	√	-	√	-
11	Keßler Real Estate Solutions GmbH	FAMOS 4.5	10/2020 - 09/2022	√	√	√	√	√	√	√	√	√	√	√	√	√	√	√	√	-
12	KeyLogic GmbH	KeyLogic, Version 2020 Q2	07/2021 - 06/2022	√	√	√	√	√	√	√	√	√	√	√	√	√	√	√	√	√
13	KMS Computer GmbH	GEBman-10 Version 9.1	07/2021 - 06/2023	√	√	√	√	√	√	√	√	√	√	√	√	-	√	√	√	√
14	Loy & Hutz Solutions GmbH	wave Facilities V11.180	07/2020 - 06/2022	√	√	√	√	√	√	√	√	√	√	√	√	√	√	√	√	√
15	mohnke (m)	facility (24) - Version 2020	10/2020 - 09/2022	√	√	√	√	√	√	√	√	√	√	√	√	√	√	√	√	√
16	N+P Informationssysteme GmbH	SPARTACUS Facility Management 4.3	12/2020 - 11/2022	√	√	√	√	√	√	√	√	√	√	√	-	√	√	√	√	√
17	pit - cup GmbH	pit - FM 2021	06/2021 - 05/2023	√	√	√	√	√	√	√	√	√	√	√	√	√	√	√	√	√
18	Planon GmbH	Planon Universe / Version L58 Planon Live	08/2020 - 07/2022	√	√	√	√	√	√	√	√	√	√	√	√	√	√	√	√	√
19	RIB IMS GmbH	iTWOfm Version 13	10/2020 - 09/2022	√	√	√	√	√	√	√	√	√	√	√	√	√	√	√	√	√
20	sMOTIVE GmbH	sMOTIVE, Version 2021 SETH	02/2021 - 01/2023	√	√	√	√	√	√	√	√	√	√	√	√	√	√	-	√	√
21	VertiGIS GmbH	ProOffice 9.1	07/2021 - 06/2023	√	√	√	√	√	√	√	√	√	√	√	√	√	-	√	√	√

Abb. 8.5 Die nach GEFMA 444 zertifizierten CAFM-Produkte im Überblick (Stand: 01.05.2022)

Die Abb. 8.5 zeigt, dass mehr als 70 % aller zertifizierten CAFM-Produkte die Prüfung des BIM-Katalogs A15 erfolgreich bestanden hat.

Ebenso wie bei den anderen Katalogen wird im Rahmen der Weiterentwicklung der Richtlinie auch der BIM-Katalog weiter konkretisiert und modernisiert, wobei Anregungen und Anforderungen von Herstellern und Anwendern beachtet werden.

8.3 BIM und ERP-Systeme

Der Betrieb eines größeren Unternehmens ohne ein Enterprise Resource Planning (ERP) System ist heute nur schwer vorstellbar. Die Komplexität und Vielfalt der Geschäftsprozesse lassen sich ohne Strukturierung und Verständigung auf gemeinsame Standards kaum bewältigen. Die Kollaboration zwischen Abteilungen und Geschäftspartnern muss reibungslos erfolgen, was nur durch einheitliche Formate zum Austausch von Informationen und eine „single source of truth" (oftmals im ERP-System integriert) gelingen kann.

Dies lässt sich auf den BIM-Ansatz übertragen. Auch hier gilt es, Prozesse über gemeinsame Standards und den gemeinsamen Zugriff auf die entsprechenden Datenmodelle zu vereinfachen. Die Verzahnung von BIM und ERP, ggf. innerhalb einer CDE, verspricht eine nutzbringende Kombination von Aufgaben in Planung, Bau und Betrieb von Immobilien.

Auf den ersten Blick haben BIM-Modelle wenige bis keine Gemeinsamkeiten mit der kaufmännischen Zahlenwelt der ERP-Systeme. BIM-Modelle beschreiben die Immobilien hinsichtlich ihrer baukonstruktiven und gebäudetechnischen Sicht möglichst realitätsnah, ERP-Systeme unterstützen die betriebswirtschaftlichen Prozesse rund um die Immobilie immer mit Bezug zu einer Liegenschaft und/oder einem Gebäude/Bauteil oder einer zugehörigen technischen Ausrüstung. Auf den zweiten Blick erscheint es deshalb sinnvoll, die Berührungspunkte zwischen beiden Welten zu identifizieren und die daraus entstehenden kaufmännischen Folgeprozesse zu beschreiben. Deshalb ist es erforderlich, die Verbindung dieser beiden Sichtweisen mit Blick auf BIM-Werkzeuge (wie Authoring Tools) als Datenursprung strukturierter zu diskutieren.

Nachfolgend wird ein Beispiel gegeben, in dem die Nutzung eines durchgängigen BIM-Ansatzes signifikante Vorteile verspricht.

Die Zusammenarbeit zwischen Eigentümern und Facility Managern ist zumeist durch einen regelmäßigen Austausch von gebäudebezogenen Daten gekennzeichnet. Dieser Austausch findet häufig über Unternehmens- und Systemgrenzen hinweg statt. Auch wenn dies in den letzten Jahren durch unterschiedliche Lösungsansätze und durch den Einzug von Cloud-Lösungen deutlich einfacher geworden ist, stellt die Datenkonsistenz nach wie vor eine große Herausforderung dar.

Durch die zukünftige Nutzung eines einheitlichen BIM-Modells mit einer standardisierten Beschreibung und Strukturierung wird sich die Datenqualität und der Austausch von Informationen signifikant verbessern. Wird z. B. allen Beteiligten – gesteuert durch entsprechende Zugriffsrechte – die Nutzung des digitalen Abbilds der Realität (Digitaler Zwilling, vgl. Abschn. 4.1) ermöglicht, wird dieses fester Bestandteil der Arbeit von Eigentümern sowie Facility und Property Managern.

8.3.1 ERP

Ein ERP-System bildet typischerweise umfangreiche Prozesse eines Unternehmens ab. Hierzu zählen insbesondere die Bereiche:

- Finanz- und Rechnungswesen,
- Controlling,
- Materialwirtschaft,
- Produktion,
- Personalwirtschaft,
- Forschung und Entwicklung,
- Verkauf und Marketing,
- Wartung und Instandhaltung.

Die Integration dieser Bereiche und die Vermeidung von Insellösungen werden häufig als ganzheitliches ERP-System bzw. als integriertes ERP-System bezeichnet.

Ein ERP-System ist das digitale Abbild des Unternehmens (Organisation und Abläufe) – genau wie BIM ein digitales Abbild der Immobilie liefert. Während des Betriebs von Immobilien werden die meisten der genannten Disziplinen eines ERP-Systems genutzt, um Immobilien optimal zu steuern. Eine Verzahnung der kaufmännischen Prozesse mit einem BIM-Modell erscheint daher naheliegend.

Die Nutzung des BIM-Ansatzes im Betrieb der Immobilie hat Auswirkungen auf kaufmännische und technische Prozesse innerhalb des ERP-Systems. Unterschiede bei den ERP-Systemen gibt es bei der Abdeckung der immobilienspezifischen Prozesse, wie Vertragsmanagement, Instandhaltung und Nebenkostenabrechnung. Einige Anbieter stellen hierfür keine oder nur rudimentäre Funktionen zur Verfügung, andere bieten integrierte Funktionen an. Wenn also das Zusammenspiel zwischen BIM- und ERP-Systemen betrachtet wird, so ist der Funktionsumfang der ERP-Lösung ein Aspekt, den es zu beachten gilt.

8.3.2 Use Cases

Bei der Betrachtung der Vorteile des BIM-Ansatzes im Betrieb der Immobilien steht die Identifikation der werthaltigen Anwendungsfälle (Use Cases) im Mittelpunkt. Die Anwendungsbereiche sind sehr vielfältig, da die meisten immobilienrelevanten Prozesse auf den Gebäudedaten aufsetzen. Im technischen Gebäudemanagement ist der Zusammenhang zwischen konsistenten und aktuellen Daten für Instandhaltung, Modernisierung und Betriebssicherheit offensichtlich. Aber auch in den darauf aufbauenden kaufmännischen Prozessen wie z. B. dem Einkauf von Serviceleistungen und auch der An- oder Vermietung reduziert die Verfügbarkeit von BIM-Daten die Aufwände signifikant.

Zunächst werden die relevanten Prozesse bzw. Use Cases identifiziert und beschrieben, bei denen eine BIM-ERP-Kooperation bzw. -Integration von Vorteil ist. Im zweiten Schritt wird die IT-technische Umsetzung erläutert. Die Use Cases ergeben sich aus den Prozessen des Gebäudemanagements, wie sie u. a. in der DIN 32736 „Gebäudemanagement – Begriffe und Leistungen" (NN 2000) sowie in den FM-Prozessen nach GEFMA 100-2 (NN 2004) beschrieben sind.

8.3.2.1 Wartung, Instandhaltung und Instandsetzung

Im Rahmen der Wartung und Instandhaltung werden Verknüpfungen zwischen den Stammdatenobjekten und ihren Attributen auf der einen Seite und den Maßnahmen auf der anderen Seite benötigt. Die Stammdatenobjekte beinhalten dabei Informationen bzgl. der Frequenz, Art und Durchführung von Maßnahmen. Diese fließen in die Wartungsplanung und die Ausführung der Maßnahmen ein.

In der Betrachtungsweise des BIM werden die Instandhaltungsobjekte nicht mehr nur als alphanumerische Objekte mit Attributen und ggf. angehängten 2D-Zeichnungen dargestellt, sondern als 3D-Objekte, die innerhalb des Digitalen Zwillings (vgl. Abschn. 4.1) z. B. in einem Raum verortet sind. Die Navigation zum Datensatz des instandzuhaltenden Objektes erfolgt nicht mehr über Objekthierarchien, sondern mittels digitalem „walk through" oder auf Basis einer Freitext-Suche („Google-like Search"). Die Wartungs- und Instandhaltungspläne können bereits in der Planungsphase mit den Objekten verknüpft und beim Übergang von der Bau- in die Betriebsphase mit dem BIM-Modell übertragen werden. Die Wartungspläne können direkt von den cloud-basierten Plattformen geladen und aktualisiert werden (z. B. Honeywell Forge Plattform, NN 2021m). Basierend auf diesen Daten werden Maßnahmen für Wartung und Instandhaltung im ERP-System geplant bzw. im Störfall ad hoc angelegt. Dabei wird auf klassische Funktionen des ERP-Systems zurückgegriffen. Im Fall einer reinen Fremdabwicklung werden Materialien, Personal und ggf. Geräte- und Maschinenaufwände geplant und über die im ERP-System abgebildeten Beschaffungswege (Ausschreibung und Einzelbeauftragung oder Rahmenvertragsabruf) beauftragt und schließlich beschafft. Nach der Ausführung meldet der interne oder externe FM-Dienstleister seine verbrauchten Materialien und erbrachten Dienstleistungen zurück, um die Prüfung, Freigabe und Begleichung der Rechnung anzustoßen.

Im Gewährleistungsfall kann die Verknüpfung zwischen Instandhaltungsobjekten und dem BIM-Modell zum Auslesen der Gewährleistungsbedingungen und Fristen aus dem BIM-Modell genutzt werden, wofür die Hinterlegung der Gewährleistungsfristen durch die ausführenden Unternehmen bei Neubau oder Umbau/Renovierung/Instandsetzung Voraussetzung ist.

8.3.2.2 Modernisierung und Umbau

Die Prozesse des Modernisierens und Umbaus haben ihren Ursprung in der Planung der jeweiligen Maßnahmen. Die Planung wird auf Basis der Daten des Digitalen Zwillings im BIM-Modell umgesetzt. Basierend auf den erstellten Planungen werden Bauteil- und Leistungsverzeichnisse erstellt, z. B. durch das Anbinden eines Systems für die Ausschreibung, Vergabe und Abrechnung (AVA). Die so erstellten Leistungsverzeichnisse bilden die Grundlage für die Ausschreibung und Vergabe der Leistungen. Spätestens mit der Erteilung des Auftrags an die ausführenden Unternehmen ist die Integration in das ERP-System vollzogen, weil die Beauftragung bzw. Bestellung im ERP-System aus kaufmännischer Sicht (Kreditor, Lieferbedingungen und Leistungsort, Zahlungsbedingungen, Leistungspositionen, Rabatte, Steuern, Kontierungsobjekte der Kosten) abzubilden ist.

Zur Kostensteuerung der Maßnahmen während der Bauphase ist im ERP-System eine entsprechende Objektstruktur abzubilden. Diese orientiert sich in Deutschland entweder an der DIN 276 (NN 2018b) oder an der Gewerkestruktur des Standardleistungsbuchs Bau des GAEB (NN 2021q). In dieser Struktur werden während der Planungsphase der Maßnahme die Kosten geplant. Die Planung erfolgt auf Basis der oben bereits erwähnten Leistungsverzeichnisse. In den folgenden Phasen der Maßnahme bis zur Ausführung werden die Plankosten fortgeschrieben. In der Ausführungsphase dient die letzte Planversion als Grundlage für die Soll-Ist-Vergleiche und Kostensteuerung der Ausführung.

Während der Ausführung der Leistungen wird auch die Planung als As-built-Dokumentation im Digitalen Zwilling des BIM-Modells fortgeschrieben. Entstehende Kosten aus Abschlagsrechnungen der ausführenden Unternehmen werden im ERP-System erfasst, geprüft und zur Zahlung freigegeben.

Weitere Details zu den Prozessen des Baumanagements aus Sicht des Auftraggebers und die notwendige IT-Unterstützung finden sich in Limberger (2005).

8.3.2.3 Flächenmanagement

Gemäß DIN 32736 (NN 2000) umfasst das Flächenmanagement neben der Raum- und Flächenanalyse, Leerstandsmanagement und weiteren flächenbezogenen Services wie Catering, Reinigung und Sicherheit insbesondere die Belegungssteuerung. Dazu zählen u. a. folgende Aufgabenbereiche:

- permanente Belegung als Fixed-Desk- oder Flex-Desk-Belegung,
- Bereitstellung kurzfristig belegbarer Flächen, z. B. für Besprechungs- und Versammlungsräume,
- Variantenplanung für Umzüge.

Die Prozesse des Flächenmanagements setzen auf den Geschossplänen der jeweiligen Gebäude auf, wobei insbesondere international auch Techniken wie Stacking und Blocking eingesetzt werden. Wie in Abb. 8.6 dargestellt, lassen sich die Geschosspläne als 2D-Auszüge des BIM-Modells für die einzelnen Ebenen des Gebäudes erzeugen. Auf Basis der Geschosspläne werden dann die belegbaren Flächen und Räume ermittelt und den Belegenden zugeordnet. Je nach Unternehmen gibt es dabei unterschiedliche Arbeitsweisen, die wiederum unterschiedliche Integrationstiefen in die ERP-Welt benötigen.

1. *Zuordnung von Flächenbereichen zu einzelnen Organisationseinheiten*
   Bei dieser Vorgehensweise werden im Geschossplan nur Bereiche markiert und diese einer Organisationseinheit, z. B. Kostenstelle oder Projekt zugeordnet. Eine detailliertere Planung der Belegung der Einzelarbeitsplätze wird nicht vorgenommen. Die Detailplanung obliegt der jeweils nutzenden Organisationseinheit. Dieser Belegungsplanungsansatz wird i. d. R. dann angewendet, wenn meist zusammenhängende Flex-Desk- oder Shared-Desk-Zonen (Home Zones) abzubilden sind, weil eine detaillierte Zuordnung der Mitarbeitenden zu den Einzelarbeitsplätzen nur bedingt möglich

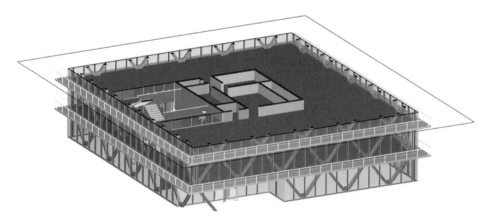

Abb. 8.6 Schnitt durch ein digitales 3D-Modell zur Erzeugung eines Geschossplans für die Belegungsplanung

ist, da sich die Zuordnung täglich ändern kann. Bei dieser Vorgehensweise werden aus dem ERP-System die Organisationsdaten wie Nummer und Bezeichnung der nutzenden Kostenstelle benötigt, um diese dann der Fläche zuzuordnen.

2. *Zuordnung der Flächen zu einzelnen Belegenden*
Bei dieser Vorgehensweise wird der Geschossplan mit Darstellungen (symbolisch oder architektonisch) der einzelnen Arbeitsplätze angereichert. Diesen Arbeitsplätzen werden Mitarbeiterstammsätze entweder in Klarnamen oder anonymisiert zugeordnet. Dabei können auch Mehrfachbelegungsszenarien abgebildet werden. Bei dieser Vorgehensweise ist eine Integration in die Personalmanagement-Komponente des ERP-Systems notwendig, damit die Mitarbeiterstammdaten für die Zuordnung im Belegungsplan dort ausgelesen werden können und die Raumzuordnung in den Personalstamm zurückgeschrieben werden kann. Auch eine Kopplung mit externen Personalmanagementsystemen ist möglich, sofern sich diese bereits im Einsatz befinden. Für die in Abschn. 8.3.2.4 beschriebenen Prozesse der Kostenumlage ist es ebenfalls notwendig, die organisatorische Zuordnung der Mitarbeitenden in die Belegung mit zu übernehmen, sofern dies im jeweiligen Unternehmen erlaubt ist.

Das Belegungsmanagement für Besprechungs- und Versammlungsflächen wird häufig über Reservierungssysteme gesteuert, bei denen die Nutzer einen Raum buchen. Für die Buchung ist entweder die Mitarbeiternummer, Mailadresse oder die Nummer der Organisationeinheit, der sie angehören, notwendig. Die Räume werden üblicherweise stunden- oder tageweise belegt, die aktuelle und zukünftige Belegungssituation wird jedoch nicht im Geschossplan angezeigt. In den Geschossplänen werden die Räume lediglich als kurzzeitig belegbare Räume gekennzeichnet, damit sie nicht von permanenten Belegungsszenarien genutzt werden können. Weitergehende Anforderungen des Besprechungsraummanagements, wie das Buchen von Services für Catering, für technische Ausstattungen oder für Bestuhlung, sind nicht Gegenstand dieser Betrachtung (vgl. auch Abschn. 10.2).

Die Teilprozesse des Umzugsmanagements reichen von der Variantenplanung zukünftiger Belegungen bis hin zur Planung der logistischen Abläufe für den Umzug – wie viele Kisten und Möbelstücke müssen von A nach B umgezogen werden. Hier werden lediglich die Teilprozesse der Variantenplanung im Rahmen der Belegungsplanung betrachtet. Das Umzugsmanagement setzt auf den Informationen des permanenten Belegungsmanagements als Beschreibung der Ist-Situation auf. Aufgabe des Umzugsmanagements ist die Planung und Bewertung von Varianten für die zukünftige Belegung in Abhängigkeit von der oben beschriebenen Planungsgranularität. Die aus dem BIM-Modell gewonnenen Geschosspläne werden zur Visualisierung der Belegungsszenarien für den Variantenvergleich genutzt.

8.3.2.4 Kaufmännisches Immobilienmanagement
In Bezug auf die Integration von BIM-Modellen und ERP-Systemen spielen nachfolgend beschriebenen Prozesse des kaufmännischen Immobilienmanagements eine untergeordnete Rolle, weil sie nicht direkt auf Daten aus dem BIM-Modell zugreifen und diese weiterverarbeiten, wie dies z. B. bei Geschossplänen im Rahmen des Belegungsmanagements

der Fall ist. Diese kaufmännischen Prozesse unterstützen entweder die in den vorherigen Abschnitten genannten Prozesse im Sinne einer End-to-end-Softwareunterstützung oder wie im Fall der An- und Vermietung, bei dem Daten aus dem BIM-Modell genutzt werden, um die Mietgegenstände näher zu beschreiben. Die Prozesse des kaufmännischen Immobilienmanagements, die keinen Bezug zu BIM-Daten haben, wie z. B. die Konditionsanpassung oder die Umsatzmietabrechnung, werden hier nicht beschrieben.

1. *An- und Vermietung*
   Im Rahmen der An- und Vermietung kommen Daten aus BIM-Modellen für die Erstellung von Geschossplänen zum Einsatz. Die Geschosspläne werden für folgende Aufgaben genutzt:
   - Ermittlung der Vermiet- und Anmietflächen,
   - Darstellung der Raumaufteilung und der tragenden Bauteile,
   - Grundlage für die Planung von Mietereinbauten,
   - Erstellung von Fluchtwegeplänen.

   Die Geschosspläne werden meist als Anhänge zum An- und Vermietvertrag entweder in CAD- oder PDF-Format bereitgestellt und in der Elektronischen Akte des digitalen Mietvertrages abgelegt. Im Falle der Anmietung nutzen die Mieter die vom Vermieter bereitgestellten Pläne für weitere Prozesse, z. B. das Flächenmanagement. Diese Pläne sind jedoch entkoppelt vom ursprünglichen BIM-Modell und unterliegen somit nicht dem kontinuierlichen Aktualisierungsdienst, wie es für aktiv genutzte BIM-Modelle der Fall ist.

2. *Anlagenbuchhaltung*
   Wenn in der Anlagenbuchhaltung Verknüpfungen zu BIM-Modellen genutzt werden, dann dienen diese der Visualisierung des Anlagengutes, z. B. des Gebäudes oder der technischen Anlagen, die im Gebäude eingebaut sind. Ein Daten-Download aus dem BIM-Modell für den Aufbau der Stammdaten in der Anlagenbuchhaltung erfolgt bislang nicht oder nur selten, da die in der Anlagenbuchhaltung benötigten Stammdaten nur teilweise im BIM-Modell hinterlegt sind.

3. *Kostenumlage und Nebenkostenabrechnung*
   Kostenumlagen werden häufig in Corporate-Real-Estate-Szenarien genutzt. Hierbei stellt das Immobilien- und Facility Management Flächen für die anderen operativen und administrativen Einheiten des Unternehmens zur Verfügung. Das FM verrechnet die Kosten für Unterhalt und Betrieb der Immobilien an die nutzenden Einheiten. Die Umlage wird entweder auf Basis von Ist-Kosten oder Plankosten vorgenommen. Als Umlage- und Verteilschlüssel wird entweder die von der jeweiligen Organisationseinheit genutzte Fläche herangezogen (Verhältnis der genutzten Fläche zur gesamten nutzbaren Fläche des Gebäudes, angewendet auf die Gesamtkosten) oder aber die Anzahl der belegenden Personen im Verhältnis zur Gesamtzahl der Gebäudenutzer. In seltenen Fällen werden auch Zähler/Sensoren genutzt, wenn diese vorhanden und arbeitsrechtlich zulässig sind.
   Im Falle der Umlage auf Basis von belegten bzw. nutzbaren Flächen werden diese aus dem BIM-Modell ermittelt und in das ERP-System entweder auf Basis von Einzelräumen oder als Gesamtsumme übernommen (vgl. Abschn. 8.3.2.3 Flächenmanagement).

Analog gilt diese Form der Datennutzung aus BIM-Modellen auch für die Verwendung von umlagerelevanten Flächendaten, die im Rahmen der Nebenkostenabrechnung benötigt werden. Die weiteren Teilprozesse der Nebenkostenabrechnung wie z. B. die Ermittlung der Höhe von Vorauszahlungen bzw. Pauschalen oder die Berechnung der Guthaben und Nachforderungen bieten keine Potenziale für eine BIM-Integration.

4. *Einkauf und Beschaffung*
Die Prozesse des Einkaufs und der Beschaffung sind Support-Prozesse für die Kernprozesse Neubau, Umbau, Sanierung und Bauunterhalt (Wartung, Instandhaltung, Instandsetzung).

Die Bedarfe, die mittels der Einkaufs- und Beschaffungsprozesse befriedigt werden, betreffen immer Bauteile und Objektgruppen des BIM-Modells.

Im Falle von Neubau-, Umbau- und Sanierungsmaßnahmen werden aus dem BIM-Modell Bauteil- und Leistungsverzeichnisse erzeugt und diese an den Beschaffungsprozess übergeben. Dort werden dann die Teilprozesse der Vorbereitung und Durchführung der Vergabe, der Beauftragung und schließlich der Rechnungsprüfung während der Ausführung abgebildet.

Maßnahmen der Wartung, Instandhaltung und Instandsetzung stellen bzgl. Dauer, Art und Umfang i. d. R. kleinere Maßnahmen im Vergleich zu Neu- und Umbau dar. Wartungs- und Instandhaltungsmaßnahmen werden in ERP-Systemen hinsichtlich ihrer terminlichen Notwendigkeit, des Umfangs (Material- und Personalbedarf) geplant und automatisch ausgelöst, d. h. es wird entweder eigenes Personal terminiert und beauftragt oder es wird ein Dienstleister beauftragt. Die Beauftragung externer Dienstleister erfolgt im Regelfall auf Basis von vorher abgeschlossenen Rahmenverträgen (häufig Service Level Agreements (SLAs)), in denen Leistungen, Verrechnungssätze der Leistungen, Materialien und Kosten sowie Reaktionszeiten festgelegt sind. Das BIM-Modell liefert hierzu die technischen Anlagendaten mit Bauteilen und Baugruppen sowie die benötigten Teile und Materialien.

8.3.3 IT-technische Umsetzung

Die IT-technischen Umsetzung wird in Abb. 8.7 (Limberger 2020) skizziert. Sie zeigt die notwendigen Komponenten einer ERP-Software für Immobilienunternehmen und das BIM-Modell als Digitalen Zwilling im Kern. Da ERP-Systeme im Normalfall keine Standard-BIM-Komponente besitzen und es andererseits viele Softwarelösungen gibt, mit denen BIM-Modelle erzeugt und bearbeitet werden können, steht als zentrale Frage der IT-technischen Umsetzung die Integration der verschiedenen Lösungen über Schnittstellen. Dabei ist auch zu klären, ob für den zu unterstützenden Prozess ein echter Datenaustausch oder eine Referenzierung sinnvoller ist.

Eine Kopie bedingt immer das Risiko des Alterns der Daten, wenn kein Änderungsmanagement mit angebunden ist. Dies bietet aber den Vorteil, die Auszüge aus dem BIM-

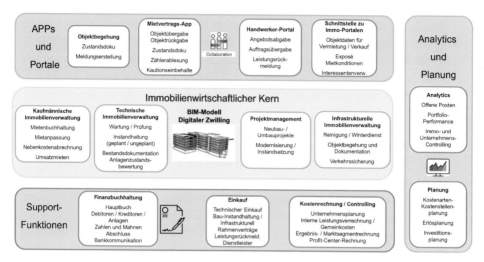

Abb. 8.7 Aufbau einer ERP-Lösung für Immobilienunternehmen

Modell wie Geschosspläne weiter zu nutzen, ohne dass das BIM-Modell dafür zur Verfügung stehen muss (BIM-Server ist z. B. offline).

Eine Referenzierung hat den Vorteil, dass keine lokalen Kopien vorgehalten und aktualisiert werden müssen. Allerdings kann sich bei rechenintensiven Aufgaben die Verarbeitungsgeschwindigkeit reduzieren, weil das Lesen vom zentralen BIM-Server langsamer erfolgt als das Lesen aus einer lokalen Kopie.

Grundlage für den Datenaustausch bildet dabei die ISO 16739-1 (NN 2018a). Diese Norm regelt den standardisierten Datenaustausch von BIM-Modellen zwischen Software-Lösungen.

Die Beschreibung der Integrationsszenarien orientiert sich an den in Abschn. 8.3.2 beschriebenen Use Cases.

8.3.3.1 Umsetzung: Wartung, Instandhaltung und Instandsetzung

Die IT-technische Umsetzung dieses Use Cases betrifft sowohl die Stammdatenpflege (initiales Anlegen und Aktualisierung) im ERP-System als auch die Unterstützung der Prozesse z. B. beim Anlegen eines Instandhaltungsauftrages.

Für die Stammdatenpflege ist eine Kopie der alphanumerischen Beschreibungsmerkmale und Ausprägungen inkl. der Strukturhierarchie und der ID in der Hierarchie notwendig. Damit kann eine Beziehung zwischen dem Bauteil im BIM-Modell und dem Datensatz im ERP-System hergestellt werden. Über diese Zuordnung können dann wechselseitige Datenanreicherungen erfolgen wie:

- Anzeige der offenen und abgeschlossenen Störmeldungen und Reparaturaufträge im BIM-Modell durch Mouse-over- oder Click-on-Verknüpfungen,
- visuelle 3D-Darstellung oder Explosionsdarstellung des Bauteils als Ergänzung und Veranschaulichung der alphanumerischen ERP-Daten,

- Nutzung des BIM-Modells als Indoor-Navigationshilfe für technisches Personal, um den Einbauort im Gebäude einfacher zu finden,
- Verlinkung zu weiteren Bauteilattributen, wie technischen Spezifikationen oder Arbeitsanleitungen als Arbeitshilfe für das technische Personal.

Des Weiteren können Bauteilbeschreibungen genutzt werden, um Verbrauchsmaterialien und Ersatzteile, die im Rahmen von Instandhaltungs- und Instandsetzungsmaßnahmen benötigt werden, zu definieren und diese danach in den Instandhaltungsauftrag zu übernehmen. Welche standardisierten Datenformate hier zum Einsatz kommen, wird im nächsten Abschnitt beschrieben.

8.3.3.2 Umsetzung: Modernisierung und Umbau

Dieser Use Case betrifft neben der Ausführungsplanung der Maßnahmen und der damit verbundenen Änderung des BIM-Modells vor allem die Erstellung von Leistungsverzeichnissen, die Durchführung der Vergabe und die Überwachung der Ausführung. Das zentrale Element ist dabei das Leistungsverzeichnis, das auf Basis der Bauteilinformationen aus dem BIM-Modell erzeugt wird. Dazu beschreiben Schiller und Faschingbauer (2016) den Datenaustausch, der auf der DIN SPEC 91400 (vgl. NN 2017c) basiert. Hierbei ist zu beachten, dass es für Bauteil- und Gewerke-Beschreibungen eine Vielzahl nationaler, europäischer und internationaler Normen gibt, die es zu vereinheitlichen gilt. Laut Schiller und Faschingbauer (2016) ist dies mit der Etablierung des IFC-Standards und der DIN SPEC 91400 gelungen, wobei in der Praxis auch proprietäre Datenaustauschformate wie rvt genutzt werden.

Bezogen auf die Anwendung in Deutschland bedeutet dies, dass Leistungsverzeichnisse auf Basis des GAEB-Standards (NN 2021p) erzeugt und mit den um die Ausführung bietenden Unternehmen medienbruchfrei ausgetauscht werden können. Mit dem GAEB-Standard für Zeitvertragsarbeiten STLB-BAUZ (vgl. NN 2021r) ist dies auch für Rahmenvertragsarbeiten möglich, wie sie für Instandhaltungs- und Instandsetzungsarbeiten genutzt werden.

Das so erstellte Leistungsverzeichnis wird im ERP-System genutzt, um die Prozesse der Ausschreibung, Vergabe und Abrechnung sowie Zahlung abzuwickeln. Ausschreibung, Vergabe und Abrechnung werden oft auch in AVA-Softwarelösungen abgebildet (entweder voll- oder teilintegriert in die ERP-Lösung). Die Zahlung der Rechnung wird immer im ERP-System ausgelöst.

Voraussetzung für das beschriebene Vorgehen ist, dass das BIM-Modell vor Erstellung der Leistungsverzeichnisse entsprechend mit den Planungsdaten der Maßnahme aktualisiert wurde.

Komplexere Modernisierungs- und Umbaumaßnahmen werden in ERP-Systemen oftmals in Projektmanagement-Komponenten bzw. -Modulen abgebildet. Dazu werden Projektstrukturpläne für die einzelnen Gewerke und Teilleistungsbereiche angelegt. Diese werden wiederum mit den Objekten der Einkaufskomponente (Bestellung/Beauftragung) verknüpft, um im Verlauf der Maßnahmen eine durchgängige Kostenplanung, Budgetierung, Obligo-Fortschreibung und Ist-Kostenverfolgung zu ermöglichen. Die einzelnen Elemente des Projektstrukturplanes können ebenfalls mit den Bauteilen aus dem BIM-Modell verknüpft werden, um den Projektverantwortlichen ein anschaulicheres Bild der Maßnahme zu geben.

8.3.3.3 Umsetzung: Flächenmanagement

Grundlage für die Use Cases des Flächenmanagements sind die Rauminformationen. Diese werden ebenfalls auf Basis des IFC-Standards aus dem BIM-Modell extrahiert und entweder in alphanumerischer Form (Raumstempelinformationen) an das ERP-System initial übergeben und im Änderungsfall aktualisiert. Auch hier wird im ERP-System wieder eine lokale Kopie des BIM-Bauteils angelegt. Ebenso wird der aus einem Horizontalschnitt erzeugte Geschossplan im ERP-System als Kopie gespeichert.

Eine Kopie der Raumstammdaten in das ERP-System wird für Belegungs- und Abrechnungsprozesse sowie für alphanumerische Flächenbilanzen und KPIs wie Belegungsquote, Leerstandsquote, Kosten pro Flächeneinheit benötigt. Raumdaten in Verbindung mit Belegungsdaten stellen im Flächenmanagement Massendaten dar, die sich performanter verarbeiten lassen, wenn eine Kopie im ERP-System erzeugt wird.

Die Geschosspläne werden für grafische Reports der Belegungs- und Auslastungssituation sowie für die Variantenplanung bei Umzügen benötigt. Der Geschossplan mit seinen CAD-Layern dient dabei als Grundlage und wird mit zusätzlichen Layern, welche die ERP-Daten anzeigen, angereichert.

Hier ist zu erwähnen, dass gerade im Corporate-Real-Estate-Bereich für angemietete Flächen von den Vermietern oftmals kein BIM-Modell zur Verfügung gestellt wird, sondern nur einfache 2D-Pläne, die oftmals nicht einmal als Vektorformat vorliegen.

8.3.3.4 Umsetzung: Kaufmännisches Immobilienmanagement

Die Use Cases der Kaufmännischen Immobilienverwaltung zu den Bereichen An- und Vermietung sowie Nebenkostenabrechnung greifen auf die Raum- und Flächendaten zurück. Wie diese aus dem BIM-Modell extrahiert und im ERP-System als Kopie vorgehalten werden, wurde bereits im vorherigen Abschnitt beschrieben.

Ähnliches gilt für die Abbildung der Prozesse für Einkauf und Beschaffung. Hier wurde in Abschn. 8.3.3.2 beschrieben, wie Leistungsverzeichnisse aus den Bauteilinformationen des BIM-Modells erzeugt werden können. Dabei stellt die Erstellung des Leistungsverzeichnisses aus der Sicht des Einkaufs lediglich eine vorgelagerte Aktivität dar.

Die BIM-Integration in die Anlagenbuchhaltung stellt einen bisher eher seltenen Anwendungsfall dar, der zur Visualisierung und/oder Lokalisierung des Anlagegutes im Gebäude genutzt werden kann. Hier wird in der Regel mit Referenzierungen bzw. Verknüpfungen gearbeitet.

8.4   Kooperative Plattformkonzepte als CDE

Die vorangegangenen Kapitel haben wichtige Instrumente der BIM-Methode beschrieben und Lösungsansätze für den Einsatz im FM vorgestellt. Aus der Praxis ist jedoch bekannt, dass trotzdem viele Unternehmen nach wie vor eine mangelhafte Datenbasis ihrer gebäudebezogenen Informationen beklagen.

Auch wenn durch BIM in der Planungs- und Bauphase von Gebäuden eine gute Grundlage gelegt wurde, so führt die fehlende Standardisierung von Daten- und Informationsflüssen in der Nutzungsphase in vielen Unternehmen nach wie vor zur Entstehung von Datensilos. Dadurch ist eine Implementierung von nahtlosen Prozessen, informationsgetriebenen Entscheidungen und „smarten" Datenanwendungen oft schwer oder gar nicht möglich. Dies gilt vor allem dann, wenn sich Betreiber großer Portfolien zusätzlich mit international abweichenden Rahmenbedingungen auseinandersetzen müssen.

8.4.1 Ein Datenmodell für die Immobilienbranche

Ein einheitlicher, offener Datenstandard, der von allen genutzt werden kann, vereinfacht nicht nur die Umsetzung des in Abschn. 4.3 beschriebenen Asset-Informationssystems. Er bildet außerdem eine wesentliche Grundlage für den Einsatz fortgeschrittener Technologien wie Machine Learning und Artificial Intelligence. Die bisher durch BIM etablierten Datenaustauschformate stoßen an ähnliche Grenzen wie die BIM-Methodik selbst. Derzeit fokussieren sie inhaltlich auf die Projektphasen Planen und Bauen. Für Daten, die während der Betriebsphase in der Bewirtschaftung eines Gebäudes anfallen, gab es bisher nur wenige umfassende Ansätze, die sich etabliert haben und dabei einen internationalen Fokus haben.

Die 2020 gegründete International Building Performance & Data Initiative (IBPDI) hat es sich zur Aufgabe gemacht unter Rückgriff auf bereits am Markt vorhandene und genutzte Standards eine international einheitliche Datensprache und -semantik für die Immobilienwirtschaft zu entwickeln. Die IBPDI (vgl. NN 2021t) hat in einem umfassenden Ansatz möglichst alle Daten, die für ein Gebäude bzw. den technischen sowie kaufmännischen Gebäudebetrieb anfallen, einschließlich der Energie- und CO_2-Verbrauchsdaten, in einem übergreifenden Datenmodell (Common Data Model) zusammengefasst. Dieses unterteilt sich in verschiedene Cluster (vgl. Abb. 8.8), wobei die für BIM und FM besonders relevanten Cluster hier in orange dargestellt sind.

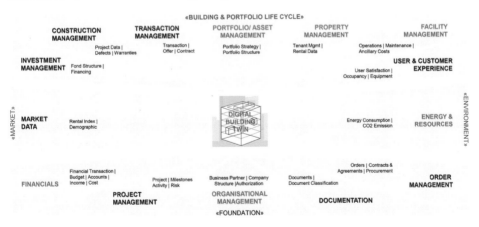

Abb. 8.8 Übersicht über die Daten-Cluster der IBPDI

Das Cluster *Digital Building Twin* basiert unter anderem auf dem internationalen COBie-Standard (Construction Operations Building Information Exchange). Weitere hier integrierte Standards sind IFC, CAFM-Connect, ISO 81346, DIN 276, ebkp-h sowie IPMS.

Das Cluster *Energy & Resources*, basierend auf CRREM, GHG Protocol Corporate Standard und GRESB, beinhaltet auch Aspekte der Anwendung kreislaufwirtschaftlicher Kriterien einschließlich Sanierungs-, Umnutzungs- und Nachrüstungsentitäten.

Das *Property-Management*-Cluster wurde ausgehend von gif- und RICS-Standards um zahlreiche Datenentitäten erweitert – etwa für die Themen rund um die Mieterbeziehungen. Zudem wurde das auf gif- und RICS-Standards basierende Cluster *Portfolio und Asset Management* mit dem Cluster *Financials* verknüpft, was die Grundlage für das Reporting mittels einheitlicher Kennzahlen (Key Performance Indicators – KPIs) bildet.

Das *Financials-Cluster* basiert auf internationalen Rechnungslegungsstandards wie die International Financial Reporting Standards (IFRS) oder dem MSCI World Index, der die Entwicklung der weltweiten Aktienmärkte und der Weltwirtschaft im allgemeinen darzustellen versucht. Das Cluster beinhaltet einen generischen Kontenplan, mit dem sich branchenübergreifend vereinheitlicht Finanzkennzahlen analysieren lassen. Ein weiterer Fokus liegt auf den Lebenszykluskosten, die im Detail von RICS definiert werden.

Das durch die Cluster gebildete *Common Data Model (CDM) for Real Estate* wird von den IBPDI-Mitgliedern, darunter zahlreiche Vertreter aus der Immobilienwirtschaft sowie Verbänden wie GEFMA, kontinuierlich weiterentwickelt. Aktuell liegt der Fokus auf den Clustern *Facility Management* und *Organizational Management*, in dem die Entitäten der Personen- und Organisationsperspektiven im Gebäudekontext und insbesondere die Prozesse und Rollen der Wertschöpfungskette definiert werden.

Das *CDM for Real Estate* ist ein offenes und für alle Akteure der Immobilienwirtschaft zugängliches Datenmodell, das als Grundlage für die Speicherung und den Austausch von Daten innerhalb der Immobilienbranche genutzt werden kann. Der Netzwerkgedanke und das integrative Zusammenarbeiten, das durch die BIM-Methodik geprägt wird, könnte so zukünftig für alle relevanten Real-Estate- und Facility-Management-Prozesse umgesetzt werden (vgl. NN 2021t).

8.4.2   Der Einsatz von Plattformen im FM

Nimmt man das in Abschn. 8.4.1 erwähnte einheitliche Datenmodell als Grundlage, bleibt neben den in Abschn. 4.3 dargestellten technischen Lösungsmöglichkeiten eines „Asset Information Model" als Common Data Environment (CDE) für die Nutzungsphase die organisatorische Frage offen, welche Partei die Verantwortung für die Verwaltung der Daten übernimmt, sobald der Bauherr oder Generalunternehmer seine CDE-Verantwortung nach Abschluss der Bauphase abgegeben hat.

Beim Einsatz von CAFM-Systemen ergibt sich in der Praxis häufig ein Problem, welches auch eine Grenze für eine Stakeholder-übergreifende CAFM-BIM-Integration aufzeigt – die in der Praxis vertragliche geforderte Verpflichtung des FM-Dienstleisters zur Fortschreibung der Gebäudedaten während des Betriebs. Diese Verpflichtung zur Datenfortschreibung kann je nach vertraglicher Ausgestaltung entweder im System des Auftraggebers oder eben des FM-Dienstleisters erfolgen.

Für beide Varianten ergeben sich sowohl Vor- als auch Nachteile, die sich auch auf die Fortschreibung der BIM-Daten auswirken. Erfolgt die Datenfortschreibung (auch der BIM-Modelle) in den Systemen des Auftraggebers, so führt das auf Seiten des Dienstleisters zu Doppelarbeit, da dieser in der Regel für die Steuerung der Dienstleistungsprozesse mit seinen eigenen Mitarbeitern ebenfalls zumindest Teile der Daten in seinen eigenen Systemen pflegen muss. Diese werden z. B. für Abrechnung und Zeiterfassung benötigt. Erfolgt die Datenfortschreibung jedoch nur in den Systemen des FM-Dienstleisters hat ein Gebäudeeigentümer bei einem eventuellen Dienstleisterwechsel das Risiko einer aufwändigen Datenmigration oder sogar von Datenverlusten. Eine mögliche Lösung dieses Dilemmas besteht in einem Datenaustausch über eine zwischengeschaltete Plattform, die allen Stakeholdern rund um die Immobilienbewirtschaftung zeitgleich einen Zugriff auf die für sie relevanten Daten bietet. Technisch entspricht eine solche Plattform weitgehend den Ausführungen in Abschn. 4.3.2.4, wobei organisatorisch eine solche CDE aus der Planungs- und Bauphase nun allerdings auch die folgenden Stakeholder einbeziehen muss (vgl. Abb. 8.9):

- Corporate Real Estate Management,
- Asset Management,
- Property Management,
- Facility Management,
- Einkauf,
- Buchhaltung und kaufmännische Verwaltung,
- Endnutzer (Mitarbeiter des Auftraggebers, Mieter, Besucher/Patienten),

Abb. 8.9 Schematische Darstellung der wesentlichen Stakeholder des FM-Prozesses

- Dienstleister,
- Berater und Dienstleistungssteuerer.

Neben den Anbietern von CDEs für die Bauphase etablieren sich am Markt immer mehr Plattformlösungen für den Immobilienbetrieb. Anders als bei bestehenden Applikationen, die in der Regel den Fokus auf eine Partei (Gebäudeeigentümer-/Betreiber oder Dienstleister) legen, ermöglichen diese Plattformen aufgrund ihrer Architektur die Kollaboration zwischen zwei oder mehr beteiligen Akteuren rund um eine Immobilie. Das heißt, Daten können nicht nur gesammelt und verwaltet, sondern auch (weiter) verteilt oder sogar durch unterschiedliche Parteien angereichert werden.

Über offene Schnittstellen (APIs) können andere Anwendungen an solche Plattformen angebunden und aus Sicht des Gebäudeeigentümers/Betreibers auch externe Dienstleister in die Kollaboration rund um das Gebäude mit eingebunden werden (vgl. Abb. 8.10). Dazu zählen z. B. Gebäudeleittechnik und zunehmend auch IoT-Sensoren, deren Schwerpunkt die Messung des Gebäudezustands (z. B. Temperatur, Licht, Lautstärke, Belegung und

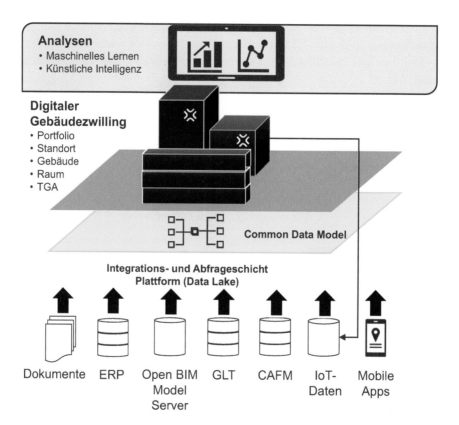

Abb. 8.10 Integriertes Asset-Information-System auf Basis von Cloud-Plattform-Technologie unter Verwendung eines einheitlichen Datenmodells

CO_2) ist. Die für eine derartige kollaborative Plattform erforderliche Rechenleistung kann durch bereits heute verfügbare Cloud-Technologien skalierbar abgedeckt werden. Damit können Datenmengen aus der Gebäudetechnik tatsächlich verarbeitet und zueinander in Beziehung gesetzt werden.

Damit kann das Facility Management mittels Echtzeit-Informationen optimiert werden und es kann ein direkter Einblick in den Gebäudebetrieb, wie z. B. Kostenkontrolle, Zufriedenheit der Nutzer und Arbeitsplatzmanagement, gewonnen werden. Die Überwachung der technischen Gebäudeeinrichtungen, Optimierung von Flächen und Raumausnutzung, sowie Verbesserung von Komfortfaktoren sind typische Anwendungsfälle. Weitere Funktionen wie das Hinzufügen und Verknüpfen von Dokumenten mit dem Gebäude bzw. Gebäudeteilen auf Basis von Metadaten sowie ein Aktivitätenmanagement kann eine Plattform zur verlässlichen Informationsquelle (single source of truth) für alle Stakeholder machen.

8.4.3 Status Quo und Ausblick

Eine derartige Plattform bietet als neue technologische Lösung für Gebäudeeigentümer und Betreiber großer Portfolien die Chance, Informationen aus bisher sehr heterogenen Systemlandschaften zusammen zu führen und gleichzeitig ihre externen Stakeholder (Dienstleister, potenzielle Käufer, Mieter) mit einzubinden.

Die Akzeptanz des Einsatzes von Plattformen ist am Markt vorhanden, jedoch werden von Marktteilnehmern für die Durchsetzbarkeit noch einige Hürden gesehen.

Eine davon bestand bisher in dem Mangel an bestehenden Datenstandards (Ball 2018). Initiativen wie die zuvor erwähnte IBPDI können hier Abhilfe schaffen.

Als weitere Hürde werden Datenschutz, IT-Governance, Komplexität der Leistungsbeschreibung und mangelndes Vertrauen gesehen. Außerdem ist die Abstimmung mit den IT-Verantwortlichen in den Unternehmen für den Einsatz von digitalen Plattformen noch nicht vollzogen (Berger 2020).

Zur zukünftigen strategischen Rolle der Plattformen am Markt gibt es also noch kein abschließendes Bild. Durch die Zusammenführung von Daten ergibt sich aber ein großes Potenzial für neue Geschäftsmodelle. Dementsprechend schnell wächst das Angebot an Leistungen und Funktionen. Es ist davon auszugehen, dass durch die stückweise Etablierung von Plattformen in der Nutzungsphase auch ein Umbruch in der digitalen Unterstützung der Immobilienbewirtschaftung stattfindet, der sich positiv auf die praktische Verbreitung der BIM-Methode in der Nutzungsphase auswirken wird.

8.5   Zusammenfassung

Zunehmend haben Immobilien- und Facility Manager erkannt, welchen Mehrwert ihnen die Nutzung von Daten aus BIM-Modellen während des Betriebs von Immobilien bietet. Hierauf reagieren die Anbieter von CAFM-Software, indem sie Schnittstellen zu BIM-Software bereitstellen und mit diesen Systemen Daten austauschen. Diese Entwicklung wurde auch maßgeblich von GEFMA gefördert, indem bei der Zertifizierung von CAFM-Software gemäß GEFMA Richtlinie 444 seit 2018 nun auch Funktionen zum BIM-Datenaustausch geprüft werden. Gut 70 % aller zertifizierten Systeme konnte inzwischen die Funktionen aus dem BIM-Katalog A15 erfolgreich nachweisen. Dies ist ein Indiz dafür, dass BIM im FM-Bereich angekommen ist. Hierbei unterstützen die CAFM-Systeme sowohl Open-BIM- als auch Closed-BIM-Formate. Einige Systeme interagieren aber auch direkt mit BIM-Authoring-Tools.

Da in fast jedem größeren Unternehmen oder jeder öffentlichen Einrichtung ERP-Systeme im Einsatz sind, stellt sich auch zunehmend die Frage nach den Vorteilen einer Kollaboration zwischen ERP und BIM. ERP-Systeme bilden vorzugsweise die Organisation und Prozesse ab, während BIM ein digitales Abbild der Immobilien liefert. Vorteile ergeben sich insbesondere da, wo der Zugriff auf Daten des BIM-Modells bzw. eines Digitalen Zwillings seitens des ERP-Systems erforderlich oder sinnvoll ist. In den vorangegangenen Abschnitten wurden deshalb ausführlich Use Cases beschrieben, bei denen der Datenaustausch zwischen BIM und ERP zu effizienteren Prozessen und Mehrwert führt. Außerdem wurde beschrieben, wie sich diese Use Cases im BIM/ERP-Umfeld umsetzen lassen.

Schließlich wurde der Vorteil des Einsatzes von kooperativen, oftmals cloudbasierten Plattformen (insbesondere Common Data Environments) thematisiert. Dabei wird auf die Bedeutung von standardisierten Modellen für den Datenaustausch im gesamten FM- und Immobilien-Umfeld hingewiesen. Beispielhaft wird das Common Data Model von IBPDI vorgestellt. Über Programmierschnittstellen (APIs) ist es hierbei möglich, auch andere Softwareanwendungen an solche Plattformen anzubinden. Diese Plattformen bieten künftig die Möglichkeit Daten aus heterogenen Systemlandschaften zentral zusammen zu führen und umfassend auszuwerten.

Der weitere Erfolg dieser Entwicklung ist auch abhängig von der Bereitschaft der Bauherren und Nutzer, den Mehraufwand, der letztlich den Mehrwert einer BIM- CAFM/ ERP-Integration ermöglicht, entsprechend zu vergüten.

Literatur

Ball T (2018) Lünendonk-360-Grad-Incentive 2018 – Digitalisierung in der Immobilienwirtschaft, Lünendonk & Hossenfelder GmbH, 42 S
Berger R (2020) Inhalte und Nutzen einer digitalen Plattform im Corporate Real Estate und Facility Management. Studie Ronald Berger GmbH und RealFM e. V., 15. Juli 2020

Limberger B (2005) Unterstützung der Baumanagementprozesse von Immobilienunternehmen mit integrierten betrieblichen Informationssystemen – ERP-Systemen. Dissertation am Lehrstuhl für Bauwirtschaft, Bergische Universität Wuppertal, DVP-Verlag

Limberger B (2020) Skript zur Vorlesung „Kaufmännische Immobilienverwaltung mit ERP Systemen" an der SRH Hochschule, Heidelberg, Lehrstuhl Prof. Meysenburg

NN (2000) DIN 32736: Gebäudemanagement: Begriffe und Leistungen, 2000-08, 8 S

NN (2004) GEFMA Richtlinie 100-2: Facility Management – Leistungsspektrum, Juli 2004, 36 S

NN (2017c) DIN SPEC 91400: Building Information Modeling (BIM) – Klassifikation nach STLB-Bau. Deutsches Institut für Normung, 2017-02, 16 S

NN (2018a) ISO 16739-1: Industry Foundation Classes (IFC) for data sharing in the construction and facility management industries – Part 1: Data schema. International Organization for Standardization, 2018-11

NN (2018b) DIN 276: Kosten im Bauwesen. Deutsches Institut für Normung, 2018-12

NN (2020a) GEFMA Richtlinie 444: Zertifizierung von CAFM-Softwareprodukten. Februar 2020, 21 S

NN (2021b) Marktübersicht CAFM-Software. GEFMA 940, Sonderausgabe von „Der Facility Manager", FORUM Zeitschriften und Spezialmedien GmbH, Merching, 2021, 198 S

NN (2021m) https://www.honeywell.com/us/en/honeywell-forge/buildings (abgerufen: 07.08.2021)

NN (2021p) GAEB Datenaustausch XML. Gemeinsamer Ausschuss für Elektronik im Bauwesen. https://www.gaeb.de/de/produkte/gaeb-datenaustausch/ (abgerufen: 20.08.2021)

NN (2021q) Standardleistungsbuch Bau. Gemeinsamer Ausschuss für Elektronik im Bauwesen. https://www.gaeb.de/de/stlb-bau/ (abgerufen: 20.08.2021)

NN (2021r) Standardleistungsbuch für Zeitvertragsarbeiten. Gemeinsamer Ausschuss für Elektronik im Bauwesen. https://www.gaeb.de/de/produkte/gaeb-datenaustausch/ (abgerufen: 20.08.2021)

NN (2021t) IBPDI – International Building Performance & Data Initiative. https://ibpdi.org/ (abgerufen: 21.09.2021)

NN (2022b) Marktübersicht CAFM-Software. GEFMA 940, Sonderausgabe von „Der Facility Manager", FORUM Zeitschriften und Spezialmedien GmbH, Merching, 2022, 202 S

Schiller G, Faschingbauer G (2016) Die BIM-Anwendung der DIN SPEC 91400. DIN e. V., Beuth Verlag, Berlin – Wien – Zürich, 88 S

Maik Schlundt, Simon Ashworth, Thomas Bender,
Asbjörn Gärtner, Michael Härtig, Reiko Hinke, Markus Krämer,
Michael May und Matthias Mosig

M. Schlundt (✉)
DKB Service GmbH, Berlin, Deutschland
E-Mail: maik.schlundt@dkb-service.de

S. Ashworth
Zürcher Hochschule für Angewandte Wissenschaften (ZHAW), Wädenswil, Schweiz
E-Mail: ashw@zhaw.ch

T. Bender
pit – cup GmbH, Heidelberg, Deutschland
E-Mail: thomas.bender@pit.de

A. Gärtner
IU Internationale Hochschule, Erfurt, Deutschland
E-Mail: a.gaertner@iubh-fernstudium.de

M. Härtig
N+P Informationssysteme GmbH, Meerane, Deutschland
E-Mail: michael.haertig@nupis.de

R. Hinke
BASF SE, Ludwigshafen, Deutschland
E-Mail: reiko.hinke@basf.com

M. Krämer
Hochschule für Technik und Wirtschaft Berlin, Berlin, Deutschland
E-Mail: markus.kraemer@htw-berlin.de

M. May
Deutscher Verband für Facility Management (GEFMA), Bonn, Deutschland
E-Mail: michael.may@gefma.de

M. Mosig
TÜV SÜD Advimo GmbH, München, Deutschland
E-Mail: matthias.mosig@tuvsud.com

© Der/die Autor(en), exklusiv lizenziert an Springer Fachmedien Wiesbaden
GmbH, ein Teil von Springer Nature 2022
M. May et al. (Hrsg.), *BIM im Immobilienbetrieb*,
https://doi.org/10.1007/978-3-658-36266-9_9

9.1   Überblick Fallstudien

Der GEFMA Arbeitskreis Digitalisierung hat seit der Erarbeitung des ersten BIM White Papers praktische Beispiele gesammelt und aufgearbeitet, so dass mittlerweile 11 nationale und internationale Projekte in den folgenden Abschnitten vorgestellt werden können. Dabei wurden sehr unterschiedliche Anwendungsbereiche herausgegriffen wie:

- Medien,
- Pharma,
- Bank,
- Museum,
- Technologiepark,
- Energieversorger,
- Flughafen,
- Verwaltung,
- Kommune.

Ziel und Zweck der Fallstudien ist es, die praktische Umsetzung von BIM gerade mit Mehrwert für das Facility Management darzustellen. Aus diesen Beispielen lassen sich Erfahrungen und Erkenntnisse sowie Anregungen für eigene BIM/FM-Projekte gewinnen. Auch lassen sich realistische Anforderungen an eine erfolgreiche technische Umsetzung ableiten.

Die Fallstudien beleuchten u. a. folgende Punkte:

- Vorstellung Unternehmen und Beteiligte,
- Projektvorstellung,
- Ziel des Einsatzes von BIM und Vorgehensweise,
- eingesetzte Software und Funktionalität,
- Ergebnisse und Erkenntnisse,
- Mehrwert der Integration von BIM und CAFM.

Hierdurch sollen ein besseres Verständnis von BIM im Facility Management und die Möglichkeiten aber auch Grenzen aufgezeigt werden.

9.2   Kommunale Immobilien Jena

9.2.1   Das Projekt

Ein Beispiel für ein erfolgreiches Projekt ist der kommunale Eigenbetrieb der Stadt Jena KIJ (NN 2021ab). Die KIJ betreibt und saniert ca. 400 kommunale Gebäude der Stadt

Jena. Als Softwarelösungen zur Unterstützung der hierfür erforderlichen Aufgaben kommen Autodesk Revit und SPARTACUS Facility Management zum Einsatz. Beide Systeme sind dabei über einen Integrationsbaustein verbunden. Fast alle Immobilien liegen als Revit-Modelle vor, die alphanumerischen Daten werden im CAFM-System gepflegt.

9.2.2 BIM-CAFM-Integration

Auf Basis der Verknüpfung beider Systeme kann neben sämtlichen Raumdaten die technische Gebäudeausrüstung (TGA) aus dem BIM-Modell von der Planungsphase bis in den Immobilienbetrieb mitgeführt werden. Per Knopfdruck gelangen so Brandschutzklappen, Lüftungsanlagen, Automatiktüren usw. sowie alle für den Immobilienbetrieb erforderlichen Informationen in das CAFM-System. Darauf aufbauend können sämtliche Prozesse rund um die technische Betreuung der TGA im CAFM-System abgebildet und ausgeführt werden.

Der BIM-Integrationsbaustein ermöglicht im Anschluss die einfache Fortschreibung der Informationen aus der Betriebsphase (abgebildet in SPARTACUS) in das BIM-Modell. So können die erweiterten Informationen aus dem CAFM-System im BIM-Modell visualisiert werden. So ist die Einfärbung von technischen Anlagen, deren Wartungstermine überfällig sind oder kurz bevorstehen, im BIM-Modell möglich. In gleicher Art und Weise lassen sich auch andere FM-Prozessdaten im BIM-Modell visualisieren. So können Gebäude und Räume mit auslaufenden Mietverträgen farblich hervorgehoben werden ebenso wie energieintensiv genutzte Objekte.

Bei der KIJ kommt es außerdem häufig vor, dass die Daten der TGA vom CAFM-System an das BIM-Modell übergeben werden. Diese Situation ist darauf zurückzuführen, dass KIJ mit dem CAFM-System bereits länger arbeitet als mit dem BIM-Modell. Die Verknüpfung ermöglicht es, dass die TGA inklusive ihrer Eigenschaften zum einen aus dem CAFM-System heraus im BIM-Modell angesprochen werden kann. Zum anderen kann die TGA aus dem BIM-Modell heraus im CAFM-System angesprochen werden. Die TGA hat im CAFM-System und im BIM-Modell jeweils die gleiche Identifikationsnummer.

9.2.3 Ergebnis

Der Integrationsbaustein steuert die bidirektionale Kommunikation zwischen BIM-Modell und CAFM-System. So werden Aufgaben jeweils in der Software erledigt, in der sie sich am sinnvollsten und effektivsten bearbeiten lassen. Hierdurch entsteht aus einer Verbindung der beiden Welten BIM und CAFM eine Symbiose aus Planungs- und Bewirtschaftungsprozess der Immobilien.

9.3   Axel-Springer-Neubau in Berlin

9.3.1   Das Projekt

Im Oktober 2016 war offizieller Baustart des Axel-Springer-Neubaus in Berlin. Auf dem ca. 10.000 m² großen Lindenpark-Gelände ist mittlerweile ein modernes Verlagsgebäude entstanden, welches nach vier Jahren Bauzeit am 06.10.2020 offiziell an seine Nutzer übergeben wurde. Auf einer Bürofläche von 52.200 m² bietet es Platz für 3500 Mitarbeiter (vgl. Abb. 9.1).

Das niederländische Architekturbüro „Office for Metropolitan Architecture (OMA) hat durch seinen Entwurf (vgl. Abb. 9.1, links) eine Arbeitsumgebung geschaffen, die sowohl Konzentration als auch lebhafte Zusammenarbeit fördert. Dabei entstand ein spektakuläres Gebäude, welches den Medienkonzern auch in seinem Architekturanspruch ins digitale Zeitalter führen soll.

Der Fokus auf Digitalisierung zeigt sich bereits in der ersten Konzeptionsphase. Dabei wurde zwischen dem Bauherrn (Axel Springer SE), Architekt (OMA) und Generalunternehmer (GU Züblin) festgelegt, das Gebäude nach der BIM-Methode zu planen, zu bauen und in die Betriebsphase zu überführen. Springer war es dabei wichtig, einen nachhaltigen BIM-Ansatz zu verfolgen, der insbesondere auch den Gebäudebetrieb von Beginn an berücksichtigt.

Ziel ist es, ein durchgängiges Gebäudemodell zu erstellen – von der ersten Planungsphase bis zum Gebäudebetrieb. Das Modell wurde im Prozess sukzessive mit immer mehr Informationen angereichert. Dadurch wurde die Basis für ein intelligentes Gebäude, welches die reale und die digitale Welt zusammenbringt, geschaffen – der Digitale Zwilling.

Abb. 9.1 Axel-Springer-Neubau Berlin, Entwurf von Rem Koolhaas (Office for Metropolitan Architecture) (links), fertiggestelltes Gebäude (rechts)

9.3.2 BIM-Struktur und Systemumgebung im Projekt

Aufgrund der komplexen Architektur war es für OMA klar, das gesamte Gebäude in 3D zu planen. Weiterhin mussten zahlreiche Projektbeteiligte koordiniert, gesteuert und eine Vielzahl an Informationen verlustfrei ausgetauscht werden. Um diese Komplexität zu beherrschen, entschied man sich das Projekt nach der BIM-Methode zu realisieren.

Da Architekt, Fachplaner und später der GU unterschiedliche Modellierungswerkzeuge einsetzen, wurde festgelegt, das Projekt im Open-BIM-Verfahren durchzuführen. Der Datenaustausch zwischen den Beteiligten erfolgte auf Basis des IFC-Formats. Für den Datenaustausch und für die Koordination in der Planungs- und Ausführungsphase wurde die Online-Plattform THINK PROJECT eingesetzt.

Mit dem Einsatz der BIM-Methode verfolgte der Bauherr einen nachhaltigen und durchgängigen Ansatz der Datengenerierung und Datenpflege. Aus diesem Grund war es dem Bauherrn sehr wichtig, dass die Datenüberführung bzw. die Datenintegration in den Gebäudebetrieb reibungslos funktioniert.

Zur Unterstützung der verschiedenen Facility-Management-Prozesse setzt Axel Springer das CAFM-System pit – FM ein. Im Rahmen des BIM-Projektes war das Ziel, dass gegen Projektende das As-built-Modell im originären Revit-Format in die CAFM-Software übernommen wird. Aus dem Revit-Modell wurden dabei die relevanten alphanumerischen Metadaten (Hersteller, Typ, Baujahr, Wartungsintervall usw.) zu den unterschiedlichen BIM-Objekten (Raum, Technische Anlage) in die CAFM-Software pit – FM übernommen und stehen dort für die FM-Prozesse zur Verfügung. Die Visualisierung der Geometrie erfolgt in Revit. Für einen reibungslosen Datenaustausch zwischen Revit und pit – FM sind beide Systeme über eine bidirektionale Schnittstelle verbunden.

Im Sinne einer nachhaltigen Datenhaltung ist es wichtig, das hohe Qualitätsniveau der Daten über den Lebenszyklus der Immobilie aufrecht zu erhalten. Durch die Integration weiterer Technologien und Systeme wie ERP und GLT entsteht sukzessive ein digitaler Zwilling.

Damit die Integration des As-built-Modells am Projektende auch reibungslos funktionierte, wurden im Projekt mehrere Datenübergabepunkte (engl. *data drops*) definiert. Zu diesen festgelegten Zeitpunkten wurden erste Modelldaten für das CAFM-System zur Verfügung gestellt.

Das BIM-Management wurde im Projekt vom Bauherrn mit der Unterstützung eines externen Beraters wahrgenommen. Die Gesamtkoordination der einzelnen Gewerke übernahm der GU. Züblin war in dieser Rolle für das qualitätsgesicherte Gesamt-/Koordinationsmodell verantwortlich. Zur Qualitätssicherung (Kollisions-, Plausibilitätsprüfungen usw.) im Projekt setzte Züblin unter anderem Solibri und Navisworks ein. Weiterhin war Züblin im Projekt für die Erstellung und Fortschreibung des BIM-Abwicklungsplans (BAP) und dessen Einhaltung durch die Projektbeteiligten verantwortlich.

Am Projektende wurde durch Züblin unter anderem das As-built-Modell im Revit-Format an den Betrieb übergeben (vgl. Abb. 9.2).

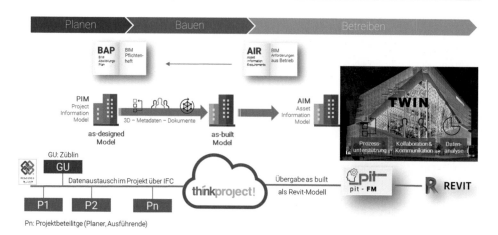

Abb. 9.2 Allgemeine Daten- und Systemumgebung (CDE) im BIM-Projekt beim Axel-Springer-Neubau

9.3.3 BIM-Anforderungen

Die Grundlage für einen effizienten und verlustfreien Datenaustausch zwischen den Beteiligten im BIM-Projekt ist eine detaillierte Anforderungsdefinition.

Die Anforderungen an die jeweiligen BIM-Fachmodelle, deren Inhalt und Detaillierungsgrad bzgl. Geometrie (LOD) und Information (LOI), sowie an die Prozesse zum Datenaustausch wurden im Projekt im BIM-Abwicklungsplan (BAP) geregelt.

Spezifikationen zum Datenaustausch mit dem Fokus Facility Management bzw. zur Datenintegration und -übernahme in das CAFM-System pit – FM wurden im Projekt in einem separaten Dokument beschrieben, den Asset Information Requirements (AIR). Dieses Dokument ist Anhang zum BAP und war von den Beteiligten verbindlich anzuwenden.

9.3.4 BIM im Facility Management bei Axel Springer

Zur Unterstützung der FM-Prozesse setzt Axel Springer das CAFM-System pit – FM ein. In pit – FM werden geometrische und alphanumerische Daten sowie Dokumente (digitale Bauwerksdokumentation) verwaltet, fortgeschrieben und mit weiteren Daten angereichert (vgl. Abb. 9.3).

Damit der Übergang von Planen und Bauen in die Bewirtschaftungsphase reibungslos und verlustfrei durchgeführt werden konnte, sind analog zu den Modellierungsvorschriften für die Planungsphase entsprechende Vorgaben für das FM definiert worden. Diese Vorgaben orientieren sich am Datenmodell des CAFM-Systems. pit – FM setzt hierbei auf etablierte Standards wie DIN 276, DIN 277, IFC und CAFM-Connect, so dass die Integration in das Projekt problemlos erfolgen konnte. Diese Anforderungen wurden bereits in einer frühen Projektphase vom Bauherrn als AIR zur Verfügung gestellt.

Abb. 9.3 BIM Gesamtmodell

Insbesondere folgende Festlegungen wurden im AIR-Dokument getroffen:

- Vorgaben zur eindeutigen Kennzeichnung von Gebäude, Etage, Raum sowie zur Kennzeichnung von baulichen Objekten wie Türen und technischen Objekten wie Heizung und Lüftung mittels eines durchgängigen AKS (Anlagen-Kennzeichnungs-Schlüssel). Der AKS ist für eine eindeutige Identifikation der modellierten Objekte unabdingbar.
- Definition einer Parameterliste zum FM-Modell. In der Liste wurde genau aufgeführt, welche Merkmale (Parameter) zu den einzelnen Objekten (Tür, Brandschutzklappe, Ventilator usw.) aus FM-Sicht zu welchem Zeitpunkt benötigt werden. Damit eine reibungslose Übernahme bzw. Integration in das Datenmodell von pit – FM erfolgen konnte, wurden die zu kennzeichnenden Objekte zusätzlich nach OmniClass klassifiziert.
- Beschreibung des Prozesses zur Integration des Revit-Modells in pit – FM. Vorgesehen war hier die Übernahme der FM-relevanten, alphanumerischen Objektinformationen aus dem Revit-Model in pit – FM (pit – FM ist im Betrieb das führende System zur Pflege dieser Daten). Die geometrische Integration erfolgte über eine bidirektionale Schnittstelle zwischen Revit und pit – FM. Die Visualisierung der 3D-Geometrie erfolgte in Revit. In beiden Fällen musste einmalig eine Abgleichvorschrift erstellt werden, in der Kategorien und Parameter aus Revit mit den Klassen und Attributen aus

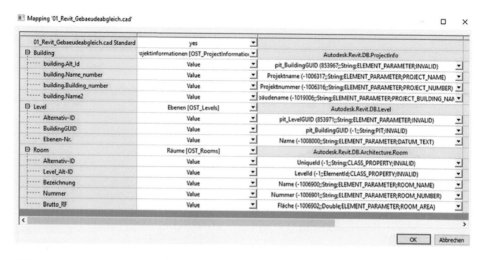

Abb. 9.4 pit-Abgleichvorschrift in Revit

pit – FM gemappt wurden (vgl. Abb. 9.4). Durch die Verwendung des durchgängigen Klassifizierungsstandards OmniClass konnte dieser Vorgang größtenteils automatisiert erfolgen.

- Weiterhin wurden in den AIR Übergabezeitpunkte von Datenständen (data drops) bis zur finalen Übergabe des As-built-Modells definiert. Dadurch konnte sichergestellt werden, dass ein valides Datenmodell zum Projektende in pit – FM zur Verfügung stand und der Gebäudebetrieb ohne Verzögerung starten konnte. Die Übergabe des vollständigen As-built-FM-Modells inklusive aller Revisionsunterlagen erfolgte gemäß AIR ca. 3–4 Monate nach Fertigstellung. Die Metadaten aus dem Revit-Modell, welche in pit – FM z. B. für Instandhaltungsaufgaben benötigt werden, standen bereits vor Fertigstellung dem Gebäudebetrieb zur Verfügung.

9.3.5 Resümee und Ausblick

Durch den konsequenten Einsatz der BIM-Methode konnte das Projekt wie geplant fertiggestellt und termingerecht an die Nutzer übergeben werden. Die nahtlose Überführung bzw. Integration der BIM-Daten in den Gebäudebetrieb und die dafür vorgesehenen Systeme Revit und pit – FM ist reibungslos und ohne Migrationsaufwände erfolgt.

Die Projektbeteiligten bezeichnen das Projekt demnach zu Recht als erfolgreiches und nachhaltiges BIM-Projekt, das über alle Leistungsphasen hinweg bis in den Gebäudebetrieb umgesetzt wurde.

9.4   Museum für Naturkunde Berlin

9.4.1   Ziele des Projekts

Das Museum für Naturkunde Berlin (MfN) ist mit mehr als 30 Millionen Sammlungs-objekten sowohl national als auch international eine der größten integrierten Forschungs-einrichtungen auf dem Gebiet der biologischen und geowissenschaftlichen Evolution und Biodiversität. Seine Mission und Vision sieht das MfN darin, auf einem Campusgelände ein exzellentes Forschungsmuseum mit einem innovativen Kommunikationszentrum für Wissenschaftlerinnen und Wissenschaftler sowie über 700.000 Besucherinnen und Be-sucher pro Jahr zu kombinieren, um so auf breiter Basis den wissenschaftlichen wie auch gesellschaftlichen Dialog um die Zukunft der Erde mit zu prägen.

Um diese Ziele zu erreichen, hat das MfN gemeinsam mit seinen Partnern eine strate-gische Zukunftsplanung erarbeitet (vgl. Abb. 9.5). Kernaspekte dieser Planung bestehen darin, umfassende Teile der Sammlungsobjekte Besuchern zugänglich zu machen, die Di-gitalisierung der Sammlung voranzutreiben, neue Beteiligungsformen unter Einbeziehung der Gesellschaft zu erproben sowie dabei Spitzenforschung und Wissenschafts-kommunikation gemeinsam zu stärken. Um diese Zukunftsvisionen umsetzen zu können, müssen jedoch zunächst die Folgen der Zerstörungen während des Zweiten Weltkrieges und eines jahrzehntelangen Sanierungsstaus angegangen werden. Dies umfasst nicht nur die Beseitigung der baulichen Defizite, sondern auch die Modernisierung der technischen Infrastruktur.

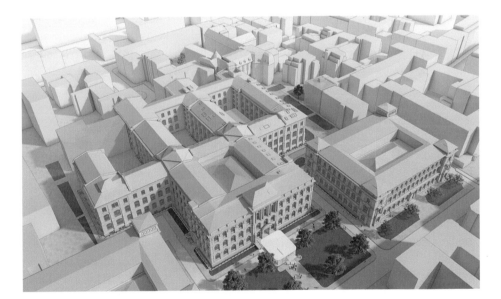

Abb. 9.5   Zukunftsplan des Museums für Naturkunde Berlin

9.4.2 Ausgangssituation

Das MfN hat mit einer derzeitigen Fläche von 38.203 m² in der Liegenschaft Invaliden-straße 42/43 für die zukünftigen Vorhaben einen Nutzflächenbedarf von ca. 63.000 m² plausibilisiert (NN 2021s). Dieses umfassende Sanierungs- und Entwicklungsvorhaben wurde in eine Sequenz von Bauabschnitten geplant, um sowohl den Forschungs- als auch den Museumsbetrieb aufrechterhalten zu können.

Im ersten Bauabschnitt wurden in einer ersten Phase von 2004 bis 2007 zunächst wichtige Ausstellungssäle im Erdgeschoss saniert und wieder für den Publikumsverkehr eröffnet. In einer zweiten Bauphase konnte im Zeitraum von 2006 bis 2010 ein erster Schritt für die Vision eines offenen und integrierten Forschungszentrums umgesetzt werden. Mit der Rekonstruktion des im Zweiten Weltkrieg fast vollständig zerstörten Ostflügels entstand neben verbesserten Lagerungsmöglichkeiten auch eine neue Heimat der wissenschaftlichen Nass-Sammlung im Erdgeschoss, die sowohl für Forscher als auch selektiv für Besucher zugänglich gemacht wurde. Der zweite Bauabschnitt setzt dieses Konzept fort und öffnet weitere Bereiche der Sammlung für Besucher, schafft aber auch Flächen für Gastarbeitsplätze, um sowohl Mitarbeitern wie Gastforschern unkompliziert Arbeitsplätze in unmittelbarer Nähe der Forschungssammlung zur Verfügung zu stellen.

Eine Besonderheit ist hier die Integration modernster, energieeffizienter Gebäudetechnik und nachhaltiger Klimatisierungsstrategien, wie z. B. die Nutzung feuchtigkeitsregulierender Eigenschaften des Lehmputzes in Verbindung mit einem integrierten Heiz- und Kühlschleifensystem.

Mit dem 3. Bauabschnitt wird die Forschungsinfrastruktur und Wissenschaftskommunikation adressiert. In diesem Rahmen entstehen unter anderem zusätzliche, zeitgemäße und flexible Arbeitsplätze für die ständig steigende Anzahl technischer und wissenschaftlicher Mitarbeiter sowie für die Verwaltung. Für den 2019 in der Planung begonnenen 3. Bauabschnitt wurde nun erstmals die Anwendung der BIM-Methode vereinbart.

Im Wesentlichen verfolgt das MfN mit BIM eine Steigerung der Planungsqualität sowie eine durchgängige, konsistente Datenhaltung, aber auch eine bessere Kommunikation und Abstimmung zwischen Betreiber und Nutzer einerseits sowie den Projektbeteiligten in der Planung andererseits. Die geforderte durchgängige Datenhaltung soll am Ende auch in die Übergabe von As-built-Modellen münden, die für spätere An- und Umbaumaßnahmen sowie für den Betrieb im FM weiter genutzt werden. So wurde in den beauftragten AIA die digitale Nutzerabstimmung auf Basis von Modellen, ein modellbasiertes Raumbuch sowie ein digitales Abnahme- und Mängelmanagement in der Planung vereinbart.

In der Übersicht des Kollaborationsprozesses (vgl. Abb. 9.6) wird deutlich, dass für regelmäßige Projektkoordinationsbesprechungen Open BIM (vgl. Abschn. 3.4.4) angewendet wurde, also in diesem Fall Modelle im IFC-Format auf der Basis von IFC 2x3 ausgetauscht wurden. Für das Issue-Tracking kommt zum Austausch das BCF-Format zum Einsatz. Als Projektraum/CDE wird von Seiten des Büros Müller Reimann Architekten, die das Projekt als Generalplaner und BIM-Manager übernommen haben, das Pro-

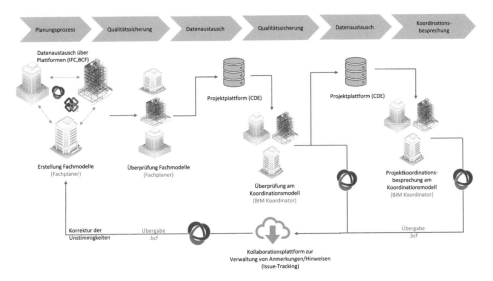

Abb. 9.6 Übersicht Kollaborationsprozess

dukt BiG® und zur Archivierung die Software poolarServer eingesetzt. Die Rolle des BIM-Informationsmanagers ist auf Seiten des Bauherrn beim MfN besetzt. Die Modellerstellung erfolgt im Wesentlichen mit den BIM-AutorenwerkzeugenArchiCAD und Revit in ihren fachspezifischen Ausprägungen (TGA/MEP, Tragwerksplanung/Structure usw.). Für die Modellkoordination kommen u. a. die Produkte BIMCollab und Navisworks zum Einsatz.

Zu Ende des Jahres 2021 wurde die modellbasierte Entwurfsplanung zur Genehmigung eingereicht. In diesem Zuge sind im Kern sechs IFC-Modelle im Bereich Architektur, zwei Modelle für die Tragwerksplanung sowie fünf Modelle der Ingenieurtechnik entstanden.

9.4.3   Zielsetzung der kooperativen Begleitforschung mit der HTW Berlin

Vor dem Hintergrund dieser Ausgangssituation und den während der Planung zum 3. Bauabschnitt gemachten Erfahrungen hat das MfN mit Blick auf die Nutzungsphase beschlossen, weiteres BIM-Know-how aufzubauen. Dies gilt umso mehr, als mit der Übernahme der Betreiberverantwortung des MfN für die Liegenschaft auch die Anschaffung eines neuen CAFM-Systems am MfN geplant ist.

Mit dieser Zielsetzung haben das MfN und die HTW Berlin einen Kooperationsvertrag geschlossen und im Rahmen eines ersten kooperativen Forschungsvorhabens im Bereich Bau/FM im Jahr 2020 begonnen, zunächst das zukünftige Informationsmanagement im FM unter Nutzung der BIM-Methode in Verbindung mit CAFM-Systemen zu untersuchen.

Die Begleitforschung hat das Ziel, für ausgewählte BIM-Anwendungsfälle Anforderungen an zukünftig im FM genutzte BIM-Modelle bzgl. Attribuierung, Klassifikation und Weiterverwendung zu konkretisieren sowie Verfahren und Prozesse für eine kontinuierliche Modellpflege zu gestalten.

9.4.4 Vorgehensweise

Für die Erreichung der vereinbarten Zielsetzung wurde festgelegt, als CDE für den Betrieb einen BIM-CAFM-Demonstrator als Versuchsumgebung aufzubauen. Zum Einsatz kommt hierfür ein kommerzielles CAFM-System mit einer bidirektionalen IFC-fähigen BIM-Schnittstelle. Die Modellierung wird sich zunächst nur auf einen Bauwerksausschnitt konzentrieren, wobei als Ausgangspunkt der große Dinosauriersaal im Erdgeschoss gewählt wurde. Dieser weist von den baulichen, wie auch technischen Elementen eine hinreichende Komplexität für die Untersuchung auf.

In der Diskussion über die zu erstellenden BIM-Modelle wurde schnell klar, dass der alleinige Fokus auf fertige As-built-Modelle, die bereits nach den Vorgaben des FM detailliert wurden, nicht ausreichend sein wird, auch wenn perspektivisch derartige Modelle beim 3. Bauabschnitt zu erwarten sind. Vielmehr soll auch ergebnisoffen untersucht werden, wie zukünftig mit Teilen des Bestandsgebäudes umgegangen werden soll, für die zunächst kein BIM-Modell aus einem Umbauprojekt verfügbar sein wird.

Ein weiterer Aspekt der Untersuchung wird die Weiterverwendung von BIM-Modellen in der Nutzungsphase für neue Einsatzzwecke sein, wobei zunächst die Besprechung von Ausstellungs- oder Eventkonzepten in einer VR-Umgebung aus Sicht des Facility Managements betrachtet werden soll. Im Ergebnis dieser Diskussion wurde deshalb beschlossen, die drei in Abb. 9.7 darstellten BIM-Modelltypen im BIM-CAFM-Demonstrator zu untersuchen.

Beim Aufbau des *BIM Lite* (Typ 1) wird das Modell unter Verwendung vorhandener Planunterlagen sowie ergänzender 3D-Laserscans auf nur diejenigen BIM-Elemente beschränkt, die mit geringem Modellierungsaufwand erfasst oder teilautomatisch generiert werden können. In diesem Szenario werden nur einfache BIM-Anwendungsfälle wie die

Typ 1: BIM "Lite"	Typ 2: BIM "Complex"	Typ 3: BIM "VR"

BIM-Modell z. B. für einfache Flächenauswertungen	Umfassendes parametrisches BIM-Modell mit hohem Detaillierungsgrad.	BIM-Modell für die Weiterverwendung in Virtual Reality & Augmented Reality Umgebunbgen.

Abb. 9.7 BIM-Modelltypen für den BIM-CAFM-Demonstrator

Flächenermittlungen durch Unterstützung des BIM-Modells umgesetzt. Die meisten für den Betrieb erforderlichen alphanumerischen Informationen werden in der Datenbank eines CAFM-Systems eingepflegt. Hier gilt für das BIM-Modell das Motto: So wenig Modellierung wie möglich.

Mit dem Typ 2 *BIM Complex* wird ein BIM-Modell aufgebaut, dass alle BIM-Objekte enthält, die zukünftig aus einem Renovierungs-/Sanierungsvorhaben aus der Bau- und Planungsphase übergeben werden sollen. Dieser Typ wird zur Beantwortung der Fragen herangezogen, welche BIM-Objekte mit welchen Attributen mit den Datenbankobjekten des CAFM-Systems synchronisiert werden sollen. Ausgangspunkt für diesen Modell-Typ sind die bereits verfügbaren BIM-Profile der CAFM-Connect-Schnittstelle, die auch zur Qualitätssicherung des BIM-Modells herangezogen werden können.

Mit dem Typ 3 *BIM VR* wird der Workflow für die Bereitstellung der für das FM aufgebauten BIM-Modelle zur Besprechung in einer VR-Umgebung untersucht. Dabei werden sowohl kommerzielle Produkte als auch Open-Source-Lösungen wie das in Abschn. 4.4 vorgestellte Community-Projekt Blender mit einem IFC- und VR-Plugin betrachtet.

Im Einzelnen umfasst das Vorgehen die folgenden Schritte:

- Standortbestimmung/digitale Erfassung und Datensichtung,
- Konkretisierung der BIM-Use-Cases,
- Aufbau der technischen Umgebung für den BIM-CAFM-Demonstrator,
- Erstellung der BIM-Modelle für die drei definierten BIM-Typen,
- Validierung und Auswertung,
- Anpassung und Ergänzung.

9.4.5 Erste Ergebnisse und erwarteter Nutzen der Machbarkeitsuntersuchung einer BIM-CAFM-Integration

Der erste Schritt des Vorgehens, die Standortbestimmung und digitale Erfassung vor Ort, wurde bereits abgeschlossen. Hierfür wurden im Außen- und Innenbereich des Hauptgebäudes 3D-Laserscans durchgeführt. Zum Einsatz kam hierfür ein Trimble TX8 3D-Laserscanner mit Range Extender. Im Innenbereich wurden insgesamt 61 Scan-Stationen im Erdgeschoss, einschließlich des großen Dinosauriersaals erfasst. Fernen wurden Scan-Stationen eines zukünftig für den Besucherverkehr zu öffnenden Archivsaals im 2. Obergeschoss sowie dessen Anbindung über Flure und Treppen erfasst. Im Außenbereich wurde mit 28 Scan-Stationen die Fassade des Hauptgebäudes, der Vorplatz sowie der Weg auf die Rückseite des Hauptgebäudes erfasst. Die an den genannten Scan-Stationen erfassten 3D-Punktwolken wurde einzeln bereinigt, in einer Gesamtpunktewolke registriert und für eine vereinfachte spätere Verarbeitung segmentiert (vgl. Abb. 9.8).

In der Abstimmung der BIM-Anwendungsfälle (Schritt 2 des Vorgehens) wurden als Ausgangspunkt zunächst drei BIM Use Cases ausgewählt. Eine spätere Ergänzung im Projektverlauf ist jedoch zu erwarten.

Abb. 9.8 3D-Punktwolke des großen Dinosauriersaals und des Außenbereichs

Als Beispiel für die Mengenermittlung auf Basis des BIM-Modells als erster Use Case die Aufstellung von Reinigungsflächen betrachtet. Hierfür werden nicht nur die Artefakte im Ausstellungsraum untersucht, sondern ebenfalls ein angrenzender Raum mit Glasvitrinen. Das Ziel dieses Use Cases ist neben Erkenntnissen für das Flächenmanagement auch die Kommunikation von Reinigungskonzepten und deren Visualisierung.

Der zweite Use Case wird aus dem Bereich der Instandhaltung gewählt, bei dem die Beleuchtungselemente sowie die im großen Dinosauriersaal enthaltenen TGA-Objekte betrachtet werden. Im Bereich der Beleuchtung wird zunächst der Aspekt der Zugänglichkeit von Beleuchtungseinrichtungen für den Wechsel von Leuchtmitteln untersucht. Perspektivisch ist auch die Nutzung von Beleuchtungselementen im BIM in der VR-Umgebung zur Beurteilung von Ausleuchtungsszenarien für alternative Ausstellungskonzepte von Interesse.

Im dritten Use Case wird der Aspekt der Wegeführung, z. B. unter Corona-Bedingungen bzw. im Flucht- oder Evakuierungsfall betrachtet. Von diesem Use Case werden Erkenntnisse mit Blick auf die Erstellung sanierungsbedingt geänderter Feuerwehr-Laufkarten oder Priorisierungsplänen für die Sicherung von Artefakten im Brandfall erwartet. Eine weiterführende Nutzung im Rahmen der Indoor-Navigation ist angedacht.

Aktuell wird der dritte Schritt des Vorgehens bearbeitet, in dem eine erste Versuchsumgebung unter Nutzung des CAFM-Produkts pit – FM der Firma pit-cup mit dem IFC Builder aufgebaut wird, mit dessen Hilfe die Synchronisation der ersten Version des BIM-Lite-Modells erprobt wird.

9.5   ProSiebenSat.1 – Mediapark Unterföhring

PoSiebenSat.1 vereint als Digitalkonzern führende Entertainment-Marken mit einem starken Dating- sowie Commerce & Ventures-Portfolio unter einem Dach. Mit dieser Aufstellung treibt das Unternehmen seine Diversifizierung aus eigener Kraft kontinuierlich voran. Im Entertainment-Bereich bieten wir beste Unterhaltung – jederzeit, überall und auf jedem Gerät. Ob mit Lagerfeuer-Formaten wie „The Masked Singer" oder erfolgreichen Eigenproduktionen wie „Germany's next Topmodel – by Heidi Klum". Mit unseren 15 Free- und Pay-TV-Sendern können wir über 45 Millionen TV-Haushalte in Deutschland, Österreich und der Schweiz erreichen. Zusätzlich nutzen monatlich rund 33 Millionen Unique User die von ProSiebenSat.1 vermarkteten Online-Angebote.

Zeitgleich setzen wir unsere Expertise im Aufbau von Marken für unsere zwei weiteren Geschäftsbereiche ein: Mit der ParshipMeet Group haben wir einen führenden globalen Player im Dating-Markt geschaffen, der unser künftiges Wachstum deutlich unterstützt. Im Rahmen unserer Investment- und Commerce-Aktivitäten bauen wir digitale Verbrauchermarken wie flaconi, Jochen Schweizer mydays oder Verivox mit unserer TV-Reichweite und Werbekraft auf und machen sie zu Marktführern in ihren jeweiligen Branchen. Denn wir sind starker Wachstumspartner für digitale Unternehmen. Hinter ProSiebenSat.1 stehen über 8200 Mitarbeiter:innen, die unsere Zuschauer:innen und Kund:innen jeden Tag aufs Neue und mit großer Leidenschaft begeistern (NN 2021ao).

In Deutschland betreibt ProSiebenSat.1 zusammen mit seinen Mehrheitsbeteiligungen mehr als 28 Standorte. Im Fokus des Praxisbeispiels steht der Standort Unterföhring, der mit 16 Gebäuden und mehr als 100.000 m² BGF der größte und wichtigste Standort ist.

9.5.1   Das Projekt

ProSiebenSat.1 betreibt, verteilt auf den Medienpark Unterföhring, 16 in ihrer Struktur sehr heterogene Gebäude. Die Gebäude unterscheiden sich stark in Größe, Bauweise, Baujahr, Dokumentation und Nutzungsrechten (Eigentum/Leasing). So hat das größte Gebäude eine Geschossfläche von 2500 m², während das kleinste Gebäude, in dem sich Arbeitsplätze befinden, nur 200 m² misst. Neben Flächen für den Studiobetrieb und die Produktion sind in den Bestandsgebäuden 3500 Büroarbeitsplätze eingerichtet.

ProSiebenSat.1 hat sich dazu entschieden, mit der Modellierung seiner Bestandsgebäude bereits 2018 zu beginnen, um Schritt für Schritt Kompetenzen im Bereich BIM
und BIM2FM aufzubauen. Zielsetzung war und ist, dass alle Bestandgebäude in einer
vergleichbaren Datenqualität dokumentiert sind und mit Hilfe möglichst einer Daten-
quelle aufgrund einheitlicher Informationen und Prozesse betrieben werden können.

Für die Bestandsaufnahme und Modellierung hat die TÜV SÜD Advimo GmbH
BIM-Auftraggeberinformationsanforderungen (AIA) und ein BIM-Planungshandbuch er-
stellt. Auf dieser Grundlage erfolgt die Bestandsaufnahme durch die BPS Gruppe. Das
BIM-Planungshandbuch dient dabei als Anleitung für die Bestandserfassung, einschließ-
lich der Nachmodellierung der Bestandsgebäude auf Basis von 2D-Vorlagen sowie Vor-
Ort-Aufnahmen der Architektur. In einem weiteren Schritt erfolgt die TGA-Aufnahme.
Begleitend wird die Qualität der Bestandsaufnahme durch das BIM Management der TÜV
SÜD Advimo gesichert.

Ein anstehender Umbau (Ertüchtigung Brandschutz) steht an und soll ebenfalls mit der
BIM-Methodik realisiert werden. Diese Projekte werden u. a. durch ein internes Planer-
team, einschließlich der Projektleitung, von ca. sechs Mitarbeitern, externen Architekten
und Fachplanern, externen Ausführungsunternehmen, externen BIM-Beratern und
BIM-Managern für die Qualitätssicherung (TÜV SÜD Advimo), externen Nachmodellierern und Bestandserfassern (BPS Gruppe) sowie einem externen CAFM-Liefe-
ranten (eTASK) umgesetzt.

Die BIM-Anforderungen des Auftraggebers haben einen starken Fokus auf die Betriebsphase, in der das CAFM-System z. B. für die Verwaltung der Flächen, Arbeitsplätze,
Parkplätze, das Schließmanagement und das Reinigungsungsmanagement eingesetzt wird.

Für die Kollaboration aller Beteiligten in den Phasen Planen, Bauen und Betreiben wird
das CDE von Autodesk (Bim360 Design) eingesetzt und mit dem CAFM-System der
Firma eTASK über ein Revit-Plugin gekoppelt. Auf diese Zielsystemlandschaft wurden
die BIM-AIA für die Bestandserfassung abgestimmt, um eine reibungslose Datenübernahme sicherzustellen. Die AIA beschreiben hierfür genau, wie vorhandene (bzw. nach-
erfasste) 2D-Daten in 3D-BIM-Modelle mit Hilfe des BIM-Autorenwerkzeugs Revit umgesetzt werden, um dann in einem weiteren Schritt mit dem CAFM-System eTASK als
BIM-Modell für den Betrieb übernommen zu werden.

9.5.2   Ziel des Einsatzes von BIM

Durch den Einsatz der BIM-Methodik soll die Vollständigkeit der Informationen im
BIM-Modell für den Betrieb sichergestellt werden. Ferner sollen neue Verfahren wie die
Automatisierung von Vorgängen, z. B. die Tür-Nummerierung durch Dynamo-Skripte und
Anwendung auf das BIM-Modell, die tägliche Arbeit erleichtern.

In der Vergangenheit wurde Bestandsunterlagen (Planungsgrundlagen) bei Umbauten
von den Planern komplett verändert und waren nach Rückgabe nicht mehr CAFM-
kompatibel. Deshalb sollen zukünftig externe Planer auf die CDE aufgeschaltet werden

und hierfür über BIM360 Design Realtime-Modellierungsmöglichkeiten und dynamische Rechtekonzepte für externe Planer nutzen können. Dadurch entfällt zukünftig der Aufwand für Austausch und Upload von Dateien sowie die hierfür erforderlichen Tätigkeiten der manuellen Qualitätssicherung.

Die Abstimmung zwischen internen und externen Planern gestaltete sich in der Vergangenheit aufwändig und kann nun auf Basis des Rechtekonzeptes auf Modellelementebene automatisch geregelt werden. Die BIM-Modelle verlassen somit nicht mehr das Haus und das Zentralmodell kann jederzeit mit dem CAFM-System synchronisiert werden (per Knopfdruck aktueller Stand in eTASK).

9.5.3 Vorgehensweise

Für die Implementierung der BIM-Methodik in Projekten, in denen Bestandsgebäude nachmodelliert werden, aber auch bei Projekten, in denen Bestandsveränderungen abgebildet werden, bilden die AIA die Basis, die spezifisch für die jeweilige Projektkategorie ausgearbeitet wurden.

Als Grundlage für die Erstellung und Überarbeitung von BIM-Modellen (vgl. Abb. 9.9) dienen intern wie extern die PAS 1192-Standards (NN 2014b) und insbesondere die Modellierungsvorgaben und Basis-Templates für die Auftragsdefinition an externe Planer und deren Nachunternehmer. Diese Standards wurden im Rahmen der BIM-Implementierung angepasst und mit den Beteiligten abgestimmt.

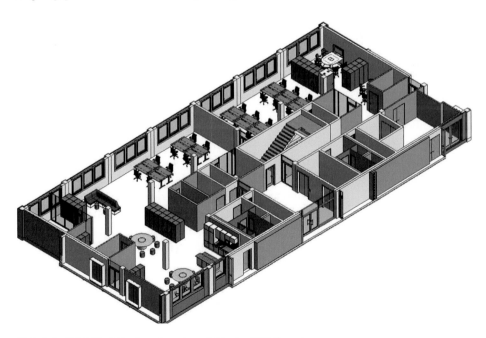

Abb. 9.9 BIM-Modell – Regelgeschoss inklusive Möblierung

Hierbei wurden folgende Unterlagen mit dem Fokus auf Raumbuch-Anwendungen und exklusive Anlagen- bzw. TGM-Nutzungen erstellt:

- Auftraggeberinformationsanforderungen (AIA) für As-built sowie für die Erstellung und Nutzung von Revit-Bestandsmodellen in eTASK mit objektübergreifenden, einheitlichen Mindeststandards (im PDF- und DOC-Format) und Fokus auf das native Revit-Format (RVT),
- AIA für die Vergabe von externen Planerleistungen (Sanierung im Bestand) für Architektur, Gebäudetechnik und Tragwerk mit objektübergreifenden, einheitlichen Mindeststandards (im PDF- und DOC-Format) und Fokus auf das native Revit-Format (RVT),
- eine Vorlage des BIM-Abwicklungsplans (BAP im DOC-Format) für die Vergabe von externen Planerleistungen (Sanierung im Bestand),
- Definition von BIM-Mindestanforderungen (im PDF- und DOC-Format) für ein CAFM-geeignetes Revit-Template sowie für Shared-Parameter-Dateien mit Vorgaben, die externe sowie interne Modellverantwortliche zu beachten haben, insbesondere bzgl.
  - des Template-Aufbaus (Projektbrowser inkl. Sichten, Schnitte, Grundrisse usw.),
  - gemeinsam genutzter Parameter (shared parameters),
  - zu nutzender Objektfamilien,
  - Modellkoordination und Modellkoordinaten sowie
  - der Erstellung und Liefer- bzw. Übergabequalitäten eines Gesamtmodells (Zentralmodell, vgl. Abb. 9.10).

Der BIM-Abwicklungsplan (BAP) dient als Muster zur Fortschreibung durch zukünftige Auftragnehmer von ProSiebenSat.1. Die Erstellung der BAP-Vorlage erfolgte mit dem Ziel der Umsetzung der bereits in den AIA festgelegten Rahmenbedingungen. Im Anschluss wurde die Definition und Vertiefung im Kollaborationsprozess von allen Teilnehmern – Bauherr, BIM-Manager, Planer und Fachplaner – vorgenommen.

Die erfolgreiche Umsetzung der in den AIA festgelegten Anwendungsfälle werden durch die folgenden Parameter in der BAP-Vorlage abgegrenzt: Wer liefert was? In welchem Detaillierungsgrad? Zu welchem Zeitpunkt? In welchem Format?

Gemeinsam mit den Beteiligten wurde der Aufbau eines strukturierten Dokumenten- und Modellmanagements für die Projektzusammenarbeit, ein sogenanntes Common Data Environment (CDE), auf Basis der PAS 1192-Standards, insbesondere PAS 1192-2:2013 und PAS 1192-3:2013, mit Datenschutz- und Datensicherheitskriterien gemäß PAS 1192-5:2015 durchgeführt. Zusätzlich wurden die aktuellen (Ist-) Abläufe im Rahmen der Planbearbeitung aufgenommen und Soll-Prozesse definiert, die Best Practices der Zusammenarbeit mit BIM-Modellen beinhalten und spezifisch für den organisatorischen und grundsätzlichen prozessualen Aufbau bei ProSiebenSat.1 angepasst wurden. In diesem Zusammenhang wurden die Rollen und Rechte für die Bearbeitung von BIM-Modellen, die später im Dokumentenmanagement sowie organisatorisch in den Abläufen umgesetzt werden sollten, definiert.

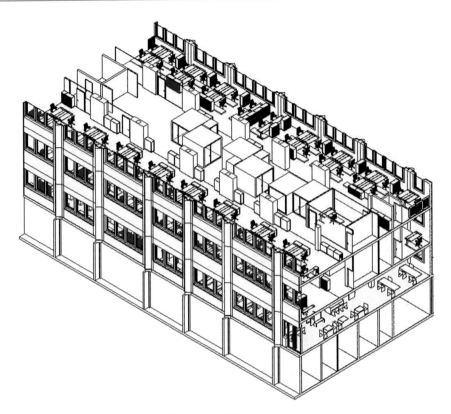

Abb. 9.10 Mehrgeschossiges BIM-Gebäudemodell

Damit die einzelnen externen Planer keine unterschiedlichen Revit-Vorlagen einsetzen und die Ziele und Vorgaben der AIA eingehalten werden, wurden die externen Planer durch Schulungen und gemeinsame Shared-Parameter-Definitionen im Sinne einer Wertschöpfungspartnerschaft befähigt, die Anforderungen korrekt umzusetzen.

Parallel wurden den internen Mitarbeitern folgende Schulungsinhalte vermittelt:

- Vergabestrategie,
- Projektplattform (CDE oder Projektportal),
- Software und Best Practices zur Einrichtung von Modellierungsprojekten,
- Rollen und Verantwortlichkeiten,
- Data-Drop-Strategie, Zeitplan und Lieferanforderungen,
- Modellierungsrichtlinien,
- LOI- und LOG-Umsetzung,
- Koordination zwischen Fachplaner, BIM-Manager, GU oder PM und Bauherr,
- Umsetzung Projektstrukturplan in BIM-Anwendungsfälle,
- Umsetzung von Standards und
- Priorisierung der Kollisionsprüfung.

Die Arbeitsplatzplanung und Veränderungen der Grundrisse erfolgen auf dieser Grundlage in Revit und werden als IFC-Dateien mit den relevanten Informationen in das CAFM-System eTASK übertragen.

Im Rahmen der BIM Einführung und Umstellung der Prozesse werden wöchentliche Jour-Fixe-Treffen mit den internen und externen Planern, den Bestandserfassern und Nachmodellierern sowie dem CAFM-Implementierer zur Abstimmung der *Lessons Learned* durchgeführt.

Die TÜV SÜD Advimo überprüft die einzelnen Fachmodelle der Planer und Nachmodellierer auf die in den AIA vereinbarten Modellierungsvorschriften, die LODs (Level of Details) und LOIs (Level of Information), damit die BIM-Anwendungsfälle umgesetzt werden können. Des Weiteren werden die Kollisionsprüfungen der Planer und Nachmodellierer auf ihre Plausibilität und die Struktur der Prüfabfragen untersucht. Die Ergebnisse der Modellprüfungen werden in Form eines Prüfberichtes an den Bauherrn und die Planer sowie Nachmodellierer übergeben und gemeinsam besprochen.

9.5.4   Fazit

Eine große Herausforderung bei der BIM-Einführung war die Umstellung der bestehenden manuellen und eingespielten Prozesse. Deshalb war es notwendig, neben der inhaltlich fachlichen Unterstützung aller Beteiligten auch den Change-Management-Gedanken zu integrieren.

Die Erweiterung des angewendeten Datenübertragungsstandards IFC um betriebsrelevante Parameter war eine weitere Herausforderung, um die manuelle Nachbearbeitung der Informationslücken aus Sicht des Betriebs zu vermeiden.

Die Vorgaben für die Revit-Anwendung müssen konsequent eingehalten werden und die Beteiligten dürfen sich nicht im Verlauf des Gesamtprozesses davon lösen. Es darf keinen Bruch im Informationsfluss – angefangen bei der Nacherfassung, bzw. -modellierung bis zur CAFM-Datenübernahme – geben, sonst laufen die Datenbestände bei Veränderungen immer wieder auseinander.

Das BIM Modell mit einer eindeutigen Pflegeverantwortlichkeit muss dabei die zentrale und führende Datengrundlage sein, auf der das CAFM-System und die Betriebsprozesse dann aufbauen.

9.6   BASF in Ludwigshafen

9.6.1   Das Projekt

BASF ist ein global tätiges Chemieunternehmen. Weltweit arbeiten über 110.000 Mitarbeiter daran, Kunden aus nahezu allen Bereichen und in fast allen Ländern der Welt erfolgreich zu machen. Mit hochwertigen chemischen Produkten und intelligenten Lösun-

gen trägt BASF dazu bei, Antworten auf die globalen Herausforderungen wie Klima-
schutz, Energieeffizienz, Ernährung und Mobilität zu finden. Weltweit existieren sechs
Verbundstandorte und viele weitere Produktionsstandorte. Der größte zusammenhängende
Chemiestandort der Welt, der einem einzelnen Unternehmen gehört, steht in Ludwigshafen. Auf 10 km^2 sind 34.000 Mitarbeiter mit Entwicklung, Erprobung, Herstellung und
dem Verkauf von über 8000 verschiedenen Produkten beschäftigt.

Von den über 2000 Gebäuden auf der Werksfläche werden über 400 von der zentralen
Immobilieneinheit betreut. Als interner Anbieter von Flächen stellt die Einheit sicher, dass
bedarfsorientiert, zeitnah und wirtschaftlich genügend Büro-, Labor-, Werkstatt- und
Lagerflächen am Standort zur Verfügung stehen. Die Laborfläche beläuft sich dabei auf
mehr als 100.000 m^2. Regelmäßig stellen sich die Experten der Frage, inwieweit die Flächen in älteren Gebäuden noch den Anforderungen der Nutzer entsprechen, saniert werden
müssen oder es nicht zielführender ist, diese durch einen Neubau zu ersetzen.

Im Falle des nachfolgend vorgestellten Projektes waren die bisher genutzten Gebäude-
und Laborflächen veraltet. Eingehende Analysen zur Gebäudesubstanz und zu den künfti-
gen Anforderungen an Laborflächen aus Nutzersicht sowie Wirtschaftlichkeits-
berechnungen führten zu der Entscheidung zur Errichtung eines Laborneubaus.

Das aktuell im Bau befindliche Gebäude (vgl. Abb. 9.11) bietet Platz für ca. 5500 m^2
Labor- und Reinraumflächen. Zusätzlich sind Büro-, Besprechungs- und Sozialräume für
über 200 Mitarbeiter vorgesehen. Die umfangreiche Labor- und Lüftungstechnik ist auf
drei Technikstockwerken untergebracht.

Digitale Unterlagen spielen nicht nur bei der Planung und dem Bauen, sondern auch in
der Betriebsphase eine immer wichtigere Rolle.

Auf Grund der Komplexität und des Investitionsvolumens bei diesem Bauvorhaben hat
sich BASF zu Beginn der Bauüberlegungen im Jahr 2017 entschieden, ein möglichst ganzheitliches Gebäudemodell für die Planung und Abwicklung zu nutzen. Hierdurch bot sich
die Möglichkeit, das Gebäude nicht nur ganzheitlich mit Unterstützung der BIM-Methodik
zu bauen, sondern auch relevante Daten für die Betriebsphase weiter zu nutzen.

9.6.2 BIM-Pilot

Da in der internen Immobilien- und Planungsabteilung zum damaligen Zeitpunkt noch
keine ausreichenden Kompetenzen bezüglich BIM-Planungen vorhanden waren, entschied sich BASF dafür, ein „BIM-Pilotprojekt" mit Unterstützung eines externen Part-
ners zu initiieren, der bereits durch die Umsetzung eigener BIM-Bauprojekte Erfahrungen
aus Bauherrensicht mitbrachte. Seine Aufgaben bestanden in der Unterstützung beim Aufbau einer geeigneten Projektstruktur, er führte laborspezifische Simulationen durch und
war bei der Planung und Abwicklung für das BIM-Qualitätsmanagement verantwortlich.
In Workshops wurden Erwartungshaltungen, Ziele gegenüber BIM sowie Use Cases aus
den Bereichen Planung, Bau und Betrieb ermittelt. Zusätzlich wurden detaillierte Vorgaben für die BIM-Planung definiert.

Abb. 9.11 Laborneubau im November 2021

Für eine darauffolgende Suche nach einem geeigneten Projektplaner waren zwei Punkte von entscheidender Bedeutung – zum einen die Festlegung auf eine Closed-BIM-Methode sowie die Vorgabe, dass das Gebäude mit Autodesk Revit zu planen ist. Diese Festlegungen resultierten aus dem Wunsch, den digitalen Gebäudezwilling auch nach Baufertigstellung und erreichtem As-built-Status softwareseitig und interdisziplinär bei BASF weiterpflegen zu können. Im Rahmen einer Ausschreibung, fand man einen General-planer, der sowohl über die fachlichen Kompetenzen zum Bau eines komplexen Labor-gebäudes verfügte als auch bereits entsprechende BIM-Kompetenzen bei vergleichbaren Laborneubauplanungen aufbauen konnte.

„Aktuelle BIM-Modelle legen den Fokus auf das Planen und Bauen. Im Rahmen des Pilotprojekts wollte BASF einen Schritt weitergehen. Wie und in welchem Umfang die

Modelle für eine Betriebsphase weiterverwendet werden können, wurde deshalb bereits parallel zum Planungsbeginn analysiert", sagt Hagen Förster, Projekt Operation Manager des Neubaus.

9.6.3 BIM-CAFM-Integration

Viele Prozesse zur Steuerung der zentral verwalteten Immobilien am Standort werden neben SAP mit einer CAFM-Software unterstützt. Ein Hauptaugenmerk lag daher auf der Integration des BIM-Modells in das CAFM-System. Die IFC-Schnittstelle erwies sich bei Tests als geeignete Schnittstelle, um komplexe Daten in das CAFM-System zu übertragen. Um den Datenbestand im CAFM-System überschaubar zu halten, mussten Filter beim Datenimport geschaffen werden. In einer CAFM-Pilotumgebung wurden BIM-Modelle zu unterschiedlichen Planungsphasen eingelesen, Performance-Tests durchgeführt und Optimierungspotenziale identifiziert.

Eine Herausforderung ergab sich bei der Visualisierung von Wänden im 3D-Modell der CAFM-Software. Hier mussten zusätzliche Anpassungen in der Software vorgenommen werden, um aus einem Gittermodell raumbegrenzende Elemente zu erhalten. Durch den ungefilterten Import der Daten über die IFC-Schnittstelle wurde die CAFM-Software mit einer nicht notwendigen Detailtiefe an Informationen beladen. Dies hatte starke Auswirkungen auf die Performance der Software. Erst durch den Einsatz von Filtern, die sowohl für den Import als auch für die spätere Visualisierung genutzt wurden, konnte das Problem behoben werden. Bauteilspezifische Merkmale aus dem BIM-Modell konnten direkt in die CAFM-Software übertragen werden (vgl. Abb. 9.12). In welchem Umfang diese in der Betriebsphase in der Software verbleiben oder zukünftig in SAP gepflegt werden, muss in den kommenden Monaten noch konkretisiert werden.

Neben der Integration des BIM-Gebäudemodells in die CAFM-Software mit über 4000 Grundrissen waren weitere Teilprojekte aus CAFM-Sicht notwendig:

„Heutige Arbeitsweisen für den Betrieb von Gebäuden mussten analysiert werden. Es stellte sich die Frage, wie ein digitaler Gebäudezwilling neben vielen anderen Gebäuden mit bedeutend weniger Informationen in der gleichen Software wirtschaftlich betrieben werden kann", erläutert Patrick Holl, verantwortlich für die CAFM-Software. Der Fokus lag hierbei darauf, vergleichbare Betriebsprozesse aufrechtzuerhalten.

Neben der BIM-Integration wurde über eine bestehende Middleware-Software eine Schnittstelle zu SAP-PM neu geschaffen. Hierdurch war es möglich, über die grafischen Repräsentanten eines Objektes in der CAFM-Software direkt auf die entsprechenden SAP-Informationen zugreifen zu können. Schnittstellen zu Techniksystemen wurden getestet und pilotiert, um die Möglichkeit zu schaffen, bei Bedarf Messwerte direkt in der CAFM-Oberfläche zu visualisieren.

Zusätzlich wurde das Thema „Integration von 360-Grad-Bildern" als Ergänzung zu 2D- und 3D-Grundrissinformationen weiterentwickelt.

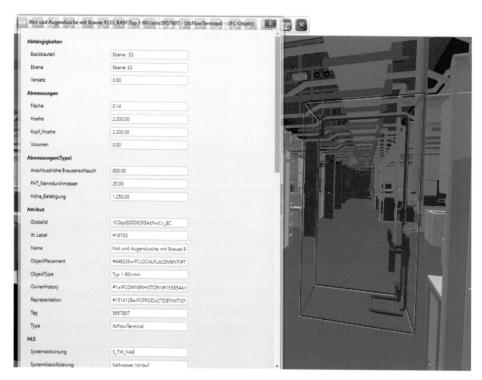

Abb. 9.12 Übernahme von Merkmalen und Attributen über die IFC-Schnittstelle in die CAFM-Software

9.6.4 Ergebnisse und Erfahrungen

Mit der Ergänzung von Gebäudemodellen und Raumbildern war die Aufnahme von 3D-Objekten erforderlich. In einem ersten Schritt wurden für die Belegungsplanung neben den bestehenden 2D-Möbelsymbolen zusätzliche 3D-Möbelobjekte in die Software integriert. Auch hier konnten die Objekte mit ihrer Vielzahl an Detailinformationen nicht direkt aus den entsprechenden Grafikdatenbanken der Hersteller übernommen werden, sondern mussten auf Grund von Performance-Problemen erst stark vereinfacht werden.

Die Tatsache, dass nicht alle im System hinterlegten Gebäude eine annähernd vergleichbare Informationstiefe haben, hindert nicht daran, vergleichbare Betriebsprozesse über den gesamten Gebäudebestand zu pflegen. Ob es zielführend ist, Bestandsgebäude für den Gebäudebetrieb im Nachgang komplett digital zu erfassen, ist bedarfsorientiert abzuwägen. Oftmals ist es wirtschaftlich zielführender und ausreichend bestehende Grundrisse mit 360°-Bildern zu ergänzen, um sich einem „digitalen Zwilling" zu nähern.

Die von BASF eingesetzte CAFM-Software verfügt mittlerweile über eine Technologie, 2D-Gebäudepläne, 3D-BIM-Modelle und 360°-Panoramabilder zu überlagern. Diese können sogar vor Ort auf mobilen Endgeräten dargestellt werden.

Abb. 9.13 Vergleich unterschiedlicher Bauzustände in der CAFM-Software

Mit einer Zeitfunktion können nicht nur Merkmale, sondern auch Grafik- und Bildinformationen von unterschiedlichen Zeitpunkten in der Software hinterlegt werden (vgl. Abb. 9.13). Dank dieser Technologie konnte sich die Immobilienabteilung das Ziel setzen, zukünftig bedarfsorientiert einen kostengünstigen hybriden Ansatz bei der Bestandsdokumentation ihrer über 400 Gebäude umzusetzen.

Die pilotierten Teilprojekte haben gezeigt, dass es möglich ist, ein BIM-Gebäudemodell in eine CAFM-Software zu überführen und durch Schnittstellen zu bestehenden Systemen einen digitalen Gebäudezwilling vorzuhalten.

Der Laborneubau befindet sich derzeit noch im Bau. Mit der Inbetriebnahme ist 2022 zu rechnen. Vor diesem Hintergrund müssen sich die in der Pilotierung gezeigten Möglichkeiten erst noch im Gebäudebetrieb bewähren.

Das BIM-Pilotprojekt hat Erkenntnisse geliefert, wie zukünftig BIM-Planungen bei Neubauten standardisiert und im Anschluss in die komplexe Systemlandschaft integriert werden können.

9.7   TÜV SÜD @ IBP in Singapur

9.7.1   Das Projekt

TÜV SÜD gilt als Partner des Vertrauens, wenn es um Lösungen für Qualität, Sicherheit und Nachhaltigkeit geht. Seit 150 Jahren schafft das Unternehmen Mehrwert für Kunden und Partner – mit einem umfassenden Portfolio an Services in den Bereichen Prüfungen und Zertifizierungen, Auditierungen sowie Beratung.

Heute ist TÜV SÜD mit mehr als 25.000 Mitarbeitern an über 1000 Standorten weltweit vertreten. Die Niederlassung von TÜV SÜD in Singapur ist 2021 in ein neues integriertes Labor- und Bürogebäude umgezogen, in dem 600 Mitarbeiter von TÜV SÜD PSB

Abb. 9.14 Gebäudeansicht TÜV SÜD @ IBP, Singapur

und TÜV SÜD Digital Service Centre of Excellence untergebracht sind. Der Neubau entstand im International Business Park (IBP) und umfasst ca. 18.900 m² (vgl. Abb. 9.14). Das Projektvolumen betrug ca. 100 Mio. Singapur-Dollar.

Bei der Realisierung wurden neueste Technologien eingesetzt, um Energieeffizienz und Nachhaltigkeit in der späteren Betriebsphase zu gewährleisten. Die Büroräume des neuen Gebäudes erfüllen die Anforderungen des lokalen Standards Green Mark Platinum hinsichtlich Energieeffizienz und Nachhaltigkeit. Zur Steigerung von Mitarbeitermotivation, -produktivität und -wohlbefinden verfügt das Gebäude auch über ein Fitness Center, das Sportprogramme für Mitarbeiter anbietet, Arbeitsplätze im Grünen und Dachgärten sowie eine Anbindung an den Weg, der die öffentlichen Parks in Singapur miteinander verbindet.

Geplant und errichtet wurde das Gebäude im klassischen Zweiphasen-Verfahren aus erweitertem Rohbau plus Gebäudeausstattung inklusive Gebäudetechnik, Innenausbau und Elektrik sowie GLT. TÜV SÜD Advimo nutzte zur Durchsetzung der Bauherren- und Nutzerinteressen den Einsatz von BIM, der in Singapur vorgeschrieben ist. Der aktuelle öffentliche Hochbaustandard der Baubehörde sieht den Einsatz von LOD 300-Modellen für die Genehmigungsplanung vor. Den lokalen Pflichtstandard erweiterte TÜV SÜD Advimo um weiterführende, eigene BIM-Standards, die sich schwerpunktmäßig auf die Optimierung der FM-Prozesse in der Betriebsphase konzentrieren.

Über das interne BIM-Consulting mit Prozess-, Kosten- und Risikoanalysen wurden wichtige Anwendungsfälle mit Fokus auf CAPEX- und OPEX-Reduktion aufgesetzt, wie der Einsatz von BIM-Modellen während Planung und Bau. So wurden z. B. für die Auslegungs- und Performanceoptimierung von Lüftung, Klimatisierung, (Ab-)Wasser und

Elektrik so genannte Wartungsraum- und Bewegungsflächenmodelle verwendet. Auch wurde die etagenweise Bauausführung für den Rohbau zyklisch vor Ort gescannt und mit dem BIM-Modell überlagert, um das Risiko von unentdeckten Abweichungen von Flächen und Layouts zu vermeiden. Solche Abweichungen führen bei vielen Gebäuden zu Ad-hoc-Änderungen von Gebäudetechnik oder Tragwerk. Auch wurde von Planungsbeginn an ein CAFM-Datenstandard integriert, um den Fachplanern den Aufwand für das manuelle Attributieren von Flächen und Anlagen zu ersparen. Spezielle TÜV SÜD-eigene Model Checker für WiFi-Signaloptimierung und Reinraum-Vorzertifizierung sichern die Planungsqualität ab.

BIM wurde bei diesem Projekt eingesetzt, um Probleme bereits in den Planungsphasen zu erkennen und zu vermeiden, die bisher mehr schlecht als recht und zudem sehr teuer ad hoc auf der Baustelle gelöst werden müssen. Das BIM-Modell sollte damit nicht nur als neue Form der Projektdokumentation dienen, sondern als Methodik das Digitale Prototyping unterstützen. Statt konventionell zu planen, wurde auf eine Kombination aus virtueller Konstruktion, Simulation und Optimierung bis hin zur maximal kosteneffizienten, risikoreduzierten sowie bau- und betriebsoptimalen Ausführungsreife gesetzt. Aus dem BIM-Consulting entstanden neben den Auftraggeberinformationsanforderungen und dem BIM-Abwicklungsplan auch das Common Data Environment sowie As-built-plus-BIM2CAFM-Datenstandards für das Projekt. Die BIM-Manager von TÜV Süd Advimo begannen neben dem Start der Planung zeitgleich mit der Entwicklung zeitsparender und qualitätssichernder Model Checker für die Reinraum-Analyse und die Prüfung von Brandschutz und Fluchtwegen, Verschattung, WiFi-Signaloptimierung und Sperrflächen für Wartungsarbeiten und sicherheitskritische Anlagen nach lokalen Standards.

9.7.2 Vorgehensweise

Realisiert wurde das Projekt mit seinen vielzähligen und teils hochkomplexen Anwendungsfällen mittels nativem Autodesk Revit, wofür ein Modeling Guide nicht nur für die Modellerstellung, sondern auch für Kollisionsprüfungen, BIM-Objekte und die zukünftige CAFM-Nutzung der Modelle verwendet wurde. Der lokale Planer sowie der beauftragte Generalunternehmer wurden zusätzlich durch die TÜV SÜD BIM-Experten geschult und im Rahmen des BIM-Managements für optimale Modellqualität begleitet.

Um die pünktliche und harmonische Zusammenarbeit von Bauherren-BIM-Management und den BIM-Gewerke-Koordinatoren der Auftragnehmer zu gewährleisten, wurde ein BIM-Ausführungsplan (BEP) entwickelt und fortgeschrieben bzw. von TÜV SÜD Advimo geprüft. Der BEP ist das zentrale Dokument, das regelmäßig aktualisiert werden sollte und zum Ziel hat, alle BIM-Entscheidungen und -Prozesse auch für nachgeschaltete Dienstleister und für den Bauherrn zu erfassen und vorzugeben. Um eine optimale Modellqualität zur Umsetzung der Anwendungsfälle zu erzielen, umfasste das BIM-Management u. a. folgende Maßnahmen:

- Check und Optimierung der gemeinsamen Parameterdateien,
- Check und Optimierung von BIM-Projektvorlagen und -Familien,
- Check und Optimierung von Kollisions-Setups inkl. Modellüberprüfungen und Routinen in Navisworks, Dynamo und im Revit Model Checker,
- Qualitäts- und inhaltliche Überprüfung der BIM-Norm und Modellierungsrichtlinien inkl. TÜV SÜD Reifeanalyse (Punktesystem), sofern vom GU zur Verfügung gestellt.

In Vorbereitung der jeweiligen BIM-Jours-Fixes wurden Audits und das Qualitätsmanagement für das Core-and-Shell-LOD 300-BIM-Modell während der Konstruktionsphase durchgeführt. Die Prüfungen und Beurteilungen der BIM-Modelle bezogen sich auf die Konformität mit den festgelegten BIM-Anforderungen in Bezug auf LOD und korrekte CAD-Technik (z. B. Modellorientierung, richtige Erstellung und Anwendung von Bibliotheken, geschlossene Räume (Raumpolygone), ordentliche und geschlossene Anschlüsse von potenziell vorhandenen Rohrleitungen).

Die BIM-Modell-Prüfung beinhaltete:

- Check der geometrischen Modellqualität in Bezug auf echte Virtual-Construction-Qualität,
- Check und Anpassung von Bibliotheken, die bei der Bauplanung allgemein integriert sind,
- Bautechnik- und Reinraum-Analyse für Funktionalität, Baubarkeit, Wartungsfreundlichkeit und Betriebskonformität anhand der BIM-Modelle,
- Engineering-Check der Kollisionsfälle und der Kollisionsprotokolle,
- Check der Ergebnisse der Kollisionserkennung, z. B. bezogen auf Toleranzen, Abstände und Materialaussagen,
- Überprüfung der Dateneinstellung (Vollständigkeit und Qualität),
- Check der technischen Systeme im Modell (geschlossen/gültig),
- Plausibilitätsprüfungen der modellbasierten Mengenrechnung (Bill of Quantities – BoQ),
- COBie-Integration und COBie-Vollständigkeitsprüfungen inklusive Ergänzung dieser Datenstandards durch weitere, objektindividuelle Attribute für Flächen und Anlagen mit Blick auf die spätere Betriebsphase,
- Prüfung von Vollständigkeit und Richtigkeit der modellintegrierten Berechnungen, z. B. für Heiz- und Kühllasten sowie Rohrnetzberechnungen.

Um auch während der Ausführung die planungskonforme und mangelfreie Umsetzung zu überprüfen, wurde die Baustelle regelmäßig von innen und außen gescannt. Die Scans wurden mit dem BIM-Modell überlagert und so konnten Abweichungen zwischen Planung und Ausführung KI-basiert identifiziert und angezeigt werden.

Wichtig war es vor allem, alle Beteiligten gemäß der verfolgten BIM-Methodik auch systemtechnisch zu vernetzen und eine kollaborative Zusammenarbeit im Planen, Bauen und Betreiben zu ermöglichen (vgl. Abb. 9.15).

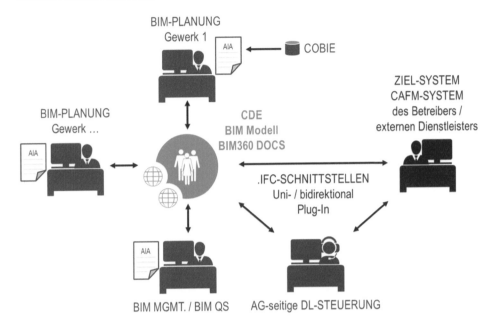

Abb. 9.15 BIM-basierte Zusammenarbeit im Projekt und in der Betriebsphase

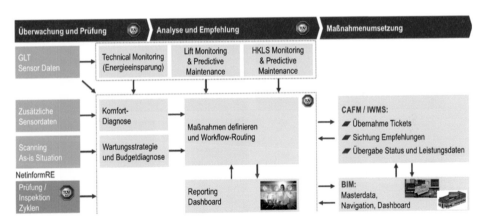

Abb. 9.16 Zielsystemlandschaft TÜV SÜD @ IBP

Auch für die Betriebsphase bilden die BIM-Methodik und die Datenbasis eine wesentliche Grundlage. Sie sind Bestandteil der zukünftigen Systemlandschaft des Projektes TÜV SÜD @ IBP (vgl. Abb. 9.16).

Diese Systemlandschaft verfolgt das Ziel, den Digital-Twin-Ansatz eines Connected/ Autonomous Buildings in die Realität umzusetzen und auch für weitere eigene Gebäude sowie Kundenprojekte zu verproben.

Die Daten des BIM-Modells wurden als Stammdatenbasis in das operative CAFM-System und die auftraggeberseitige Steuerungsplattform übernommen. Diese Plattform soll in einem ersten Schritt das Bindeglied zwischen der Gebäudeleittechnik, dem regel-basierten Technical Monitoring System, dem Predictive Maintenance Lift Monitoring System und dem externen Dienstleistersystem bilden. Weitere Ausbaustufen sind für einen späteren Zeitpunkt konzipiert.

9.7.3 Ergebnisse und Erfahrungen

Durch den Einsatz der BIM-Methodik und insbesondere der Modellprüfungen (Clash Detection) wurden immer wieder Planungsmängel aufgedeckt, die rechtzeitig vor der Errichtung beseitigt werden konnten, um kostspielige Anpassungen in der Errichtungsphase zu vermeiden.

Auf diese Weise wurden z. B. folgende Mängel erkannt (vgl. Abb. 9.17):

- Bauteilkollisionen,
- nicht eingehaltene Vorgaben aus den AIA,
- fehlende und inkonsistente Namenskonventionen für Bauteile und BIM-Familien (Informationen/Detailstufen im Dateinamen, Verwendung von Unterstrichen usw.),
- fehlende Bauteillisten und Angaben wie Raum-, Fenster-, Wand- und Türlisten.

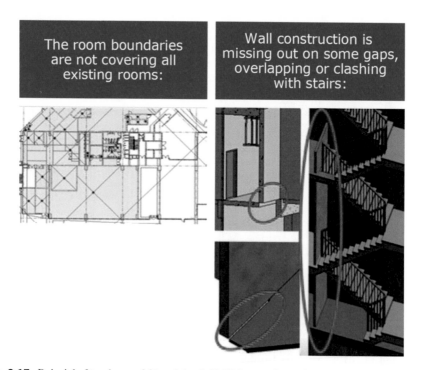

Abb. 9.17 Beispiele für erkannte Mängel durch Kollisionsprüfung (Clash Detection)

Durch die Anwendung der BIM-Methodik war eine wesentlich detailliertere Prüfung und Evaluierung der Planungs- und Optimierungsansätze möglich. Durch die rechtzeitige Berücksichtigung der planungs-/baubegleitenden Abhängigkeiten während der Betriebsphase konnte der Gebäudebetrieb bereits während der Planung optimiert werden. Die Realisierung eines Kombinationsprozesses aus virtueller Konstruktion, Simulation und Optimierung trägt besonders dazu bei, auch in der Betriebsphase die gesteckten Ziele hinsichtlich Funktionsfähigkeit, Werterhalt, Rechtskonformität und Nachhaltigkeit zu erreichen.

Konkret werden in der Betriebsphase durch den kombinierten Ansatz von BIM-Methodik und erweitertem Digital-Twin-Ansatz des Connected/Autonomous Buildings folgende Vorteile bei TÜV SÜD @ IBP verfolgt:

- bedarfsbasierte Reduzierung von Wartungszyklen und Kosten,
- Reduzierung des Aufwands für die Suche und Erfassung aktueller und korrekter Informationen für das externe Servicecontrolling,
- Reduzierung des Aufwands zur Erstellung und Pflege von Berichten einschließlich der Bewertung, z. B. von finanziellen Risiken und der zu ergreifenden Maßnahmen,
- schnellere Ermittlung des Handlungsbedarfs und schnellere Initiierung der notwendigen Maßnahmen,
- Reduzierung der manuellen Kommunikation von Reparaturauslösern (autonomes Gebäude),
- Vermeidung von Unterbrechungen des Kerngeschäfts und Umsatzeinbußen,
- Senkung der Energiekosten durch bessere Anpassung der GLT-Steuerung,
- Effizienzsteigerung der Arbeitsvorbereitung aufgrund aktueller und vollständiger technischer Daten (mobil verfügbar),
- Beschleunigung und Vereinfachung der Suche und Identifizierung technischer Geräte durch BIM-basierte Navigation und QR/RFID-Tags,
- Ermöglichung einer schnelleren und einfacheren Just-in-time-Arbeitsdokumentation und -berichterstattung durch mobile Eingabegeräte.

9.8   Country Park III in Moskau

9.8.1   Das Projekt

Die BPS Group, 1992 als IT-Unternehmen gegründet, ist einer der führenden Anbieter von BIM-Technologie in allen Phasen des Lebenszyklus von Immobilien. Die Gruppe vereinigt Architekten, Ingenieure und IT-Spezialisten in einem einzigartigen Konglomerat.

Der Schwerpunkt liegt auf der Erstellung von Gebäudeinformationsmodellen (BIM) und der Entwicklung von Lösungen für ein effektives Lebenszyklusmanagement, wie 4D/5D- und industrielle IoT-Lösungen.

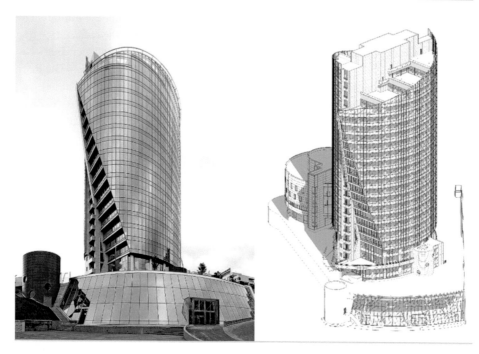

Abb. 9.18 Country Park III

Durch die Kombination der Funktionen Investor, Entwickler und Betreiber der eigenen über 100.000 m² großen Gewerbeimmobilien verfügt die BPS-Gruppe über umfangreiche praktische Erfahrungen bei der Erstellung und dem Betrieb von Großimmobilien.

Country Park III ist das eigene Entwicklungsprojekt der BPS-Gruppe, das 2014 in Auftrag gegeben wurde. Das Gebäude (vgl. Abb. 9.18) hat eine Gesamtgrundfläche von 44.300 m² und eine Gesamtmietfläche von 27.800 m². Country Park III umfasst einen 22-stöckigen Büroturm der A-Klasse, ein medizinisches Zentrum und 256 Tiefgaragenplätze. Führende internationale Unternehmen wie AMD, BMW, Volvo und Kärcher haben sich für Country Park entschieden, um Büroflächen anzumieten.

Da der Country Park III der BPS-Gruppe gehört, ist das Gebäude ein idealer Standort für die Erprobung der eigenen digitalen Produkte geworden.

Ziel des Projekts war die Verwendung eines BIM-Modells während des gesamten Lebenszyklus des Gebäudes.

9.8.2 Vorgehensweise

Für die Betriebsdienste wurde ein BIM-Modell übergeben, das dem gebauten Objekt vollständig entspricht (vgl. Abb. 9.19). Dabei ist es die globale Mission von BPS, die Teams in allen Phasen des Immobilienlebenszyklus als einen einzigen automatisierten Prozess mit einheitlichen Standards und digitalen Assets zu organisieren.

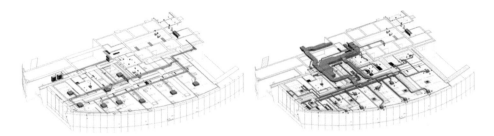

Abb. 9.19   Koordination der TGA-Gewerke, Revit-Modell, Country Park III

Bei der Festlegung der Anforderungen für den Einsatz von BIM war die Konzentration auf die Betriebsphase im Einklang mit den Grundsätzen der Nachhaltigkeit entscheidend.

Die Planungsmethode Building Information Modeling lag dabei allen Prozessen in diesem Projekt zugrunde:

- Die Planung wurde in Revit mit modernster Software für Planung und statische Berechnungen durchgeführt.
- Der Bauablauf wurde durch die parametrisierten Modelle unterstützt. Das Projekt umfasste 11 unterschiedliche Revit-Modelle und mehr als 66.000 parametrierte Modellelemente. Eine geeignete Attribuierung machte die Revit-Modelle zum zentralen Informationsspeicher für das Baumanagement. Dem zuständigen Projektleiter stand mit dem Modell auch eine praktische Datenbank zur Verfügung, in der die einzelnen Elemente des Gebäudes im 3D-Modell zusätzlich mit Informationen zu Montage oder Betriebsaufnahme verknüpft wurden. Hier sind alle Informationen für die optimale Verwaltung der Immobilie gebündelt. Die aufwändige Suche nach entsprechenden Informationen in mit Ordnern überladenen Regalen gehört damit der Vergangenheit an.
- Zur BPS-Gruppe gehört auch ein auf Facility Management spezialisiertes Unternehmen, welches das Modell als Datenbank für den Gebäudebetrieb nutzt.
- In allen Countrypark-Räumen sind z. B. QR-Codes platziert. Diese QR-Codes werden mittels Tablet-Applikation unter Nutzung der Kamera gescannt und erlauben es, dem technischen Spezialisten des Betriebs- und Wartungsdienstes (Facility Manager) sich eine genaue Vorstellung der räumlichen Lage eines gemeldeten Problems zu machen und die Betriebsprozesse effizient abzuwickeln.

9.8.3   Integration von BIM und industriellen IoT-Technologien mit HiPerWare

Während der Betriebsphase wurde das BIM-Modell der Anlagen um zusätzliche Informationen ergänzt: Betriebsarten der technischen Anlagen, Betriebsvorschriften, bei der Verarbeitung verwendete Materialien, Verfallsdaten usw. Der Prozess der Erstellung des operativen BIM-Modells ist noch nicht abgeschlossen, in Zukunft wird so ein digitaler Zwilling mit einem hohen Detailgrad entstehen.

Das BIM-Modell vermittelt eine Vorstellung von der Anatomie des Gebäudes, gibt aber keinen Aufschluss über das „Gefühl" des Gebäudes. Um ein vorausschauendes Managementsystem zu schaffen, das potenzielle „Krankheiten" bereits bei den ersten Symptomen erkennt, müssen das Gebäude und seine Leistung auf die gleiche Weise untersucht werden, wie moderne medizinische Geräte die menschliche Gesundheit untersuchen.

Zu diesem Zweck hat die BPS Group die HiPerWare-Plattform entwickelt, die auf Big Data, maschinellem Lernen/ KI und industriellen IoT-Technologien basiert. Diese wurde erstmals im Country Park III eingesetzt. „Wir haben es benutzt, um das BIM-Modell von Country Park III zum Leben zu erwecken." Die animierte virtuelle Nachbildung simuliert physische Prozesse, die in einem realen Gebäude ablaufen, ist mit künstlicher Intelligenz ausgestattet und kann sich diese Prozesse merken, verstehen, analysieren und optimieren (vgl. Abb. 9.20).

Die erste Aufgabe der HiPerWare-Plattform besteht in der massiven Sammlung von Big Data aus dem Betrieb der technischen Anlagen im Country Park. Dies geschieht in Echtzeit und ist sehr effizient – ohne nennenswerte Investitionen, ohne Unterbrechung des Betriebs oder der Produktion, ohne Eingriffe in die Systeme und ohne Programmier- oder Konstruktionsarbeiten.

Die Informationen werden mit dem Cloud-Speicher synchronisiert. Die gesammelten und klar strukturierten Big Data (Millionen bis Milliarden variabler Werte) sind bereit für die Verarbeitung durch KI und maschinelle Lernalgorithmen und bilden die Grundlage für den Einsatz eines selbstlernenden neuronalen Netzes.

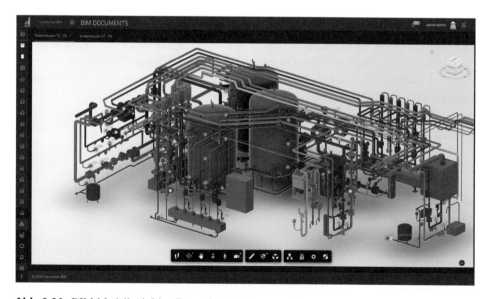

Abb. 9.20 BIM-Modell mit Live-Daten für die Heizungsanlage

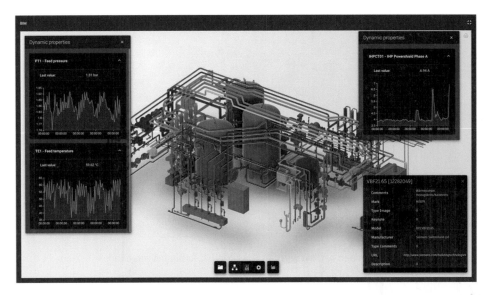

Abb. 9.21 HiPerWare Dashboard

Big Data wird mit einer riesigen Menge an Informationen über den Betrieb der Anlage als Ganzes kombiniert wie Energieverteilungsbilanz, Dynamik und erreichte Werte von Prozessparametern, Beleuchtung, Temperatur und Luftqualität sowie Betriebsarten von Geräten (vgl. Abb. 9.21).

9.8.4 Ergebnisse und Erfahrungen

Die Integration eines digitalen Zwillings, der vollständig mit dem realen Gebäude synchronisiert ist, hilft dabei, den realen physischen Prozess in seiner zeitlichen Entwicklung und seinen Wechselbeziehungen mit anderen Vorgängen zu sehen und zu verstehen, Ursache-Wirkung-Beziehungen, übergeordnete und untergeordnete Prozesse zu erkennen und zeitliche Abhängigkeiten zu analysieren.

Anhand eines BIM-Modells lässt sich leicht erkennen, welches Gerät Aufmerksamkeit erfordert, wo es sich befindet und wie es konfiguriert ist. Diese Integration ermöglicht dem Wartungspersonal eine einfache und intuitive Navigation zu dem Gerät, das gewartet werden muss, sowie einen schnellen Zugriff auf alle, für die Wartung erforderlichen Informationen (vgl. Abb. 9.22).

Durch die Anhäufung von Wissen über die aufgetretenen Probleme und deren Lösung wird eine Art technisches genetisches Gedächtnis gebildet. Daraus werden Muster generiert – ein digitales Modell des „normalen Verhaltens" eines Objekts, einschließlich eines Modells des hocheffizienten Energieverbrauchs anstelle der heute üblichen Parameterüberwachung in einer GLT. Wenn eine Abweichung auftritt, sendet die Plattform automatisch eine Meldung, die in die CAFM/BPM-Warteschlange für Serviceanfragen aufgenommen wird.

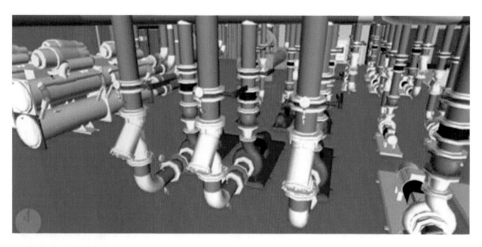

Abb. 9.22 Der zu beachtende Knoten wird im BIM-Modell farbig hervorgehoben

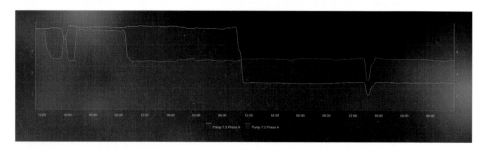

Abb. 9.23 Beispiel 1: SCADA-Frequenzreduzierungsbefehl nicht ausgeführt

Beispiele für das Erkennen eines anomalen Gerätebetriebs zeigt die Abb. 9.23. Bei der Untersuchung der Zyklogramme von Pumpen, die normalerweise mit identischen Frequenzen arbeiten sollten, liegt ein anomales Verhalten vor.

Eine der Pumpen ignorierte den SCADA-Befehl zur Reduzierung der Frequenz von 40 Hz auf 25 Hz im Frequenzumrichterbetrieb. Die Abb. 9.23 zeigt deutlich die Verletzung des Musters (Pumpe 7.3, gelber Graph). Der Verbrauch der Pumpe hat sich nicht entsprechend geändert, obwohl das SCADA-System den Befehl verarbeitet hat. Eine weitere Analyse ergab, dass am Frequenzumrichter selbst ein Grenzwert von 40 Hz manuell eingestellt worden war. Ohne Big-Data-Analyse hätte dieser technische Fehler kaum entdeckt und behoben werden können.

Die Analyse des Stromverbrauchsplans hat gezeigt, dass die Inbetriebnahme eines Kompressors zu einem ungleichmäßigen Betrieb des gesamten Systems geführt hat (Fehlanpassung der Automatisierung der Kompressorsteuerung), was durch häufige kurzfristige Abschaltungen der Anlagen bestätigt wird, die nicht länger als 1–3 Minuten andauern (vgl. Abb. 9.24).

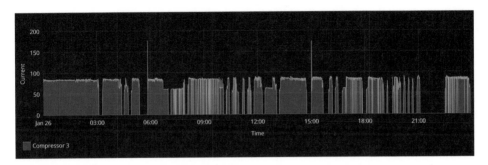

Abb. 9.24 Beispiel 2: Einer der drei Kompressoren hat nicht richtig funktioniert

Das häufige Ein- und Ausschalten von Kompressoren und die damit verbundenen Einschaltströme erhöhen die Belastung des gesamten Stromnetzes und können zu einem vorzeitigen Ausfall der teuren Kompressoranlagen führen. Es wurde eine umfassende Analyse durchgeführt, wobei die Einstellungen des Automatisierungssystems weiter optimiert wurden.

Ein BIM-Modell kann die betriebliche Effizienz eines Gebäudes erheblich verbessern, aber es müssen Zeit und Ressourcen aufgewendet werden, um das Modell mit technischen Informationen zum Betrieb der Anlagen zu ergänzen (die in der Regel während der Planungs- und Bauphase nicht in das Modell eingegeben werden).

Insbesondere die Verwendung der BIM-Integration in HiPerWare erleichtert die Navigation durch die technischen Anlagen und ermöglicht die Wartung durch eine geringere Anzahl von Mitarbeitern, ohne dass diese über umfangreiche Erfahrungen vor Ort verfügen müssen.

Ein vollständiges BIM-Modell bietet sofortigen Zugang zu technischen Informationen, Wartungsplänen und -parametern sowie Betriebsmodi der Anlagen. Die interne Entwicklung auf der Grundlage von IoT-Technologien hat den Prozess der Erfassung und Analyse von Big Data vereinfacht. Durch die Kombination des BIM-Modells mit der HiPerWare-Plattform wurde ein langfristiger digitaler Fußabdruck der technischen Systeme erstellt, der die Betriebskosten um bis zu 30 % senkt, die Energieeffizienz um bis zu 20 % verbessert und die CO_2-Emissionen reduziert.

9.9 Neubau eines Bürogebäudes im Bankensektor in Prag

9.9.1 Das Projekt

Auftraggeber dieses BIM-Projekts, bei dem es um eine FM-gerechte BIM-Integration ging, ist eine der drei größten Banken in Tschechien mit über 7000 Mitarbeitern. In den Service-Bereichen arbeiten ca. 100 von ihnen. Die operativen Aufgaben werden durch regionale bzw. externe FM-Dienstleister erbracht.

2006 wurde mit dem Neubau eines Bürogebäudes begonnen, das damals noch nicht mit BIM geplant wurde. Das an verschiedenen Standorten in der Prager Altstadt verstreute Personal sollte an zentraler Stelle zusammengezogen werden. Es entstand ein neues Headquarter mit 80.000 m² für 2900 Mitarbeiter mit LEED Gold Zertifizierung. Doch die Aufwände für die Abnahme und Überführung des Neubaus in den Betrieb liefen aufgrund schlechter oder gar fehlender Gebäude- und Anlagendaten aus dem Ruder. Kosten und Dauer waren seinerzeit enorm. Allein in der Abnahmephase mussten für die Datenaufbereitung und Qualitätssicherung über 400 Personentage aufgebracht werden.

Die Anzahl der Mitarbeiter wuchs weiter – schneller als vorhergesehen. Immer mehr Flächen mussten zusätzlich angemietet werden. Wieder war ein großer Teil des Personals über mehrere Standorte verteilt. Daher wurden in 2012 u. a. drei Entscheidungen getroffen: Es sollte erstens ein zweites Headquarter gebaut werden. Zweitens wollte man dieses Mal aus den Fehlern der Vergangenheit lernen und eine bessere Datenqualität nach Planungs- und Bauphase anstreben, um die Aufwände bei der Übernahme nach Fertigstellung deutlich zu reduzieren. Und das sollte drittens mittels Einsatz der BIM-Methode und IT realisiert werden, um die Daten des „Digitalen Zwillings" nach Fertigstellung in das CAFM-System überführen zu können. Außerdem sollten sämtliche FM-relevanten Informationen, die aus dem Betrieb des ersten Headquarters gesammelt wurden, schon in die Planung mit einfließen.

Die Zielsetzungen: Ein neues Green Building mit 61.000 m² Fläche für weitere 1400 Mitarbeiter und Erlangen des LEED-Platin-Zertifikats. Die CO_2-Bilanz sollte optimiert werden, neue Technologien sollten möglichst niedrige Betriebskosten sicherstellen, die Anforderungen des Facility Managements sollten bereits in die Design- und Konstruktionsphase einfließen. Schließlich sollten die Vorteile der BIM-Methodik für den gesamten Gebäudelebenszyklus genutzt werden, u. a. mit einer As-built-Dokumentation im BIM-Modell.

9.9.2 Ausgangssituation und Vorgehensweise

Seit 2006 nutzt das Bankhaus das CAFM-System von Archibus in Kombination mit AutoCAD vom Hersteller Autodesk. Nun galt es, auf Basis der vorhandenen Struktur des digitalen Datenmanagements eine systemisch-methodische Erweiterung um BIM bereits in der Planung vorzunehmen und für den gesamten Lebenszyklus zu implementieren. Dazu wurde das Planungsteam um einen BIM-Koordinator von Archibus und einen FM-Verantwortlichen der Bank erweitert. Festgelegt wurden u. a. Berichtigungen, Aufgaben, Pflichten, Kompetenzen und Verantwortlichkeiten. Definiert und dokumentiert wurde auch, wer, wann und für welche in den Modellen vorhandenen Daten verantwortlich ist und in welchen Formaten und Einheiten die relevanten Daten einzustellen sind. Dazu zählten auch sogenannte „Familien-Sets", Klassifizierungssysteme und der erwartete Level of Development in den verschiedenen Phasen der Modellierung.

Um zu verhindern, dass es bei der Übergabe aus der Realisierung des Neubaus erneut zu erheblichen Aufwänden für die Abnahme kommt, war man sich klar darüber: Ein BIM-gerechtes Design bzw. eine FM-gerechte Planung ist das Eine. Aus Sicht der künftig Verantwortlichen im Gebäudebetrieb ist jedoch nicht nur bedeutend, schon in der Phase „0" die Anforderungen des späteren Gebäudebetriebs einzubringen. Entscheidend ist die As-built-Dokumentation, die bei der Übergabe auch der Realität entspricht. Erst dann kann von einem Digitalen Zwilling gesprochen werden. Die erforderliche IT-Unterstützung wurde mit der Archibus-Revit-Integration möglich.

Die Anforderungen an das Konzept wurden zunächst in den AIA (Auftraggeber-Informationsanforderungen) festgeschrieben, auf deren Basis der BAP (BIM-Abwicklungsplan) entstand.

Das Konzept für BIM2FM umfasste u. a.:

- die Vereinheitlichung von Begriffen,
- die Verständigung auf Ziele und Anforderungen,
- den konkreten Nutzen des BIM-Modells im Facility Management und Gebäudebetrieb,
- die angeforderten BIM-Ausgaben,
- Anforderungen an die BIM-Modellierung,
- Vorlagen für Mapping Tabellen, Felder und Parameter, technische Infrastruktur in Revit und Anforderungen an die Datensynchronisation,
- den Prozess und die Klärung der Frage, wer wann welche Daten und Parameter in welchem Level of Development liefert.

Elementarer Bestandteil des Konzepts war eine Element-Attribut-Matrix, in der sämtliche Attribute aller vorkommenden Elemente zeilenweise aufgeführt waren und in den Spalten der Zeitpunkt mit Angabe des notwendigen LODs und die verantwortliche Person gekennzeichnet wurden.

Da man bis zu diesem Zeitpunkt noch keinerlei Erfahrung im Umgang mit BIM-Modellen hatte und nicht erst bei der Planung des zweiten Headquarters die ersten Schritte machen wollte, wurde am ersten Headquarter mit einem nachträglich erstellten BIM-Modell geübt.

Dabei sammelte man wertvolle Erkenntnisse zu FM-relevanten Informationen, die für den späteren Betrieb schon in der Planungsphase berücksichtigen werden sollten.

Die Datenquellen für das erste Modell wurden festgelegt als Objekte in Archibus und Kategorie in Revit:

- im CAFM-System hinterlegte DWG-Pläne,
- As-built-DWGs – inklusive kleiner Ausführungsänderungen,
- alphanumerische Daten aus der Archibus-Datenbank des ersten Modells mit sämtlichen Attributen und Parametern je Objekttyp.

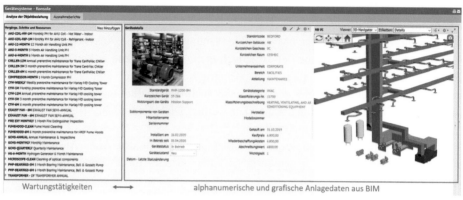

Abb. 9.25 Automatische Zuordnung der Daten

Für beide Headquarter entstand die gleiche Struktur für das BIM-Modell. Dies gilt ebenso für die Geräte und Anlagen sowie für das gesamte Wartungsmanagement mit präventiven Wartungsmaßnahmen.

9.9.3 Nutzen der Integration von BIM und CAFM

Der Einsatz der geeigneten BIM-Methodik in Kombination mit einer integrierten CAFM-Integration führte auf Basis eines einheitlichen Datenstandards (vgl. Abb. 9.25) zum Erfolg. Einen ebenso großen Anteil daran hatten allerdings auch die Bereitschaft und Einstellung der Projektbeteiligten aus den verschiedenen Gewerken und Verantwortungsbereichen zur kollaborativen Zusammenarbeit.

9.10 Energieversorgungs- und Multiservice-Unternehmen in Bologna

9.10.1 Das Projekt

Der Auftraggeber ist ein italienisches Energieversorgungs- und Multiservice-Unternehmen mit Sitz in Bologna, das in vielen italienischen Gemeinden tätig ist. Es bietet Dienstleistungen in den Bereichen Energie (Gas, Strom), Wasser (Trinkwasserversorgung, auch Aquädukte), Abwasser (Kanalisation und Kläranlagen) und Umwelt (Abfallsammlung/-entsorgung) für etwa 4 Millionen Bürger.

Die am Projekt Beteiligten sind in Tab. 9.1 aufgeführt.

Das Projekt war Teil des Change Managements, welches die Transformation umfasste von einem auf 2D-Zeichnungen (CAD) basierenden Gebäudemanagements zu einem integrierten Gebäudemanagement mit parametrischen Gebäudemodellen, die mit der BIM-Methodik realisiert wurden.

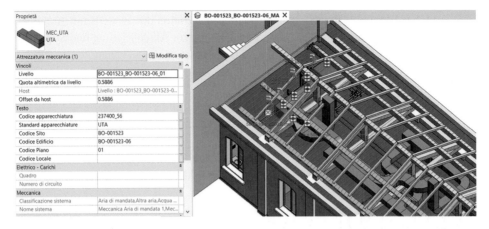

Abb. 9.30 Informationsdetail einer mechanischen Komponente (AHU-Klimagerät) in Revit

Abb. 9.31 Informationsdetail einer mechanischen Komponente (AHU-Klimagerät) in Archibus

- Konfiguration der Parameter – Mapping von Attributfeldern, die mit den Flächen/ Räumen und Anlagen zur Verwaltung in BIM verbunden sind,
- Zuordnung – die Funktionalität ermöglichte es, die Art der Verwaltung eines Gebäudes zu definieren und die zu ändernden Modelle zuzuweisen,
- Upload – ermöglichte das Hochladen des aktualisierten Modells über das Internet,
- Reporting – ermöglichte die 2D- und 3D-Ansicht des Modells im Internet, mit der Möglichkeit, Informationen leicht zwischen verschiedenen Betreibern auszutauschen und die Objektdaten aus dem BIM-Modell mit den FM-Prozessen zu verbinden,

– Archibus PlugIn für Revit – ermöglichte die Integration des Modells mit Archibus und die Durchführung verschiedener Operationen zur Aktualisierung und Synchronisierung von Informationen und Daten. Die Hauptfunktionen waren:
  - Zuordnung der Planansichten zu den in der Datenbank erfassten Plänen, die integriert werden mussten,
  - Datenaktualisierung und Informationssynchronisation,
  - Validierung und Veröffentlichung der 3D-Ansicht.

9.10.3 Nutzen der Integration von BIM und CAFM

Die Vorteile, die mit der Konvertierung in ein BIM-Modell verbunden sind, beziehen sich auf zwei Hauptthemen:

- Sicherheit: Die Verfügbarkeit von Informationen, die mit einem virtuellen Modell verbunden sind, ermöglicht eine bessere Zugänglichkeit auf zwei Arten:
  - sofortiger Zugriff auf Informationen aus der Ferne,
  - sofortiger Zugriff auf Informationen, die auch vor Ort nicht zugänglich sind,
- Strategische Evaluierung: Durch die Abfrage eines digitalen Modells ist es möglich, auf virtuelle Informationen zuzugreifen, die das Produkt mit all seinen Komponenten und Eigenschaften vollständig beschreiben. Das erleichtert Bewertungen strategischer Art, die mit dem Umzug des Personals, der Neuanordnung von Flächen oder einiger Anlagenkomponenten und der Restrukturierung von Interventionen verbunden sind.

Die Vorteile, die durch die Transformation hin zu BIM erzielt werden können, sind zahlreich und werden in Tab. 9.3 aufgeführt.

Am Ende der Transformation lässt sich der Mehrwert wie folgt zusammenfassen:

- Je nach Zielsetzung ist ein bestimmtes Maß an Ausgangsinformationen erforderlich, um Diskrepanzen beim Abgleich zu vermeiden.
- Je nach Zielsetzung ist es notwendig, den Grad der geometrischen und alphanumerischen Detaillierung festzulegen, um unnötige Arbeit zu vermeiden.
- Bei der Verwaltung bestehender Anlagen mit Hilfe von BIM lassen sich die folgenden Fälle unterscheiden:
  - Gebäude ist bereits in BIM realisiert,
  - Gebäude muss in BIM rekonstruiert werden,
  - Sonderfall: Teilmodellierung des Gebäudes in BIM.
- Abhängig von der Art der Tätigkeit (Wartung, gesetzliche Änderung, Umstrukturierung von Flächen) können in der Instandhaltungsphase von BIM-Modellen unterschiedliche Aktualisierungsprozesse identifiziert werden.

Tab. 9.3 Mehrwert durch BIM

Makro-Bereich	Nutzen
Zentralisierte Verwaltung von Gebäude- und Anlagendaten	- Genaue Kenntnisse über die Beschaffenheit von Flächen/ Räumen und Anlagen gemäß den Anforderungen des Facility Managements - Kontinuierliche Datentransparenz für alle Beteiligten - Unmittelbare Verfügbarkeit von Daten zur Kostenschätzung für technische und infrastrukturelle Dienstleistungen - Unmittelbare Verfügbarkeit nützlicher Informationen für das Wartungspersonal in der Durchführung der täglichen Arbeiten - Vermeidung von doppelten Dateneingaben für die Stammdatenverwaltung eines Gebäudes
Interoperabilität zwischen BIM- und Archibus-Modellen durch bidirektionale Synchronisation	- Verfügbarkeit von Daten im CAFM-System, die mit den BIM-Modellen synchronisiert sind, für das operative Gebäudemanagement - Verfügbarkeit von Informationen und Daten aus den BIM-Modellen, die von den Verwaltungsbereichen genutzt werden können und für diese zugänglich sind, die zwar nicht direkt an der Erstellung oder Bearbeitung von Modellen aber dennoch an der Verwaltung von Gebäuden und der Erfassung von Flächen und Anlagen beteiligt sind. - Garantierte Verfügbarkeit der neuesten aktualisierten Informationen - Verkürzung der Zeit zur Verfügbarkeit von Informationen
Umfassendes und tiefgreifendes Daten- und Informationsmanagement ab dem Projektstart	- Vollständige und rechtzeitige Kenntnis des Gebäude- und Anlagenbestands ab Beginn des Projekts, Verkürzung der Zeit bis zur Verfügbarkeit von Informationen - Kosteneinsparungen in Bezug auf das Abrufen und die Pflege von Anlagendaten
Standardisierung der Managementprozesse	- Optimierung der Prozesse zur Implementierung und Aktualisierung des BIM-Modells dank der Konfiguration der Modellaktualisierungs- und Wartungsabläufe mit Definition der beteiligten Personen, ihrer Aufgaben und somit der jeweiligen Verantwortungsbereiche

9.11   Flughafen Tempelhof – BIM-basiertes Event Management

9.11.1 Das Projekt

Der Bereich des Event Managements stellt aus Sicht des FM für die Einführung der BIM-Methode eine besondere Herausforderung dar. So gilt es, durch BIM-Modelle nicht nur den regulären Betrieb eines Gebäudes bzw. einer *Event Location* zu unterstützen, sondern auch mit den zahlreichen kurzfristigen Veränderungen und Anpassungen für die Planung und Durchführung einzelner Events umzugehen. Im Abschn. 9.11 werden Ergebnisse aus dem gemeinsamen Forschungsprojekt „BIM4Event" der HTW Berlin, der Flughafen

Tempelhof Projekt GmbH sowie der finnischen Hochschule Metropolia UAS aus Helsinki vorgestellt. In diesem Projektvorhaben wurde für die Erstellung verschiedener BIM-Modelle des ehemaligen Berliner Flughafens Tempelhof auf agile Methoden zurück-gegriffen.

9.11.2 Event Management am Flughafen Berlin Tempelhof

Die Komplexität von Events nimmt nicht zuletzt durch immer größere Anforderungen im Bereich der Akustik, der Beleuchtung oder der Medienversorgung stetig zu. Während es gilt, diese hauptsächlich technischen Aspekte zu behandeln, sind ebenfalls höhere Sicher-heits- und Qualitätsanforderungen vor dem Hintergrund profitabler Veranstaltungen zu berücksichtigen. Hierfür bedarf es neuer Managementansätze, die über die Perspektive des klassischen Event Managements hinaus auch das reguläre FM einschließen.

Diese anspruchsvolle Ausgangssituation erfordert vor allem ein stringentes Informationsmanagement, das die vernetzten Kommunikationsbeziehungen der an einem Event Beteiligten und deren unterschiedlichen Interessen berücksichtigt. Im Rahmen des Projektvorhabens wurden zwei verschiedene Szenarien untersucht. Im ersten Szenario steht das In-house-FM-Team im Fokus, welches für externe Veranstalter von Events ver-mietbare Flächen sowie technische Unterstützung bietet. Im zweiten Szenario steht eben-falls das interne FM-Team im Fokus, wobei dieses hier als Teil einer Event-Organisation im eigenen Hause aktiv wird und damit Teil der Organisation des Veranstalters ist.

Bei der Untersuchung des ersten Stakeholder-Szenarios stand vor allem die Bereit-stellung hochwertiger, abrechenbarer Services für komplexe Event-Anforderungen im Vordergrund. Eine besondere Herausforderung war der flexible Umgang mit anfangs un-scharfen Anforderungen und deren spätere sachgerechte Umsetzung bei der Eventaus-führung. Um attraktive Eventflächen anzubieten, wird vom FM-Team die Fähigkeit ver-langt, auch technisch anspruchsvolle Services verlässlich und termingerecht umzusetzen. Ein Beispiel hierfür ist die Bereitstellung eines flächendeckenden und leistungsfähigen Open-Air-WiFi aber auch die Koordination kurzfristiger, eventbezogener Umbaumaß-nahmen. Dies schließt schnelle Reaktionszeiten für die Zusammenstellung gebäude-bezogener Informationen ein, manchmal sogar in Form von 3D-Renderings für das Mar-keting der Event-Location.

Im vorliegenden Forschungsvorhaben wurden die Anforderungen in Form kurzfristiger „kleiner" Bauprojekte im Gebäude umgesetzt, wobei durch den temporären Charakter der Maßnahmen ein nahezu vollständiger Lebenszyklus durchlaufen wird (Planung, Um-setzung, Durchführung/Betrieb, Demontage/Abbau). Das zweite betrachtete Szenario scheint zunächst an das FM- und Eventteam geringere Anforderungen zu stellen, da die Kommunikation mit einem externen Veranstaltungsmanagement entfällt. Die Zusammen-arbeit erfolgt hier überwiegend intern, wodurch einfachere Ansätze des Datenmanagements untersucht wurden. Durch die Übernahme der Veranstalterrolle kommen jedoch neue An-

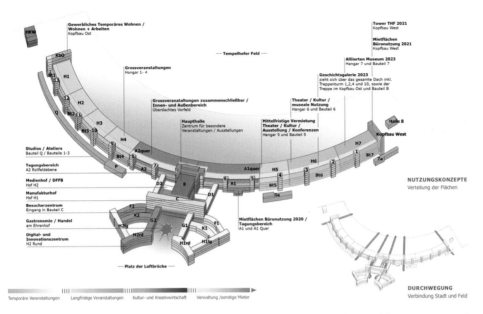

Abb. 9.32 Darstellung des Flughafens Berlin Tempelhof mit geplanten Nutzungen gemäß Masterplan

forderungen z. B. auf kaufmännischem Gebiet hinzu, woraus sich perspektivisch Schnittstellen zu betrieblicher Standardsoftware (ERP-Systeme) ergeben.

Für die beiden ausgewählten Szenarien eignet sich der ehemalige Berliner Flughafen Tempelhof hervorragend als Fallstudie, da er als Veranstaltungsort bereits für externe Veranstalter, aber auch in Eigenregie für Events genutzt wurde (vgl. Abb. 9.32)

Die Abbildung zeigt die im Masterplan abgestimmte, zukünftig geplante Nutzung des Flughafengebäudes, wobei Flächen für unterschiedlichste Eventarten, wie Großveranstaltungen, kurzfristige Sonderveranstaltungen in der Haupthalle, aber auch Flächen für mittelfristige und wiederkehrende Nutzungen im Bereich von Kultur, Theater und Konferenzen vorgesehen sind. Für das Projektvorhaben war weiterhin vorteilhaft, dass die Tempelhof Projekt GmbH über ein eigenes Eventteam verfügt, das mit einer in Teilen extern vergebenen FM-Organisation sowie einer derzeit mit umfassenden Sanierungsmaßnahmen beanspruchten Bauabteilung zusammenarbeitet.

9.11.3 BIM im Event Management

Aus Sicht des Event Managements steht bei Nutzung der BIM-Methode besonders die dynamische Anpassung von BIM-Modellen für temporäre Events sowie die komplexe Kollaboration in verhältnismäßig kurzen Zeiträumen während Eventplanung und -durchführung im Fokus. Da für den Bereich BIM im Event Management bisher kaum

Forschungs- oder Projekterfahrungen vorliegen, stand die Definition von Anwendungsfällen (Use Cases) für BIM im Event Management und die daraus resultierenden, spezifischen Informationsanforderungen im Zentrum. In einem zweiten Schritt wurden dann
Workflows der Zusammenarbeit der unterschiedlichen Partner im Event-Projektvorhaben
untersucht.

Für eine langfristige Nutzung galt es im Projekt zunächst ein vereinfachtes BIM-Modell
des Flughafens als *Grundmodell* für das FM zu entwickeln, das im weiteren Verlauf auf
die Anwendungsfälle der beiden Szenarien adaptiert wurde. Aufgrund der heterogenen
Ausgangsdatenlage verschiedener Teile des Flughafengebäudes wurde für die Modellerstellung zunächst auf existierende Informationsquellen zurückgegriffen, u. a. 2D-
Bestandspläne (DWG-Format) aber auch eine große Anzahl aktueller Einzel-Scans von
Gebäudebereichen in Form von 3D-Punktwolken. Die Modellierung konzentrierte sich
dabei auf ausgewählte Eventflächen, um nur hier relevante Bauteile (BIM-Objekte) höher
zu detaillieren. Um den Aufwand zur Modellerstellung weiter zu reduzieren, wurden ferner parametrische Modellobjekte mit 3D-Punktwolken im BIM-Modell kombiniert (hybride Modelle).

Ein Beispiel des BIM-Modells mit fiktiven Eventinstallationen in der Haupthalle (Ge-
bäudeteil B) wird in Abb. 9.33 dargestellt. Als Anwendungsfall wurden die Bühnen-
installation, Aspekte der Medienversorgung und die Bestuhlung exemplarisch modelliert.
Ferner wurden die BIM-Daten für eine Crowd-Simulation zur Darstellung von Entfluchtungsszenarien vorbereitet. Um die Belange des Denkmalschutzes zu unterstützen, wurden das Modell und die 3D-Scandaten kombiniert und mit realistischen Texturen versehen. Auf diese Weise wurde ein Vorher-Nachher-Vergleich möglich, um die
Wiederherstellung des Ursprungszustands nach temporärer Eventinstallation besser zu
beurteilen. Als weitere BIM-Use-Cases wurden u. a. die modellbasierte Mengenermittlung
sowie die Positionierung von Eventobjekten untersucht.

9.11.4 Agile Methoden zur BIM-Modellerstellung

Wie im vorhergehenden Abschnitt erläutert, entstanden auf Basis eines FM-BIM-
Grundmodells unterschiedliche hieraus abgeleitete (temporäre) Event-BIM-Modelle, die
dann punktuell spezifische Gebäudeinformationen bereitstellen sowie für den jeweiligen
Anwendungsfall eine modellbasierte Kollaboration unterstützen. Die Festlegung der Use
Cases sowie die Prüfung der hierfür verfügbaren Bestandsinformationen und Informationsanforderungen zur Modellerstellung erfolgten jedoch erst im Rahmen der Projektbe-
arbeitung.

Zum Projektstart lagen hier nur vage, unvollständige Anforderungen vor. Genau für
diese Ausgangssituation wird in der Informatik bei dynamischen Entwicklungsprojekten
auf agile Projektmanagement-Methoden zurückgegriffen. Es lag also nahe, in diesem
Vorhaben agile Methoden aus der Informatik zu adaptieren. Hierfür war der virtuelle Charakter von BIM-Modellen als „Produkt" vorteilhaft, der eine iterative und prototypische

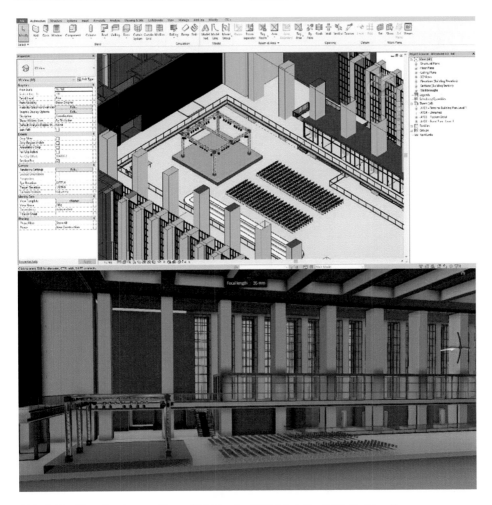

Abb. 9.33 Koordination von Event-Objekten im BIM-Modell mit 3D-Punktwolken

Entwicklung vergleichbar mit Softwareprodukten zulässt. Agilität aus Sicht des Projektmanagements bedeutet, dass auf neue und sich ändernde Anforderungen in einem turbulenten Umfeld schnell reagiert werden kann.

Abb. 9.34 gibt einen Überblick über das auf dem originären Scrum-Ansatz basierende Framework, das in der Fallstudie zu diesem Zweck entwickelt wurde. Der Ausgangspunkt wird dabei durch ein As-built-BIM-Modell, das FM-BIM-Grundmodell, gebildet.

In der durch das Framework vorgegebenen Methode wird zunächst der wichtigste BIM-Event Use Case bestimmt (z. B. Kalkulation von Baukosten oder Evakuierungsplanung) und es werden die zwingend erforderlichen Gebäudeinformationen identifiziert. In einem weiteren Schritt werden die verfügbaren Informationen zusammengetragen (z. B. Anzahl, Typ, Größe und Position von Bühnenaufbauten und deren Kosten) und ggf. eine Nacherfassung veranlasst. Im Anschluss können diese Informationen in das initiale

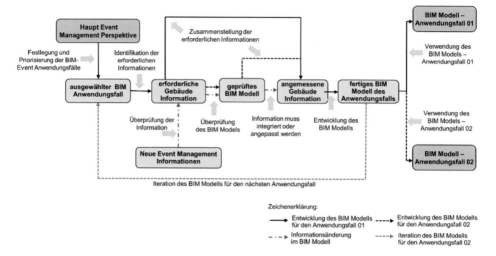

Abb. 9.34 Agiles Framework der Modellentwicklung für verschiedene BIM-Use-Cases

BIM-FM-Modell integriert werden, wodurch ein spezifisches BIM-Event-Modell ent-steht. In einem Validierungsschritt wird überprüft, ob die Informationsabbildung für den Use Case angemessen ist, womit das erste BIM-Event-Modell fertiggestellt wird und der erste Sprint abgeschlossen wird. Entsprechend der weiteren Anwendungsfälle (z. B. Evakuierungsplanung) wird das Modell nun iterativ weiterentwickelt (weitere Sprints). Eine ausführliche Darstellung des agilen Frameworks findet sich in Besenyöi et al. 2018.

9.12 Hochbauamt Graubünden – Verwaltungszentrum „sinergia"

9.12.1 Das Projekt und der BIM2FM-Ansatz

Das Hochbauamt Graubünden konnte beim Neubau des Verwaltungszentrums „sinergia" in Chur einen BIM2FM-Ansatz erfolgreich umsetzen (Ashworth und Huber 2021). Die Abb. 9.35 zeigt den Neubau, der im März 2017 begonnen und im Sommer 2020 be-zogen wurde.

Hierbei wurde von Beginn an die Gebäudewirtschaft in alle Überlegungen und Ent-scheidungen mit einbezogen. In diesem Projekt erhielt das Facility Management (FM) des Hochbauamts Graubünden erstmals den Zugang zu einer umfassenden Plattform, um sich mit dem projekt- und baubegleitenden Facility Management (PbFM) für den zukünftigen, effizienten Betrieb einzubringen.

Bei der Entscheidung für einen BIM2FM-Ansatz spielten Erkenntnisse zur Ent-wicklung der Digitalisierung im FM eine wesentliche Rolle. So stellten Schober und Hoff (2016) in einer Untersuchung fest, dass 93 % der Akteure in der FM-Branche der Meinung

Abb. 9.35 Das neue Verwaltungszentrum „sinergia" in Chur

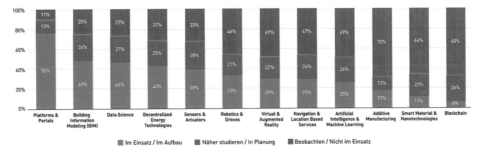

Abb. 9.36 Einsatz digitaler Technologien in der Immobilienwirtschaft

waren, dass die Digitalisierung nahezu jeden ihrer Arbeitsprozesse beeinflussen würde. Außerdem wird vermutet, dass BIM das Potenzial besitzt, die Bauindustrie auf die gleiche Weise zu verändern, wie Amazon den Einzelhandel revolutioniert hat.

In einer pom+ Erhebung (NN 2020b) wurden *BIM*, *Platforms & Portals* und *Data Science* als die drei führenden Trends hervorgehoben, die bereits in der Praxis umgesetzt werden (vgl. Abb. 9.36, NN 2020b)

Dabei wird die Digitalisierung als Chance gesehen, neue Geschäftsmodelle zu entwickeln, bestehende Geschäftsprozesse zu verbessern und einen Beitrag zur Nachhaltigkeit von Gebäuden zu leisten. Die potenziellen finanziellen Einsparungen sind ebenfalls sehr bedeutend. Andere Untersuchungen (Gerbet et al. 2016) sagen vorher, dass die vollständige Digitalisierung bis 2025 zu jährlichen globalen Kosteneinsparungen von 13–21 % in der Entwurfs-, Konstruktions- und Bauphase und von 10–17 % in der Betriebsphase führen werden.

9.12.2 BIM-Grundlagen im Projekt

Zu Beginn des Projektes war es wichtig im Hochbauamt einheitliche Grundlagen zum Thema BIM zu schaffen. Der Schlüssel zu erfolgreichen BIM-Projekten liegt darin, dass Organisationen ihre Teams schulen und sich ausreichend Zeit nehmen, um ihre BIM-Ziele und die daraus resultierenden kritischen Informationsanforderungen klar zu definieren.

Bereits in (Ashworth und Heijkoop 2020) wurde hervorgehoben, wie der BIM-Prozess Kunden und Facility Managern einen erheblichen Nutzen bringen kann. Dabei wurde auch betont, dass ein BIM-Projekt mit einer klaren Kundenvision beginnen muss, um erfolgreich zu sein. Diese sollte festlegen, was bestellt werden soll, und sollte realistische Erwartungen formulieren. Um sicher zu stellen, dass das Ergebnis eines BIM-Projekts mit dem übereinstimmt, was geplant und gewünscht ist, müssen möglichst frühzeitig klar definierte *Informationsanforderungen* definiert werden.

Es wurde erkannt, dass die Verwendung einer einheitlichen Terminologie im BIM-Prozess unerlässlich ist. Dies stellt sicher, dass alle Beteiligten ein gemeinsames Verständnis entwickeln und somit bei auftretenden Problemen schneller eine Lösung finden. Als Richtschnur diente hierbei der Standard ISO 196501:2018 (NN 2018c), um die relevanten Fachbegriffe und ihre Beziehungen korrekt zu verwenden. Dieser zeigt die Beziehung zwischen den Arten von Informationsanforderungen (OIR, AIR, PIR und EIR) und den Informationsmodellen (PIM und AIM, vgl. Kap. 1, Abschn. 7.2 und Abb. 7.3) auf. Durch die klare Definition der Anforderungen hat das Bauteam eine klare Vorstellung davon, welche Informationen und Modelle an den Kunden geliefert werden sollen.

In der Realität werden die Anforderungen häufig mithilfe von *Pain & Gain Workshops* mit wichtigen Stakeholdern aus den Organisationen des Kunden definiert, die die betrieblichen Anforderungen verstehen und bei der Definition von OIR, AIR, PIR und EIR helfen können. Dies wurde auch im Fall von „sinergia" mit Erfolg praktiziert.

9.12.3 Die Information Delivery Platform

Die ZHAW arbeitet mit innovativen Organisationen wie der LIBAL AG zusammen, um Tools wie die neue Information Delivery Platform (IDPPlus) bereitzustellen und nutzen zu können. Die Abb. 9.37 zeigt den Informationslieferprozess in dieser Umgebung.

Dies erleichtert auch im Fall „sinergia" die Zusammenarbeit aller Beteiligten erheblich. So wird der gesamte Prozess in einem optimierten Online-Format digital unterstützt. Die IDPPlus-Plattform ermöglicht es Lieferanten, die möglicherweise noch keine oder kaum

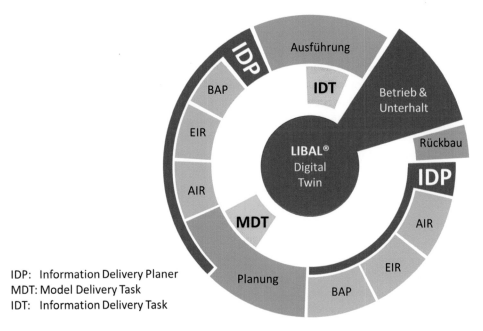

Abb. 9.37 IDP-Plattform für das Informationsmanagement in BIM-Projekten

BIM-Erfahrungen haben, ihre vertraglichen Anforderungen trotzdem zu erfüllen. Sie können so die geforderten Informationen bereitstellen, ohne dass spezielle BIM-Software erforderlich ist. Mithilfe von Qualitätskontrollen in der Software können BIM-Manager überprüfen, ob die bestellten Informationen tatsächlich geliefert werden. Die Software verwendet auch Open-BIM-Standards und ermöglicht vollständige COBie-Exporte für FM-Tools wie CAFM.

9.12.4 BIM bei „sinergia"

Im Projekt „sinergia" wurde ein neuer, die Gebäudebewirtschaftung mit einbeziehender Ansatz (sog. BIM2FM) entwickelt, welcher gemäß dem Verein „Bauen digital Schweiz" als Best Practice in der Schweiz gilt.

Im digitalen Gebäudemodell von „sinergia" wurden sämtliche Bau- und Gebäudetechnikteile, die regelmäßig gewartet werden oder deren Zustand aufgrund gesetzlicher Prüfpflichten überwacht wird, klassifiziert und mit relevanten Informationen versehen. Insgesamt sind dies knapp 15.000 Komponenten. Nach erfolgtem Transfer der Daten in das Immobilienverwaltungssystem (CAFM-System) des Hochbauamtes werden diese Daten in einem automatisierten Prozess mit Wartungsplänen, Fälligkeitsdaten und Arbeitsaufwandschätzungen verknüpft. Abhängig vom Typ der Anlagen werden außerdem Informationen zur deren durchschnittlicher Lebensdauer, zu gesetzlichen Vorgaben und zu Prüfpflichten ergänzt und stehen so für den operativen Gebäudebetrieb zur Verfügung.

In diesem Projekt erhielt das Facility Management des Hochbauamts Graubünden erstmals Zugang zur IDP-Plattform und konnte so seine Vorstellungen frühzeitig für den zukünftigen Betrieb einbringen. Diese schnelle Integration des projekt- und baubegleitenden Facility Management in die Bauplanung war sehr effektiv. Gerade in den frühen Planungsphasen konnten die erforderlichen Maßnahmen aus der Sicht des Betriebes größtenteils in das Projekt einfließen. Als weiterer Vorteil dieser Praxis lassen sich die größten Aufwands- und Kostentreiber wie Reinigung, Inspektion, Wartung sowie die Ver- und Entsorgung leichter erkennen, wodurch ebenfalls frühzeitig geeignete Gegenmaßnahmen ergriffen werden können. Dies hilft bei der Senkung der Lebenszykluskosten und der Optimierung der FM-Prozesse.

Das Informations- und Datenmanagement wurde in diesem Projekt seitens des Hochbauamtes grundlegend neu strukturiert. Hierzu wurde das Dokumentationsmodell (NN 2013) von der Koordinationskonferenz der Bau- und Liegenschaftsorgane der öffentlichen Bauherren (KBOB) angewendet. Dieses Modell deckt die Informationsbedürfnisse aller am Lebenszyklus einer Immobilie beteiligten Stellen ab. Die komplette digitale Planung mit BIM2FM war für die neue Ausrichtung des Informations- und Datenmanagements wichtig und bildete die Grundlage für die erfolgreiche Umsetzung. Die Betriebsplanung erfolgte nach dem Prozessmodell Facility Management des Hochbauamts (vgl. Abb. 9.38).

Dabei wurden die Objekt-, Reinigungs-, Sicherheits- und Unterstützungsprozesse im Betriebsführungskonzept beschrieben und abgebildet. In der Vergangenheit fokussierte das Facility Management gemäß EN 15221 hauptsächlich auf die „Flächen und Infrastruktur". Mit dem Neubau des Verwaltungszentrums „sinergia" wurde gemäß EN 15221 zusätzlich die Hauptkategorie „Mensch und Organisation" berücksichtigt.

Das Prozessmodell Facility Management des Hochbauamts Graubünden bildete die Ausgangslage für die Ableitung von Bereichen, Aufgaben und Tätigkeiten. Diese prozessuale Betrachtung war die Grundlage für die Definition und Ausarbeitung der strukturierten Daten.

9.12.5 BIM-CAFM-Integration

Damit eine gezielte Bestellung und Bereitstellung von Daten erfolgen konnte, wurden alle FM-Prozesse untersucht und definiert. Diese Analyse war die Entscheidungsgrundlage dafür, welche Daten die Prozesse zukünftig unterstützen sollen. Weiterhin wurde festgelegt, welche Daten in der Betriebsphase weitergepflegt werden können und sollen.

Zusätzlich waren klare Kennzeichnungskonventionen notwendig. Definierte Gebäude-, Geschoss-, Raum- und Flächenbezeichnungen sowie ein Gebäudetechnik-Kennzeichnungssystem sind hierbei unabdingbar und erlauben eine einheitliche und systematische Erfassung und Beschriftung. Entsprechende Richtlinien bilden die Grundlage für die Identifizierung von Elementen in BIM-Modellen, welche für die Bewirtschaftungsphase relevant sind.

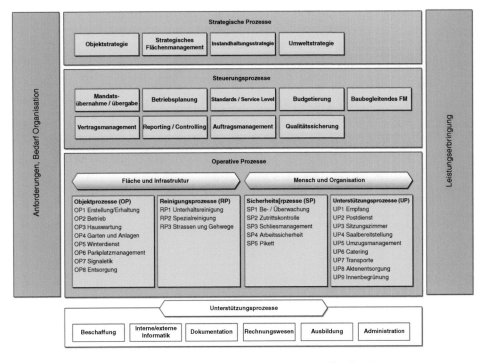

Abb. 9.38 Prozessmodell Facility Management des Hochbauamts Graubünden

Es wird deshalb ein CAFM-System eingesetzt, in welchem alle notwendigen Immobiliendaten zusammengeführt werden (vgl. Abb. 9.39). Mit dieser Fachapplikation werden nicht nur alle Facilities wie Objekte, Räume, Anlagen und Inventar erfasst sondern auch Verträge, Dokumente, Aufträge und Kosten.

Als Basisdaten werden u. a. die Raumstruktur, Räume mit Nummerierung, Bezeichnungen, Stockwerke, Nutzungsklassifikation, Flächenzahlen und Oberflächen in das CAFM-System importiert (vgl. Abb. 9.40).

9.12.6 Ergebnisse und Erfahrungen

Zum einen bilden die Räume die Grundlage für die Reinigungs- und Belegungsplanung, zum anderen dienen sie als Basisdaten für Gebäudetechnikkomponenten. Das Hauptaugenmerk liegt aber auf den instandhaltungsrelevanten Teilen der Gebäudetechnik. Somit können alle Komponenten identifiziert werden, die aus Gründen der Eigentümer- und Betreiberhaftung, aus der Motivation zur Verlängerung der Lebenszyklen oder zur Gewährleistung der Betriebssicherheit regelmäßige Aufmerksamkeit benötigen. Die importierten Komponenten wurden anhand eines Katalogs klassifiziert. Das ermöglicht das Anreichern mit Definitionen aus der Instandhaltungsstrategie des Hochbauamtes. Damit können Fragen wie:

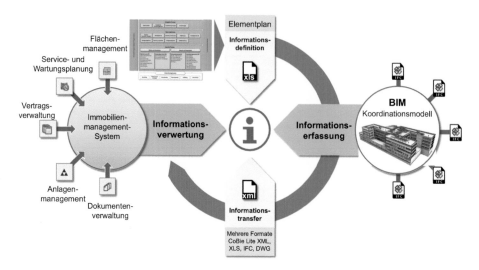

Abb. 9.39 Aufbau des Immobilienmanagement-Systems

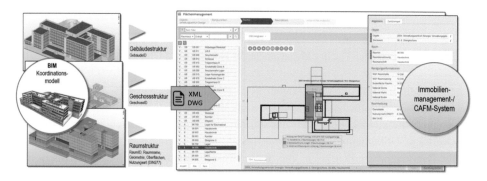

Abb. 9.40 Import der Basisdaten aus BIM in das CAFM-System

- Wird ein Servicevertrag für einen bestimmten Anlagetyp abgeschlossen oder werden die Wartungsaufgaben intern erledigt?
- Besteht eine gesetzliche Prüfpflicht?
- Welche Instandhaltungsaufgaben sind in welchem Intervall durchzuführen?

schneller und präziser als bisher beantwortet werden.

Als ein wichtiger Erfolg hat sich gezeigt, dass BIM2FM in der Praxis die schnelle und effiziente Übertragung von Daten in das CAFM-Tool ermöglicht. Es wurden zudem weitere Vorteile von BIM untersucht, indem die BIM-Modelle für andere innovative Zwecke verwendet wurden, einschließlich Videos für die Mitarbeitenden zu Evakuierungen oder medizinischen Notfällen.

9.13   Zusammenfassung

Die in den vorangegangenen Abschnitten vorgestellten BIM/FM-Projekte haben gezeigt, dass BIM in der Betriebsphase zunehmend – wenn auch noch recht langsam – Akzeptanz findet. Es wurden ganz bewusst Projekte mit unterschiedlicher Motivation, Komplexität, Technologie, Reifegrad und Umsetzungsgeschwindigkeit ausgewählt. Immer wieder wurde hierbei die Bedeutung der Themen Use Cases, Datenerfassung und -pflege, IT-Integration und BIM-Know-how hervorgehoben. Die Fallstudien sollen Interessierte dazu ermutigen bei der Planung ihrer BIM-Projekte von Anfang an den Immobilienbetrieb zu berücksichtigen und die zweifelsfrei existierenden Vorzüge einer Kopplung von BIM- und CAFM-Tools konsequent zu nutzen.

Nachfolgend sind die betrachteten Projekte noch einmal kurz zusammengefasst.

Kommunale Immobilien Jena
Das Projekt zeigt anhand des kommunalen Eigenbetriebes KIJ der Stadt Jena die Übernahme der Planungsdaten aus Revit in das CAFM-System SPARTACUS Facility Management und die Nutzung des BIM-Modells in der Betriebsphase.

Axel-Springer-Neubau in Berlin
Ziel war ein durchgängiges Gebäudemodell zu erstellen, das von Anfang an die Nutzung von BIM und dessen Mehrwert in der Betriebsphase im Fokus hatte. Durch Integration mit ERP und GLT konnte ein digitaler Gebäudezwilling erzeugt werden. Als CAFM-System wird pit – FM eingesetzt.

Museum für Naturkunde Berlin
Ziel ist es den vorhandenen Sanierungsstau aufzulösen, Altschäden aus dem 2. Weltkrieg zu beheben und das Museum zu modernisieren. Das Forschungsprojekt zwischen dem Museum und der HTW Berlin unterstützt dabei, die BIM-Daten aus der Planung später als As-built-Modell in ein CAFM-System zu überführen und somit frühzeitig Erkenntnisse für das FM zu gewinnen.

ProSiebenSat.1 – Mediapark Unterföhring
Es wird das Projekt der ProSiebenSat.1 Gruppe vorgestellt, die einen Bau des neuen Campus in Unterföhring basierend auf der BIM-Methodik planen. Es sollen dabei durchgängige Datenflüsse über den gesamten Lebenszyklus erstellt werden. Die Datenübergabe für die Betriebsphase erfolgt an die CAFM-Software eTask.

BASF in Ludwigshafen
Für den Neubau eines Laborgebäudes bei BASF wurde ein ganzheitliches Gebäudemodell mittels BIM-Methodik mit dem Ziel, BIM für die Planung, Abwicklung und Übertragung der Daten in die Nutzungsphase zu verwenden, erstellt. Es wurde auf Closed BIM und Revit gesetzt.

TÜV SÜD in Singapur

Der TÜV SÜD Standort in Singapur ist 2021 in ein neues integriertes Labor- und Büro-gebäude eingezogen. Für die Erstellung wurde die BIM-Methode intensiv genutzt. Der Abgleich regelmäßiger Scans mit dem BIM-Modell führte zu einer optimierten Bauphase. Die Überführung der Daten in die Betriebsphase konnte mit BIM2CAFM-Datenstandards erfolgreich umgesetzt werden.

Country Park III in Moskau

Hierbei handelt es sich um ein Entwicklungsprojekt der BPS Gruppe, welches einen 22-stöckigen Büroturm umfasst. Ziel des Projekts war die Verwendung eines BIM-Modells während des gesamten Lebenszyklus des Gebäudes. In der Planung wurde Revit ein-gesetzt. Der digitale Zwilling wurde mit der eigens von der BPS Group entwickelten HiPerWare-Plattform umgesetzt.

Neubau eines Bürogebäudes im Bankensektor in Prag

Hierbei handelt es sich um ein Neubauprojekt eines Bürogebäudes in Prag mit frühzeitiger Integration des Facility Management. Die Umsetzung erfolgt mit Archibus-Revit-Schnittstelle und einem BIM2FM Konzept.

Energieversorgungs- und Multiservice-Unternehmen in Bologna

In dieser Fallstudie wird ein komplexes Transformationsprojekt vorgestellt mit dem Ziel, die klassische CAD-Dokumentation nach BIM umzustellen. Basierend auf Revit und Ar-chibus wurde das Transformationsprojekt inklusive Change-Prozess gestartet.

Flughafen Tempelhof – BIM-basiertes Event Management

In einem Forschungsprojekt wurde die BIM-Methode für den Einsatz zur Unterstützung von Event-Veranstaltungen überprüft.

Hochbauamt Graubünden – Verwaltungsgebäude „sinergia"

Das Hochbauamt Graubünden konnte beim Neubau des Verwaltungszentrums „sinergia" in Chur einen BIM2FM-Ansatz erfolgreich umsetzen. Durch frühzeitige Einbindung des Facility Management konnten die Daten über eine BIM2FM-Schnittstelle direkt in die CAFM-Software übertragen werden.

Literatur

Ashworth S, Heijkoop A (2020) Bestellerkompetenz: Kritische Erfolgsfaktoren für ein BIM-Projekt. fmpro service (2020)1, 32–35

Ashworth S, Huber M (2021) BIM2FM. fmpro service (2021)1, 21–23

Besenyöi Z, Krämer, M, Faraz F (2018) Building Information Modelling in Agile Environments – an Example of Event Management at the Airport of Tempelhof. IPICSE-2018, MATEC Web of Conf. Vol. 251, 2018, 10 S

Gerbet P, Castagnino S, Rothballer C, Renz A, Filitz R (2016) Digital in Engineering and Construction: The Transformative Power of Building Information Modeling. http://futureofconstruction. org/content/uploads/2016/09/BCG-Digital-in-Engineering-and-Construction-Mar-2016.pdf (abgerufen: 08.09.2021)

NN (2013) Bauwerksdokumentation im Hochbau – Dokumentationsmodell BDM13, IPB – KBOB, 28 S

NN (2014b) PAS 1192-2 (2014) Specification for information management for the capital/delivery phase of construction projects using building information modelling. London: British Standards Institution

NN (2018c) ISO 19650-1:2018: Organization and digitization of information about buildings and civil engineering works, including building information modelling (BIM) – Information management using building information modelling: Part 1: Concepts and principles. https://www.iso. org/standard/68078.html (abgerufen: 14.10.2021)

NN (2020b) Digitalisierung der Immobilienwirtschaft: Digitale Immobilienverwaltung: 2020 Schweiz und Deutschland. pom+ Report. https://www.digitalrealestate.ch/products/digital-real-estate-index-2020/ (abgerufen: 08.09.2021)

NN (2021s) Zukunftsplan des Museum für Naturkunde Berlin. https://www.museumfuernaturkunde.berlin/sites/default/files/mfn_zukunftsplan_digital.pdf (abgerufen: 17.09.2021)

NN (2021ab) Kommunale Immobilien Jena. http://www.kij.de (abgerufen: 26.09.2021)

NN (2021ao) Unternehmensvorstellung. https://www.prosiebensat1.com/ueber-prosiebensat-1/wer-wir-sind/unternehmensportraet (abgerufen: 01.11.2021)

Schober K-S, Hoff P (2016) Think Act – Beyond Mainstream: Digitalisierung in der Bauindustrie – Der europäische Weg zu „Construction 4.0". Roland Berger GmbH. https://www.rolandberger. com/publications/publication_pdf/roland_berger_digitalisierung_bauwirtschaft_final.pdf (abgerufen: 20.08.2021)

BIM-Perspektiven im Immobilienbetrieb

Markus Krämer, Simon Ashworth, Michael Härtig, Michael May
und Maik Schlundt

10.1 Kritische Betrachtung von BIM

BIM steht für den digitalen Wandel in der Bauwirtschaft vergleichbar mit Industrie 4.0 im Produktionsumfeld. Die Digitalisierung des Planungsprozesses in Bauprojekten führt zu optimierten Abläufen. Die BIM-Methode wird in den Phasen Entwurf, Planung und Errichtung eines Gebäudes bereits erfolgreich angewendet, was nicht zuletzt der Erkenntnis geschuldet ist, dass die wachsenden Anforderungen an Planungs- und Bauprojekte kaum noch mit herkömmlichen Methoden beherrschbar sind.

Anders sieht es noch im Betrieb aus; aufgrund verschiedener Hürden ist die Anwendung von BIM bisher zumindest im deutschsprachigen Raum nicht verbreitet und in vielen

M. Krämer (✉)
Hochschule für Technik und Wirtschaft Berlin, Berlin, Deutschland
E-Mail: markus.kraemer@htw-berlin.de

S. Ashworth
Zürcher Hochschule für Angewandte Wissenschaften (ZHAW), Wädenswil, Schweiz
E-Mail: ashw@zhaw.ch

M. Härtig
N+P Informationssysteme GmbH, Meerane, Deutschland
E-Mail: michael.haertig@nupis.de

M. May
Deutscher Verband für Facility Management (GEFMA), Bonn, Deutschland
E-Mail: michael.may@gefma.de

M. Schlundt
DKB Service GmbH, Berlin, Deutschland
E-Mail: maik.schlundt@dkb-service.de

Fällen auch nicht ohne weiteres möglich. So existieren weder einheitliche Datenmodelle, welche die im Gebäudebetrieb verwendeten Objekte beschreiben, noch belastbare, standardisierte Schnittstellen zur Kommunikation der beteiligten Softwareprodukte. Die hohe Anzahl an Spezialprodukten und pragmatischen Lösungsansätzen auf Basis von Tools wie MS-Excel im Betrieb verstärkt das Problem zusätzlich.

Aktuell ist erkennbar, dass in den letzten Jahren CAFM-Systeme BIM-Funktionen wie IFC-Import (vgl. Abschn. 4.3.2.1) oder die Anbindung von BIM-Autorenwerkzeugen (vgl. Abschn. 4.3.2.2) integriert haben. Auf Nachfrage können die CAFM-Hersteller zumeist nur wenige BIM-CAFM-Kundenprojekte (vgl. Kap. 9) benennen, die bisher auch tatsächlich umgesetzt worden sind. Es muss festgehalten werden, dass das Interesse auf Auftraggeberseite an BIM auch für den Immobilienbetrieb grundsätzlich vorhanden ist, die Bereitschaft zur Investition jedoch nicht immer in gleichem Maße gegeben ist. Von Auftraggebern werden entsprechende BIM-Integrationen häufig als zu kompliziert, zu wenig standardisiert und mit unklarem bzw. fehlendem Business Case abgetan. Zusätzlich besteht die Hürde, dass die Anwendung der BIM-Methodik i. d. R. im Immobilienbetrieb nur für Neubauten wirtschaftlich darstellbar ist, wobei dies bei der aktuellen Neubauquote eher die Ausnahme bleiben wird. Die vielen betreuten Bestandsimmobilien rechtfertigen oft die nachträgliche BIM-Modellerstellung nicht, da heutige automatisierte digitale Erfassungsmethoden noch erhebliche manuelle Nacharbeiten in der Praxis erfordern (vgl. Abschn. 5.2). Häufige Probleme mit aktuellen Software-Produkten, wie fehlerhafte, instabile Software-Versionen, komplexe Bedienung oder auch Performanceprobleme beim Laden größerer BIM-Modelle, verstärken das Bild.

Weiterhin gibt es zurzeit nur wenige ausgebildete BIM-Experten, vor allem im Bereich des Facility Management in Deutschland. Die Entwicklung und die Einführung einheitlicher BIM-Datenstandards über den gesamten Gebäudelebenszyklus ist noch lange nicht abgeschlossen, auch wenn derzeit einige Initiativen in diese Richtung vorangetrieben werden (vgl. Abschn. 8.4). Dabei gilt, wie bei der Anwendung jeder neuen Methode, dass die Wirtschaftlichkeit im Einzelfall geprüft und nachgewiesen werden muss. Der konkrete Projekteinsatz der BIM-Methode kann dabei aus Sicht des FM sehr unterschiedlich sein (vgl. Kap. 7), wobei eine zu umfassende Anwendung der BIM-Methode durchaus kontraproduktiv sein kann. Insbesondere, wenn sehr große, komplexe Datenmengen durch den BIM-Einsatz entstehen, können diese häufig über die Nutzungszeit nicht mehr sinnvoll gepflegt werden, so dass schnell „Datenmüll" entsteht.

Die größten Potenziale und Synergieeffekte der BIM-Methode ergeben sich immer dann, wenn die BIM-Modelle wirklich durchgängig aus der Planungs- und Bauphase in der Nutzungsphase des FM weitergegeben werden. So ist die Übergabe von Flächen (z. B. Boden- oder Fensterflächen) für die Flächenverrechnung und Reinigung ein bereits allseits akzeptierter, sinnvoller BIM-Anwendungsfall. Aber auch in diesem Fall müssen zahlreiche Detailinformationen der BIM-Modelle, die für die Nutzungsphase keinen Mehrwert haben, vor der eigentlichen Übergabe an das FM herausgefiltert werden. Dies ist bei hochkomplexen Modellen häufig mit erheblichem Mehraufwand verbunden. Nur wenn es gelingt, frühzeitig zu definieren, was benötigt wird, so dass entsprechende

Attribute und Merkmale festgelegt werden können, ist der geplante Nutzeffekt erreichbar. Dasselbe gilt auch für die Übernahme der technischen Gebäudedokumentation. Hier müssen Standards für den Datenaustausch in der Praxis etabliert und im Projekt festgelegt werden.

Weitere Vorteile ergeben sich aus einer verbesserten FM-gerechten Planung, da alle Fachplaner über die Modelle koordiniert zusammenarbeiten können und so anhand der entstehenden Modelle frühzeitig Prüfungen aus Sicht des Immobilienbetriebs möglich werden. Dies können Kollisionsprüfungen, Prüfungen des Arbeitsraums für Instandhaltungstätigkeiten oder Kostensimulationen für die Betriebsphase sein. Alles zusammen ergibt dann die gewünschte hohe Wirtschaftlichkeit der BIM-Methode (vgl. Abschn. 3.3 und Kap. 6). In Deutschland liegt der Fokus leider oftmals immer noch auf der Bauphase des Gebäudes und nur selten auf der Nutzungsphase. Dabei bietet eine FM-gerechte Planung erhebliche Wertschöpfungspotenziale für den Betrieb. So können Planungsfehler, die erst im Betrieb entdeckt würden, von Beginn an vermieden werden.

In der Konsequenz muss es gelingen, mittels BIM eine konsistente Datenbasis für das FM (Single Source of Truth) bereitzustellen, in der die FM-Daten geprüft und wesentlich früher für die Nutzung in den FM-Prozesse zur Verfügung stehen. So lässt sich ein reibungsloser Ablauf in der Nutzungsphase erreichen. Dies betrifft dann alle nachfolgenden FM-Geschäftsprozesse wie Vermietung, Schlüsselmanagement, Flächenmanagement und Instandhaltung.

Auf diese Weise können Ausschreibungen von Facility Services durch Verwendung der BIM-Daten wesentlich schneller und auf Basis einer belastbaren Datenbasis akkurat erfolgen. Auch in diesem Beispiel ist der Schlüssel zum Erfolg die frühzeitige Einbindung des FM in den Gesamtprozess, dessen Anforderungen bereits in frühen Planungsphasen bekannt und Vertragsbestandteil für Planer und ausführende Firmen werden müssen. FM-Mitarbeiter müssen hierfür entsprechende Weiterbildungen im Bereich der BIM-Anwendungsfelder erhalten.

Eine weitere, bisher kaum gelöste Herausforderung ist die laufende Aktualisierung der BIM-Daten, denn aus den Betriebsprozessen ergeben sich zwangsläufig Änderungen an den BIM-Modellen. Ob und wie diese sinnvoll im praktischen Betrieb eingebracht werden können, ist noch nicht abschließend geklärt. Erschwerend kommt hinzu, dass Facility Manager zumeist keine Experten in der Nutzung von BIM-Autorenwerkzeugen sind und häufig kein entsprechendes Know-how beim Gebäudebetreiber vorliegt. So kommt es in der Praxis derzeit recht schnell zu einer Diskrepanz zwischen dem Stand der BIM-Modelle und der Wirklichkeit. Dies führt in der Konsequenz dazu, dass den BIM-Daten nicht mehr vertraut wird und letztendlich doch wieder zwei getrennte Datenwelten existieren, so wie das bisher oft der Fall war.

Insgesamt bleibt die Entwicklung spannend und wird kontinuierlich fortgeführt.

10.2 Forschung zu BIM im Immobilienbetrieb

In den vorangegangenen Abschnitten war die Anwendung der BIM-Methode im Facility Management im Fokus und damit letztendlich die Abbildung des Stands der Technik. Das enorme Interesse an der BIM-Methode in Wissenschaft und Praxis hat in den letzten Jahren auch im Bereich der Nutzungsphase von Gebäuden und Liegenschaften und damit auch im Facility Management zu zahlreichen Forschungs- und Richtlinienaktivitäten geführt, von denen auch bereits erste Ergebnisse in die Praxis Eingang finden. Dabei bleibt festzuhalten, dass sich nach wie vor die meisten Hochschulen und Forschungseinrichtungen im Schwerpunkt auf die Phasen des Planens und Bauen konzentrieren.

Dieser Abschnitt stellt sich der Aufgabe, einen Überblick über aktuelle und zukünftige Forschungsthemen im Kontext von BIM im Immobilienbetrieb zu geben. Im Folgenden werden wichtige Forschungsschwerpunkte kurz erläutert und beispielhafte Initiativen und Forschungsprojekte vorgestellt.

10.2.1 BIM-Standardisierung und -Normung

Ausgangspunkt vieler Forschungs- und Standardisierungsaktivitäten war die Sicherstellung des reibungslosen Datenaustausches innerhalb eines BIM-basierten Planungs- und Erstellungsprozesses mit dem FM. In diesem Kontext sind zahlreiche Initiativen von Verbänden, wie GEFMA, RealFM, VDI und buildingSMART, aber auch der Normungsinstitute ISO, CEN und des nationalen DIN durchgeführt worden. Ein sehr guter Überblick über die Initiativen und daraus entstandene Normen findet sich in Abschn. 5.1 und Anhang 2 sowie in Bartels (2020).

Die Problematik der Anwendung unterschiedlicher Klassifizierungssysteme zur Beschreibung und Identifizierung von Bauelementen und deren unterschiedliche Datenformate erschweren nach wie vor den Datenaustausch auch mit dem FM. Mit der in Abschn. 8.4 dargestellten Initiative *IBPDI* (International Building Performance Data Initiative, NN 2021t) entsteht ein formatübergreifendes, gemeinsames Datenmodell der Immobilienbranche (Common Data Model for Real Estate). Eine weitere Initiative ist *BIMeta* (NN 2021az), die eine offene, herstellerunabhängige digitale Plattform entwickelt, um strukturiert nach DIN EN ISO 23386 (NN 2020e) BIM-Klassen und deren Merkmale bzw. Eigenschaften aus verschiedenen Normen, Richtlinien und Standards in einem einheitlichen System miteinander zu verknüpfen.

Stand in den bisherigen Forschungsaktivitäten der *FM-Handover* am Ende der Bauphase im Vordergrund, so verlagerten sich die Forschungsaktivitäten zunehmend auf einen kollaborativen Datenaustausch auch während der Planungs- und Bauphase mit dem FM. Beispielhaft sei hier auch auf Bartels (2020) verwiesen, der ein Strukturmodell zum Datenaustausch im FM beschreibt, das um dynamische, prozessorientierte Daten auf Basis von IFC erweitert wurde. Im Rahmen des Forschungsprojekts *BIM-basiertes Betreiben*

(NN 2019l) – gefördert durch das BBSR im Rahmen der Initiative Zukunft Bau – entstanden neben detaillierten BIM-Sollprozessketten zudem zahlreiche neue BIM-Profile zum Austausch von BIM-Daten mit CAFM-Systemen der CAFM-Connect-Schnittstelle (vgl. Abschn. 5.2). Die Forschungsarbeiten in diesem Bereich werden in zahlreichen Projekten weiterverfolgt.

10.2.2 Digitale Erfassung von Bestandsgebäuden

Eine der zentralen Herausforderungen beim Einsatz der BIM-Methode in der Nutzungsphase ergibt sich aus der Tatsache, dass für über 90 % der zu bewirtschaftenden Bestandsgebäude keine digitalen Bauwerksmodelle verfügbar sind und auch die vorhandene Bestandsdokumentation zumeist lückenhaft ist. Daraus ergibt sich die Forschungsfrage nach Möglichkeiten zur Vereinfachung und Automatisierung der Erfassung digitaler Bauwerksmodelle von Bestandsgebäuden.

Insofern haben sich in den letzten Jahren einige Forschungsinitiativen mit digitalen Erfassungsmethoden beschäftigt, vor allem das 3D-Laserscanning und fotogrammetrische Verfahren zur Erfassung von Bestandsgebäuden. Im Zentrum der Forschung war zunächst der Workflow zur Transformation von Scan-Ergebnissen (3D-Punktwolken) der Erfassungstechnologien in parametrische, digitale Bauwerksmodelle nach dem Prinzip *Scan2BIM* bzw. die weitere Nutzung von 3D-Punktwolken in Verbindung mit digitalen Bauwerksmodellen, sogenannten Hybrid-Modellen (Krämer und Besenyöi 2018).

Ein weiterer wichtiger Forschungsbereich konzentriert sich auf die automatische Auswertung der erfassten Bilder oder 3D-Punktwolken. So beschäftigen sich Forscher an der Universität Weimar (Hallermann et al. 2019) mit der automatischen Zustandsermittlung von Bauwerken mit Hilfe unbemannter Fluggeräte (Unmanned Aircraft System – UAS). Zunehmend werden auch Methoden der Künstlichen Intelligenz (KI) genutzt, um 2D-Bestandspläne automatisch in digitale Bauwerksmodelle zu transformieren bzw. BIM-Objekte wie Wände, Rohrleitungssysteme oder auch TGA- und Einrichtungselemente automatisch in 3D-Punktewolken zu erkennen. An dieser Stelle sei auch auf das 2021 gestartete Forschungsprojekt *BIMKIT* (NN 2021ah) verwiesen, in dem basierend auf der europäischen Cloud-Initiative GAIA-X die Bestandsmodellierung von Gebäuden und Infrastrukturbauwerken mittels KI zur Generierung von Digital Twins erforscht wird. Die automatisierte 3D-Gebäudemodellierung wurde ebenfalls im DFG-geförderten Projekt *MAV4BIM* untersucht, bei dem kameragestützte Mikroflugroboter eingesetzt wurden. Im Schwerpunkt kamen hier ebenfalls fotogrammetrische Verfahren zum Einsatz.

10.2.3 Common Data Environment, Linked Data und Digital Twin

Der Bereich Common Data Environment (CDE) wurde ausführlich in Abschn. 4.3 behandelt. Mit dem Wechsel zur Nutzungsphase von Gebäuden und Liegenschaften verändert sich der Fokus von einer projektbezogenen zu einer asset-orientierten Datenhaltung und damit auch der Fokus einer CDE. Mittlerweile sind auch für die Nutzungsphase erste kommerzielle CDE-Produkte verfügbar, häufig in Verbindung mit CAFM-Systemen. Mit der Initiative *IBPDI* wurde bereits in Abschn. 10.2.1 auf einen neuen Ansatz für weiterführende, unternehmensübergreifende kollaborative Plattformen verwiesen.

Ein Forschungsschwerpunkt im Bereich CDE aus Sicht des FM stellt die Anwendung des *Linked-Data-Ansatzes* für CDEs dar. Bei diesem Ansatz speichert das Integrationssystem im Sinne einer virtuellen Integration selbst keine Daten, die zur Anfragebeantwortung verwendet werden. Vielmehr verfügt das Integrationssystem über genügend Metadaten, um zur Anfragebeantwortung die zugehörigen Datenquellen aufzufinden und zur Laufzeit abzufragen. Dieser Ansatz eignet sich besonders für die Integration sehr heterogener Datenquellen, wie sie durch föderierte BIM-Modelle verschiedener Fachdisziplinen, digitale 3D-Punktwolken aus 3D-Laserscans von Bestandssituationen sowie operativ genutzter IT-Systeme für den Betrieb, wie CAFM-, IPS- oder ERP-Systeme, entstehen.

Beispielhaft für Forschungsinitiativen in diesem Bereich sei hier auf das durch das Berliner IFAF-Institut geförderte Projekt *BIM-FM* verwiesen, in dem zwei digitale Bauwerksmodelle für Bestandsgebäude (St. Hedwig Krankenhaus Berlin, Verbändehaus Berlin) unterstützt durch digitale Erfassungstechnologien generiert und deren Datenhaltung nach dem Linked-Data-Prinzip untersucht wurden (Krämer et al. 2018). Für das entstandene prototypische CDE aus Sicht des Betriebs wurden verschiedene (multiperspektivische) IFC-Modelle mit kommerziellen CAFM-Systemen sowie einer Verwaltung von Punktwolkensegmenten virtuell verknüpft. Hierfür kamen unterschiedliche Datenbanktechnologien zum Einsatz. So basierten die eingebundenen kommerziellen CAFM-Systeme auf den üblichen Relationalen Datenbankmanagementsystemen (u. a. Microsoft SQL Server). Die mit Hilfe des Scan2BIM-Workflows erstellten Bestandsmodelle wurden im IFC-Format mit Hilfe des OpenBIM-Servers (ehemals IFC-Server) auf Basis der Key-Value-Store-Technologie eingebunden. Die Scan-Ergebnisse der digitalen Erfassungstechnologien (3D-Laserscanner, Vermessungsdrohne, Smartphone) wurden wiederum als Punktwolkensegmente, die durch Markups angereichert wurden, im E57- und LAS-Format abgebildet. Die eigentliche virtuelle Verknüpfung erfolgte mit Hilfe der Semantic-Web-Technologie Resource Description Framework (RDF) über den NoSQL-Triplestore Fuseki sowie das ONTOP Framework als SPARQL Endpoint für die SQL-Datenbanken.

Mit diesem CDE-Setup nach dem Linked-Data-Prinzip konnten die drei Informationsquellen CAFM, IFC-Modelle und 3D-Punktwolkensegmente miteinander lose verknüpft und doch gemeinsam abgefragt werden. Beispielsweise liefert eine Anfrage nach einem bestimmten Feuerlöscher als Ergebnis Informationen über den Wartungszustand des Feuerlöschers aus dem CAFM-System, die Verortung im Gebäude aus dem BIM-Modell bzw. wenn keine Feuerlöscher im BIM-Modell modelliert wurden, das entsprechend mit Markups ausgezeichnete Punktwolkensegment eines Bestandsscans. Hiermit konnte exemplarisch nachgewiesen werden, dass die virtuelle Verknüpfung von CAFM-Systemen mit BIM-Modellen auch ohne die heute noch übliche direkte Synchronisation von BIM-Objekten mit der CAFM-Datenbank möglich ist.

Weitere Forschungen in diesem Bereich nutzen die virtuelle Integration nach dem Linked-Data-Ansatz für den Aufbau von digitalen Zwillingen. Im Projekt *BIM2TWIN* (Laufzeit bis 2024, NN 2021x), das durch die europäische Union im Rahmen des Programms Horizon 2020 gefördert wird, entsteht eine Digital-Building-Twin-Plattform für das Baumanagement. Hier werden maschinelle Lerntechniken genutzt, um Effizienzgewinne durch die Vermeidung von Verschwendung und damit Kosteneinsparungen, Qualitätsverbesserungen und eine Reduktion des CO_2-Fußabdrucks zu erreichen. Ebenfalls mit dem Aufbau von digitalen Zwillingen hat sich das Forschungsprojekt *BIM2digital-TWIN* (NN 2021y) beschäftigt, bei dem sich das German Council of Shopping Places (GCSP) und die Bergische Universität Wuppertal mit der Erforschung von Immobilien-Asset-Managementprozessen in Handelsimmobilien beschäftigt haben.

Das Projekt *BIMSWARM* (NN 2021z) hat ebenfalls die Entwicklung einer offenen Plattform für Bauprojekte als Zielstellung, wobei hier Tool-Chains aus zertifizierten Anwendungen, Diensten und Katalogen im Fokus stehen, um damit durchgängige und projektspezifische digitale Wertschöpfungsketten zu ermöglichen. Der Forschungsschwerpunkt CDE und Linked-Data wird mit dem Projekt indirekt adressiert, da die flexible Zusammenarbeit der am Baugeschehen Beteiligten im Fokus steht.

10.2.4 Visualisierung, Virtual und Augmented Reality

Beispielhaft sollen zwei Forschungsaktivitäten vorgestellt werden, bei denen Visualisierung und Augmented Reality (AR) (vgl. auch Abschn. 2.6) in Kombination mit BIM eine maßgebliche Rolle spielen.

Der seit geraumer Zeit zu beobachtende Fortschritt im Instandhaltungsmanagement (IHM) und anderen verwandten Aufgabenbereichen des Facility Management ist durch einen hohen Informationsbedarf gekennzeichnet. Viele Potenziale können heute nur ungenügend erschlossen werden, da es immer noch große Probleme bei der Bereitstellung der im IHM vor Ort benötigten Informationen gibt. Nur durch die Entwicklung von Endgeräten zur ortsunabhängigen, übersichtlichen Bereitstellung dieser Informationen und der dazugehörigen Software können das Instandhaltungsmanagement und vergleichbare Aufgaben schneller, sicherer und wirtschaftlicher abgewickelt werden. Dies war Ausgangspunkt für das vom BMWi geförderte Forschungsprojekt *FMstar* (vgl. May 2017; May et al. 2017), welches für „Facility Management mit Hilfe semantischer Technologien und Augmented Reality" steht. *FMstar* zielte darauf ab, die virtuelle mit der realen Welt mittels moderner AR-Technologie innovativ zu vernetzen und für komplexe FM-Prozesse bei Abnahme und Instandhaltung nutzbar zu machen. Kern des Projekts war es, die betrachtete technische Umgebung im Fertigungsbereich durch AR auf mobilen Geräten wie Tablets oder Smartphones mit FM-Daten anzureichern. Intuitiv verständliche Informationen wie Visualisierungen und 3D-Modelle sowie Anleitungen und technische Daten helfen hierbei, kontextbasierte Entscheidungen in komplexen FM-Prozessen zu treffen.

Die erforderlichen Anlagendaten sowie das 3D-Modell werden aus BIM-Modellen im IFC-Format und teilweise aus CAFM-Modellen extrahiert. Die jeweiligen Datenquellen werden über entsprechende Modellierungsstandards und Import-Plugins eingelesen, wobei die grafischen Modelldaten in einer 3D-Datenbank abgelegt werden, während die FM-Sach- und -Prozessdaten in einer semantischen Datenbank abgebildet werden. Die entwickelte mobile App ermöglicht es, relevante Planungs- und Zustandsdaten von technischen Anlagen kontextbasiert vor Ort auf mobilen Geräten abzurufen. Diese werden dann auf dem mobilen Endgerät über die reale Anlage projiziert und bilden somit eine direkte Schnittstelle zwischen digitalen Informationen und der realen Welt. Die Assistenzfunktion stellt Navigation, Arbeitsanweisungen und Dokumente bereit, während sich der Nutzer frei im realen Raum bewegen kann. 3D-Modelle werden entsprechend der eigenen Position bewegt und dienen der gezielten Auswahl bestimmter Bauteile, um deren Daten abzurufen. Objekte bzw. technische Anlagen identifiziert der Nutzer z. B. mittels QR-Codes und dem Scan von Dokumenten, Bildern usw. Die semantische Datenbank identifiziert die im Kontext benötigten Informationen, die sich anzeigen und auch vor Ort bearbeiten lassen.

Innovative IT-gestützte Lehr- und Lernkonzepte im FM befinden sich mit Ausnahme von in Hochschulen eingesetzten e-Learning-Plattformen und vereinzelten betriebswirtschaftlichen Planspielen noch in den Kinderschuhen, auch wenn sich die Situation durch die Corona-Pandemie seit 2020 etwas verbessert hat. Im Weiterbildungsbereich fehlen diese Ansätze noch weitgehend.

Dies war die Motivation für das vom BMBF geförderte Projekt *PlayFM* – Serious Games für den IT-gestützten Wissenstransfer im Facility Management (May 2013; Salzmann und May 2016). Der sinnvolle Einsatz von Serious Games im Rahmen des Game Based Learning (GBL) eröffnet neue Potenziale und spannende Herausforderungen bei der Wissensvermittlung. Ziel des Projektes *PlayFM* war es, Game-Based-Learning-Konzepte und -Methoden für den Wissenstransfer im FM ganzheitlich zu entwickeln und prototypisch in einem computergestützten Serious Game *playFM* umzusetzen. Es handelte sich dabei um einen der ersten Ansätze, GBL in einem hoch komplexen Bereich wie dem FM anzuwenden. Zielgruppen sind FM-Dienstleister, FM-Spezialisten und Studierende ebenso wie das Management in Unternehmen. Die Softwarearchitektur von *playFM* gliedert sich in das eigentliche Spielprogramm, das auf einem Clientrechner installiert wird, und den Gameserver, der die Datenbank mit Spielständen und Konfigurationsdateien und den Webserver mit der webseitigen Konfigurationsoberfläche und einer Highscore Tabelle enthält. Das Implementierungskonzept sieht eine flexible Einbindung der *playFM*-Lerninhalte vor, die über ein Webinterface in das Spiel eingefügt werden können. Die Entscheidung für eine Spielentwicklungsumgebung (Game Engine) fiel nach ausführlicher Analyse auf die *Unity3D*, die ein schnelles Prototyping ermöglicht. Neben den klassischen Funktionen wie einer Physik-Engine, Sound-Unterstützung, Partikeleffekten oder 3D-Import- und -Exportfunktionen besitzt die Engine alle für das Spiel benötigten Features. Die mittels Unity erstellten Spiele sind auf unterschiedlichen Plattformen wie PC- und mobilen Betriebssystemen, Spielkonsolen sowie gängigen Webbrowsern lauffähig. Hier gibt es eine Beziehung zu BIM. Die Weiterentwicklung Unity Reflect umfasst heute interessanterweise eine Suite von Produkten, die es erlauben BIM-Daten, Stakeholder und jede Phase des Lebenszyklus im Architektur-, Ingenieur- und Bauwesen in einer immersiven Echtzeit-Plattform zu verbinden. Es bietet eine Lösung zur Entwurfsprüfung und -koordinierung, die alle Projektbeteiligten auf einer immersiven, kollaborativen Echtzeit-Plattform verbindet, unabhängig von Gerät, Modellgröße oder geografischem Standort. Es wird auch als Plugin in kommerziellen BIM-Tools eingesetzt.

10.2.5 FM-Knowledge-Management und Künstliche Intelligenz

Erfahrungen und Wissen über den Betrieb von Gebäuden und Liegenschaften von FM-Organisationen und FM-Dienstleistungsunternehmen systematisch für Entscheidungen und damit für das zukünftige Handeln von Planern und Betreibern verfügbar zu machen, ist und bleibt ein wichtiges Forschungsfeld. Durch die Nutzung von BIM im Kontext des Knowledge-Managements (KM) ergeben sich für das FM neuartige Impulse, nicht nur durch Möglichkeiten zur Verortung und Visualisierung, sondern auch durch die umfassenden semantischen Inhalte und Beziehungen, die digitale Bauwerksmodelle abbilden.

In einem bereits sehr frühzeitig aufgegriffenen Ansatz wurde im Rahmen eines BMBF-Forschungsprojekts *FM-ASSIST* – Rechnergestütztes Assistenzsystem für komplexe Entscheidungsprozesse im Facility Management (May und Bernhold 2009) das Ziel verfolgt, Beratungstätigkeiten mit Hilfe eines IT-basierten Assistenzsystems zu unterstützen. Kann man die Aufgaben, die üblicherweise von Beratern übernommen werden, überhaupt einem wissensbasierten IT-System übertragen? Oder überspitzt: Werden Berater künftig noch gebraucht bzw. können diese noch besser im Dienste des Kunden unterstützt werden? Die Projektidee war von der Überzeugung getragen, dass Berater sicher nicht überflüssig werden, aber dennoch wichtige Aufgaben auf ein geeignetes IT-System übertragen werden können. Auch kann der frühzeitige Einsatz eines Assistenzsystems dazu beitragen, dass ein Projekt qualifizierter angegangen, Fehler vermieden oder reduziert und Consultingkosten gesenkt werden können. Als Szenario wurde die wissensbasierte Unterstützung von Unternehmen und öffentlichen Verwaltungen bei der Einführung von Facility Management in ihren Organisationen ausgewählt. Hierfür wurde ein allgemeines Vorgehensmodell zur FM-Einführung entwickelt und in einer GEFMA Richtlinie 110 (NN 2009a) hinterlegt. Dieses Einführungsmodell umfasst mehr als 70 Teilprozesse mit entsprechend umfangreichen Handlungsempfehlungen und Instrumenten. Wegen der gewünschten Trennung von Daten, Funktionslogik und Bedienoberfläche sowie der geforderten Nutzung über einen Internet-Browser wurde eine moderne mehrschichtige Softwarearchitektur gewählt. Dabei wurden zweierlei Benutzerschnittstellen vorgesehen. Die Expertenschnittstelle dient dem FM-Experten dazu, das Wissen in Form eines Vorgehensmodells sowie weiterer Wissenskomponenten strukturiert in das System einzubringen. Die Nutzerschnittstelle stellt das eigentliche Assistenzsystem dar. Hier wird eine interaktive Befragung auf Basis des jeweiligen Vorgehensmodells durchgeführt. Außerdem werden im Ergebnis die entsprechenden Handlungsempfehlungen generiert sowie weiterführende Informationen zur Verfügung gestellt. Die Methode hinter dieser Entwicklung ähnelt dem Case-based Reasoning (CBR). Heute stehen mit den enormen Fortschritten in der KI neuartige Methoden wie das Maschinelle Lernen zur Verfügung, mit deren Hilfe konkrete FM-Einführungsprojekte analysiert und für Prognosen genutzt werden könnten.

In ähnlicher Weise haben auch Motawa und Almarshad (2013) ein wissensbasiertes IT-System entwickelt, das dabei hilft, Wissen über die Instandhaltungsaktivitäten von Gebäuden zu erfassen und abzurufen. Allerdings wurde hier das entwickelte CBR-Modul mit einem BIM-Modul verbunden, so dass die Informationen über die gewarteten Komponenten, die vom CBR-Modul definiert wurden, vom BIM-Modul abgerufen und visualisiert werden können. Folglich hat diese Forschung die Frage aufgeworfen, wie die Prinzipien des Wissensmanagements, die in wissensbasierte IT-Systeme eingebettet sind, mit den Prinzipien des Informationsmanagements, die in BIM-Systemen für FM zur Verfügung stehen, verbunden werden können.

Die großen Potenziale der Verknüpfung von KM und BIM zeigen sich nicht zuletzt bereits heute durch zahlreiche Entwicklungen von BIM-Prüfwerkzeugen (vgl. Abschn. 4.2), wie *Solibri*, die verstärkt regelbasierte Prüfungen im Bereich des FM, z. B. zur Einhaltung von Flächenstandards oder Abstandsregeln für Flucht- und Rettungswege anbieten. Doch dies ist sicher erst der Anfang der Nutzungsmöglichkeiten einer Kombination von KM und BIM.

Dementsprechend haben Besenyöi und Krämer (2021) untersucht, wie durch einen ontologiebasierten Ansatz Definitionen der wichtigsten Prinzipien des BIM-basierten Wissensmanagements und der BIM-basierten Wissensmanagementsysteme für das FM gewonnen werden können. Im Ergebnis entstand ein ontologiebasiertes Framework, das sowohl die notwendigen Aufgaben des Wissensmanagements definiert als auch die verschiedenen BIM-gestützten Technologien und Werkzeuge, die die jeweilige Aufgabe unterstützen, abbildet. Das Framework zeigt auf, welche Methoden wissensbasierter IT-Systemen im Kontext von BIM entwickelt werden sollten, die diese vorgegebenen Aufgaben heute bzw. zukünftig erfüllen können.

10.2.6 Nachhaltigkeit, Energieeffizienz und CO_2-Optimierung

Nicht erst seitdem herausfordernde Ziele im Pariser Klimaschutzabkommen vereinbart wurden, um dem globalen Klimawandel entgegenzuwirken, hat die Forschung im Bereich Nachhaltigkeit und Energieeffizienz national wie international eine zentrale Bedeutung erlangt. Bereits um den Anstieg der Klimaerwärmung global auf 1,5 °C zu begrenzen, müssen außerordentlich große Anstrengungen und Fortschritte im Bereich der Nachhaltigkeit und der Energieeffizienz im Gebäudesektor, vor allem auch bei Bestandsgebäuden, erreichen werden. Dies wird jedoch nur gelingen, wenn Facility Manager und damit der Gebäudebetrieb in die Maßnahmen zur Verbesserung von Nachhaltigkeit und Energieeffizienz systematisch einbezogen werden.

Forschungsinitiativen zur Verbesserung von Nachhaltigkeit und Energieeffizienz im Gebäudesektor sind sehr zahlreich und umfassen nahezu alle Wissensdisziplinen. So leisten auch die bereits vorgestellten Forschungsschwerpunkte, z. B. im Bereich FM-Knowledge-Management (KM) oder Digital Twin einen Beitrag zu Optimierung des Gebäudebetriebs und damit zur Senkung von Energieverbräuchen, indem sie gezielt Erfahrungen und Wissen von FM-Organisationen aus dem Immobilienbetrieb in Planung und Betrieb einbringen. Ein umfassender Überblick über alle Forschungsansätze zum Thema Nachhaltigkeit kann im Rahmen dieses Abschnitts nicht gegeben werden. Vielmehr werden einige Forschungsaktivitäten herausgegriffen, bei denen die BIM-Methode zur Erreichung der Nachhaltigkeitsziele beiträgt.

Einer der zentralen Ansatzpunkte für den Beitrag von BIM im Bereich Nachhaltigkeit konzentriert sich auf die Nutzung der digitalen Bauwerksmodelle als systematischer Informations- und Wissensspeicher (Gebäude-Repository). So zielte das Projekt *Ökobilanzierung und BIM im Nachhaltigen Bauen* gefördert durch das BMI (Lambertz et al. 2019) darauf, die ökologische Bewertung von Gebäuden durch Zertifizierungssysteme wie dem Bewertungssystem Nachhaltiges Bauen (BNB) mit Hilfe des Einsatzes von IFC-basierten Bauwerksmodellen zu vereinfachen. Durch die automatisierte Bereitstellung von Informationen aus IFC-Modellen zur Berechnung von Ökobilanzen, gerade auch mit Informationen aus dem Bereich der technischen Gebäudeausrüstung, können bisher aufgrund des hohen Aufwands nur überschlägig berücksichtigte Aspekte in eine detaillierte Betrachtung einbezogen werden. Auf diese Weise lassen sich Optimierungspotenziale besser erkennen und die Ökobilanz als frühzeitiges und iteratives Planungsinstrument einsetzen.

Zwar bietet das IFC4-Datenmodell die grundlegende Fähigkeit, die verschiedenen Ökobilanz-Umweltindikatoren und deren Einheiten zu integrieren, eine hinreichende Konformität mit der DIN EN 15804 (NN 2020f) ist jedoch nicht gegeben. Im Projekt entstanden so auf Basis der IFC-Konventionen ein Information Delivery Manual (IDM) mit den erforderlichen Austauschprozessen und Datenübergabepunkten sowie eine Model View Definition (MVD) mit allen benötigten Klassen und Merkmalslisten, um so Life Cycle Assessment (LCA) Software automatisiert mit Informationen zur Erstellung der Ökobilanz zu beliefern. Ferner umfassen die Ergänzungen der IFC auch Möglichkeiten, die Ergebnisse der Ökobilanz wiederum im IFC-Format an die digitalen Bauwerksmodelle zurückzuliefern. Um die hierfür benötigten Bauwerksmodelle aufgrund der zusätzlichen Informationsanforderungen aus der Ökobilanz weiterhin performant und beherrschbar zu halten, verfolgte das Projekt ebenfalls einen Multimodell-Container-Ansatz nach der im Abschn. 10.2.4 erläuterten Linked-Data-Methode.

Der Einfluss der Bewirtschaftsprozesse von Gebäuden und Liegenschaften (Facility Services – FS) auf die Nachhaltigkeit und den Beitrag zu CO_2-Emissionen des Gebäudes wird zwar bei einigen Zertifizierungssystemen, wie dem zuvor genannten BNB, durch die Betrachtung der Prozessqualität berücksichtigt, wobei dieser Aspekt hier jedoch nur zu 10 % und in stark vereinfachter Weise in die Bewertung eingeht. Forschungsergebnisse u. a. von Pelzeter et al. (2020) aus dem Forschungsprojekt *CarMa* (Carbon Management für Facility Services) zeigen, dass der Beitrag von FS für den CO_2-Fußabdruck (Carbon

Footprint – CFP) eines Gebäudes einer weitaus genaueren Betrachtung bedarf. So entstand im Projekt *CarMa* eine Berechnungsmethode zur Ermittlung des CFP von FS nach den Regelungen des LCA gemäß ISO 14040. Die Carbon-Management-Methode umfasst dabei ebenfalls eine zur Berechnung geforderte sogenannte Product Category Rule (PCR) nach ISO 14025, die in der GEFMA Richtlinie 162-1 (NN 2020c) dokumentiert vorliegt. Im Projekt entstand ein prototypisches LCA-Softwarewerkzeug, mit dessen Hilfe der CFP aller im Gebäudebetrieb erforderlichen Dienstleistungen gemäß GEFMA 162-1 datenbankgestützt ermittelt werden kann. Differenziert wird der in den FS benötigte Ressourceneinsatz in die Module Betriebsmittel, Betriebsstoffe sowie die für die Dienstleistungserbringung besonders zu berücksichtigenden Aspekte Transport (u. a. von Mitarbeitern zum Einsatzort) und Overhead (u. a. übergreifende personelle Objektbetreuungsleistungen). Das Werkzeug verfügt hierfür über Produktkataloge, die verfügbare Herstellerangaben zum CFP eingesetzter Betriebsmittel und Betriebsstoffe, sogenannte Environmental Product Declarations (EPD), enthalten. Ferner werden Unterstützungsfunktionen zur Abschätzung angeboten, falls keine EPDs von Herstellern vorliegen, was gerade im Bereich von FS leider noch häufig der Fall ist.

Seit 2020 erfolgt an der HTW Berlin mit Unterstützung von GEFMA und dem Zusammenschluss von Unternehmen der FM-Dienstleistungsbranche „Die Möglichmacher" in einem Folgeprojekt *carbonFM* die Weiterentwicklung der entstandenen LCA-Software für Facility Services zu der allgemein zugänglichen, offenen Plattform *carbonFM* (Krämer et al. 2021; NN 2021aa). *carbonFM* bietet neben einer Projektverwaltung von CFP-Projekten, Kollaborationsfunktionen mit einem rollenbasierten Berechtigungsmanagement, die bereits erwähnten Produktkataloge sowie Auswertungsfunktionen zur Ermittlung von Optimierungsansätzen. Einen Schwerpunkt der aktuellen Forschung bildet die Vereinfachung des Eingabeaufwands zur Ermittlung des CFP von FS durch Vorlageprojekte, Funktionen zur Qualitätssicherung sowie die Entwicklung von parametrischen, intelligenten Leistungsbausteinen, sogenannten Smart Service Parts (SSP). SSPs ermöglichen z. B. mit einigen wenigen Parametern den CFP-Overhead eines Objektbetreuers einmalig zu bestimmen und im CFP-Projekt dann beliebig oft wieder zu verwenden.

Ziel der Entwicklungen von *carbonFM* ist zunächst FM-Dienstleistern und -Beratern sowie Bestandshaltern ein Werkzeug zum Carbon Management von FS im Sinne eines Self Assessments und internen Benchmarkings zur Verfügung zu stellen. Perspektivisch bietet das Werkzeug zusätzlich das Potenzial den CFP bzw. das Carbon Management von FS ebenfalls als Bestandteil von FM-Ausschreibungsverfahren zu berücksichtigen, woraus sich durchaus auch ein entsprechendes Zertifizierungsverfahren unter Aufsicht der GEFMA ableiten ließe. Es geht nun darum *carbonFM* mit Unterstützung durch GEFMA als Branchenlösung für das Facility Management zu etablieren.

10.2.7 Smart Buildings und IoT

Bei Smart Buildings und dem Internet of Things (IoT) handelt es sich um ein sehr umfangreiches Forschungsgebiet. Exemplarisch wird hier ein Projekt aus der Schweiz vorgestellt.

Dort widmet sich derzeit das staatlich geförderte Forschungsprojekt *ZHELIO* (User Assistance Systems for Smart Commercial Buildings) intensiv dieser Thematik, an der die ZHAW mit ihren Instituten: Institut für Facility Management (IFM), Institute of Embedded Systems (InES) und Zentrum für Produkt- und Prozessentwicklung (ZPP) als Forschungspartner und die Leicom AG als Industriepartner beteiligt sind.

Das Projekt erforscht, wie Daten von Gebäuden und Sensoren intelligent in spezifischen Use Cases verknüpft werden können, um Gebäudebetreiber und -nutzer Kosteneinsparungen einen reduzierten Energieverbrauch und digitale, soziale Interaktionen zu ermöglichen. Die Use Cases sind dabei so auf den Endnutzer zugeschnitten, dass es jedem Nutzer ermöglicht wird, über sogenannte digitale Touchpoints mit der Gebäudeinfrastruktur zu interagieren. Mehr als 100 dieser Use Cases wurden mittlerweile identifiziert und vom Forschungsteam in vier Use-Case-Clustern zusammengefasst. Innerhalb dieser Cluster werden ausgewählte Use Cases dann im Büro- und Schulgebäude des IFM (RA Gebäude) der ZHAW als *Proof of Concept* umgesetzt, um die weitere Forschung nach Abschluss des Innosuisse-Projekts zu ermöglichen.

Die aus der Forschungsarbeit heraus entstehende neue Plattform *ZHELIO* soll Gebäudebetreibern nahtlos und zeitnah Informationen zur Verfügung stellen, um den Komfort, die Raum- und Ressourcennutzung zu verbessern, die Produktivität zu steigern und Organisationen dabei zu helfen, ihre anspruchsvollen Ziele in einer nachhaltigen Weise zu erreichen.

Diese Ziele sind:

1) *Digitaler Zwilling und BIM*

Die Forschung fokussiert auf eine User-Assistance-Lösung, die grundlegende Informationen aus der Bauplanungsphase mit dynamischen Live-Daten anreichert. Konkret werden Bau- und Betriebsdaten zusammengeführt. Das sich daraus ergebende Modell wird einen Einblick in den dynamischen Zustand des Gebäudes geben und die individuelle Benutzerführung für alle Arten von Gebäudenutzern erleichtern. Mobile Geräte und Sprachsteuerung werden für die Interaktion der Nutzer mit verschiedenen Touchpoints unerlässlich sein.

2) *Digitale Touchpoints*

Die im Laufe des Forschungsprojekts umzusetzenden Use Cases werden über viele digitale Touch Points mit den Gebäudenutzern kommunizieren und Daten austauschen. Die individuell auf den Nutzer abgestimmten Informationen lassen diesen eine digitale User Journey innerhalb des interagierenden Gebäudes erleben. Daraus ergeben sich viele verschiedene digitale Berührungspunkte für Betreiber und Nutzer einer Infrastruktur. Die Abb. 10.1 enthält einige konkrete Touchpoints, die aber jederzeit erweitert werden können. Zentrales Element dabei ist die Vereinfachung der Prozesse. So können z. B. im Facility Management neue Services und innovative Lösungen angeboten werden. Heute bedeutet z. B die Reklamation eines Gebäudenutzers bis zu 10 weitere Aktionen mit entsprechenden Schnittstellen. So müssen vom technischen Dienst oft kostenintensive Experten für spezialisierte Anwendungen hinzugezogen werden.

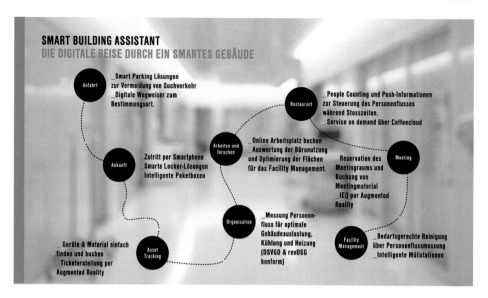

Abb. 10.1 Digital Journey mit verschiedenen Touchpoints durch ein smartes Gebäude

Die Forschungsarbeit betrachtet die Auswirkungen eines Smart Buildings auf das Facility Management. Digitale Services leiten im Projekt infrastrukturelle Dienstleistungen direkt über eine zentrale Schnittstelle weiter. Vieles wird automatisiert und benötigt keine Interaktion eines Spezialisten mehr. Kombiniert mit künstlicher Intelligenz und moderner Kommunikationstechnologie kann so ein größerer Service-Umfang mit weniger Ressourcen geboten werden.

3) *Eine App vs. 30 Apps*

Infrastrukturen sprechen unzählige verschiedene „Sprachen" und erfordern für jede Anwendung ein spezifisches Expertensystem zur Steuerung und Auswertung. Die meisten dieser Systeme (z. B. BMS, Energiemonitoring, Workplace Analytics, CAFM) sind zusätzlich als Silo angeordnet und kommunizieren oft nicht mit anderen Systemen.

In einem smarten Gebäude ist es darum unabdingbar, ein übergeordnetes System als Plattform für alle individuellen Expertensysteme zu implementieren. Über gängige Schnittstellen werden alle Daten aus ihren Silos in eine Datenlandschaft überführt und einheitlich betrachtet. Hierdurch kann das FM z. B. Datenzusammenhänge erkennen, daraus konkrete Aktionen ableiten oder diesen Pool mit weiteren Daten anreichern, um Kosten, Prozesse und Personal zu optimieren.

4) *Beispiel-Use-Case: Indoor Environment Quality* (IEQ)

Herausforderung:

Der Komfort am Arbeitsplatz hängt direkt mit der Produktivität des Teams zusammen. Ein aggregiertes Monitoring und eine gezielte Datenerhebung von thermischen Bedingungen, Beleuchtung, Akustik und Lüftung sind über die herkömmliche Gebäudeautomation oft schwierig oder nicht möglich.

Lösungsansatz:

In einer Smart Building App werden die IEQ-Werte verschiedener, unabhängiger Expertensysteme zusammengefasst und per User Interface angezeigt, z. B. in einem individuell konfigurierbaren Dashboard. Die Qualität des Raumklimas kann umfassend mit allen im Gebäude zur Verfügung stehenden Messwerten und zusätzlich abgeleiteten und berechneten Werten und Darstellungen beurteilt werden. Durch ein standardisiertes und regelbasiertes Aufrechterhalten all dieser Parameter wird die Gesamt-IEQ beeinflusst und verbessert.

Mehrwert:

Durch eine verbesserte IEQ werden das Wohlbefinden, die Gesundheit und Arbeitsleistung des Teams signifikant beeinflusst. Die Kontrolle der einzelnen IEQ-Werte durch die Nutzer am Arbeitsplatz oder über ihre Smartphones ermöglicht zudem individuelle Anpassungen. Ebenfalls können Daten gesammelt, ausgewertet und Trends festgestellt werden.

Resultat:

Ziel des Use Cases ist die Produktivitätssteigerung der Mitarbeiter durch gezielte IEQ-Optimierung. In der Praxis lassen sich Produktivitätssteigerungen von 8–15 % nachweisen (Schädlich et al. 2006; NN 2021ai).

Fazit:

Die individuelle digitale Reise durch ein Gebäude soll die Nutzer bei vielen ihrer Tätigkeiten aktiv oder wo möglich auch nur im Hintergrund unterstützen, um so den Alltag punktuell zu verbessern.

Mit einer umfassenden Erfassung des Raumklimas und der Raumbelegung wird es nicht nur möglich sein, auf Änderungen des Raumklimas zu reagieren, sondern auch bei Änderungen im Raum, wie der Anzahl der Personen, prädiktiv zu agieren und den Luftvolumenstrom anzupassen, so dass sich CO_2-Werte nur unwesentlich ändern.

10.3 Zusammenfassung

Der größte Nutzen von BIM im Facility Management besteht darin, dass die grundlegenden Daten eines zu bewirtschaftenden Gebäudes nach Fertigstellung digital vorliegen und nicht neu aufgenommen werden müssen. Das bedeutet, dass alle relevanten Daten für die Bewirtschaftung in einem Gebäudedatenmodell hinterlegt sind und der aktuelle As-built-Stand jederzeit abgerufen und genutzt werden kann.

Die Integration von CAFM, BIM und anderer Software ist ein Schlüssel zum Erfolg für die Digitalisierung des Lebenszyklus von Immobilien. Den Ansatz dazu liefern Kollaborationswerkzeuge wie die sich entwickelnden Modell-Server (CDE). Somit ist lediglich die Anbindung der verschiedenen Softwaresysteme an den BIM-Server herzustellen und alle Beteiligten können dann an einem gemeinsamen Datenmodell arbeiten. Dieses Modell wird zentral allen Beteiligten (im Internet) zur Verfügung gestellt. Datensicherheit und Verschlüsselung sind dann Pflichtaufgaben. Das CAFM-System des Facility Managers kann alle relevanten Daten für die zu erbringenden Services nutzen und bearbeiten. Diese Daten sind im BIM-Modell versioniert hinterlegt. Da gebäuderelevante Daten im zentralen BIM-Modell abgelegt sind, ist es zweitrangig, welche Software verwendet wird. Solange das BIM-Modell bzw. der Modell-Server unterstützt wird, kann die für die Aufgaben passende Software genutzt werden.

Die Bundesregierung entwickelte 2015 zur Digitalisierung des Planens und Bauens einen Stufenplan (NN 2015c) der dazu führte, dass seit 2021 bei öffentlichen Ausschreibungen der Einsatz von BIM empfohlen wird. Dies wird den Druck auch auf CAFM-Hersteller erhöhen ausgewählte BIM-Daten in ihre Software zu übernehmen. Beim Voranschreiten der Digitalisierung im Bau- und Immobilienmanagement wird BIM weiterhin eine wichtige Rolle spielen. Wenn auch einige CAFM-Hersteller den BIM-Hype abklingen sehen, so hat er sich bei den meisten größeren Anbietern mittlerweile als Standard durchgesetzt (vgl. Abschn. 8.2) und wird weiter ausgebaut. Die Entwicklung hin zu einem Standard wird die Schnittstellenkonfiguration erheblich vereinfachen.

Der Mehrwert der BIM-Daten wird gerade für neue innovative Gebäude schnell ersichtlich, wenn auf Basis von BIM-Modellen z. B. Indoor-Navigation oder energetische Simulationen durchgeführt werden oder strukturierte Informationen zum Gebäude vorliegen. Es ist davon auszugehen, dass sich BIM weiterentwickeln und zunehmend im Immobilienbetrieb etablieren wird.

Das Kapitel zeigt diese zusammenfassende Perspektive für BIM im Immobilienbetrieb zunächst mit einer einleitenden kritischen Betrachtung. Noch entspricht der Umfang an Produktankündigungen, Veranstaltungen und Veröffentlichungen im Bereich BIM nicht dem Umfang tatsächlich umgesetzter Projekte. So zeigt der Abschn. 10.1 typische Stolpersteine, z. B. bei der Betrachtung der Wirtschaftlichkeit von BIM-Anwendungsfällen oder dem Aufwand für die kontinuierliche Fortschreibung von As-built-BIM-Daten auf, verweist aber auch auf Chancen und positive Entwicklungen für den Einsatz von BIM.

Im Abschn. 10.2 wird folgerichtig aufgezeigt, was die aktuelle und in den letzten Jahren abgeschlossene Forschung bietet, um bestehende Hindernisse für den Einsatz der BIM-Methode im Immobilienbetrieb zu beseitigen und zukünftige Potenziale nutzbar zu machen. Ausgehend von einem Überblick über die wichtigsten Initiativen im Bereich der Standardisierung und Normung, erörtert der Abschnitt zunächst Forschungsaktivitäten bei der digitalen Erfassung von Bestandsgebäuden. So werden Forschungsansätze zur (teil-) automatisierten Verarbeitung von 3D-Punktwolken, wie sie aus Laserscans oder fotogrammetrischen Erfassungen hervorgehen, für die Erstellung von BIM-Modellen von Bestandsgebäuden vorgestellt (Scan2BIM).

Der zweite vorgestellte Forschungsbereich betrifft das Management von BIM-Modellen in der Nutzungsphase. So werden innovative Ansätze für ein Common Data Environment für den Immobilienbetrieb auf Basis virtueller Integration nach dem Linked-Data-Prinzip erläutert sowie Entwicklungen für offene Plattformen zur Auswahl und Unterstützung durchgängiger, digitaler Verarbeitungsketten (Tool Chains) für BIM-Prozesse vorgestellt.

Mit Forschungsansätzen im Bereich Visualisierung und der Virtual bzw. Augmented Reality wird ein weiterer Forschungsbereich an Hand von ausgewählten Projekten dargestellt, wobei im Bereich des Instandhaltungsmanagements bereits erste Forschungsergebnisse in der Praxis verfügbar gemacht wurden. Modellbasierte Ansätze, wie sie die BIM-Methode bietet, helfen den Graben zwischen Planung, Bauen und dem späteren Betrieb zu überbrücken. So eröffnet BIM neue Möglichkeiten, um das Know-how aus dem FM einfacher und schneller für die Planung nutzbar zu machen. Der Abschnitt zeigt Forschungsinitiativen von der Entwicklung von Assistenzsystemen bis zu einem Framework für BIM-basierte Knowledge-Management-Systeme auf. Dabei gilt es nicht nur Wissen aus dem Immobilienbetrieb nutzbar zu machen, sondern auch für Praktiker, Auszubildende und Studierende effizient und praxisnah zu vermitteln. Hierfür werden neue Möglichkeiten zum Einsatz von 3D-Spielumgebungen (Serious Games) vorgestellt und damit das Forschungsfeld Wissensmanagement im FM abgerundet.

Der sehr umfassende Forschungsschwerpunkt Nachhaltigkeit, Energieeffizienz und CO_2-Optimierung wird exemplarisch an zwei Forschungsinitiativen behandelt. So werden Ansätze zur Nutzung von BIM-Modellen zur vereinfachten Erstellung von Ökobilanzen für die ökologische Bewertung von Gebäuden durch Zertifizierungssysteme wie dem Bewertungssystem Nachhaltiges Bauen mit Hilfe IFC-basierter Bauwerksmodelle vorgestellt. Eine weitere Forschungsinitiative betrifft die Entwicklungen einer offenen Plattform, mit der der CO_2-Fußabdruck von Facility Services im Immobilienbetrieb berechnet, in Benchmarks verglichen und letztendlich optimiert werden kann.

Der Abschn. 10.2 schließt mit der Erforschung und Erprobung von Zukunftsszenarien für Smart Building, um die Interaktion zwischen Gebäude und Gebäudenutzern mit neuartigen IoT- und BIM-gestützten Services auf eine neue Ebene zu heben. So wird eine offene Plattform zur Integration verschiedenster App-Ansätze aufgezeigt, mit dem Ziel die Produktivität der Gebäudenutzer durch eine deutlich verbesserte und messbare „Indoor Environment Quality" zu steigern.

Literatur

Bartels N (2020) Strukturmodell zum Datenaustausch im Facility Management. Baubetriebswesen und Bauverfahrenstechnik, Dissertation Technische Universität Dresden, Springer Vieweg, S. 42 ff

Besenyöi Z, Kraemer M (2021) Towards the Establishment of a BIM-supported FM Knowledge Management System for Energy Efficient Building Operations. Proc. of the 38th International Conference of CIB W78, Luxembourg, 13–15 October, 194–203. http://itc.scix.net/paper/w78-2021-paper-020

Hallermann N, Debus P, Taraben J, Benz A, Morgenthal G, Rodehorst V, Völker C, Abbas T, Gebhardt T, Dauber S (2019) Unbemannte Fluggeräte zur Zustandsermittlung von Bauwerken – Fortsetzungsantrag. Abschlussbericht Forschungsinitiative Zukunft Bau, Band F 3157; Fraunhofer IRB Verlag

Krämer M, Besenyöi Z, Sauer P, Herrmann F (2018) Common Data Environment für BIM in der Betriebsphase – Ansatzpunkte zur Nutzung virtuell verteilter Datenhaltung. In: Bernhold T, May M, Mehlis J: Handbuch Facility Management, ecomed SICHERHEIT Verlag, Heidelberg, München, Landsberg, Frechen, Hamburg, S 1–32

Krämer M, Besenyöi Z (2018) Towards Digitalization of Building Operations with BIM. In: IOP Conference Series: Materials Science and Engineering, IOP Publishing Ltd, Moskau, S 1–11

Krämer M, May M, Salzmann P (2021) FM's Carbon Footprint – First Compute, then Improve. FMJ (USA), 31(November/December 2021)6, 58–61

Lambertz M, Theißen S, Höper J, Wimmer R, Mein-Becker A, Zibell, M (2019) Ökobilanzierung und BIM im Nachhaltigen Bauen. Endbericht. Bundesamt für Bauwesen und Raumordnung – (BBR), Bundesinstitut für Bau-, Stadt- und Raumforschung (BBSR), Forschungsprogramm Zukunft Bau, Bonn, 47 S

May M (2013) Serious Play – Computer Game Facilitates FM Learning. FMJ (USA), 23(September/October 2013)5, 23–27

May M (2017) BIM-based Augmented Reality for FM. FMJ (USA), 27(March/April 2017)2, 16–21

May M, Bernhold T (2009) FM-Assist: Tastendruck statt Berater? Immobilien Zeitung Nr. 37, 17.09.2009, 14

May M, Clauss M, Salzmann P (2017) A Glimpse into the Future of Facility and Maintenance Management: A Case Study of Augmented Reality. Corporate Real Estate Journal 6(2017)3, 227–244

Motawa I, Almarshad A (2013) A knowledge-based BIM system for building maintenance. Automation in Construction 29(2013) 173–182

NN (2009a) GEFMA Richtlinie 110: Einführung von Facility Management – Vorgehen bei der FM-Einführung in Unternehmen und öffentlichen Verwaltungen, Januar 2009, 4 S

NN (2015c) Stufenplan zur Einführung von BIM, Endbericht 31.12.2015, BMVI. https://www.bmvi.de/SharedDocs/DE/Anlage/DG/Digitales/bim-stufenplan-endbericht.pdf?__blob=publicationFile (abgerufen: 11.12.2021)

NN (2019l) BIM-basiertes Betreiben. Bergische Universität Wuppertal. https://biminstitut.uni-wuppertal.de/de/forschung/abgeschlossene-forschungsprojekte/bim-basiertes-betreiben.html (abgerufen: 13.12.2021)

NN (2020c) GEFMA-Richtlinie 162-1: Carbon Management von Facility Services. Januar 2020, 14 S

NN (2020e) DIN EN ISO 23386. Bauwerksinformationsmodellierung und andere digitale Prozesse im Bauwesen – Methodik zur Beschreibung, Erstellung und Pflege von Merkmalen in miteinander verbundenen Datenkatalogen. Deutsches Institut für Normung, 2020-11, 53 S

NN (2020f) DIN EN 15804. Nachhaltigkeit von Bauwerken – Umweltproduktdeklarationen – Grundregeln für die Produktkategorie Bauprodukte. Deutsches Institut für Normung, 2020-03, 81 S

NN (2021t) IBPDI – International Building Performance & Data Initiative. https://ibpdi.org/ (abgerufen: 21.09.2021)

NN (2021x) BIM2TWIN – Optimal Construction Management & Production Control. https://cordis.europa.eu/project/id/958398/de (abgerufen: 25.09.2021)

NN (2021y) BIM2digitalTWIN – Digitalisierung von Shopping-Centern – Von BIM zum Digital Twin. https://biminstitut.uni-wuppertal.de/de/forschung/abgeschlossene-forschungsprojekte/bim2digitaltwin.html (abgerufen: 25.09.2021)

NN (2021z) BIMSWARM – SoftWare reference ARchitecture for openBIM. https://www.bimswarm.de (abgerufen: 25.09.2021)

NN (2021aa) carbonFM-Plattform. https://carbonfm.de/ (abgerufen: 13.12.2021)

NN (2021ah) Forschungsprojekt BIMKIT. https://bimkit.eu/ (abgerufen: 22.10.2021)

NN (2021ai) Der Einfluss des Raumklimas auf die Produktivität der Mitarbeiter. https://www.oxycom.com/de/blog-nachrichten/der-einfluss-des-raumklimas-auf-die-produktiv%C3%A4t-der-mitarbeiter (abgerufen: 22.10.2021)

NN (2021az) BIMeta. Plattform zur Verwaltung von Klassen und Merkmalen für den offenen BIM-Datenaustausch. https://www.bimeta.de/ (abgerufen: 11.12.2021)

Pelzeter A, May M, Herrmann T, Ihle F, Salzmann P (2020) Decarbonisation of Facility Services Supported by IT. Corporate Real Estate Journal 9(2020)4, 361–374

Salzmann P, May M (2016) Mehr Durchblick mit Augmented Reality. Jahrbuch Facility Management 2016. Der F.A.Z.-Fachverlag, Friedberg, Februar 2016, 118–123

Schädlich S, Röttger I, Lüttgens S (2006) Menschliche Behaglichkeit in Innenräumen und deren Einfluss auf die Produktivität am Arbeitsplatz. Studie der Fritz-Steimle-Stiftung, August 2006, 63 S

Anhang 1: Checkliste zur Einführung von BIM im FM

Thomas Bender und Matthias Mosig

In dieser Checkliste sind die wesentlichen Aufgaben für die Einführung von BIM im FM zusammengefasst. Die nachfolgend beschriebenen Inhalte sind als Leitfaden und konkrete Hilfestellung zu verstehen und sollen einen wesentlichen Beitrag für eine erfolgreiche BIM-im-FM-Implementierung leisten.

Sofern möglich, wurden die Aufgaben chronologisch angeordnet und orientieren sich an den fachlich-inhaltlichen Ausführungen dieses Buches.

Lfd. Nr.	Aufgabe	Zeitpunkt	Beteiligte
1	Entwickeln einer übergeordneten BIM2FM-Strategie. Wie ist die Erwartungshaltung der Stakeholder an BIM, BIM2FM? Welche Ziele werden verfolgt (Kosten, Zeit, Qualität)? Welche Prozesse und Tätigkeiten können durch die BIM-Methodik (Abläufe, Rollen, Werkzeuge, Daten usw.) effizienter und effektiver gestaltet werden? Welche Mehrwerte sollen geschaffen werden? Wie (Prozesse, Rollen, Werkzeuge) sollen die Ziele erreicht werden?	Vorbereitung & Grundlagen	Eigentümer, Betreiber, Facility Manager

T. Bender (✉)
pit – cup GmbH, Heidelberg, Deutschland
E-Mail: thomas.bender@pit.de

M. Mosig
TÜV SÜD Advimo GmbH, München, Deutschland
E-Mail: matthias.mosig@tuvsud.com

M. May et al. (Hrsg.), *BIM im Immobilienbetrieb*,
https://doi.org/10.1007/978-3-658-36266-9_11

Lfd. Nr.	Aufgabe	Zeitpunkt	Beteiligte
2	Aufbau einer BIM2FM-Expertise in der Organisation z. B. als BIM-Informationsmanager mit Fokus FM. Die Rolle soll fester Bestandteil des BIM-Projektteams und der späteren FM-Organisation sein. Prozess-Know-how (Planen, Bauen und Betreiben) IT-Know-how (insbesondere CAFM, CDE und Autorenwerkzeuge). Know-how der benötigten Informationen in den relevanten Prozessen.	Betrieb & Nutzung	BIM-Informations-manager (mit Fokus FM)
3	Beschreiben der konkreten Anforderungen an ein BIM-Projekt (Neu-/Umbau usw.) und ein BIM-basiertes Datenmanagement in der Betriebsphase aus FM-Sicht. Ergebnis sind die Liegenschafts-Informations-Anforderungen (LIA), welche über AIA und BAP in das BIM-Projekt zu integrieren sind (vgl. Abschn. 7.2 „Vorgehensweise in einem BIM-Projekt"). Wesentliche Inhalte der LIA: - Beschreibung der für die jeweiligen Prozesse (z. B. Instandhaltung) erforderlichen BIM-Anwendungsfälle mit Daten und Informationen (Zieldefinition, was zu übergeben ist) - grafische Daten (Modellinhalte → LOG) - semantische Informationen zu den Objekten (Property Sets → LOI) - Dokumente zu den Objekten - Übergabeformate - Übergabezeitpunkte - Beschreibung der IT-Infrastruktur, in die die Daten nach der Bauphase zu integrieren sind - Beschreibung der Anforderungen an die Prozesse zur Umsetzung der BIM-Anwendungsfälle für die Planungs-, Bau- und Betriebsphase	Vorbereitung & Grundlagen	Eigentümer, Betreiber, Facility Manager, BIM-Informations-manager (mit FM-Fokus)
4	Etablieren des BIM-Informationsmanagers im BIM-Projekt, z. B. mit folgenden Tätigkeiten: - Teilnahme an BIM-Besprechungen - Anforderungsdefinition - Qualitätssicherung - Datenübernahme Idealerweise ist diese Rolle und Besetzung auch in der Betriebsphase für das BIM-Datenmanagement zuständig.	Phasenüber-greifend	BIM-Informations-manager (mit FM-Fokus)
5	Mitwirken bei der AIA- und BAP-Erstellung: - Integration der FM-Anforderungen (LIA) - Abgleich mit konkreten Projektanforderungen und -rahmenbedingungen	Vorbereitung & Grundlagen Planung	BIM-Informations-manager (mit FM-Fokus)

Lfd. Nr.	Aufgabe	Zeitpunkt	Beteiligte
6	Mitwirken bei Auswahl, Implementierung und Betrieb der relevanten BIM-Tools im Projekt (CDE, BIM-DB usw.).	Vorbereitung & Grundlagen	BIM-Informations-manager (mit Fokus FM)
7	Mitwirken bei der Implementierung und Umsetzung eines Qualitätssicherungsprozesses im BIM-Projekt und bei Veränderungen in der Betriebsphase. Schulung aller relevanten Beteiligten hinsichtlich der Anforderungen aus den BIM-Anwendungsfällen. Prüfung erfolgt in Abstimmung mit dem BIM-Manager und der BIM-Gesamtkoordination. Prüfen des BIM-Informationsmodells (Geometrie und Semantik) auf Einhaltung der vereinbarten Lieferleistungen. Prüfung zu den definierten Meilensteinen im Projekt (von der Entwurfsplanung bis zur Übergabe des As-built-Modells).	Phasenüber-greifend	BIM-Informations-manager (mit Fokus FM)
8	Bereitstellen eines geeigneten BIM-Informationsmodells für die Ausschreibung von FM-Serviceleistungen (Reinigung, Instandhaltung usw.).	Ausführung	BIM-Informations-manager (mit Fokus FM)
9	Mitwirken in der Inbetriebnahmephase. Prüfen der finalen Lieferleistung (As-built-Modell). Übernahme/Integration des As-built-Modells in die Bewirtschaftungsphase (Integration in CAFM).	Projektab-schluss	BIM-Informations-manager (mit Fokus FM), Facility Manager
10	Fortschreibung und Pflege des BIM-Informationsmodells. Sicherstellung der funktionierenden Kommunikation von Veränderungen wie Instandsetzung, Umbau, Umrüstung, Sanierung. Aktualisierung von Inhalten an zentraler Stelle (grafisch, alphanumerisch, digitale Dokumente). Zur-Verfügung-Stellen von Bestandsmodellen bei Umbaumaßnahmen oder direkter Zugriff auf die zentrale Ablage (z. B. CDE in der Betriebsphase). Zusammenführung von Änderungen an zentraler Stelle (sofern kein direkter Zugriff und Bearbeitung über ein CDE).	Betrieb & Nutzung	BIM-Informations-manager (mit Fokus FM), Facility Manager Nutzer

Anhang 2: Übersicht Standardisierungsinitiativen

Matthias Mosig und Marko Opić

Die nachfolgend aufgeführten Initiativen verfolgen die Standardisierung von Daten oder Austauschformaten im Umfeld BIM2FM mit unterschiedlichen Ansätzen und Ausprägungen. Dieser Auszug erhebt nicht den Anspruch auf Vollständigkeit und soll der Orientierung dienen. Darüber hinaus gibt es zahlreiche weitere Initiativen wie z. B. von Herstellerverbänden mit sehr spezifischen Produktstandards.

M. Mosig (✉)
TÜV SÜD Advimo GmbH, München, Deutschland
E-Mail: matthias.mosig@tuvsud.com

M. Opić
Alpha IC GmbH, Nürnberg, Deutschland
E-Mail: m.opic@alpha-ic.com

Lfd. Nr.	Bezeichnung	Kurzbeschreibung	Web-Link
1	GEFMA	Umfassendes Richtlinienwerk u. a. zur Einführung und Optimierung von CAFM-Systemen (RL-Reihe 400 ff) und zu Daten und Dokumenten im Lebenszyklus des FM (RL-Reihe 922-1 ff, 924 ff, 926). Herausgeber diverser White Paper zum Thema Digitalisierung im FM.	https://www.gefma.de/
2	RealFM	Herausgeber des BIM-Leitfadens und Anbieter von Seminaren zur Schulung des BIM-Leitfadens als Grundlage für die Implementierung und Anwendung von BIM im FM. Erarbeitung einer TGA-Anlagenparameterliste aus Sicht Kalkulationsrelevanz, Wartungsrelevanz, Prüfpflicht.	https://www.realfm.de/
3	VDI	Richtlinienreihe VDI 2552 Blatt 1-11, VDI 3805 zu BIM-Grundlagen, -Begriffen, modellbasierter Mengenermittlung zur Kostenplanung, Terminplanung, Vergabe und Abrechnung, Anforderungen an Datenaustausch, Datenmanagement, Prozesse, Qualifikationen – Basiskenntnisse, Klassifikationssysteme, Auftraggeber-Informationsanforderungen (AIA) und BIM-Abwicklungspläne (BAP), Informationsaustauschanforderungen – Schalungs- und Gerüsttechnik (Ortbetonbauweise).	https://www.vdi.eu/
4	DIN	Normenreihe DIN EN ISO 19650 zur Standardisierung von Definition, Austausch, Organisation und Verarbeitung von Informationen.	https://www.din.de/de
5	CEN	Normenreihe CEN/TC 442 zur Standardisierung von BIM.	https://www.cen.eu/Pages/default.aspx
6	BSI – PAS	Normenreihe PAS 1192-2:2013 ersetzt durch BS EN ISO 19650-1 Organisation der Informationen über Bauarbeiten – Informationsmanagement mit Hilfe von Gebäudeinformationsmodellierung – Teil 1: Konzepte und Prinzipien und BS EN ISO 19650-2 Organisation von Informationen über Bauarbeiten – Informationsmanagement mit Hilfe von Gebäudeinformationsmodellierung – Teil 2: Lieferphase der Anlagen.	https://www.bsigroup.com/de-DE/Ueber-BSI-Group/
7	ÖNORM	Normenreihe ÖNORM A 7010-6 Objektmanagement – Teil 6: Anforderungen an Daten aus BIM-Modellen über den Lebenszyklus.	https://www.austrian-standards.at/

Lfd. Nr.	Bezeichnung	Kurzbeschreibung	Web-Link
8	BIMETA	Offene digitale Plattform der Bau- und TGA-Branche für alle relevanten BIM-Objekte. Bereitstellung von BIM-Templates mit Bezug zu relevanten Regelwerken, Richtlinien und Normen sowie mit dem buildingSMART Data Dictionary (bSDD) für alle wesentlichen Produktdaten.	https://www.bimeta.de/
9	DIN BIM Cloud	Cloud-basierte BIM Content Datenbank mit standardisierten Bauteileigenschaften und Vernetzung mit der internationalen und nationalen Baunormenwelt. Die Inhalte sind mensch- und maschinenlesbar und fachlich mit den Regeln der Technik abgestimmt. Ferner gibt es eine Verknüpfung z. B. mit STLB-Bau, DIN 276 und IFC.	https://www.din-bim-cloud.de/
10	IBPDI	International Building Performance & Data Initiative zur Definition eines Common Data Model als offener Standard für alle immobilienbezogenen Geschäftsprozesse mit Berücksichtigung nationaler und internationaler Standards für den Datenaustausch.	https://ibpdi.org/about/
11	CAFM-Connect	Open-BIM-Schnittstelle des CAFM RING zum Austausch von Immobiliendaten im Planen, Bauen, Betreiben mit einem offenen Datenstandard, basierend auf dem IFC-Standard. Bereitgestellt durch BIM-Profile als Datenaustauschstandards für BIM-Anwendungsfälle im Betrieb von Gebäuden. CAFM-Connect-Editor erlaubt Erfassung von Gebäuden, deren Bauteilen und Dokumenten auf Basis der BIM-Profile.	https://www.cafm-connect.org/
12	BIMSWARM	IT-Plattform für die Digitalisierung des Planens, Bauens und Betreibens mit den Schwerpunkten BIMSWARM-Marktplatz, BIMSWARM-Zertifizierung, Kompatibilität von Bau-IT-Produkten, Marktintelligenz und Nutzerbewertungen sowie Neutralität des Plattformbetreibers.	https://www.bims-warm.de/
13	Industry Foundation Classes (IFC)	Offene Schnittstelle als Datenmodell für den Austausch von modellbasierten Informationen zwischen verschiedenen Software-Anwendungen innerhalb des gesamten Lebenszyklus von Immobilien. Seit IFC4 als eigenständige Norm ISO 16739 verfügbar.	https://www.buildings-mart.de/bim-knowhow/standards-standardisierung

Lfd. Nr.	Bezeichnung	Kurzbeschreibung	Web-Link
14	NBIMS-US und NCS	Offene nationale BIM-Standards in den USA mit Bezug zu bestehenden Standards für Anlagen- und Konstruktionsplanung sowie Betriebskonzepten.	https://www.nibs.org/resources/standards
15	COBie	Teil der nationalen BIM-Standards NBIMS-US und BS 1192-4, dient dem Austausch von alphanumerischen Gebäudedaten mit Schwerpunkt FM.	https://www.bsigroup.com/de-DE/
16	gif IDA Modell	Richtlinie zum Immobilien-Daten-Austausch mit allen erforderlichen Datenfeldern für eine erfolgreiche Zusammenarbeit der Marktteilnehmer im Immobilienmanagement auf Basis eines Prozess- und hierarchischen Entitäten-Beziehungs-Modells sowie XML-Schemen der Struktur der XML-Dokumente.	https://www.zgif.org/de/
17	gbXML	Green Building eXtended Markup Language, ermöglicht den Austausch von Daten zwischen 3D-CAD-/BIM-Systemen und technischen Berechnungsprogrammen und Analysetools.	https://www.gbxml.org/
18	OmniClass	Umfassendes Klassifizierungssystem für die Baubranche zur Klassifizierung der gesamten gebauten Umgebung über den Projektlebenszyklus.	https://www.csiresources.org/standards/omniclass
19	Real Estate Core	Open-Source-Gebäudeontologie aus Schweden, die Gebäude auf die Interaktion mit der Smart City vorbereitet, indem bestehende Standards kombiniert werden.	https://www.realestatecore.io/
20	Brickschema	Open-Source-Gebäudeontologie zur Standardisierung der semantischen Beschreibungen der physischen, logischen und virtuellen Assets in Gebäuden und der Beziehungen zwischen ihnen.	https://brickschema.org/
21	Project Haystack	Open-Source-Gebäudeontologie mit technischem Fokus, TGA-Herstellerseitig getrieben zur Optimierung der Verarbeitung von IoT-Daten.	https://project-haystack.org/

Abbildungsnachweis

Abbildung	Quelle
1.1	United Nations Department of Global Communications. The content of this publication has not been approved by the United Nations and does not reflect the views of the United Nations or its officials or Member States.
1.2, 1.4	Baldegger et al. 2021
1.5	Schweizerische Bundesbahnen SBB
1.8	Patacas et al. 2020
1.9	LIBAL Schweiz GmbH
2.5	TÜV Süd Advimo
2.12–2.13	Axonize
2.15	Christian Müller, DFKI
2.16–2.18	RECOTECH GmbH
2.19–2.20	Messer Construction und Xavier University
2.21	Trzechiak 2017
2.22	Gruschke und Werner 2013
2.23	Verena Rock, TH Aschaffenburg
3.4	in Anlehnung an Sacks et al. 2018
3.5	PB P. Berchtold Ing. HTL/HLK Ingenieurbüro für Energie & Haustechnik
3.6	Planon
3.8	in Anlehnung an Borrmann et al. 2018, S. 13
3.9	in Anlehnung an BIM Dimensionen, Höflich & Maier Consult GmbH
3.13	CAFM Ring e.V.
3.14–3.16	in Anlehnung an Building and Construction Agency, Singapore
4.1	Planon und Cadac
4.2	Planon
4.3	Archibus Solution Center Germany
4.5	Bundesministerium für Verkehr und digitale Infrastruktur, BIM4Infra2020, Teil 10
4.8	Krämer, in Anlehnung an NN 2019i
4.9, 4.12	Planon
4.14–4.15	unter Verwendung IFC-Modell vom Institut für Automation und angewandte Information / Karlsruher Institut für Technologie
5.1	Die Abbildung wurde unter Verwendung von Ressourcen von flaticon.com erstellt

© Der/die Herausgeber bzw. der/die Autor(en), exklusiv lizenziert an Springer Fachmedien Wiesbaden GmbH, ein Teil von Springer Nature 2022
M. May et al. (Hrsg.), *BIM im Immobilienbetrieb*,
https://doi.org/10.1007/978-3-658-36266-9

Abbildung	Quelle
7.4	Bundesministerium für Verkehr und digitale Infrastruktur, BIM4Infra2020, Teil 6
8.3–8.5	GEFMA e.V.
8.6	SAP SE
8.8	IBPDI
8.10	BuildingMinds
9.1 (links)	Axel Springer SE
9.1 (rechts)	Elisabeth May
9.3	Ed. Züblin AG
9.5	Archimation im Auftrag von MfN
9.6	in Anlehnung an AIA MfN
9.9–9.10	Planungsunterlagen ProSiebenSat.1
9.14	IBP, Singapur
9.18–9.24	BPS International GmbH
9.25–9.31	Archibus Solution Center Germany
9.32	Tempelhof Projekt GmbH
9.35	Ingo Rasp, ingorasp.com
9.36	pom+Consulting AG
9.37	LIBAL Schweiz GmbH
9.38–9.40	Hochbauamt Graubünden
10.1	Leicom AG, 2021

Wir danken allen aufgeführten Personen, Unternehmen und Organisationen für die Genehmigung des Abdruckes in diesem Buch.

Alle anderen Abbildungen stammen von den Autoren der jeweiligen Kapitel bzw. Abschnitte.

Literaturverzeichnis

Adshead D, Thacker S, Fuldauer LI, Hall J (2019) Delivering on the Sustainable Development Goals through long-term infrastructure planning. Global Environmental Change 59(2019) 1–14

Aengenvoort K, Krämer M (2018) BIM in the Operation of Buildings. In: Borrmann A, König M, Koch C, Beetz J (Eds.) Building Information Modeling – Technology Foundations and Industry Practice. Springer Nature, 2018, S 477–491

Aengenvoort K, Krämer M (2021) BIM im Betrieb von Bauwerken. In: Borrmann A, König M, Koch C, Beetz J (Hrsg.): Building Information Modeling – Technologische Grundlagen und industrielle Praxis, Springer Vieweg, Wiesbaden, S 611–644

Altmannshofer R (2018) Künstliche Intelligenz im FM. Der Facility Manager 25(2018)1/2, 50–51

Amuda-Yusuf G (2018) Critical Success Factors for Building Information Modelling Implementation. Construction Economics and Building 18(2018)3, 55–74

Ashworth (2021) The Evolution of Facility Management (FM) in the Building Information Modelling Process: An opportunity to Use Critical Success factors (CSF) for Optimising Built Assets. Doctoral Thesis, Liverpool John Moores University, UK

Ashworth S, Carey D, Clarke J, Lawrence D, Owen S, Packham M, Tomkins S, Hamer A (2020) BIM Data for FM Systems: The facilities management (FM) guide to transferring data from BIM into CAFM and other FM management systems. https://www.iwfm.org.uk/resource/bim-data-for-fm-systems.html?parentId=4D64E6F8-D893-4FF1-BABA5DF2244A7063 (abgerufen: 14.10.2021)

Ashworth S, Druhmann C, Streeter T (2019) The benefits of building information modelling (BIM) to facility management (FM) over built assets whole lifecycle. 18th EuroFM Research Symposium, Dublin, Ireland

Ashworth S, Heijkoop A (2020) Bestellerkompetenz: Kritische Erfolgsfaktoren für ein BIM-Projekt. fmpro service (2020)1, 32–35

Ashworth S, Huber M (2021) BIM2FM. fmpro service (2021)1, 21–23

Ashworth S, Tucker M, Druhmann C (2016) The role of FM in preparing a BIM strategy and Employer's Information Requirements (EIR) to align with a client's asset management strategy. European Facility Management Conference, Milan

Ashworth S, Tucker M, Druhmann C (2018) Critical success factors for facility management employer's information requirements (EIR) for BIM. Facilities 37(2018)1/2, 103–118

Ashworth S, Tucker M, Druhmann C, Kassem M (2016) Integration of FM expertise and end user needs in the BIM process using the Employer's Information Requirements (EIR), May 2016

Baldegger J, Gehrer I, Ruppel R, Wolters K, Glättli T, Jost A (2021) pom+ Digitalisierung der Bau- und Immobilienwirtschaft: Digital Real Estate Umfrage 2021. https://www.digitalrealestate.ch/products/digitalisierungsindex-2021 (abgerufen: 14.10.2021)

Ball T (2018) Lünendonk-360-Grad-Incentive 2018 – Digitalisierung in der Immobilienwirtschaft, Lünendonk & Hossenfelder GmbH, 42 S

Baller S, Dutta S, Lanvin B (2016) The Global Information Technology Report 2016: Innovating in the Digital Economy. http://www3.weforum.org/docs/GITR2016/WEF_GITR_Full_Report.pdf (abgerufen: 14.10.2021)

Barbosa F, Woetzel J, Mischke J, Ribeirinho MJ, Sridhar M, Parsons M, Bertram N, Brown, S. (2017) Reinventing construction: a route to higher productivity: Executive Summary. https://pzpb.com.pl/wp-content/uploads/2017/04/MGI-Reinventing-Construction-Full-report.pdf (abgerufen: 14.10.2021)

Bartels N (2020) Strukturmodell zum Datenaustausch im Facility Management. Baubetriebswesen und Bauverfahrenstechnik, Dissertation Technische Universität Dresden, Springer Vieweg, S 42 ff

Berger R (2020) Inhalte und Nutzen einer digitalen Plattform im Corporate Real Estate und Facility Management. Studie Ronald Berger GmbH und RealFM e.V., 15. Juli 2020

Besenyöi Z, Kraemer M (2021) Towards the Establishment of a BIM-supported FM Knowledge Management System for Energy Efficient Building Operations. Proc. of the 38th International Conference of CIB W78, Luxembourg, 13–5 October, 194–203. http://itc.scix.net/paper/w78-2021-paper-020

Besenyöi Z, Krämer, M, Faraz F (2018) Building Information Modelling in Agile Environments – an Example of Event Management at the Airport of Tempelhof. IPICSE-2018, MATEC Web of Conf. Vol. 251, 2018, 10 S

Bollmann T, Zeppenfeld K (2015) Mobile Computing – Hardware, Software, Kommunikation, Sicherheit, Programmierung. 2. Auflage 2015, W3L AG, Dortmund, 216 S

Borrmann A, Elixmann R Eschenbruch K, Forster C, Hausknecht K, Hecker D, Hochmuth M, Klempin C, Kluge M, König M, Liebich T, Schöferhoff G, Schmidt I, Trzechiak M, Tulke J, Vilgertshofer S, Wagner B (2019a) Leitfaden und Muster für den BIM-Abwicklungsplan. Publikationen BIM4INFRA 2020, Teil 3

Borrmann A, Elixmann R, Eschenbruch K, Forster C, Hausknecht K, Hecker D, Hochmuth M, Klempin C, Kluge M, König M, Liebich T, Schöferhoff G, Schmidt I, Trzechiak M, Tulke J, Vilgertshofer S, Wagner B (2019b) Steckbriefe der wichtigsten BIM-Anwendungsfälle. Publikationen BIM4INFRA 2020, Teil 6

Borrmann A, Elixmann R Eschenbruch K, Forster C, Hausknecht K, Hecker D, Hochmuth M, Klempin C, Kluge M, König M, Liebich T, Schöferhoff G, Schmidt I, Trzechiak M, Tulke J, Vilgertshofer S, Wagner B (2019c) Handreichung BIM-Fachmodelle und Ausarbeitungsgrad. Publikationen BIM4INFRA 2020, Teil 7

Borrmann A, König M, Koch C, Beetz J (Eds.) (2018) Building Information Modeling – Technology Foundations and Industry Practice. Springer Nature, 2018, 584 S

Borrmann A, König M, Koch C, Beetz J (Eds.) (2021) Building Information Modeling – Technologische Grundlagen und industrielle Praxis. 2. aktualisierte Auflage. Springer Vieweg, 2021, 871 S

Buxmann P, Schmidt H (Hrsg.) (2019) Künstliche Intelligenz – Mit Algorithmen zum wirtschaftlichen Erfolg. Springer Gabler, 2019, 206 S

Cho J, Kwon O (2021) BIM Space Layout Optimization by Space Syntax and Expert System. Korean J. of Computational Design and Engineering 22(2017)1, 18–27

Eadie R, Browne M, Odeyinka H, McKeown C, McNiff M (2013) BIM implementation throughout the UK construction project lifecycle: An analysis. Automation in Construction 36(December 2013), 145–151

Ellmer D, Salzmann P (2014) Augmented Reality im FM. Facility Management 2014/15 – Das Branchenjahrbuch. F.A.Z-Institut, Frankfurt, 2014, 84–95

Evans H (2017) "Content is King" – Essay by Bill Gates 1996. https://medium.com/@HeathEvans/content-is-king-essay-by-bill-gates-1996-df74552f80d9 (abgerufen: 14.10.2021)

Fink T (2015) BIM für die Tragwerksplanung. In: Borrmann A, König M, Koch C, Beetz J (Hrsg.). Building Information Modeling. Technologische Grundlagen und industrielle Praxis. Springer Vieweg

Florez L, Afsari K (2018) Integrating Facility Management Information into Building Information Modelling using COBie: Current Status and Future Directions. Proc. 35th Int. Symp. on Automation and Robotics in Construction (ISARC 2018), Berlin, 8 S

Fruchter R (2021) When 21st Century Technologies Meet the Oldest Engineering Discipline, Presentation at 38th International Conference of CIB W78, Luxembourg

Gallaher MP, O'Connor AC, Dettbarn JL, Gilday LT (2004) Cost Analysis of Inadequate Interoperability in the U.S. Capital Facilities Industry. https://www.nist.gov/node/583921 (abgerufen: 14.10.2021)

Gerbet P, Castagnino S, Rothballer C, Renz A, Filitz R (2016) Digital in Engineering and Construction: The Transformative Power of Building Information Modeling. http://futureofconstruction.org/content/uploads/2016/09/BCG-Digital-in-Engineering-and-Construction-Mar-2016.pdf (abgerufen: 08.09.2021)

Göring M (2017) Begegnung mit einer unbekannten Art. National Geographic, Juli 2017, 58–81

Grieves M, Vickers J (2017) Digital Twin: Mitigating Unpredictable, Undesirable Emergent Behavior in Complex Systems. In: Kahlen F-J, Flumerfelt S, Alves A (Hrsg.) Transdisciplinary Perspectives on Complex Systems, Springer, Cham, 85–113

Gruschke M, Werner P (2013) Intelligente Planung und Kostenkalkulation am virtuellen Gebäudemodell unter Anwendung von Building Information Modeling (BIM), Masterarbeit am FG Baubetriebswirtschaftslehre der HTW Berlin

Haines B, Norin R (2016) Utilizing distributed BIM based Workplace Management tools to analyze spatial performance of an entire facilities portfolio. Autodesk University, 37 S

Hallermann N, Debus P, Taraben J, Benz A, Morgenthal G, Rodehorst V, Völker C, Abbas T, Gebhardt T, Dauber S (2019) Unbemannte Fluggeräte zur Zustandsermittlung von Bauwerken – Fortsetzungsantrag. Abschlussbericht Forschungsinitiative Zukunft Bau, Band F 3157; Fraunhofer IRB Verlag

Hanhart D (2008) Mobile Computing und RFID im Facility Manageent – Anwendungen, Nutzen und serviceorientierter Architekturvorschlag. Springer-Verlag Berlin Heidelberg, 213 S

Helmus M, Meins-Becker A, Agnes K, et al. (2019) TEIL 1: Grundlagenbericht Building Information Modeling und Prozesse. Forschungsbericht Bergische Universität Wuppertal. Fakultät für Architektur und Bauingenieurwesen. Lehr- und Forschungsgebiet Baubetrieb und Bauwirtschaft

Heßling H (2017) Quantum Computing – A Digitization Option for FM? Tagungsband INservFM, Frankfurt, 21.–23.02.2017, S 613–625

Hoar C, Atkin B, King K (2017) Artificial intelligence: What it means for the built environment. RICS Report, October 2017, 28 S

Hofstadter DR (1985) Gödel, Escher, Bach – ein Endloses Geflochtenes Band. 5. Aufl., Klett-Cotta, 1985, 844 S

Hu Z-Z, Leng S, Lin J-R, Li S-W, Xiao Y-Q (2021) Knowledge Extraction and Discovery Based on BIM: A Critical Review and Future Directions. Archives of Computational Methods in Engineering (April 2021) 22 S

Hwang K (2017) Cloud Computing for Machine Learning and Cognitive Applications. The MIT Press, Cambridge, London, 2017

Kalweit T, May M (2017) Cloud-Technologie im Facility Management. In: Bernhold T, May M, Mehlis J (Hrsg.): Handbuch Facility Management. ecomed-Storck GmbH, Landsberg am Lech, 55. Ergänzungslieferung, Dezember 2017, 24 S

Kaplan R, Norton D (1992) The Balanced Scorecard – Measures That Drive Performance. In: Harvard Business Review, Jan–Feb 1992

Kensek K (2015) BIM Guidelines Inform Facilities Management Databases: A Case Study over Time. Buildings, 5(August 2015)3, 899–916

Kolk D (2021) Der BIM-BOOM geht weiter – Für Leuchtenhersteller und Lichtplaner lohnt sich BIM mehr denn je. Licht (2021)8, 60–61

Krämer M, Besenyöi Z (2018) Towards Digitalization of Building Operations with BIM. IOP Conference Series: Materials Science and Engineering, IOP Publishing Ltd, Moskau, S 1–11

Krämer M, Besenyöi Z, Lindner, F (2017) 3D Laser Scanning – Approaches and Business Models for Implementing BIM in Facility Management. Proc. INservFM, Verlag Wissenschaftliche Scripten, Auerbach/Vogtland, S 679-691

Krämer M, Besenyöi Z, Sauer P, Herrmann F (2018) Common Data Environment für BIM in der Betriebsphase – Ansatzpunkte zur Nutzung virtuell verteilter Datenhaltung. In: Bernhold T, May M, Mehlis J: Handbuch Facility Management, ecomed SICHERHEIT Verlag, Heidelberg, München, Landsberg, Frechen, Hamburg, S 1–32

Krämer M, May M, Salzmann P (2021) FM's Carbon Footprint – First Compute, then Improve. FMJ (USA), 31(November/December 2021)6, 58–61

Kreider R, Messner J (2013) The Use of BIM. Classifying and Selecting BIM Uses. Penn State University College of Engineering. https://pennstateoffice365-my.sharepoint.com/:b:/g/personal/jim101_psu_edu/EYm_wQdsDn5MvcFwDbrg-SsB7LGn7iP5_WazMXwFdVFDZQ?e=iod4JD. (abgerufen: 18.11.2021)

Lambertz M, Theißen S, Höper J, Wimmer R, Mein-Becker A, Zibell, M (2019) Ökobilanzierung und BIM im Nachhaltigen Bauen. Endbericht. Bundesamt für Bauwesen und Raumordnung – (BBR), Bundesinstitut für Bau-, Stadt- und Raumforschung (BBSR), Forschungsprogramm Zukunft Bau, Bonn, 47 S

Li Y, Lertlakkhanakul J, Lee S, Choi J (2009) Design with Space Syntax Analysis Based on Building Information Model: Towards an interactive Application of Building Information Model in early Design Process. In CAADFutures, Les Presses de l'Université de Montréal, Montreal, QC, Canada, S 502–514

Limberger B (2005) Unterstützung der Baumanagementprozesse von Immobilienunternehmen mit integrierten betrieblichen Informationssystemen – ERP-Systemen. Dissertation am Lehrstuhl für Bauwirtschaft, Bergische Universität Wuppertal, DVP-Verlag

Limberger B (2020) Skript zur Vorlesung „Kaufmännische Immobilienverwaltung mit ERP Systemen" an der SRH Hochschule, Heidelberg, Lehrstuhl Prof. Meysenburg

Lösel S (2017) Was ist Mobile Computing? IT-Business 01.08.2017, https://www.it-business.de/was-ist-mobile-computing-a-634341/ (abgerufen: 23.08.2021)

May M (2013) Serious Play – Computer Game Facilitates FM Learning. FMJ (USA), 23(September/October 2013)5, 23–27

May M (2016a) Flächeneffizienz durch Analyse, Simulation und Optimierung. In: Knaut M (Hrsg.) Digitalisierung: Menschen zählen – Beiträge und Positionen der HTW, BWV Berliner Wissenschafts-Verlag, 282–287

May M (2016b) Best Practice Space Optimisation for Office Buildings. Corporate Real Estate Journal 5(2016)2, 154–170

May M (2017) BIM-based Augmented Reality for FM. FMJ (USA), 27(March/April 2017)2, 16–21

May M (Hrsg.) (2018a) CAFM-Handbuch – Digitalisierung im Facility Management erfolgreich einsetzen. 4. Auflage, Springer Vieweg, Wiesbaden, 2018, 713 S

May, M (2018b) Artificial Intelligence and Machine Learning in FM. eFMinsight (June 2018)45, 8–10

May M (2020) Generatives Flächendesign. Der Facility Manager 27(April 2020)4, 28–33

May M (2021) 20 Jahre GEFMA-Arbeitskreis Digitalisierung – Mehr als nur CAFM und Richtlinienarbeit für das FM. Facility Management 27(2021)1, 44–47

May M, Bernhold T (2009) FM-Assist: Tastendruck statt Berater? Immobilien Zeitung Nr. 37, 17.09.2009, 14

May M, Clauss M, Salzmann P (2017) A Glimpse into the Future of Facility and Maintenance Management: A Case Study of Augmented Reality. Corporate Real Estate Journal 6(2017)3, 227–244

May M, Kohlert C, Schwander C (2013) Raumforschung mit Space Syntax – Neues (CA)FM-Geschäftsfeld. Der Facility Manager 20(Januar/Februar 2013)1/2, 48–52

May M, Krämer M, Salzmann P (2021) Carbon Footprint of Facility Services – First Compute then Improve. FMJ (USA), 31(November/December 2021)6, 58–61

May M, Turianskyj N (2017) The Future is Now – CAFM Future Lab 2017. Der Facility Manager 24(Mai 2017)5, 20-23

May M, Williams, G (Eds.) (2017) The Facility Manager's Guide to Information Technology – An International Collaboration. 2nd edition, IFMA, Houston, 2017, 635 S

Mell P, Grance T (2011) The NIST Definition of Cloud Computing. National Institute of Standards and Technology, Gaithersburg, September 2011, Special Publication 800-145, http://nvlpubs. nist.gov/nistpubs/Legacy/SP/nistspecialpublication800-145.pdf (abgerufen: 18.06.2021)

Menon P (2018) An Executive Primer to Deep Learning. https://medium.com/@rpradeepmenon/ an-executive-primer-to-deep-learning-80c1ece69b34 (abgerufen: 14.10.2021)

Mikell M (2017) Immersive analytics: the reality of IoT and digital twin. IBM Business Operations Blog. https://www.ibm.com/blogs/internet-of-things/immersive-analytics-digital-twin/ July 13, 2017 (abgerufen: 25.06.2021)

Milgram P, Takemura H, Utsumi A, Kishino F (1994) Augmented Reality: A class of displays on the reality-virtuality continuum. SPIE Proceedings Vol. 2351: Telemanipulator and Telepresence Technologies, Boston, 1994, 282–292

Motawa I, Almarshad A (2013) A knowledge-based BIM system for building maintenance. Automation in Construction, 29(2013) 173–182

NN (2000) DIN 32736: Gebäudemanagement: Begriffe und Leistungen, 2000-08, 8 S

NN (2004) GEFMA Richtlinie 100-2: Facility Management – Leistungsspektrum, Juli 2004, 36 S

NN (2004a) GEFMA Richtlinie 100-1: Facility Management – Grundlagen, Juli 2004, 21 S

NN (2009) Cloud Computing – Evolution in der Technik, Revolution im Business. BITKOM-Leitfaden, Oktober 2009. https://www.bitkom.org/Publikationen/2009/Leitfaden/Leitfaden-Cloud-Computing/090921-BITKOM-Leitfaden-CloudComputing-Web.pdf (abgerufen: 18.06.2021)

NN (2009a) GEFMA Richtlinie 110: Einführung von Facility Management – Vorgehen bei der FM-Einführung in Unternehmen und öffentlichen Verwaltungen, Januar 2009, 4 S

NN (2013) Bauwerksdokumentation im Hochbau – Dokumentationsmodell BDM13, IPB – KBOB, 28 S

NN (2013a) EnEV – Energieeinsparverordnung. https://www.bmwi.de/Redaktion/DE/Downloads/ Gesetz/zweite-verordnung-zur%20aenderung-der-energieeinsparverordnung.html (abgerufen: 30.10.2021)

NN (2013b) GEFMA 198: FM-Dokumentation, November 2013

NN (2014a) GEFMA Richtlinie 410: Schnittstellen zur IT-Integration von CAFM-Software, Juli 2014, 11 S

NN (2014b) PAS 1192-2 (2014) Specification for information management for the capital/delivery phase of construction projects using building information modelling. London: British Standards Institution

NN (2015a) Transforming our World: The 2030 Agenda for Sustainable Development. https://sustainabledevelopment.un.org/content/documents/21252030%20Agenda%20for%20Sustainable%20Development%20web.pdf (abgerufen: 14.10.2021)

NN (2015b) Sustainable cities: why they matter. https://www.un.org/sustainabledevelopment/wp-content/uploads/2016/08/11.pdf

NN (2015c) Stufenplan zur Einführung von BIM, Endbericht 31.12.2015, BMVI https://www.bmvi.de/SharedDocs/DE/Anlage/DG/Digitales/bim-stufenplan-endbericht.pdf?__blob=publicationFile (abgerufen: 11.12.2021)

NN (2015d) Employers Information Requirements – Structure of an EIR. https://toolkit.thenbs.com/articles/employers-information-requirements (abgerufen: 10.11.2021)

NN (2016a) GEFMA Richtlinie 460: Wirtschaftlichkeit von CAFM-Systemen, Mai 2016, 27 S

NN (2016b) Cloud Computing im Facility Management. White Paper GEFMA 942, 01.11.2016

NN (2017a) GEFMA Richtlinie 420: Einführung von CAFM-Systemen, Juli 2017, 7 S

NN (2017b) BIM@Siemens Real Estate, Standard Version 2.0 vom 25.10.2017. https://assets.new.siemens.com/siemens/assets/api/uuid:caceb1c2b181de452d5f9ec00b1cb0d1242d5498/version:1520000392/bim-standard-siemens-real-estate-version-2-0-en.pdf (abgerufen: 25.04.2021)

NN (2017c) DIN SPEC 91400: Building Information Modeling (BIM) – Klassifikation nach STLB-Bau. Deutsches Institut für Normung, 2017-02, 16 S

NN (2017d) Asset Information Requirements Guide: Information required for the operation and maintenance of an asset, 53 S. http://www.abab.net.au (abgerufen: 14.10.2021)

NN (2018a) ISO 16739-1: Industry Foundation Classes (IFC) for data sharing in the construction and facility management industries – Part 1: Data schema. International Organization for Standardization, 2018-11

NN (2018b) DIN 276: Kosten im Bauwesen. Deutsches Institut für Normung, 2018-12

NN (2018c) ISO 19650-1:2018: Organization and digitization of information about buildings and civil engineering works, including building information modelling (BIM) – Information management using building information modelling: Part 1: Concepts and principles. https://www.iso.org/standard/68078.html (abgerufen: 14.10.2021)

NN (2018d) ISO 19650-2:2018: Organization and digitization of information about buildings and civil engineering works, including building information modelling (BIM) – Information management using building information modelling: Part 2: Delivery phase of the assets. https://www.iso.org/standard/68080.html (abgerufen: 14.10.2021)

NN (2018e) BIM Level 2 Benefits Measurement, Application of PwC's BIM Level 2 Benefits Measurement Methodology. https://www.cdbb.cam.ac.uk/news/2018JuneBIMBenefits (abgerufen:14.10.2021)

NN (2018f) VDI 2552 Blatt 5. Building information modeling – Datenmanagement. Düsseldorf: Beuth, 22 S

NN (2019a) DIN EN ISO 19650-1. Organisation und Digitalisierung von Informationen zu Bauwerken und Ingenieurleistungen, einschließlich Bauwerksinformationsmodellierung (BIM) – Informationsmanagement mit BIM – Teil 1: Begriffe und Grundsätze, Deutsches Institut für Normung, 2019-08, 49 S

NN (2019b) World Population Prospects 2019 – Highlight. https://population.un.org/wpp/Publications/Files/WPP2019_Highlights.pdf (abgerufen: 14.10.2021)

NN (2019c) Only 11 Years Left to Prevent Irreversible Damage from Climate Change, Speakers Warn during General Assembly High-Level Meeting. https://www.un.org/press/en/2019/ga12131.doc.htm (abgerufen: 14.10.2021)

NN (2019d) BIM4Infra2020, Teil 1 – Grundlagen und BIM-Gesamtprozess, April 2019, Seite 8 (Abb. 1)

NN (2019e) Bauen digital Schweiz, LIM Liegenschafts-Informationsmodell/IMB Informationsmodell Bewirtschaftung, Arbeitsdokument, August 2019

NN (2019f) BIM4Infra2020, Teil 2 – Leitfaden und Muster für Auftraggeber Informationsanforderungen (AIA), Abschnitt II Muster AIA, April 2019

NN (2019g) BIM4Infra2020, Teil 6 – Steckbriefe der wichtigsten Anwendungsfälle, Seite 8

NN (2019h) Energieeffizienzstrategie 2050. Bundesministerium für Wirtschaft und Energie. https://www.bmwi.de/Redaktion/DE/Publikationen/Energie/energieeffiezienzstrategie-2050.html (abgerufen: 18.11.2021)

NN (2019i) DIN SPEC 91391-1, Gemeinsame Datenumgebungen (CDE) für BIM-Projekte – Funktionen und offener Datenaustausch zwischen Plattformen unterschiedlicher Hersteller. Deutsches Institut für Normung, 2019-04, 45 S

NN (2019j) DIN EN ISO 19650-2. Organisation und Digitalisierung von Informationen zu Bauwerken und Ingenieurleistungen, einschließlich Bauwerksinformationsmodellierung (BIM) – Informationsmanagement mit BIM – Teil 2: Planungs-, Bau- und Inbetriebnahmephase, Deutsches Institut für Normung, 2019-08, 42 S

NN (2019k) BIM4Infra2020, Teil 10 Technologien im BIM-Umfeld. Publikationen

NN (2019l) BIM-basiertes Betreiben. Bergische Universität Wuppertal. https://biminstitut.uni-wuppertal.de/de/forschung/abgeschlossene-forschungsprojekte/bim-basiertes-betreiben.html (abgerufen: 13.12.2021)

NN (2019m) GEFMA 430: Datenbasis und Datenmanagement in CAFM-Systemen, März 2019

NN (2020a) GEFMA Richtlinie 444: Zertifizierung von CAFM-Softwareprodukten. Februar 2020, 21 S

NN (2020b) Digitalisierung der Immobilienwirtschaft: Digitale Immobilienverwaltung: 2020 Schweiz und Deutschland. pom+ Report. https://www.digitalrealestate.ch/products/digital-real-estate-index-2020/ (abgerufen: 08.09.2021)

NN (2020c) GEFMA-Richtlinie 162-1: Carbon Management von Facility Services. Januar 2020, 14 S

NN (2020d) NBS's 10th Annual BIM Report 2020. https://www.thenbs.com/bim-report-2020.. (abgerufen: 14.10.2021)

NN (2020e) DIN EN ISO 23386. Bauwerksinformationsmodellierung und andere digitale Prozesse im Bauwesen – Methodik zur Beschreibung, Erstellung und Pflege von Merkmalen in miteinander verbundenen Datenkatalogen. Deutsches Institut für Normung, 2020-11, 53 S

NN (2020f) DIN EN 15804. Nachhaltigkeit von Bauwerken – Umweltproduktdeklarationen – Grundregeln für die Produktkategorie Bauprodukte. Deutsches Institut für Normung, 2020-03, 81 S

NN (2021a) GEFMA Richtlinie 400: Computer Aided Facility Management CAFM – Begriffsbestimmungen, Leistungsmerkmale, März 2021, 19 S

NN (2021b) Marktübersicht CAFM-Software. GEFMA 940, Sonderausgabe von "Der Facility Manager", FORUM Zeitschriften und Spezialmedien GmbH, Merching, 2021, 198 S

NN (2021c) GEFMA Richtlinie 610: Facility Management-Studiengänge. 2021-11, 3 S

NN (2021d) https://www.buildingsmart.de/ (abgerufen: 26.04.2021)

NN (2021e) https://www.wbdg.org/bim/cobie/ (abgerufen: 27.05.2021)

NN (2021f) https://www.cafm-connect.org/ (abgerufen: 27.05.2021)

NN (2021g) https://de.wikipedia.org/wiki/Internet_der_Dinge (abgerufen: 27.05.2021)

NN (2021h) https://internetofthingsagenda.techtarget.com/definition/Internet-of-Things-IoT (abgerufen: 27.05.2021)

NN (2021i) https://www.bsi.bund.de/DE/Themen/Unternehmen-und-Organisationen/Informationen-und-Empfehlungen/Empfehlungen-nach-Angriffszielen/Cloud-Computing/Grundlagen/grundlagen_node.html (abgerufen: 18.06.2021)

NN (2021j) https://softengi.com/blog/use-cases-and-applications-of-digital-twin/ (abgerufen: 25.06.2021)

NN (2021k) CAFM-Trendreport 2021 – GEFMA 945, GEFMA/LÜNENDONK, Juni 2021, 63 S

NN (2021l) https://proptech.de/wp-content/uploads/2021/04/PropTech_Uebersicht_Maerz_2021. pdf (abgerufen: 27.06.2021)

NN (2021m) https://www.honeywell.com/us/en/honeywell-forge/buildings (abgerufen: 07.08.2021)

NN (2021n) https://www1.bca.gov.sg/buildsg/digitalisation/integrated-digital-delivery-idd (abgerufen: 16.08.2021)

NN (2021o) PropTech Germany 2021 Studie. https://proptechgermanystudie.de/ (abgerufen: 27.06.2021)

NN (2021p) GAEB Datenaustausch XML. Gemeinsamer Ausschuss für Elektronik im Bauwesen. https://www.gaeb.de/de/produkte/gaeb-datenaustausch/ (abgerufen: 20.08.2021)

NN (2021q) Standardleistungsbuch Bau. Gemeinsamer Ausschuss für Elektronik im Bauwesen. https://www.gaeb.de/de/stlb-bau/ (abgerufen: 20.08.2021)

NN (2021r) Standardleistungsbuch für Zeitvertragsarbeiten. Gemeinsamer Ausschuss für Elektronik im Bauwesen. https://www.gaeb.de/de/produkte/gaeb-datenaustausch/ (abgerufen: 20.08.2021)

NN (2021s) Zukunftsplan des Museums für Naturkunde Berlin. https://www.museumfuernaturkunde.berlin/sites/default/files/mfn_zukunftsplan_digital.pdf (abgerufen: 17.09.2021)

NN (2021t) IBPDI – International Building Performance & Data Initiative. https://ibpdi.org/ (abgerufen: 21.09.2021)

NN (2021u) BIM-basiertes Bauen im Prozess. https://biminstitut.uni-wuppertal.de/de/forschung/abgeschlossene-forschungsprojekte/bim-basiertes-bauen-im-prozess.html (abgerufen: 25.09.2021)

NN (2021v) BIMKIT – Bestandsmodellierung von Gebäuden und Infrastrukturbauwerken mittels KI zur Generierung von Digital Twins. https://bimkit.eu (abgerufen: 25.09.2021)

NN (2021w) MAV 4 BIM – Automatische 3D Gebäudemodellierung mit kameragestützten Mikroflugrobotern. https://www.bgu.tum.de/forschung/highlights/mav-4-bim (abgerufen: 25.09.2021)

NN (2021x) BIM2TWIN – Optimal Construction Management & Production Control. https://cordis.europa.eu/project/id/958398/de (abgerufen: 25.09.2021)

NN (2021y) BIM2digitalTWIN – Digitalisierung von Shopping-Centern – Von BIM zum Digital Twin. https://biminstitut.uni-wuppertal.de/de/forschung/abgeschlossene-forschungsprojekte/bim2digitaltwin.html (abgerufen: 25.09.2021)

NN (2021z) BIMSWARM – SoftWare reference ARchitecture for openBIM. https://www.bimswarm.de (abgerufen: 25.09.2021)

NN (2021aa) carbonFM-Plattform. https://carbonfm.de/ (abgerufen: 13.12.2021)

NN (2021ab) Kommunale Immobilien Jena. http://www.kij.de (abgerufen: 26.09.2021)

NN (2021ac) Construction Global Market Report 2021: COVID-19 Impact and Recovery to 2030. ResearchAndMarkets. https://www.globenewswire.com/en/news-release/2021/03/16/2193403/28124/en/Construction-Global-Market-Report-2021-COVID-19-Impact-and-Recovery-to-2030.html (abgerufen: 14.10.2021)

NN (2021ad) BIM@SBB Road Map. https://company.sbb.ch/en/the-company/projects/national-projects/bim/documents.html (abgerufen: 14.10.2021)

NN (2021ae) Forecast end-user spending on IoT solutions worldwide from 2017 to 2025. https://www.statista.com/statistics/976313/global-iot-market-size (abgerufen: 14.10.2021)

NN (2021af) UK BIM Framework, www.ukbimframework.org (abgerufen: 14.10.2021)

NN (2021ag) Facility Management Market Size, Share & COVID-19 Impact. https://www.fortune-businessinsights.com/industry-reports/facility-management-market-101658 (abgerufen: 14.10.2021)

NN (2021ah) Forschungsprojekt BIMKIT. https://bimkit.eu (abgerufen: 22.10.2021)

NN (2021ai) Der Einfluss des Raumklimas auf die Produktivität der Mitarbeiter. https://www.oxycom.com/de/blog-nachrichten/der-einfluss-des-raumklimas-auf-die-produktivit%C3%A4t-der-mitarbeiter (abgerufen: 22.10.2021)

NN (2021aj) PropTech-Unternehmen. https://proptech.de/ (abgerufen: 24.10.2021)

NN (2021ak) Seedit. https://recotech.de/overview/seedit/ (abgerufen: 24.10.2021)

NN (2021al) Recotech-Flächenoptimierung. https://recotech.de/overview/recotech/ (abgerufen: 01.11.2021)

NN (2021am) Space Syntax, https://www.spacesyntax.net (abgerufen: 01.11.2021)

NN (2021an) cowd:it-Personenstromsimulation. https://www.accu-rate.de/de/software-crowd-it-de/ (Abgerufen: 01.11.2021)

NN (2021ao) Unternehmensvorstellung. https://www.prosiebensat1.com/ueber-prosiebensat-1/wer-wir-sind/unternehmensportraet (abgerufen: 01.11.2021)

NN (2021ap) https://www.buildingsmart.org/standards/bsi-standards/ (abgerufen: 17.08.2021)

NN (2021aq) Model View Definition https://technical.buildingsmart.org/standards/ifc/mvd/ (abgerufen: 17.08.2021)

NN (2021ar) https://cobie.buildingsmart.org/history/ (abgerufen: 17.08.2021)

NN (2021as) https://www.gbxml.org/ (abgerufen: 17.08.2021)

NN (2021at) buildingSMART, Certified Software. http://www.buildingsmart.org/compliance/certifiedsoftware/ (abgerufen: 18.11.21)

NN (2021au) https://de.statista.com/statistik/daten/studie/157902/umfrage/marktanteil-der-genutzten-betriebssysteme-weltweit-seit-2009/) (abgerufen: 28.08.2021

NN (2021av) https://blenderbim.org/download.html (abgerufen: 28.08.2021)

NN (2021aw) https://blenderbim.org/blenderbim-vs-revit.html (abgerufen: 28.08.2021)

NN (2021ax) https://h-m-consult.com/ (abgerufen: 06.12.2021)

NN (2021ay) https://www.irbnet.de/daten/rswb/17089005133.pdf (abgerufen: 28.08.2021)

NN (2021az) BIMeta. Plattform zur Verwaltung von Klassen und Merkmalen für den offenen BIM-Datenaustausch. https://www.bimeta.de/ (abgerufen: 11.12.2021)

NN (2022a) IoT im Facility Management. White Paper GEFMA 928 (erscheint 2022)

NN (2022b) Marktübersicht CAFM-Software. GEFMA 940, Sonderausgabe von "Der Facility Manager", FORUM Zeitschriften und Spezialmedien GmbH, Merching, 2022, 202 S

NN (2022c) GEFMA Richtlinie 410: Schnittstellen zur IT-Integration von CAFM-Software, Februar 2022, 12 S

Patacas J, Dawoo, N, Kassem M. (2020) BIM for facilities management: A framework and a common data environment using open standards. Automation in Construction 120(December 2020). https://doi.org/10.1016/j.autcon.2020.103366 (abgerufen: 14.10.2021)

Pelzeter A, May M, Herrmann T, Ihle F, Salzmann P (2020) Decarbonisation of Facility Services Supported by IT. Corporate Real Estate Journal 9(2020)4, 361–374

Rust C, Och S (2021) Den digitalen Zwilling erzeugen. Bauen im Bestand 44(2021)5, 64

Sacks R, Eastman C, Lee G, Teicholz P (2018) BIM Handbook. 3rd ed., John Wiley & Sons, Hoboken, New Jersey, 2018, 659 S

Salzmann P, May M (2016) Mehr Durchblick mit Augmented Reality. Jahrbuch Facility Management 2016. Der F.A.Z.-Fachverlag, Friedberg, Februar 2016, 118–123

Sawhney A (2015) International BIM implementation guide – RICS guidance note, global. RICS, 1st edition. https://www.rics.org/uk/upholding-professional-standards/sector-standards/construction/international-bim-implementation-guide (abgerufen: 14.10.2021)

Saxon R, Robinson K, Winfield M (2018) Going digital – A guide for construction, clients, building owners and their advisers. https://www.ukbimalliance.org/wp-content/uploads/2018/11/UK-BIMA_Going-Digital_Reportl.pdf (abgerufen: 14.10.2021)

Schädlich S, Röttger I, Lüttgens S (2006) Menschliche Behaglichkeit in Innenräumen und deren Einfluss auf die Produktivität am Arbeitsplatz. Studie der Fritz-Steimle-Stiftung, August 2006, 63 S

Scharf H-J (2016) Panoramabilder, Punktwolken und Points of Interest. Der Facility Manager 22(September 2016)9, 36–37

Schiller G, Faschingbauer G (2016) Die BIM-Anwendung der DIN SPEC 91400. DIN e. V., Beuth Verlag, Berlin – Wien – Zürich, 88 S

Schneider U (Hrsg.) (2012) Taschenbuch der Informatik. 7. Auflage, Carl Hanser Verlag München, 2012

Schober K-S, Hoff P (2016) Think Act – Beyond Mainstream: Digitalisierung in der Bauindustrie – Der europäische Weg zu „Construction 4.0". Roland Berger GmbH. https://www.rolandberger.com/publications/publication_pdf/roland_berger_digitalisierung_bauwirtschaft_final.pdf (abgerufen: 20.08.2021)

Teicholz P (Hrsg.) (2013) BIM for Facility Managers. John Wiley & Sons, Inc., Hoboken, New Jersey, 2013

Thomas P (2017) The role of FM in BIM projects – Good practice guide. https://www.iwfm.org.uk/resource/the-role-of-fm-in-bim-projects.html (abgerufen: 14.10.2021)

von Treeck C, Elixmann R, Rudat K, Hiller S, Herkel S, Berger M (2016) Gebäude. Technik. Digital. Building Information Modeling. Springer Vieweg, 453 S

Trzechiak M (2017) The BIM-to-FEM Interface – Development of Computational Tools for BIM Data Exchange and Check. Masterarbeit, HTW-Berlin

Turianskyj N, Bender T, Kalweit T, Koch S, May M, Opić M (2018): Datenerfassung und Datenmanagement im FM. In: May M: CAFM-Handbuch. Digitalisierung im Facility Management erfolgreich einsetzen. Springer Vieweg, Wiesbaden, S 229–258

Vaughan G (2020) Event-based Microservices: Message Bus – Simple, Scalable, and Robust. https://medium.com/usertesting-engineering/event-based-microservices-message-bus-5b4157d5a35d (abgerufen: 26.11.2021)

Voss M, Heinekamp J, Krutzsch S, Sick F, Albayrak S, Strunz K (2021) Generalized Additive Modeling of Building Inertia Thermal Energy Storage for Integration Into Smart Grid Control. IEEE Access 99(May 2021)1, 71699–71711

Wilson D (2018) Strategic Facility Management Framework – RICS guidance note, Global. RICS & IFMA, 1st edition. https://www.rics.org/globalassets/rics-website/media/upholding-professional-standards/sector-standards/real-estate/strategic-fm-framework-1st-edition-rics.pdf (abgerufen: 14.10.2021)

Wright L, Davidson S (2020) How to tell the difference between a model and a digital twin. Adv. Model. and Simul. in Eng. Sci. 7(2020)13, 13 S

Stichwortverzeichnis

© Der/die Herausgeber bzw. der/die Autor(en), exklusiv lizenziert an Springer   313
Fachmedien Wiesbaden GmbH, ein Teil von Springer Nature 2022
M. May et al. (Hrsg.), *BIM im Immobilienbetrieb*,
https://doi.org/10.1007/978-3-658-36266-9

Ihr Bonus als Käufer dieses Buches

Als Käufer dieses Buches können Sie kostenlos das eBook zum Buch nutzen.
Sie können es dauerhaft in Ihrem persönlichen, digitalen Bücherregal
auf **springer.com** speichern oder auf Ihren PC/Tablet/eReader downloaden.

Gehen Sie bitte wie folgt vor:

1. Gehen Sie zu **springer.com/shop** und suchen Sie das vorliegende Buch
   (am schnellsten über die Eingabe der eISBN).
2. Legen Sie es in den Warenkorb und klicken Sie dann auf:
   zum Einkaufswagen/zur Kasse.
3. Geben Sie den untenstehenden Coupon ein. In der Bestellübersicht wird
   damit das eBook mit 0 Euro ausgewiesen, ist also kostenlos für Sie.
4. Gehen Sie weiter **zur Kasse** und schließen den Vorgang ab.
5. Sie können das eBook nun downloaden und auf einem Gerät Ihrer Wahl lesen.
   Das eBook bleibt dauerhaft in Ihrem digitalen Bücherregal gespeichert.

EBOOK INSIDE

eISBN
Ihr persönlicher Coupon

Sollte der Coupon fehlen oder nicht funktionieren, senden Sie uns bitte
eine E-Mail mit dem Betreff: **eBook inside** an **customerservice@springer.com**.